深入理解eBPF与可观测性

毛文安 郑昱笙 程书意 廖肇燕 /著

图书在版编目（CIP）数据

深入理解 eBPF 与可观测性 / 毛文安等著 . -- 北京 :
机械工业出版社 , 2025. 3. -- (Linux/Unix 技术丛书).
ISBN 978-7-111-77480-8

Ⅰ. TP316.85

中国国家版本馆 CIP 数据核字第 2025W7G644 号

机械工业出版社（北京市百万庄大街 22 号 邮政编码 100037）
策划编辑：高婧雅　　责任编辑：高婧雅
责任校对：李　霞　张雨霏　景　飞　　责任印制：郜　敏
三河市国英印务有限公司印刷
2025 年 3 月第 1 版第 1 次印刷
186mm × 240mm · 21.75 印张 · 444 千字
标准书号：ISBN 978-7-111-77480-8
定价：99.00 元

电话服务
客服电话：010-88361066
010-88379833
010-68326294

网络服务
机　工　官　网：www.cmpbook.com
机　工　官　博：weibo.com/cmp1952
金　　书　　网：www.golden-book.com
机工教育服务网：www.cmpedu.com

Preface 前　言

为什么要写这本书

在当今快速发展的技术领域，Linux 内核作为开源操作系统的核心，面临着越来越多的挑战。而 eBPF 作为 Linux 内核中的一项革命性技术，为我们提供了一种全新的方式来观察和微调系统的状态与行为。随着大模型和人工智能（AI）的迅猛发展，理解和优化操作系统的性能变得尤为重要，这不仅影响着应用程序的表现，还决定着我们如何利用大规模计算资源。

与此同时，随着云原生技术和微服务应用的不断进步，可观测性的技术基石——日志、链路追踪和监控指标，尤其是近年来备受推崇的持续性能优化能力，几乎都在利用 eBPF 来实现对应用和服务的观测。行业中涌现出了如 Pixie、OpenTelemetry 等优秀的开源项目。在网络领域，著名的 Cilium 项目是基于 eBPF 开发的，而在安全领域，eBPF 的 LSM 技术正在被应用于开源的安全项目（如 Falco）中。eBPF 技术已成为云原生社区备受瞩目的技术话题之一。

尽管 eBPF 技术备受关注，但人们对其底层原理，特别是它与内核的关系，理解得并不充分。市场上关于这方面的书籍非常少，特别是专门讨论 eBPF 技术在 Linux 内核各子系统中应用的书籍更是凤毛麟角。为此，我们编写了本书，内容涵盖 eBPF 的指令架构、CO-RE 编程原理，并结合 Linux 内核层面的应用、网络、内存、I/O、调度、安全进行原理和代码级别的深入探讨，使读者能够知其所以然。

本书特色

本书具有以下特色。

1. 为专业开发者量身定制

本书专为从事可观测系统开发、云原生应用系统及操作系统开发、网络及安全领域开发工作的 eBPF 用户打造。本书将深入探讨 eBPF 的底层工作原理，详细介绍 Linux 各个子系统的关键技术和数据结构。结合 eBPF 技术，本书将帮助你解决系统运维中遇到的性能瓶颈和故障定位等问题，并提供丰富的实战案例。

2. 满足现代开发需求

许多开发者使用 Java、Go 等高级语言构建上层应用，但往往忽略了底层系统的重要性，面对 CPU 性能瓶颈等问题时，常常感到无从下手。本书将帮助你在开发可观测性系统时，更好地定位和解决内核层面的问题。

3. 深入 Linux 内核，掌握核心技术

本书不仅深入探讨 eBPF 的指令架构和开发方式，还将结合 Linux 的网络、I/O、内存和调度子系统进行实践。你不仅能深入了解 Linux 内核的数据结构，还能通过 eBPF 掌握解析 Linux 内核状态和行为的方法，特别是复杂的定位和性能分析技巧。

4. 结合实际案例，提升系统效能

在探索 eBPF 时，我们将不局限于技术层面的介绍，还会结合实际案例展示如何利用 eBPF 监测和优化 Linux 内核的性能，进而支持系统的高效运作。底层系统的良好运作是实现高效业务的基础。

读者对象

本书的目标读者包括应用开发者、eBPF 技术爱好者及可观测领域、操作系统领域的从业人员。

如何阅读本书

虽然在介绍每个 Linux 子系统可观测实践之前，本书尽量概述了该子系统的技术原理以及 eBPF 程序可能用到的数据结构，但还是建议读者在阅读之前，先行了解操作系统的一些基础概念，比如进程创建、虚拟文件系统、内存分配和释放、socket 通信等内容。

本书从逻辑上分为两大部分，共 9 章。

第一部分为 eBPF 基础（第 1～3 章），介绍 eBPF 的应用场景和发展历程、指令架构及 eBPF 的编程方法。

第 1 章概述了 eBPF 技术的发展历程，介绍了它在网络、安全、故障诊断和性能分析等领域的应用场景，并阐述了 eBPF 的基础架构。本章旨在让读者全面了解 eBPF 是什么、能实现哪些功能，以及如何将其应用到各自的学习、研究和工作中。

第 2 章详细介绍了 eBPF 关键特性解析，包括 eBPF 指令集、辅助函数和程序类型设计

原理，帮助读者更深刻地理解和认识 eBPF 底层原理，特别是在 Linux 内核中的具体实现。

第 3 章介绍如何使用 libbpf、BCC、eunomia-bpf、Coolbpf 等开源项目开发 eBPF 程序，特别是详细介绍了 BTF 和 CO-RE 技术，帮助读者进一步掌握独立开发 eBPF 程序的技能。

第二部分为 eBPF 可观测性实践（第 4～9 章），介绍 eBPF 在 Linux 的用户态应用、内核网络、内存、I/O、调度及安全方面的可观测实践案例。

第 4 章介绍如何使用 eBPF 在用户应用层面进行可观测实践，如 Java 应用的 GC 观测，帮助读者掌握使用 eBPF 分析微服务应用的性能、延迟、报文数据的方法，进一步理解 eBPF 的能力。

第 5 章介绍内核网络的收发包流程、网络抖动问题分析，以及内核网络的可观测性实践，帮助读者掌握使用 eBPF 分析网络抖动的方法。

第 6 章主要介绍内存性能瓶颈的优化方法，帮助读者掌握使用 eBPF 对内存分配延迟、内存泄漏等常见问题进行观测的方法。

第 7 章介绍 I/O 子系统的原理和性能瓶颈点，帮助读者掌握使用 eBPF 对 I/O 延迟分布、I/O 卡顿等问题进行观测的方法。

第 8 章介绍 eBPF 在调度系统上的观测实践，如长时间关中断、持续性能追踪等，帮助读者掌握使用 eBPF 对调度延迟进行分析的方法。

第 9 章介绍 eBPF 在系统安全上的实践，如使用 LSM 进行安全防御以及监控进程的各种行为等。

勘误和支持

因笔者水平有限，书中难免存在一些不足，如果读者在阅读过程中发现疏漏，或者遇到难以理解的知识点，可以发电子邮件到 maowawilliam@gmail.com 反馈。

参考资料

本书很多内容来自公众号“酷玩 BPF”，这是广大 eBPF 爱好者共同学习的平台。同时，本书也参考了很多国内外的论文、演讲稿。当然，参考最多的还是 Linux 内核的开源代码。

致谢

感谢龙蜥社区 eBPF 技术探索 SIG 的专家们，在撰写本书期间他们提供了大量素材和技术支持。特别感谢来自猎聘的刘特利，贡献了非常优质的实践案例。在写作过程中，我也结交了许多朋友，大家共同探讨 eBPF 落地中的各种疑难问题与解决方案。

特别感谢西安邮电大学陈莉君教授在操作系统和 eBPF 技术领域的悉心指导。陈老师一直激励我勇往直前，是我坚持在 Linux 和 eBPF 领域探索的强大支柱。

特别感谢龙蜥社区理事长马涛先生和龙蜥社区运维联盟委员会主席冯富秋先生。他们在工作和生活中给予了诸多指导，并提供了各种资源，为本书的写作提供了宝贵意见和建议。

感谢我的同事们在写作期间给予的理解和支持。同时，在可观测性、智能运维和操作系统内核等领域，他们与我分享了许多优秀的实践经验。

最后，特别感谢我的家人。为了写作本书，我牺牲了许多陪伴他们的时间。正是因为他们的关怀和鼓励，我才能够专心致志地完成本书内容的编写。

毛文安

Contents 目　录

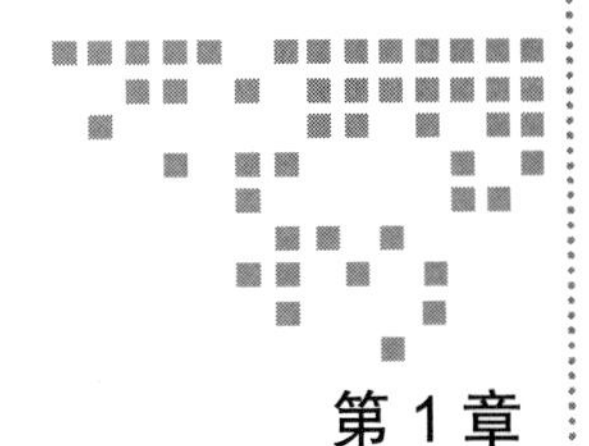

第 1 章 Chapter 1

eBPF 的发展与应用

随着计算机网络和系统技术的快速发展，大家对网络流量分析、安全监控、性能优化等需求的增加，eBPF（Extended Berkeley Packet Filter，扩展的伯克利包过滤器）作为一种可编程的内核技术逐渐崭露头角。

本章将从 eBPF 的起源和设计理念开始，介绍 eBPF 的基本原理、工作流程和内核支持。随后，将探讨 eBPF 在跟踪与性能分析、可观测、网络、安全等领域的应用案例。最后，将介绍 eBPF 基础架构，尤其是 eBPF 的 JIT（Just-In-Time，即时）编译过程。

1.1 eBPF 概述

eBPF 的发展历程可以追溯到早期的 BPF（Berkeley Packet Filter，伯克利包过滤器）技术，这是在 20 世纪 90 年代初由 Steven McCanne 和 Van Jacobson 开发的一种用于网络流量过滤和分析的技术。然而，传统的 BPF 技术受限于固定的指令集和运行时安全性，无法满足日益复杂的网络和系统需求。

为了克服这些限制，eBPF 应运而生。eBPF 引入了一种全新的可扩展、安全且高度可编程的虚拟机。eBPF 虚拟机通过在内核中运行用户定义的 eBPF 程序，实现了对网络数据包、系统调用和内核事件的实时分析和处理。这一突破性的设计使得 eBPF 具备了更广泛的应用领域和更大的创新潜力。

1.1.1 Linux 的跟踪与诊断技术简介

在 eBPF 出现之前，Linux 已经提供了多种跟踪与诊断基础功能模块，包括 kprobe/

kretprobe、uprobe/uretprobe、fentry/fexit 以及 tracepoint。这些功能模块为跟踪和诊断提供了丰富的支持。目前，大部分 eBPF 的跟踪与诊断功能都是基于这些功能模块实现的。接下来，我们将分别介绍这些功能的工作原理，以便更好地理解 eBPF 的工作原理。

1）kprobe/kretprobe：kprobe 用于在函数的入口处插入代码进行跟踪和调试；kretprobe 是 kprobe 的扩展，用于在函数的返回处插入代码进行跟踪和调试。

kprobe/kretprobe 的工作原理如图 1-1 所示。首先，被探测的函数入口指令会被替换成 int 3 指令。当被跟踪的函数执行时，将引发 int 3 异常中断，然后 int 3 异常处理程序将被触发，进而调用相应的 kprobe 处理函数。kprobe 的处理函数有两种：一种是执行用户所注册的 kprobe 函数；另一种是执行通过 kretprobe 机制注册的 kprobe 函数。值得注意的是，通过 kretprobe 注册的 kprobe 处理函数会更改函数的返回地址，将该地址替换为 kprobe 处理函数的地址。因此，当程序执行 ret 指令并返回时，将直接跳转至 kretprobe 的处理函数处，并执行用户所注册的 kretprobe 函数。

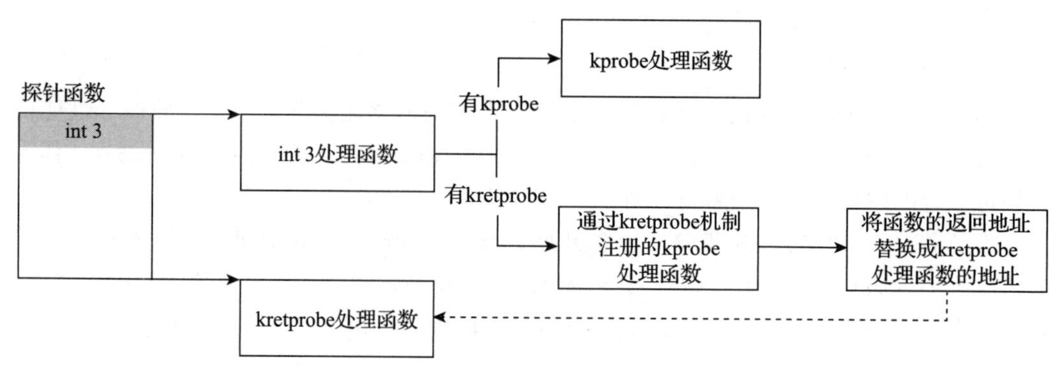

图 1-1　kprobe/kretprobe 工作原理

2）uprobe/uretprobe：与 kprobe/kretprobe 的运作机制基本相似，但 uprobe/uretprobe 跟踪的是用户态函数。uretprobe 作为 uprobe 的补充功能，当部署 uretprobe 函数时，会同时部署 uprobe 处理函数，以便将函数的返回地址更改为 uretprobe 处理函数的地址。这样，当函数执行完毕并准备返回时，将直接跳转至 uretprobe 处理函数并继续执行相应的操作。

3）fentry/fexit：相较于 kprobe/kretprobe 通过 int 3 指令来触发执行 kprobe 处理程序，fentry/fexit 的实现方式略有不同。在内核编译时，它会通过 GCC（GNU Compiler Collection，一个开源的编译器系统）的编译选项 -mfentry 在每个函数的入口处加入 NOP 指令[⊖]。当用户插入具体的 fentry/fexit 处理函数时，这些 NOP 指令会被替换成调用相应的处理函数指令。尽管 ftrace 早期就使用了 fentry/fexit 功能，但直到 Linux 内核 5.5 版本，

⊖ No Operation，无操作，不会对计算机状态或寄存器的内容进行任何改变。

用户才能直接使用该功能。值得一提的是，fexit 的实现原理与 kretprobe 和 uretprobe 相同，也是在 fentry 处理函数内将函数的返回地址更改成 fexit 处理函数的地址。

4）tracepoint：tracepoint 是在内核中定义的一系列预定义的事件跟踪点。这些跟踪点位于内核代码中的关键位置，允许开发人员插入自定义的跟踪代码，以捕获特定事件的信息。我们可以在 /sys/kernel/debug/tracing/events/ 目录看到内核支持的跟踪点。它与 fentry/fexit 具有一样高的性能。

尽管 kprobe/kretprobe、uprobe/uretprobe、fentry/fexit 和 tracepoint 都具有跟踪诊断功能，但各自具有独特的意义。kprobe 和 uprobe 虽然性能相对较差，但具有高度的灵活性，可以在内核中的任意位置进行跟踪。相比之下，fentry/fexit 和 tracepoint 性能最佳，但灵活性稍差，只能跟踪特定的内核位置。我们还从灵活性、性能和支持 eBPF 的内核版本等关键指标进行了总结和比较，如表 1-1 所示。

表 1-1　关键指标对比

功能模块	灵活性	性能	eBPF 内核版本
kprobe/kretprobe	任意位置	低	4.1
uprobe/uretprobe	任意位置	低	4.1
fentry/fexit	函数的入口 / 出口	高	5.5
tracepoint	特定位置	高	4.7

1.1.2　eBPF 的发展史

eBPF 由 BPF（BSD Packet Filter 或 Berkeley Packet Filter）扩展而来。在 1992 年的 USENIX 会议上，Steven McCanne 和 Van Jacobson 发布了论文“The BSD Packet Filter: A New Architecture for User-level Packet Capture”，这篇论文首次详细介绍了 BPF（即 cBPF）的设计和实现原理，其中主要包括 cBPF 指令集、cBPF 虚拟机和 cBPF 过滤器的实现。

直到 2014 年，cBPF 有了进一步的发展。Alexei Starovoitov 将 cBPF 扩展为一个通用的虚拟机，即 eBPF。相比于 cBPF，eBPF 重新设计了指令集。新指令集更接近机器指令，以便于后续将该指令集和机器指令进行一对一的 JIT 编译。而且，eBPF 指令集能够让我们编写更复杂、更实用的 eBPF 程序。此外，eBPF 引入了 JIT 编译器，相比于 cBPF 的解释器在性能上有了极大提升。此外，eBPF 还引入了 verifier，在扩大应用范围的同时确保了安全性。

2015 年，LLVM（Low Level Virtual Machine）编译器支持将 C 语言代码编译生成 eBPF 字节码，告别了采用汇编形式的伪代码编写 eBPF 程序的时代。

随后，大名鼎鼎的 Brendan Gregg 利用 BCC 让 eBPF 声名大噪。BCC 将 C 语言的 eBPF 程序和 Python 编程语言结合起来，给我们编写 eBPF 程序带来了全新的体验。C 语言编写的 eBPF 程序负责在内核收集统计数据或生成事件，然后对应的用户空间的 Python 程序会收集这些数据并进行处理，充分利用了 Python 简单、快捷的特点，降低了 eBPF

的开发门槛。

2018 年，BTF（BPF Type Format，BPF 类型格式，参见第 3 章）被引入内核。BTF 是一种类似于 DWARF 的格式，用于描述程序中的数据类型。在 BTF 的帮助下，eBPF 的 verifier 能够借助 BTF 来进行验证，以确保 eBPF 程序访问内存的安全性。

2019 年，bpftrace 提供了一种简洁的声明式类 C 语言的脚本编程语法，使用户能够轻松编写和执行跟踪脚本。

2020 年，libbpf 基于 BTF 实现了 CO-RE（Compile Once-Run EveryWhere，一次编译，到处运行，参见第 3 章）功能，使得我们能够将 eBPF 程序打包成二进制，而不需要在目标机器上部署 Clang、LLVM 等编译工具，降低了 eBPF 工具的部署难度，提升了易用性。值得一提的是，大部分生产环境使用的工具都是基于 libbpf 来进行开发的。此外，libbpf 还提供了从 DWARF 到 BTF 转换的能力，通过去重算法能将 300MB 的 DWARF 信息转换成 3MB 的 BTF 文件。

1.1.3 eBPF 与 cBPF 的功能区别

BPF 指令集是一个通用的 RISC 指令集，指令集由指令操作码和寄存器组成。1992 年诞生了 BPF 技术，当时的寄存器和指令数目非常有限，到后来 eBPF 技术发展起来，寄存器和指令数目多了很多。为了区别，原来的 BPF 又被称为 cBPF（classic BPF，经典 BPF）。

下面从功能上对比一下 cBPF 和 eBPF。

1）cBPF 支持的功能比较单一，比如常用于网络数据包过滤的 tcpdump。而 eBPF 除了能够支持网络的数据包过滤外，也支持其他的事件类型，如 XDP、Perf Event、kprobe、tracepoint 等。

2）eBPF 支持 JIT 编译生成目标机器码，运行效率高。而 cBPF 只能解释执行，性能差。

3）eBPF 引入 map 机制：cBPF 需要通过接收队列获取过滤后的数据，但是 eBPF 可以将数据放到 map 空间中。map 空间是用户空间和内核空间共享的，所以一般是先在内核将数据存入 map 空间，然后在用户空间取出数据。或者在用户空间写入一些控制逻辑，内核空间根据这些逻辑进行分支选择。

4）因为要支持更多功能，所以 eBPF 指令集变得更复杂了。与此同时，有了专门编译 BPF 字节码的编译器 Clang/LLVM，这样就可以基于 C 语言等进行 BPF 程序的开发，而不是直接写 BPF 汇编。

5）eBPF 还在安全机制等方面有一些改变。

cBPF 包含 16 个 32 位的临时寄存器，其索引编号为 0～15。每条 cBPF 汇编指令为 64 位，其中 16 位的 code 字段表示具体的操作类型，包括加载 / 存储、跳转和运算等类型。另外，8 位的 jt 和 jf 字段用于指定代码的跳转偏移量，其中 jt 用于真跳转，jf 用于假跳转。最后，32 位的 k 字段为通用值，在不同的指令类型下具有不同的含义。表 1-2 是 cBPF 寄存器的分类。

表 1-2　cBPF 寄存器的分类

元素	描述
A	32 位累加器
X	32 位 X 寄存器
M[ ]	16×32 位的杂项寄存器，又称为临时寄存器，其索引范围为 0～15

eBPF 由 11 个 64 位寄存器、一个程序计数器（PC）和一个 512 字节的大 BPF 堆栈空间组成。可使用的寄存器被命名为 r0～r10。eBPF 操作数位宽默认为 64 位。64 位的寄存器也可作为 32 位子寄存器使用，它们只能通过特殊的 ALU（算术逻辑单元）操作访问，使用其中的低 32 位，剩余的高 32 位用零填充。表 1-3 是 eBPF 寄存器的分类。

表 1-3　eBPF 寄存器的分类

寄存器	使用
r0	包含 eBPF 程序返回值，返回值的语义由程序类型定义
r1～r5	保存从 eBPF 程序调用的辅助函数的参数，其中 r1 寄存器指向程序的上下文，例如网络程序的 skb
r6～r9	通用寄存器
r10	只读的栈帧寄存器

1.1.4　eBPF 与内核模块

eBPF 与传统的内核模块有一些相似之处，但也有着明显的区别。

1）开发难度：eBPF 采用基于虚拟机的"类似于 RISC"的指令集，编程模型更加简洁和安全。与之相比，内核模块编程需要更多的底层知识和复杂的编程技巧。

2）安全性：由于 eBPF 限制了程序对内核的访问，因此它在安全性方面更有优势。相比之下，内核模块需要直接操作内核数据结构，存在更高的安全风险。

3）灵活性：eBPF 程序可以在运行时动态加载和卸载，无须重新编译和重启内核。这使得 eBPF 更加灵活和易于管理。而内核模块通常需要重新编译并重新加载内核来实现更新，过程较为烦琐。

4）性能开销：相对于内核模块，eBPF 在性能开销方面的表现差一些。尽管 eBPF 使用了即时（JIT）编译技术，但是其执行速度相比原生的内核代码仍有差距。

1.1.5　eBPF 的优势与劣势

eBPF 是一项强大且具有前景的技术，它在多个领域中有着广泛的应用。以下是 eBPF 的一些优势和劣势。

1. 优势

1）灵活性：eBPF 允许开发人员在内核空间中编写和加载自定义的程序，从而为系统提供高度的灵活性。这使得开发人员能够在运行时动态地分析、过滤和处理数据，而无须修改内核代码。

2）性能：与传统的用户空间的程序相比，eBPF 程序在内核空间执行，因此具有更低的性能开销。它能够高效地处理大量的数据，实现实时分析和快速决策。

3）可观测性：eBPF 提供了强大的可观测能力，可以实时监测和收集系统的各种指标、事件和数据。它可以用于网络监控、性能分析、安全审计等场景，帮助开发人员和运维团队快速定位和解决问题。

4）生态系统支持：eBPF 拥有一个庞大的生态系统，包括各种工具、库和社区支持。这些资源为开发人员提供了丰富的文档、示例和交流平台，帮助他们更好地使用和扩展 eBPF 的功能。

2. 劣势

eBPF 的学习、开发和使用也存在诸多劣势，具体如下。

1）学习难度大：eBPF 开发需要了解 eBPF 的编程模型、API 和工具链。对于没有经验的开发者来说，可能需要一些时间来掌握和理解 eBPF 的概念与使用方式。同时，eBPF 是和操作系统内核结合较多的一项技术，要写出功能丰富、逻辑合理的 eBPF 程序，需要了解一些内核的数据结构，这对开发者自身有一定的技术要求。

2）编程的限制：eBPF 程序的编写不像在用户空间中进行应用程序开发一样随心所欲，它有一套编程约定。它不能够调用任意的函数；支持 for 循环的能力有限；支持的语法较少，不支持面向对象编程语言的高级特性。

3）性能开销大：使用 eBPF 可能会带来一些性能开销，尤其是对于复杂的 eBPF 程序而言，在内核热点函数挂载钩子函数极易造成性能开销变大，同时频繁地加载和卸载 eBPF 程序，也可能导致系统受到影响。因此，在设计和实现 eBPF 程序时，我们需要权衡性能和功能需求，以确保达到预期的性能水平。

4）指令数的限制：由于内核版本的不断升级更新，不同内核版本支持的 eBPF 指令数是不一样的，在开发时要非常注意。老的内核版本（如 4.19）只支持 4096 条指令，高版本内核（如 6.1）可支持 100 万条指令。

尽管存在一些劣势，但 eBPF 的优势远远大于其劣势，成为现代系统和网络监测、性能分析和安全审计的重要工具之一。随着内核和工具链的不断发展，这些限制也有望逐渐减少。

1.2 eBPF 应用场景

eBPF 提供了一种灵活且高性能的方式来对系统进行实时的数据收集、过滤和处理。由于其强大的功能和可编程性，因此 eBPF 在各个领域得到了广泛应用。本节将介绍 eBPF 在几个常见场景中的应用，从而了解 eBPF 在实际场景中的应用方式和优势。后续章节会从更多方面介绍。

1.2.1 eBPF 跟踪与性能分析

跟踪和性能分析是监测和优化软件与系统的手段。跟踪关注事件和操作的流程及关联，用于问题排查和行为分析；而性能分析关注系统的性能表现，用于评估和提升系统的性能。两者在软件和系统开发、运维和优化过程中扮演着重要的角色。eBPF 在跟踪与性能分析方面有很高的价值，主要体现在以下几个方面。

1）跟踪诊断：eBPF 可以实时跟踪应用程序的运行情况，以便对性能瓶颈和错误进行诊断和调试，提高应用程序的可靠性和性能。

2）性能分析：使用 eBPF 监控和分析系统的各种性能指标，如 CPU 使用率、内存使用率、网络流量等，从而优化系统性能。

3）安全审计：eBPF 可以监控和审计系统的行为，发现异常和安全威胁。

4）网络分析：eBPF 可以监控和分析网络流量，发现网络性能瓶颈和安全威胁，帮助网络管理员优化网络性能和提升安全性。

eBPF 跟踪和性能分析经常使用的工具是 BCC 和 bpftrace，它们提供了强大的诊断能力。从第 4 章开始，一些 eBPF 实践案例将会使用这两个工具进行程序开发。下面主要介绍 BCC 和 bpftrace 的核心功能。

BCC 是基于 eBPF 的工具集，用于在 Linux 内核中进行高级网络分析和跟踪。它提供了一组易于使用的 Python 和 C++ 库，使用户能够编写和执行自定义的 eBPF 程序，以实时监测和分析网络流量、系统调用等。图 1-2 是 BCC 提供的工具集。

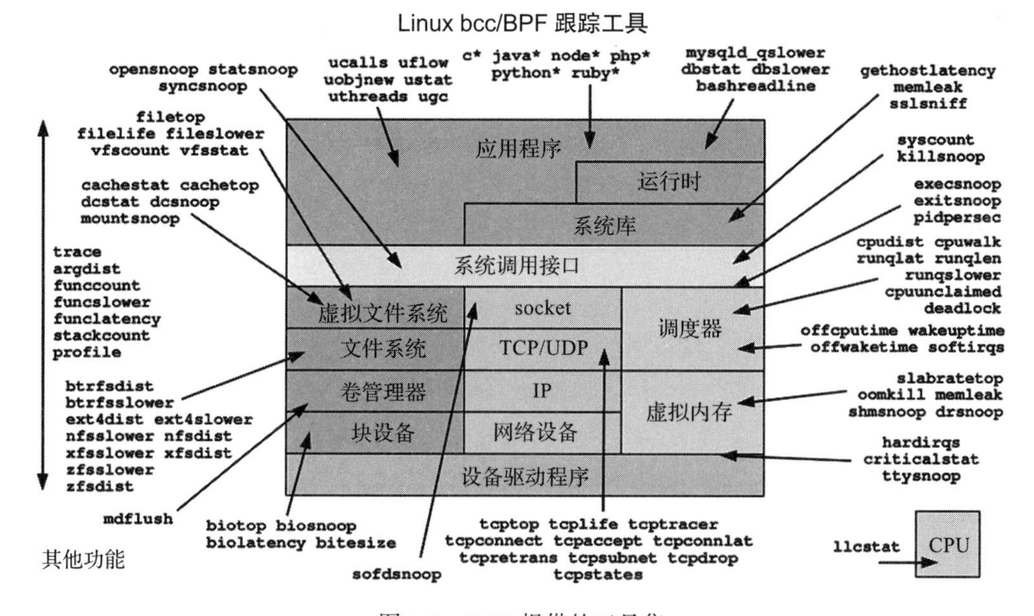

图 1-2　BCC 提供的工具集

bpftrace 是一种基于 eBPF 技术的高级跟踪和调试工具。它允许用户通过简单的声明性脚本语言，实时监测和分析 Linux 系统中的各种事件，如系统调用、函数调用、内核事件等，以便进行性能优化和故障排除。图 1-3 展示了 bpftrace 支持的跟踪功能的 eBPF 程序类型。

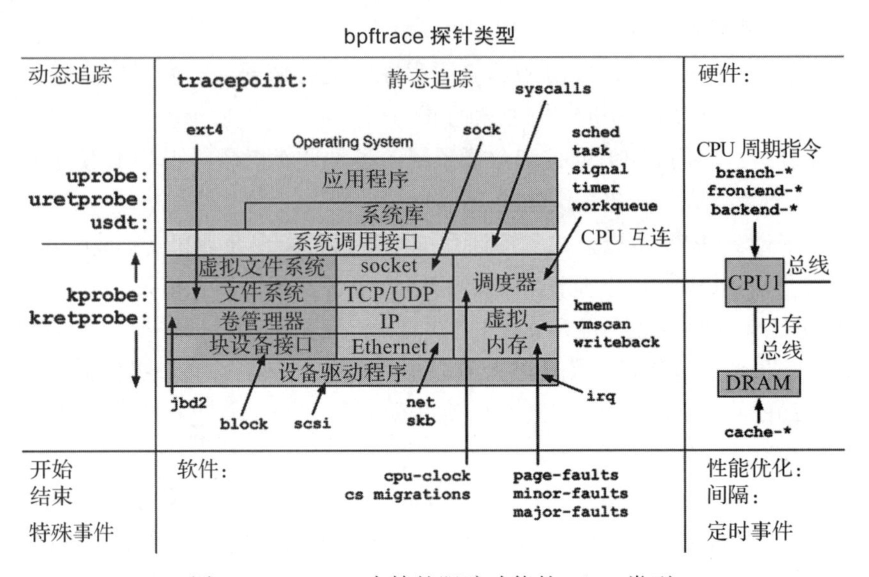

图 1-3 bpftrace 支持的跟踪功能的 eBPF 类型

1.2.2 eBPF 与可观测

可观测性是指在软件系统中收集、监测和分析关键指标和数据的能力，以全面了解系统的运行状态、性能和行为。它是一种设计和构建系统的能力，旨在实现对系统的全面可见性，以帮助团队完成故障排除、性能优化和容量规划等工作。本节将分析 eBPF 对于可观测性的价值，并基于 Pixie 展示各种可观测能力，以让读者有直观的了解。

1. eBPF 对于可观测性的价值

eBPF 提供了在内核级别进行实时数据收集、数据过滤和处理的能力，并具备高性能和低成本等特点。eBPF 在可观测性方面发挥了重要作用，并为系统监测和分析带来了许多价值，具体如下。

1）实时监控：eBPF 可以实时监控系统的各种活动，如 CPU 使用情况、内存使用情况、磁盘 I/O 读写等，从而及时发现并解决问题。

2）高效获取数据：eBPF 可以在内核级别获取数据，避免了用户空间和内核空间之间的上下文切换，因此能够更高效地获取数据。

3）可扩展性：eBPF 支持编写自定义程序以收集和分析特定数据，从而满足不同应用场景的需求，具有很高的可扩展性。

4）安全性：eBPF 可以帮助检测和防止恶意代码的行为，保护系统的安全。

5）精细化监控：eBPF 可以捕获网络包并进行分析，从而实现网络性能优化、QoS（Quality of Service，服务质量）管理和安全策略实施。

2. Pixie 在可观测中的应用展示

随着云原生（Cloud Native）技术的进一步发展，2018 年 CNCF（Cloud Native Computing Foundation，云原生计算基金会）率先将可观测性一词引入 IT 领域，并称可观测性是云原生时代必须具备的能力。自此，“可观测性”逐渐取代“监控”，成为云原生技术领域最热门的话题之一。那么，可观测性和监控有什么区别呢？这两者密切相关，但并不完全相同。

1）监控：是指对系统或应用程序的状态进行定期检查，以确定是否出现了异常或故障。监控通常基于预先定义的阈值和规则来判断是否需要触发警报或采取其他行动。

2）可观测性：是指通过监控、日志、指标和分布式追踪等方式来获得关于系统或应用程序的详细信息，以帮助开发者更好地理解系统或应用程序的运行情况，发现潜在问题并进行调整优化。

在云原生可观测性项目中，New Relic 公司开发的基于 eBPF 技术的开源可观测性平台 Pixie 具有举足轻重的作用，目前已经捐献给 CNCF。Pixie 可用于实时收集和分析应用程序的性能与状态数据。Pixie 通过使用 eBPF 技术，可以在不影响应用程序性能的情况下，直接在内核中捕获和过滤应用程序的数据包、系统调用和事件，从而提供实时、高精度的性能和状态数据。

网络监控是 Pixie 非常经典的一项功能（见图 1-4），它提供了清晰的网络拓扑图，显示了集群中网络流量的流向以及 DNS 请求的流向。此外，图 1-4 还显示了单个完整的 DNS 请求过程，以及 TCP 丢包和 TCP 重传的情况。

此外，Pixie 还提供了基础设施节点的监控能力（见图 1-5），具体如下。

1）网络和应用程序：可以展示网络和应用程序的监控情况，支持实时观察网络流量和应用程序的性能指标。

2）Pod、Node 和 Namespace 的资源使用情况：可以了解这些资源的 CPU、内存和存储等资源的消耗情况。

3）提供每个 Pod 和 Node 的 CPU 火焰图：这些火焰图可以帮助用户深入了解 CPU 的使用情况和系统运行的热点分布情况。

图 1-6 展示了 Pixie 提供的服务性能监控能力。Pixie 可以自动跟踪多种协议，能够让我们立即了解服务的健康状况，包括如下方面。

1）服务之间的流量流向：通过 Pixie，我们可以清晰地了解服务之间的流量流向，帮助识别和解决潜在的通信问题。

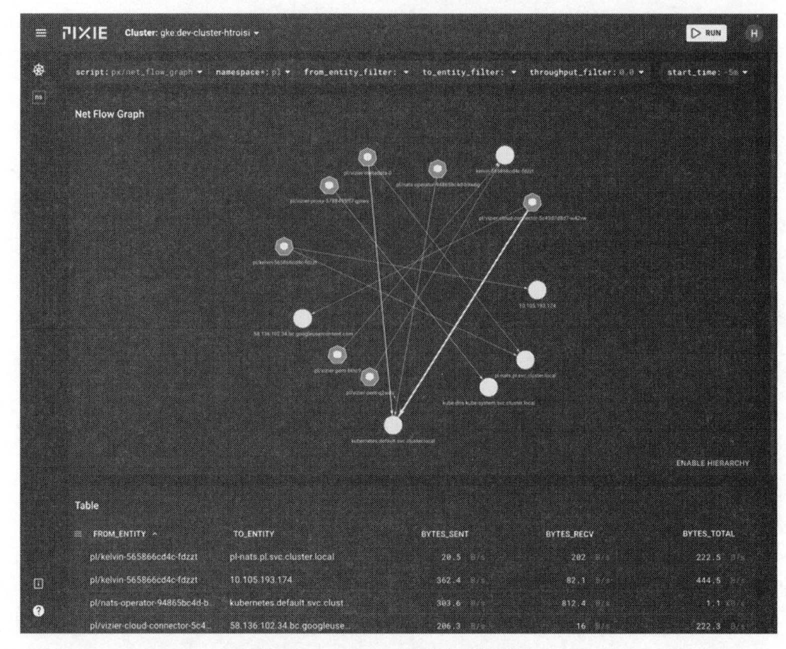

图 1-4　Pixie 网络拓扑功能

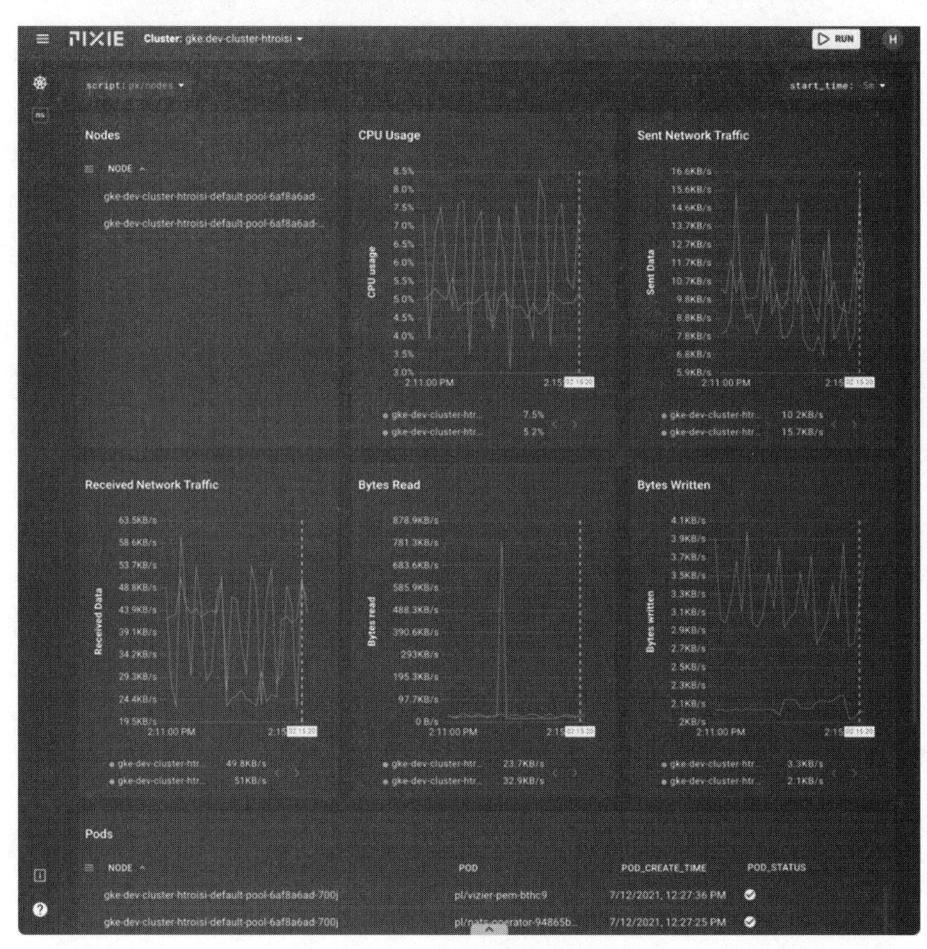

图 1-5　Pixie 对基础设施节点监控

2）每个服务和端点的延迟：Pixie 可以监控每个服务和端点的延迟情况，让我们能够快速发现和定位潜在的性能瓶颈。

3）个别服务中最慢请求的实例：通过 Pixie，我们可以获得个别服务中最慢请求的实例，这有助于深入了解和优化服务的性能。

通过这些功能，Pixie 能够帮助我们全面了解服务的运行状态，并提供有价值的信息来调整和改进系统的性能。

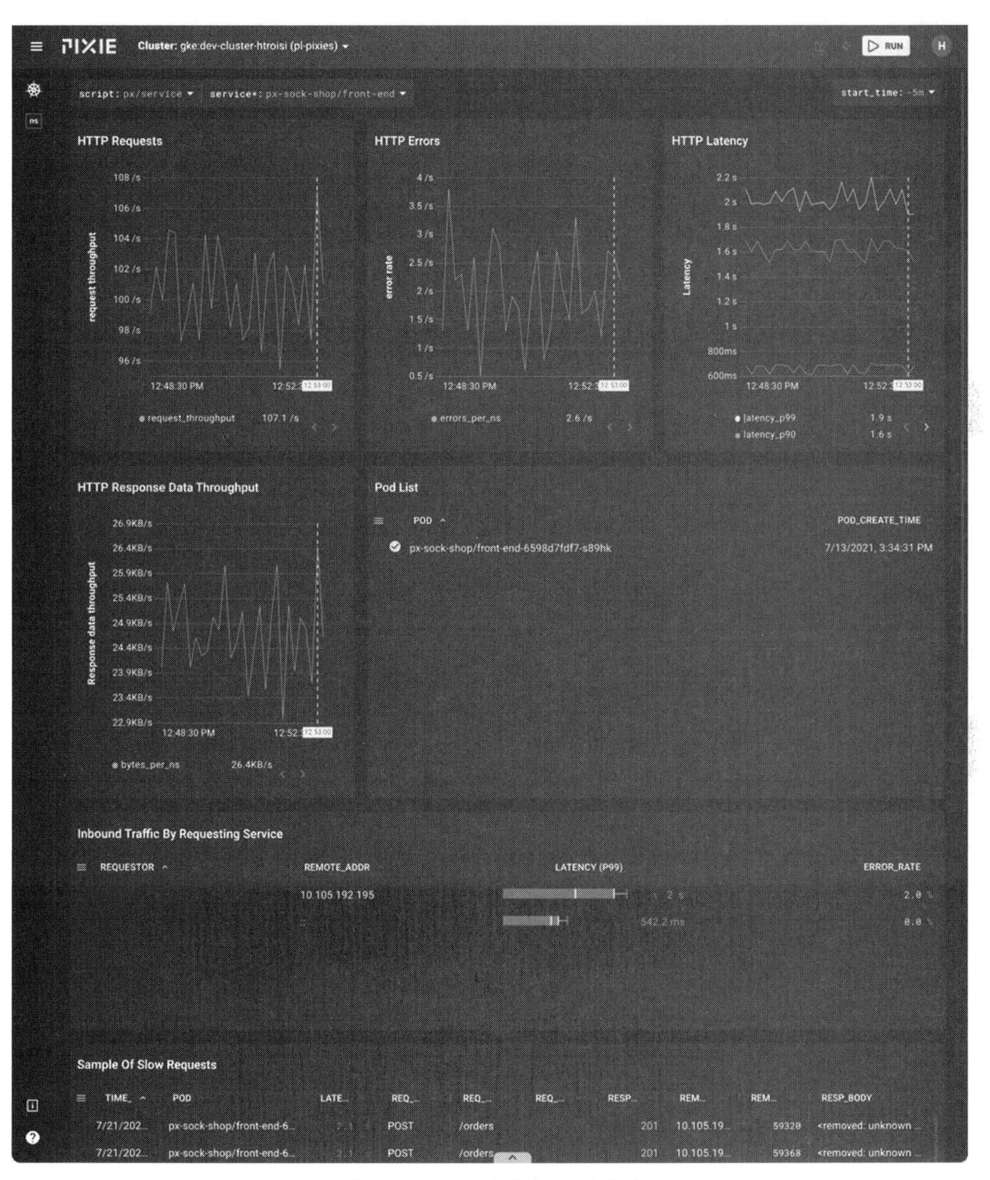

图 1-6　Pixie 对服务性能监控

图 1-7 展示了 Pixie 提供的数据库性能分析能力。Pixie 可以自动识别和跟踪多种不同的数据库协议。并提供了强大的数据库性能分析工具，帮助我们全面了解和优化数据库的性能，提高系统的稳定性和可靠性。

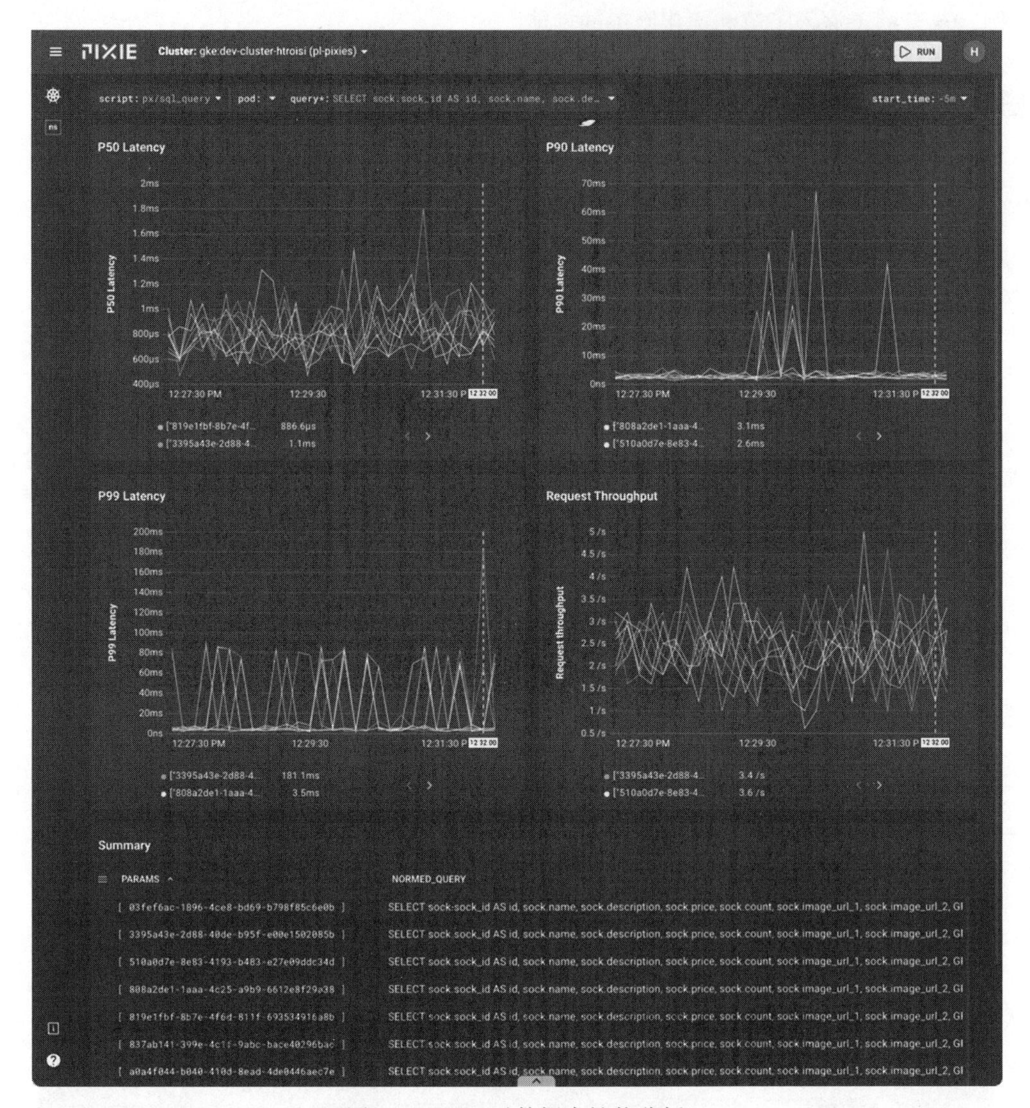

图 1-7　Pixie 对数据库性能分析

图 1-8 展示了 Pixie 提供的链路追踪能力。通过该能力，我们可以获得即时且深入的可观测性，使得调试微服务之间的通信工作变得简单、高效。

图 1-9 展示了 Pixie 提供的应用程序性能剖析能力。通过该能力，我们可以持续地分析应用程序的性能，以识别潜在的性能问题和瓶颈。

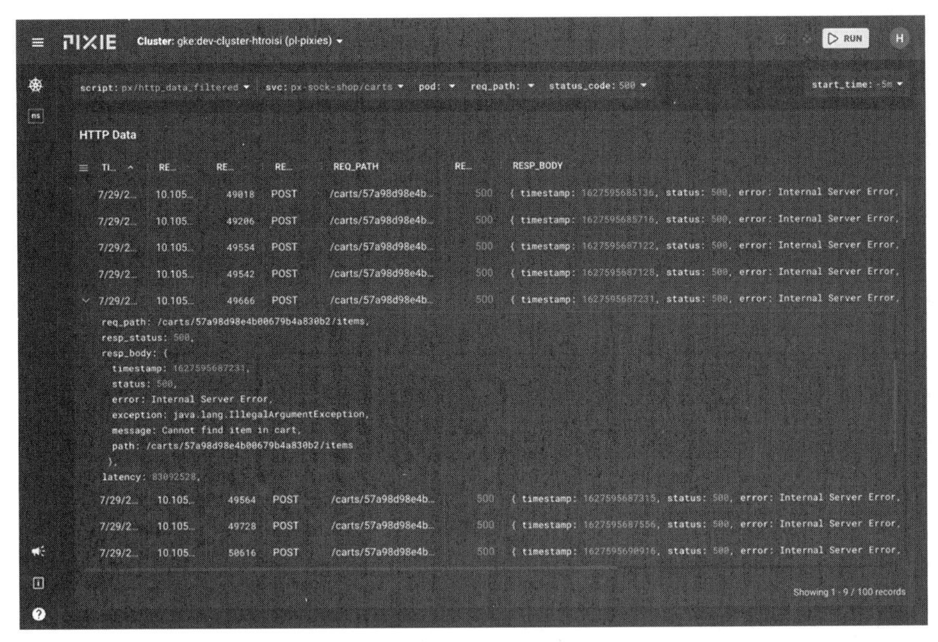

图 1-8　Pixie 对链路追踪

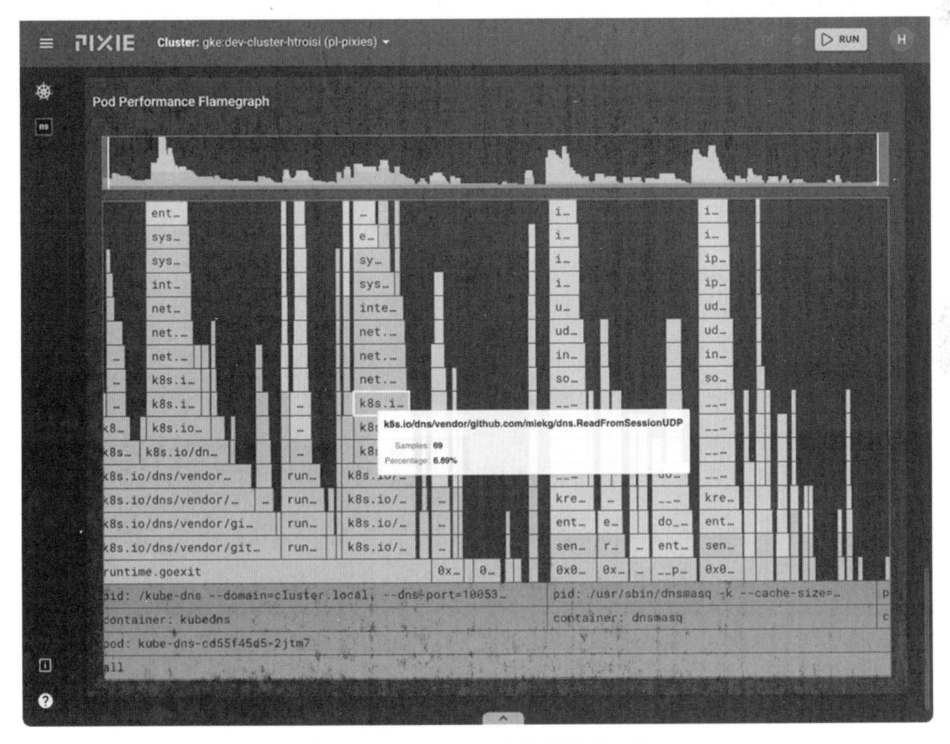

图 1-9　Pixie 对应用程序性能剖析

1.2.3 eBPF 与网络

eBPF 在网络监控特别是高性能网络分析和处理方面具有很高的应用价值。eBPF 可协助开发人员优化网络性能、提高网络可靠性和安全性，主要体现在以下几方面。

1）减少上下文切换：eBPF 可以在内核空间执行代码，而不需要切换到用户空间，从而减少了上下文切换的开销，提高网络性能。

2）精细化控制：eBPF 可以检测和过滤网络数据包，并根据用户需要进行精细化控制，提高网络性能和可靠性。

3）高效收集数据：eBPF 可以在内核级别收集网络数据包的信息，从而避免了用户空间和内核空间之间的上下文切换，提高了数据收集的效率。

4）实时监控：eBPF 可以实时监控网络流量，从而能够及时发现并解决网络问题，提高网络的可靠性和稳定性。

5）网络安全：eBPF 可以帮助检测和防止网络攻击，保护网络的安全。

XDP（eXpress Data Path，快速数据路径）是 Linux 内核中一种高效的数据包处理机制，它允许用户在数据包到达网络协议栈之前进行分析处理。它的主要设计目标是提高网络性能和减少延迟，尤其适用于高吞吐量和数据包高传输速率的场景，比如数据中心和云计算环境。XDP 是基于 eBPF 实现的重要功能，可在网络接口驱动程序的接收路径上执行网络过滤器自定义，实现高效的数据包过滤、转发和修改。与传统的 Linux 内核网络数据包处理技术（如 iptables）相比，XDP 具有更高的性能和更低的延迟，能够处理更大规模的网络流量。XDP 已经广泛应用于高效网络数据包处理场景。举例来说，在容器网络中，XDP 可用于加速容器间通信、实现网络隔离和安全等功能。同时，XDP 还可应用于高性能负载均衡、防火墙和 DDoS 攻击防护等网络应用场景，进一步提升性能。

Facebook 开源了基于 XDP 技术的四层网络负载均衡器——Katran。Katran 已成功应用于 Facebook 的网络负载均衡器中。Katran 被部署在 Facebook 的 PoP 服务器上，旨在提高网络负载均衡的性能和可扩展性，并减少在没有数据包流入时的循环等待。图 1-10 左侧显示的是 Katran 第一代解决方案，基于内核 IPVS（IP Virtual Server，IP 虚拟服务器）技术实现，需要独占节点；而右侧显示的是第二代解决方案，基于 XDP 技术，无须独占节点，并且可以与业务后端混部。通过对 Katran 的介绍，我们了解到 eBPF 在高性能网络处理和分析中的强大应用。

1.2.4 eBPF 与安全

eBPF 在计算机安全方面的主要价值如下。

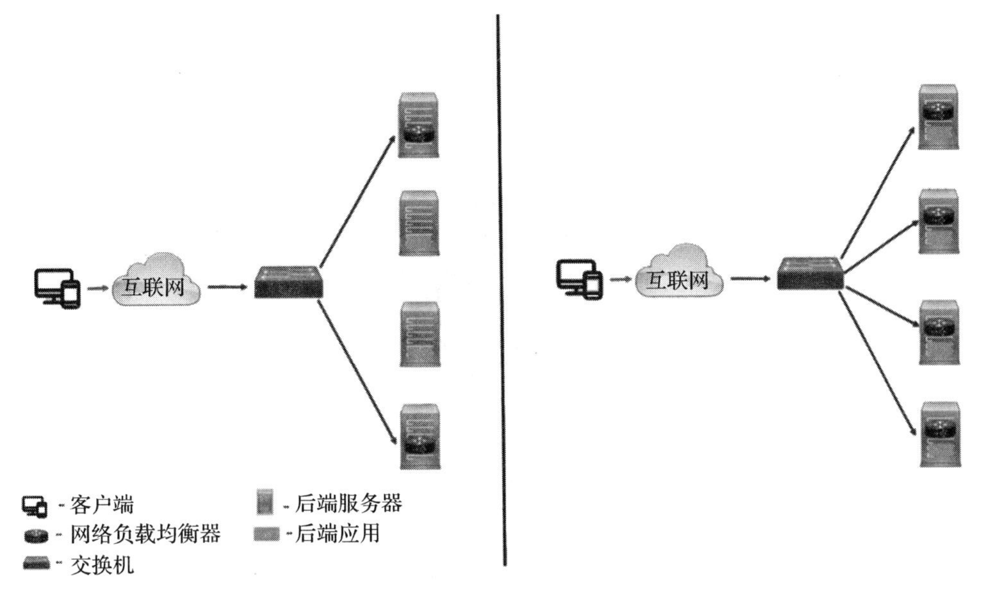

图 1-10　Katran 第一代解决方案和第二代解决方案的对比

1）安全审计：eBPF 可以监控和审计内核的系统调用，从而提高安全性，防范恶意行为。

2）攻击检测：eBPF 可以检测和防止内核漏洞和网络攻击，保护系统的安全。

3）数据保护：eBPF 可以监控和过滤内核数据，从而保护敏感数据的安全。

4）强制访问控制：eBPF 可以实现内核级别的强制访问控制，限制对敏感资源的访问，提高安全性。

eBPF 在安全领域的流行项目之一是 Falco。Falco 是一款基于 eBPF 的威胁检测工具，由 Sysdig 开源社区开发。图 1-11 展示了 Falco 的大致工作原理，它可以实时监控容器和主机上的系统调用、文件系统、网络和其他事件，以检测恶意行为和安全威胁。Falco 使用规则引擎来定义和识别潜在的安全问题，当检测到恶意行为时，可以通过警报、日志、通知等方式进行告警。Falco 的优点在于，它可以从容器内部和外部进行监控，适用于 Kubernetes、Docker、Mesos 等各种容器平台。与传统的 IDS/IPS（Intrusion Detection System/Intrusion Prevention System，入侵检测系统 / 入侵防御系统）相比，Falco 的优势在于能够基于 eBPF 进行实时检测，快速发现安全漏洞和威胁，还可以根据需要自定义检测规则，提高检测精度和覆盖范围。

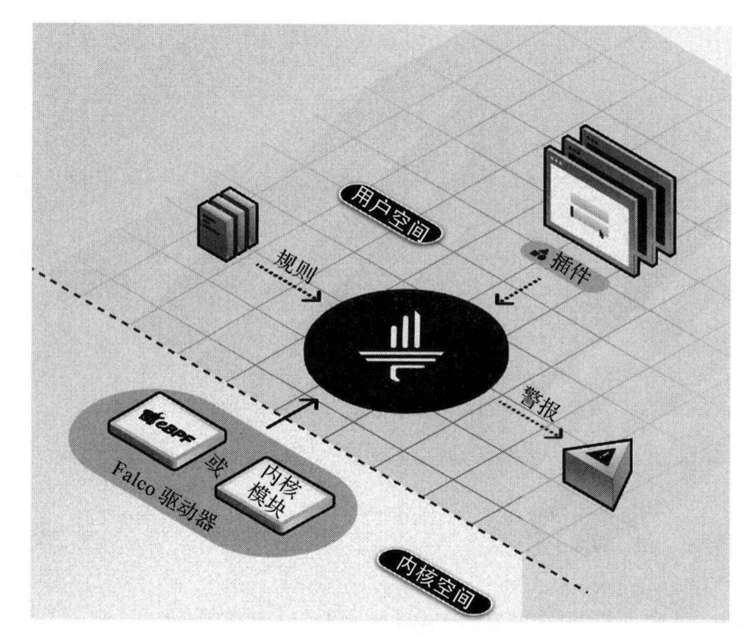

图 1-11 Falco 的大致工作原理

1.3 eBPF 基础架构

为了更好地理解 eBPF 的工作原理，接下来我们将详细介绍 eBPF 基础架构。我们将从 eBPF 程序的加载过程开始分析，重点关注 JIT 编译流程。然后，我们将梳理 eBPF 的挂载与执行流程，以便读者能够更系统地理解 eBPF 整个运行的生命周期。通过本节的学习，读者将能够深入了解 eBPF 的运行机制，并对其工作原理有更全面的理解。

图 1-12 展示了 eBPF 基础架构，从中可以看到 eBPF 包含了多个功能模块。

1）开发工具链：这里开发工具链主要是指 Clang 和 LLVM，它们用于将 C 语言编写的 eBPF 程序编译生成 eBPF 字节码。

2）eBPF verifier：eBPF 的校验器，主要功能是验证 eBPF 程序的安全性和正确性，包括访问控制检查、边界检查、循环检查和类型检查等，以确保 eBPF 程序不会引起系统崩溃或安全漏洞。

3）eBPF JIT Compiler：eBPF 即时编译器，将 eBPF 字节码动态编译为本机机器码，以提高 eBPF 程序的执行效率和性能。

4）eBPF map：eBPF 映射，是一种数据结构，用于实现在 Linux 内核中的高效数据交换。它允许用户空间程序与内核空间程序之间共享数据，实现灵活的数据传输和处理。

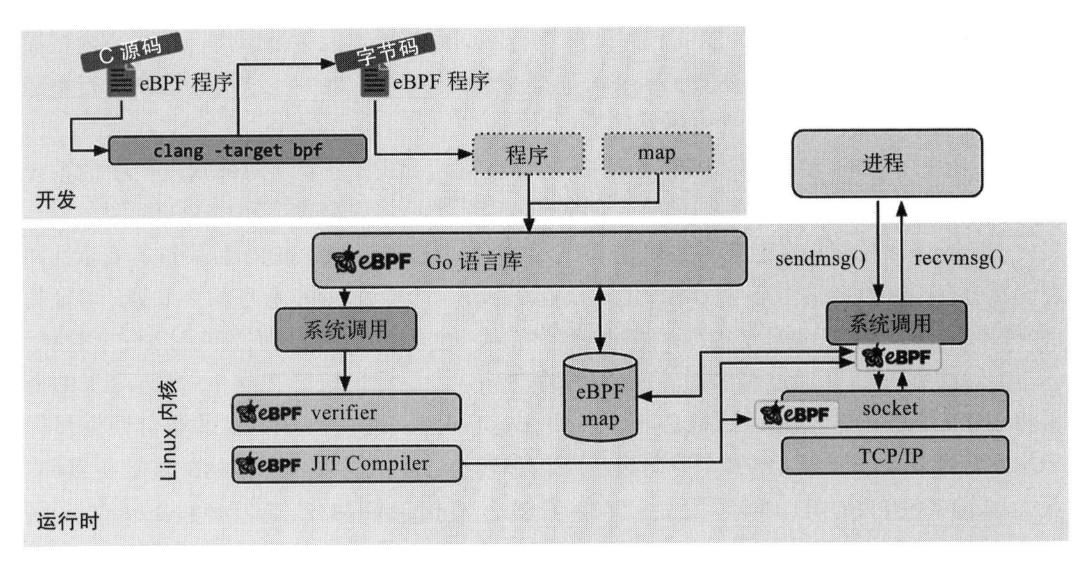

图 1-12　eBPF 基础架构

1.3.1　eBPF 加载流程和相关组件

eBPF 加载流程主要包括以下几个步骤。

1）编写 eBPF 程序：首先，用户需要使用 C 语言或 eBPF 汇编代码编写 eBPF 程序。程序通常包括内核态部分和用户态部分。内核态部分包含 eBPF 程序的实际逻辑，用户态部分负责加载、运行和监控内核态程序，解析内核态输出的信息。

2）编译 eBPF 程序：编写完 eBPF 程序后，需要使用 LLVM、Clang 等工具将它编译成 ELF（Executable and Linkable Format，可执行和链接格式）文件，然后通过 libbpf [㊀]或其他工具对 ELF 文件进行解析，按照需要的格式整理数据。接着，通过 BPF 系统调用，将这些数据加载到内核中。

3）校验和翻译：在内核中，有一个校验器负责对 eBPF 程序进行校验，确保其安全性。校验通过后，使用 JIT 编译器对 eBPF 程序进行翻译解析，使程序在内核中高效执行。

4）运行和监控：eBPF 程序在内核中运行时，会触发特定事件，并将事件相关信息传递给用户态程序。用户态程序负责处理这些信息并将结果输出。当程序运行完成后，用户态程序可以卸载并结束 eBPF 程序的运行。

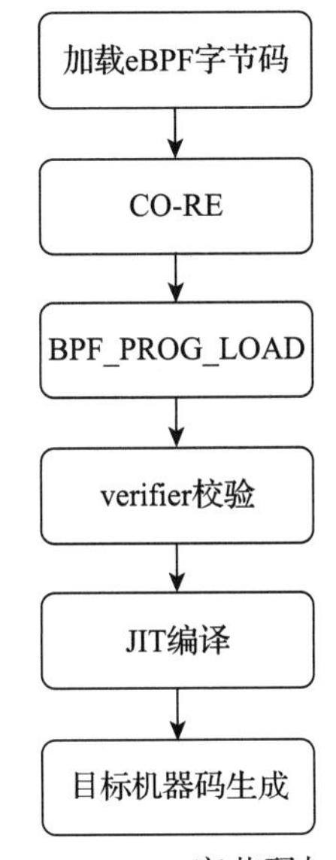

图 1-13　eBPF 字节码加载流程涉及的关键技术

图 1-13 展示了 eBPF 字节码的加载流程涉及的关键技术。eBPF 字节码加载涉及的关键技术的具体说明如下。

㊀ 一个轻量级的开发框架，用于简化 eBPF 程序的开发、构建和运行，将在第 3 章介绍。

1）CO-RE：CO-RE 是 eBPF 程序能够兼容不同内核版本的关键所在，它结合内核提供的 BTF 文件实现此功能。eBPF 字节码加载时会由 CO-RE 将一些结构体信息进行重定位，以适应不同内核版本的结构体差异。

2）BPF_PROG_LOAD：BPF_PROG_LOAD 是将 eBPF 字节码加载到内核中的系统调用。该系统调用还会传递其他信息，如 eBPF 程序类型、安全选项和相关的资源。

3）verifier 校验：在字节码加载过程中，内核会通过校验器对 eBPF 程序进行安全性和正确性检查。这个验证过程由 verifier 组件负责。verifier 会检查 eBPF 程序的字节码，验证其访问权限、指令顺序、循环结构等，并确保程序在执行时不会导致内核崩溃或引入安全漏洞。

4）JIT 编译：在通过验证后，eBPF 程序进入 JIT 编译阶段。在这个阶段，JIT 编译器将 eBPF 字节码转换为目标机器码，以便在运行时高效执行。JIT 编译器会根据目标架构的特性和要求，对 eBPF 字节码进行优化和转换，生成适合目标架构的高效机器码。截至目前，eBPF 的 JIT 编译器已经支持了多个架构：ARM32、ARM64、LoongArch、MIPS、PowerPC、RISC-V、s390、SPARC 和 x86-64。本节主要介绍 x86-64 平台的 eBPF JIT 实现。一旦目标机器码生成完毕，内核会为它们分配相应的内存空间。这些代码会根据特定的触发条件开始执行 eBPF 程序。

1.3.2 eBPF 的 JIT 编译原理

eBPF 程序可以通过两种方式运行：解释器（Interpreter）和 JIT 编译器。

1）解释器：可用于直接执行 eBPF 程序。内核将解释器视为一种特殊的虚拟机，它可以逐条解释和执行 eBPF 指令。解释器的优点是简单、易于实现和调试，它不需要进行额外的编译。然而，解释器的执行速度相对较慢，因为它需要对每个指令进行解释和执行。

2）JIT 编译器：JIT 编译器的优点是速度更快，因为它将 eBPF 程序编译为本地机器码，在每个指令执行时才进行解释。此外，JIT 编译器还可以进行各种优化，提高程序的执行效率。然而，JIT 编译器的实现较为复杂，需要考虑安全性和兼容性等因素。

在实际应用中，eBPF 程序通常会根据需求和场景选择使用解释器还是 JIT 编译器。解释器适用于简单的 eBPF 程序或快速原型开发场景，而 JIT 编译器则适用于要求性能和效率的场景。需要注意的是，eBPF 解释器和 JIT 编译器并不是互斥的，可以在同一系统中同时存在。在运行 eBPF 程序时，内核会根据具体情况选择使用解释器或 JIT 编译器来执行程序。当内核开启 CONFIG_BPF_JIT_ALWAYS_ON 选项时，eBPF 程序会进行 JIT 编译，反之则会使用 eBPF 解释器运行 eBPF 程序。

图 1-14 是 eBPF JIT 的主要流程，大致分为 5 个步骤。

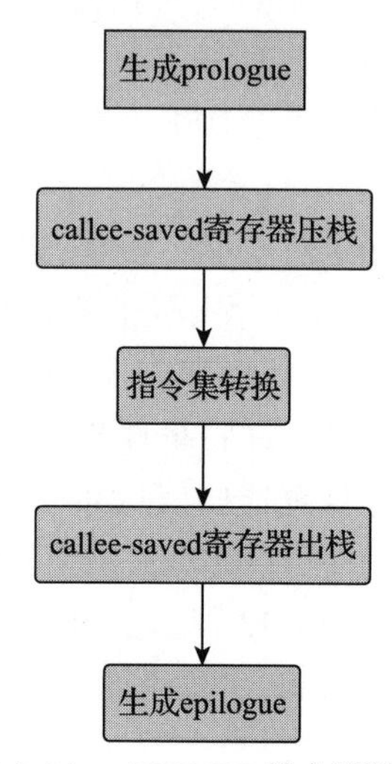

图 1-14 eBPF JIT 的主要流程

下面对这 5 个步骤进行简要说明。

1. 生成 prologue

在计算机程序中，prologue（序言）是指程序的开头部分，通常包括一系列指令，用于设置函数调用所需的状态。在函数调用开始之前，程序需要先执行 prologue 中的指令，以确保函数调用所需的环境和状态已经被正确地构建与初始化。prologue 通常包括以下指令。

1）push rbp：将当前函数的基址指针入栈，以保存调用函数之前的 rbp 值。

2）mov rbp, rsp：将当前函数的栈顶指针复制到 rbp 寄存器中，以作为基址指针使用。

3）sub rsp, n：为当前函数分配一定的栈空间，用于存储局部变量和函数参数。

生成 prologue 的示例代码如下所示。

```
static void emit_prologue(u8 **pprog, u32 stack_depth, bool ebpf_from_cbpf,
    bool tail_call_reachable, bool is_subprog)
{
u8 *prog = *pprog;
int cnt = X86_PATCH_SIZE;

memcpy(prog, ideal_nops[NOP_ATOMIC5], cnt);
prog += cnt;
if (!ebpf_from_cbpf) {
if (tail_call_reachable && !is_subprog)
EMIT2(0x31, 0xC0); /* xor eax, eax */
else
EMIT2(0x66, 0x90); /* nop2 */
}
EMIT1(0x55);              /* push rbp */
EMIT3(0x48, 0x89, 0xE5); /* mov rbp, rsp */
/* sub rsp, rounded_stack_depth */
if (stack_depth)
EMIT3_off32(0x48, 0x81, 0xEC, round_up(stack_depth, 8));
}
```

2. callee-saved 寄存器压栈

在函数调用过程中，callee-saved 和 caller-saved 是两种常见的寄存器保存策略。callee-saved 寄存器是指在函数调用前，被调用函数（callee）需要将其使用的一些寄存器值保存在栈中，以保证在函数返回后能够正确恢复原始的寄存器状态。callee-saved 寄存器通常是被调用函数自己使用的，不会影响到调用函数（caller）的寄存器状态。caller-saved 寄存器则是指在函数调用前，调用函数需要将其使用的一些寄存器值保存在栈中，以保证在函数返回后能够正确恢复原始的寄存器状态。

eBPF 的 callee-saved 寄存器是 r6～r9，对应的 x86-64 的 callee-saved 寄存器主要如下。

1）RBX：基地址寄存器，保存数组和数据结构的基地址。

2）RBP：基指针寄存器，保存栈帧的基地址。

3）r12～r15：通用寄存器，用于存储临时变量和中间结果。

但是，我们并未使用 RBP、r12 寄存器，因此可以不压栈。RBP 寄存器相当于 eBPF 里面的 r10 寄存器，它是只读的，所以不需要保存。下面的代码片段是 callee-saved 寄存器压栈的内核源码。

```
static void push_callee_regs(u8 **pprog, bool *callee_regs_used)
{
u8 *prog = *pprog;
int cnt = 0;

if (callee_regs_used[0])
EMIT1(0x53);          /* push rbx */
if (callee_regs_used[1])
EMIT2(0x41, 0x55);    /* push r13 */
if (callee_regs_used[2])
EMIT2(0x41, 0x56);    /* push r14 */
if (callee_regs_used[3])
EMIT2(0x41, 0x57);    /* push r15 */
*pprog = prog;
}
```

3. 指令集转换

eBPF 指令集的设计初衷是尽量贴近底层机器指令集，因此在 JIT 编译过程中，能够相对顺利地将每条 eBPF 指令转换为相应的机器指令。这种指令转换过程与编译器领域中的指令选择相似，即将编译器的中间代码映射到目标指令集。在编译器中，指令选择通常采用树模式匹配的方法。该方法考虑多种可能的候选指令序列，并选择预期代价最低的序列。相比之下，eBPF 的 JIT 实现要简单得多。如有兴趣深入了解，读者可以查阅内核中的 do_jit 函数，以获取更多细节。

4. callee-saved 寄存器出栈

在程序结束时（遇到 BPF_EXIT 指令），需要恢复 callee-saved 寄存器的值，即将 callee-saved 寄存器出栈。和 callee-saved 寄存器入栈时一样，需要按照相反的顺序将 callee-saved 寄存器弹出栈，即以 r15、r14、r13 和 RBX 的顺序出栈。下面的代码片段是 callee-saved 寄存器出栈的内核源码。

```
static void pop_callee_regs(u8 **pprog, bool *callee_regs_used)
{
u8 *prog = *pprog;
int cnt = 0;
```

```
if (callee_regs_used[3])
EMIT2(0x41, 0x5F);    /* pop r15 */
if (callee_regs_used[2])
EMIT2(0x41, 0x5E);    /* pop r14 */
if (callee_regs_used[1])
EMIT2(0x41, 0x5D);    /* pop r13 */
if (callee_regs_used[0])
EMIT1(0x5B);          /* pop rbx */
*pprog = prog;
}
```

5. 生成 epilogue

epilogue（尾声）和 prologue 在功能上是相对的，主要用于恢复调用者（caller）的状态。生成 epilogue 需要使用两条主要指令：leave 和 ret。leave 指令实际上执行了“mov rsp, rbp”和“pop rbp”两条指令，其作用是将栈指针 rsp 设置为栈帧基指针 rbp 的值，并弹出栈帧基指针 rbp，以恢复调用者的栈帧。ret 指令则负责从栈中弹出栈顶元素，将其作为返回地址，并跳转至调用者的下一条指令。

下面的代码片段展示了 leave 和 ret 指令的大致插入位置，可以看到：当遇到 BPF_EXIT 指令时，JIT 编译器会生成 epilogue，即插入 leave 和 ret 指令。

```
static int do_jit(...)
{
    …
    for(i=1; i<= insn_cnt; i++, insn++) {
    …
    switch(insn->code){
    …
    case BPF_JMP|BPF_EXIT:
        if(seen_exit){
            jmp_offset =Cctx->cleanup_addr - addrs[i];
            goto emit_jmp;
        }
        seen_exit==true:
        ctx->cleanup_addr = proglen;
        pop_callee_regs(&prog, callee_regs_used);
        //leave 指令
        EMIT1(0xC9);
        //ret 指令
        emit_return(&prog, image+addrs[i-1]+(prog-temp));
        break:
    }
    …
}
```

1.3.3 eBPF 的挂载与执行

eBPF 挂载与执行是将 eBPF 程序挂载在指定的内核位置，比如带有 SEC（kprobe/tcp_sendmsg）标记的 eBPF 程序将被挂载在内核的 tcp_sendmsg() 函数的位置。内核运行到此函数时，会先执行我们挂载的 eBPF 程序。

通过挂载 eBPF 程序，我们可以在内核中注入自定义的逻辑和行为，以扩展和增强内核功能。这使得 eBPF 在许多领域中具有广泛的应用，包括网络分析、安全监控、性能优化等。通过挂载在特定函数位置的 eBPF 程序，我们可以在内核执行关键函数时进行拦截、修改或扩展，实现更灵活和高效的系统处理。

表 1-4 梳理了常见的 eBPF 程序类型、对应的 ELF 段名以及在内核中的可挂载位置。该表可以帮助我们更好地理解不同类型的 eBPF 程序在内核中的挂载位置。

表 1-4 常见的 eBPF 程序类型

程序类型	ELF 段名	可挂载位置
BPF_PROG_TYPE_KPROBE	kprobe、kretprobe、uprobe、uretprobe 或 usdt	任意的内核函数
BPF_PROG_TYPE_TRACEPOINT	tp 或 tracepoint	任意的内核静态探测点
BPF_PROG_TYPE_XDP	xdp	网卡驱动收包点
BPF_PROG_TYPE_RAW_TRACEPOINT	raw_tp 或 raw_tracepoint	任意的内核静态探测点
BPF_PROG_TYPE_TRACING	fmod_ret、fentry、fexit、iter 或 tp_btf	fmod_ret、fentry 和 fexit 可挂载在任意的内核函数；iter 可挂载在内核固定位置；tp_btf 可挂载在任意的内核静态探测点

1.4 本章小结

本章深入探讨了 eBPF 的演进及 eBPF 在多个领域的应用。eBPF 的核心优势在于低延迟、高安全性和灵活性。它允许用户在不重启系统的情况下，动态地加载和运行程序。这种特性使得 eBPF 成为网络监控、性能分析和安全监控的理想选择。随着 eBPF 技术的不断进步，它在网络和系统管理中的应用前景广阔，未来有更广阔的发展空间。

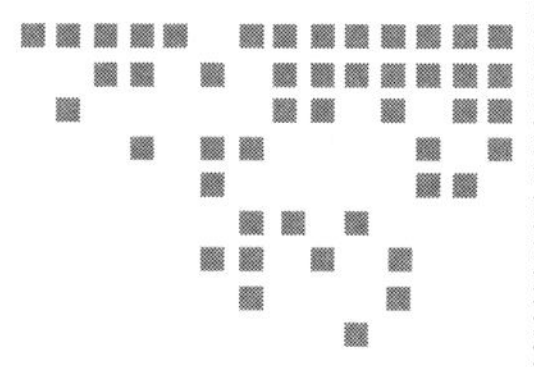

第 2 章　Chapter 2

eBPF 的特性解析

随着多样化应用场景的涌现，eBPF 正逐渐成为 Linux 内核的重要特性。开发者可以利用 eBPF 来创建复杂的数据路径、定制安全策略、构建精细化的监控工具等。本章将深入探讨 eBPF 的多项特性，包括其指令架构、系统调用、辅助函数以及多种程序类型，为理解和运用这项强大技术打下坚实的基础。

2.1　eBPF 指令架构

表 2-1 对比了 cBPF 和 eBPF 的指令架构。与 cBPF 相比，eBPF 拥有更多的寄存器、更复杂的指令类型，以及更强的编程功能，这为在内核空间执行复杂的数据处理和监控任务提供了可能。

表 2-1　cBPF 和 eBPF 指令架构的对比

对比维度	cBPF	eBPF
内核版本	Linux 2.1.75（1997 年）	Linux 3.18（2014 年）
寄存器数目	2 个：A 和 X	11 个：r0～r10
寄存器宽度	32 位	64 位
存储	16 个内存位	512 字节堆栈，未限制大小的 map 存储
内核函数调用	不能调用内核函数	只能调用特定函数，包括 helper（辅助函数）、kfunc（内核函数）等
目标事件	数据包、seccomp-BPF	数据包、内核函数、用户函数、跟踪点等

2.1.1 cBPF 指令集

本小节先对 cBPF 指令集进行介绍，随后探讨 eBPF 指令架构的关键组成部分。通过逐一分析这些要素，我们可以更好地理解 eBPF 指令集的设计原理和它在内核编程中的应用。

cBPF 指令集用于在内核级别快速评估网络数据包，从而决定是否需要将这些数据包传递给用户空间的程序进行进一步处理。

cBPF 指令集是相对简单的，由一系列固定长度（通常为 32 位）的指令组成。cBPF 虚拟机是一个基于寄存器的处理器模型，拥有一个累加器（用于计算和存储结果），一个索引寄存器（用于数组和内存访问），一个程序计数器（用于控制指令流程），以及一个数据内存存储区域。

1. 寄存器

cBPF 使用两个主要的寄存器，一个累加器（A 寄存器）和一个索引寄存器（X 寄存器）。累加器用于执行算术和逻辑运算，而 X 寄存器主要用于内存访问。

2. 指令编码

cBPF 指令编码如表 2-2 所示。

表 2-2 cBPF 指令编码

字段	操作码	jt	jf	k
长度	8 位	8 位	8 位	32 位

表 2-2 中的各个字段的含义如下。

- 操作码：指示要执行的操作类型，包括加载、存储、逻辑运算（如加、减、乘、除、与、或、非、左移、右移等）、跳转等。
- jt（跳转真）：当条件判断为真时，指示程序要跳转到下一条指令的偏移量。
- jf（跳转假）：当条件判断为假时，指示程序要跳转到下一条指令的偏移量。
- k（常量）：根据操作码的不同而具有不同的含义，一般用来作为偏移量。

使用网络抓包工具 tcpdump 的 -d 参数可以显示捕获数据包的原始指令，比如要抓取 IPv4 的数据包且 TCP 源端口是 80，可使用命令 tcpdump -d 'ip and tcp src port 80，执行结果如下所示：

```
(000) ldh      [12]       //从数据包中偏移量为12开始加载2个字节（即以太类型字段），在IPv4
                          //中，该字段的值为0x0800
(001) jeq      #0x800     jt 2    jf 10
(002) ldb      [23]
(003) jeq      #0x6       jt 4    jf 10
(004) ldh      [20]
(005) jset     #0x1fff    jt 10    jf 6
```

```
(006) ldxb      4*([14]&0xf)
(007) ldh       [x + 14]
//如果端口号等于80（0x50，即HTTP端口），则跳转到009指令执行并返回正值，否则跳转到010指令处执
//行，返回0
(008) jeq       #0x50      jt 9    jf 10
(009) ret       #262144
(010) ret       #0
```

tcpdump 的 -dd 参数，可以将 cBPF 的指令助记符转换成具体的指令数值，命令为 tcpdump -dd 'ip and tcp src port 80，执行结果如下所示：

```
1 { 0x28, 0, 0, 0x0000000c },      //从网络数据包中偏移量为12处加载16位内容到A寄存器
2 { 0x15, 0, 8, 0x00000800 },
3 { 0x30, 0, 0, 0x00000017 },
4 { 0x15, 0, 6, 0x00000006 },
5 { 0x28, 0, 0, 0x00000014 },
6 { 0x45, 4, 0, 0x00001fff },
7 { 0xb1, 0, 0, 0x0000000e },
8 { 0x48, 0, 0, 0x0000000e },
9 { 0x15, 0, 1, 0x00000050 },      //如果A寄存器的值等于80（十六进制为0x0050），则跳转
                                   //到下一条指令，否则跳过一条指令
10 { 0x6, 0, 0, 0x00040000 },
11 { 0x6, 0, 0, 0x00000000 },
```

在第9行的指令中，0x15是操作码，表示这是一个条件相等（JEQ）跳转指令；0x00000050是k字段，存储了需要比较的值80。0是JT字段数值，如果为真（寄存器A内容与80数值相等）则执行偏移量为0的指令（即下一条指令，此例为第10行）；1是JF字段，如果为假则跳转到偏移量为1的指令执行（此例为第11行）。

3. 指令类型

cBPF支持以下几种指令类型。

1）加载指令（LD/LDX）：用于从数据包或寄存器中加载数据。

2）存储指令（ST/STX）：用于将数据存储到寄存器或内存位置。

3）算术指令：包括加法（ADD）、减法（SUB）、乘法（MUL）、除法（DIV）等。

4）位操作指令：包括AND、OR、左移（LSH）、右移（RSH）等。

5）跳转指令：用于基于条件的程序执行流控制。

2.1.2 eBPF指令集

cBPF使用32位的经典BPF虚拟机，包含了限定的指令集，而eBPF则使用64位的eBPF虚拟机，拥有更多的寄存器和指令，支持更丰富的操作和功能。BPF（默认指eBPF非cBPF）程序指令都是64位，使用了11个64位寄存器和一个程序计数器，以及一个大小为512字节的BPF栈。

1. 寄存器和调用规约

eBPF 有 10 个通用寄存器和一个只读的 fp（frame pointer，帧指针）寄存器，它们都是 64 位。eBPF 调用规约如下。

1）R0：保存函数调用的返回值，以及 eBPF 程序退出值。

2）R1～R5：函数调用入参。

3）R6～R9：调用者保存寄存器。

4）R10：只读的，栈帧寄存器。

2. 指令编码

eBPF 有两类指令编码：基础指令编码和宽指令编码。

1）基础指令编码：单条指令长度为 64 位。指令构成如表 2-3 所示。

表 2-3　eBPF 基础指令编码

字段	操作码	目的寄存器	源寄存器	偏移	立即数
长度	8 位	4 位	4 位	16 位	32 位

说明：

- 操作码：指令的具体操作，如 BPF_ADD、BPF_LD 等。
- 目的寄存器：R0～R9 中的一个。
- 源寄存器：R0～R10 中的一个。
- 偏移：16 位，主要用于进行指针类型的数学运算，可记为 off16。
- 立即数：32 位有符号的立即数，可记为 imm32。

Linux 内核使用 struct bpf_insn 结构体表示 eBPF 的指令格式，struct bpf_insn 结构体的具体定义如下：

```
struct bpf_insn {
 __u8 code;          /*操作码*/
 __u8 dst_reg:4;     /*目的寄存器*/
 __u8 src_reg:4;     /*源寄存器*/
 __s16 off;          /*偏移*/
 __s32 imm;          /*立即数*/
};
```

每条指令可能只用了一部分，并非全部。接下来将着重介绍一下操作码的格式，如表 2-4 所示。

表 2-4　操作码的格式

操作码	编码	标识位	指令类型
长度	4 位（MSB）	1 位（LSB）	3 位（LSB）

操作码的每个字段说明如下：

- ❑ 编码：细分的操作码，比如运算指令 BPF_ALU 下面有相加（BPF_ADD）、相减（BPF_SUB）等细分指令。
- ❑ 标识位：包含 BPF_K 和 BPF_X。BPF_K 表示使用 32 位的立即数作为源操作数；BPF_X 表示使用源寄存器作为源操作数。
- ❑ 指令类型：包含三大类指令，加载与存储指令、运算指令、跳转指令。如表 2-5 所示。

表 2-5　cBPF 和 eBPF 的指令类型与值

cBPF	eBPF	值
BPF_LD	BPF_LD	0x00
BPF_LDX	BPF_LDX	0x01
BPF_ST	BPF_ST	0x02
BPF_STX	BPF_STX	0x03
BPF_ALU	BPF_ALU	0x04
BPF_JMP	BPF_JMP	0x05
BPF_RET	BPF_JMP32	0x06
BPF_MISC	BPF_ALU64	0x07

说明：

eBPF 把 BPF_RET 和 BPF_MISC 指令去掉了，换成了 BPF_JMP32 和 BPF_ALU64，以提供更大范围的跳转和 64 位场景下的运算操作。

- ❑ BPF_LDX 和 BPF_LD：两个都用于加载操作，从而将数据从存储器加载到寄存器中。BPF_LDX 表示从内存中加载数据到 dst_reg；BPF_LD 表示从 imm64 中加载数据到寄存器。
- ❑ BPF_ST 和 BPF_STX：两个都用于存储操作，从而将数据从寄存器存储到存储器中。BPF_ST 表示把 src_reg 寄存器数据保存到内存中；BPF_STX 表示把 imm32 数据保存到内存中。
- ❑ BPF_ALU 和 BPF_ALU64：分别是 32 位和 64 位下的 ALU 运算操作。
- ❑ BPF_JMP 和 BPF_JMP32：跳转指令。JMP32 的跳转范围是 0～32 位（一个字）。

2）宽指令编码：由基础指令 + 64 位立即数组成，宽指令是在基础指令后增加了一个 64 位的立即数（imm64），即指令长度为 128 位。宽指令编码如表 2-6 所示。

64 位立即数（imm64）的构成方式：（imm32 << 32）| imm32。其中，imm32 为基础指令中的立即数。

表 2-6 宽指令编码

构成	基础指令	64 位立即数
长度	64 位	64 位

3. 加载指令

加载指令共分为 4 种类型，分别是加载内存数据指令、加载 64 位立即数指令、网络报文访问指令和间接访问指令。

- 加载内存数据指令：一般形式是 dst_reg = *(uint *) (src_reg + off16)，对应的宏定义如下所示：

```
#define BPF_LDX_MEM(SIZE, DST, SRC, OFF)                    \
    ((struct bpf_insn) {                                    \
        .code  = BPF_LDX | BPF_SIZE(SIZE) | BPF_MEM,        \
        .dst_reg = DST,                                     \
        .src_reg = SRC,                                     \
        .off   = OFF,                                       \
        .imm   = 0 })
```

- 加载 64 位立即数指令：只能用于宽指令，从 imm64 中加载数据到寄存器，一般形式是 dst_reg = imm64，对应的宏定义如下所示：

```
#define BPF_LD_IMM64(DST, IMM)                              \
    BPF_LD_IMM64_RAW(DST, 0, IMM)

#define BPF_LD_IMM64_RAW(DST, SRC, IMM)                     \
    ((struct bpf_insn) {                                    \
        .code  = BPF_LD | BPF_DW | BPF_IMM,                 \
        .dst_reg = DST,                                     \
        .src_reg = SRC,                                     \
        .off   = 0,                                         \
        .imm   = (__u32) (IMM) }),                          \
    ((struct bpf_insn) {                                    \
        .code  = 0, /* 0 是保留的操作码 */                   \
        .dst_reg = 0,                                       \
        .src_reg = 0,                                       \
        .off   = 0,                                         \
        .imm   = ((__u64) (IMM)) >> 32 })
```

- 网络报文访问指令：一般形式是 R0 = *(uint *) (skb->data + imm32)，对应的宏定义如下所示：

```
#define BPF_LD_ABS(SIZE, IMM)                               \
    ((struct bpf_insn) {                                    \
        .code  = BPF_LD | BPF_SIZE(SIZE) | BPF_ABS,         \
        .dst_reg = 0,                                       \
```

```
        .src_reg = 0,                         \
        .off   = 0,                         \
        .imm   = IMM })
```

❑ 间接访问指令：一般形式是 R0 = *(uint *) (skb->data + src_reg + imm32)，对应的宏定义如下所示：

```
#define BPF_LD_IND(SIZE, SRC, IMM)                       \
    ((struct bpf_insn) {                             \
        .code  = BPF_LD | BPF_SIZE(SIZE) | BPF_IND,      \
        .dst_reg = 0,                                \
        .src_reg = SRC,                              \
        .off   = 0,                            \
        .imm   = IMM })
```

4. 存储指令

存储指令共分为 3 种类型：寄存器数据写回内存指令、32 位立即数写回内存指令和原子操作指令。

❑ 寄存器数据写回内存指令：一般形式是 *(uint *) (dst_reg + off16) = src_reg，对应的宏定义如下所示：

```
#define BPF_STX_MEM(SIZE, DST, SRC, OFF)                  \
    ((struct bpf_insn) {                             \
        .code  = BPF_STX | BPF_SIZE(SIZE) | BPF_MEM,     \
        .dst_reg = DST,                              \
        .src_reg = SRC,                              \
        .off   = OFF,                           \
        .imm   = 0 })
```

❑ 32 位立即数写回内存指令：一般形式是 *(uint *) (dst_reg + off16) = imm32，对应的宏定义如下所示：

```
#define BPF_ST_MEM(SIZE, DST, OFF, IMM)                       \
    ((struct bpf_insn) {                             \
        .code  = BPF_ST | BPF_SIZE(SIZE) | BPF_MEM,      \
        .dst_reg = DST,                              \
        .src_reg = 0,                           \
        .off   = OFF,                           \
        .imm   = IMM })
```

❑ 原子操作指令：原子操作通常在需要同步访问或修改共享数据的并发编程中使用。在 eBPF 中，原子操作指令可以用来安全地更新 eBPF 程序共享的 map 值或其他数据结构，而无须担心多个 CPU 核心或线程之间的竞争条件。原子操作指令对编写多线程安全的 eBPF 程序至关重要，尤其是在网络数据包处理或性能监控等需要进行高并发处理的场景中。指令形式类似于寄存器数据写回内存指令，对应的宏定义如下所示：

```
#define BPF_ATOMIC_OP(SIZE, OP, DST, SRC, OFF)              \
    ((struct bpf_insn) {                          \
        .code  = BPF_STX | BPF_SIZE(SIZE) | BPF_ATOMIC,     \
        .dst_reg = DST,                          \
        .src_reg = SRC,                          \
        .off   = OFF,                            \
        .imm   = OP })
```

5. 逻辑运算指令

逻辑运算指令共分为 6 种类型：寄存器运算指令、立即数运算指令、大小端转换指令、寄存器 mov 指令、立即数 mov 指令和扩展 mov 指令。

1）寄存器运算指令：一般形式是 dst_reg += src_reg，对应的宏定义如下所示：

```
#define BPF_ALU64_REG(OP, DST, SRC)                \
    ((struct bpf_insn) {                          \
        .code  = BPF_ALU64 | BPF_OP(OP) | BPF_X,     \
        .dst_reg = DST,                          \
        .src_reg = SRC,                          \
        .off   = 0,                          \
        .imm   = 0 })

#define BPF_ALU32_REG(OP, DST, SRC)                \
    ((struct bpf_insn) {                          \
        .code  = BPF_ALU | BPF_OP(OP) | BPF_X,         \
        .dst_reg = DST,                          \
        .src_reg = SRC,                          \
        .off   = 0,                          \
        .imm   = 0 })
```

2）立即数运算指令：一般形式是 dst_reg += imm32，对应的宏定义如下所示：

```
#define BPF_ALU64_IMM(OP, DST, IMM)                \
    ((struct bpf_insn) {                          \
        .code  = BPF_ALU64 | BPF_OP(OP) | BPF_K,     \
        .dst_reg = DST,                          \
        .src_reg = 0,                          \
        .off   = 0,                          \
        .imm   = IMM })

#define BPF_ALU32_IMM(OP, DST, IMM)                \
    ((struct bpf_insn) {                          \
        .code  = BPF_ALU | BPF_OP(OP) | BPF_K,         \
        .dst_reg = DST,                          \
```

```
        .src_reg = 0,                          \
        .off   = 0,                        \
        .imm   = IMM })
```

3）大小端转换指令：进行大小端转换，比如将网络字节序转换成主机字节序。

```
#define BPF_ENDIAN(TYPE, DST, LEN)                      \
    ((struct bpf_insn) {                        \
        .code  = BPF_ALU | BPF_END | BPF_SRC(TYPE),     \
        .dst_reg = DST,                         \
        .src_reg = 0,                           \
        .off   = 0,                         \
        .imm   = LEN })
```

4）寄存器 mov 指令：一般形式是 dst_reg = src_reg，对应的宏定义如下所示：

```
#define BPF_MOV64_REG(DST, SRC)                         \
    ((struct bpf_insn) {                        \
        .code  = BPF_ALU64 | BPF_MOV | BPF_X,           \
        .dst_reg = DST,                         \
        .src_reg = SRC,                         \
        .off   = 0,                         \
        .imm   = 0 })

#define BPF_MOV32_REG(DST, SRC)                         \
    ((struct bpf_insn) {                        \
        .code  = BPF_ALU | BPF_MOV | BPF_X,         \
        .dst_reg = DST,                         \
        .src_reg = SRC,                         \
        .off   = 0,                         \
        .imm   = 0 })
```

5）立即数 mov 指令：一般形式是 dst_reg = imm32，对应的宏定义如下所示：

```
#define BPF_MOV64_IMM(DST, IMM)                         \
    ((struct bpf_insn) {                        \
        .code  = BPF_ALU64 | BPF_MOV | BPF_K,           \
        .dst_reg = DST,                         \
        .src_reg = 0,                           \
        .off   = 0,                         \
        .imm   = IMM })

#define BPF_MOV32_IMM(DST, IMM)                         \
    ((struct bpf_insn) {                        \
        .code  = BPF_ALU | BPF_MOV | BPF_K,         \
        .dst_reg = DST,                         \
        .src_reg = 0,                           \
        .off   = 0,                         \
        .imm   = IMM })
```

6）扩展 mov 指令：特殊形式的 mov32 指令，该指令专门用于对目标寄存器进行显式的零扩展操作。零扩展是指将一个较小的带符号或者无符号数值扩展为一个较大的无符号数值，并用 0 填充新增的位。在编写 eBPF 程序时，有时只用到寄存器的部分位（比如只用到了低 32 位），对于某些操作，我们需要确保寄存器的高位处于清零状态，以避免不可预知的错误发生。BPF_ZEXT_REG 可确保我们在 64 位寄存器中操作的是一个无符号的 32 位数，而不被高位“污染”。对应的宏定义如下所示：

```
#define BPF_ZEXT_REG(DST)                               \
    ((struct bpf_insn) {                                \
        .code  = BPF_ALU | BPF_MOV | BPF_X,             \
        .dst_reg = DST,                                 \
        .src_reg = DST,                                 \
        .off   = 0,                                     \
        .imm   = 1 })
```

6. 跳转指令

跳转指令可分为 4 种类型：条件跳转指令、无条件跳转指令、函数调用指令，以及程序退出指令。

1）条件跳转指令。依据比对的操作数类型，条件跳转指令分为两类：一类是基于寄存器值的条件跳转，即 BPF_JMP_REG；另一类是基于立即数的条件跳转，即 BPF_JMP_IMM。BPF_JMP_REG 指令的一般形式为 if (dst_reg 'op' src_reg) goto pc + off16，其中 dst_reg 和 src_reg 是寄存器，op 是比较运算符，off16 为跳转的偏移量。BPF_JMP_IMM 指令的形式为 if (dst_reg 'op' imm32) goto pc + off16，这里 imm32 表示一个立即数。此外，还有专为处理 32 位操作数设计的条件跳转指令，即 BPF_JMP32_REG 和 BPF_JMP32_IMM。相关的宏定义如下所示：

```
#define BPF_JMP_REG(OP, DST, SRC, OFF)                  \
    ((struct bpf_insn) {                                \
        .code  = BPF_JMP | BPF_OP(OP) | BPF_X,          \
        .dst_reg = DST,                                 \
        .src_reg = SRC,                                 \
        .off   = OFF,                                   \
        .imm   = 0 })

#define BPF_JMP_IMM(OP, DST, IMM, OFF)                  \
    ((struct bpf_insn) {                                \
        .code  = BPF_JMP | BPF_OP(OP) | BPF_K,          \
        .dst_reg = DST,                                 \
        .src_reg = 0,                                   \
        .off   = OFF,                                   \
        .imm   = IMM })
```

```
#define BPF_JMP32_REG(OP, DST, SRC, OFF)                \
    ((struct bpf_insn) {                        \
        .code  = BPF_JMP32 | BPF_OP(OP) | BPF_X,     \
        .dst_reg = DST,                     \
        .src_reg = SRC,                     \
        .off   = OFF,                       \
        .imm   = 0 })

#define BPF_JMP32_IMM(OP, DST, IMM, OFF)                \
    ((struct bpf_insn) {                        \
        .code  = BPF_JMP32 | BPF_OP(OP) | BPF_K,     \
        .dst_reg = DST,                     \
        .src_reg = 0,                       \
        .off   = OFF,                       \
        .imm   = IMM })
```

2）无条件跳转指令。一般的形式是 goto pc + off16。此类处理一般对应于C语言中的 goto 语言，或者编译器隐含生成的跳转语句。相关的宏定义如下所示：

```
#define BPF_JMP_A(OFF)                        \
    ((struct bpf_insn) {                      \
        .code  = BPF_JMP | BPF_JA,            \
        .dst_reg = 0,                   \
        .src_reg = 0,                   \
        .off   = OFF,                   \
        .imm   = 0 })
```

3）函数调用指令。该指令可分为两大类：第一类是自定义函数调用，在传统的eBPF程序中，所有子函数都应该使用 __always_inline 属性声明，这将指示编译器对函数进行内联处理，而不是生成普通的函数调用代码。第二类是辅助函数调用，这涉及调用内核提供的辅助函数，它们为eBPF程序执行特定的操作或访问内核数据提供了接口。其对应的宏是 BPF_EMIT_CALL，其定义如下所示：

```
#define BPF_CALL_REL(TGT)                   \
    ((struct bpf_insn) {                  \
        .code  = BPF_JMP | BPF_CALL,            \
        .dst_reg = 0,                   \
        .src_reg = BPF_PSEUDO_CALL,           \
        .off   = 0,                 \
        .imm   = TGT })

#define BPF_EMIT_CALL(FUNC)                   \
    ((struct bpf_insn) {                  \
        .code  = BPF_JMP | BPF_CALL,            \
        .dst_reg = 0,                   \
        .src_reg = 0,                   \
```

```
        .off    = 0,                    \
        .imm    = BPF_CALL_IMM(FUNC) })
```

4）程序退出指令。该指令一般对应的 C 语言是 return 语句。相关的宏定义如下所示：

```
#define BPF_EXIT_INSN()                          \
    ((struct bpf_insn) {                         \
        .code   = BPF_JMP | BPF_EXIT,            \
        .dst_reg = 0,                            \
        .src_reg = 0,                            \
        .off    = 0,                             \
        .imm    = 0 })
```

2.1.3 使用 C 语言编写 eBPF 程序

eBPF 程序通常通过 C 语言编写，然后使用专门的编译器（例如 Clang/LLVM）编译成 eBPF 字节码，这些字节码随后可以被加载到内核中执行。下面是一个简单的示例代码：

```
#include <vmlinux.h>
#include <coolbpf/coolbpf.h>

SEC("kprobe/tcp_sendmsg")
int BPF_KPROBE(tcp_sendmsg, struct sock *sk, struct msghdr *msg, size_t size)
{
    int pid = pid();
    char command[16];
    comm(command);
    bpf_printk("%d/%s send %d bytes\n", pid, command, size);
    return 0;
}
```

这段代码是一个用 C 语言写的 eBPF 程序片段，它利用 kprobe（内核探针）来监控内核中 tcp_sendmsg 函数的调用事件。当 tcp_sendmsg 被调用时，该 eBPF 程序将执行并记录发送消息的进程 ID、命令名称和发送的字节数。下面是该代码的详细解释。

1）#include <vmlinux.h>：vmlinux.h 是由 Coolbpf[⊖] 提供的一个内核头文件，它包含了内核类型的定义，是编写 eBPF 程序时常用的一个头文件。这行代码包含此头文件，以便在 eBPF 程序中使用这些类型。

2）#include <coolbpf/coolbpf.h>：该行代码引入了 Coolbpf 库头文件（3.5 节会介绍 Coolbpf 开源项目），用来辅助编写 eBPF 程序的一种工具的头文件。

3）SEC("kprobe/tcp_sendmsg")：这是一个宏，用于将接下来的函数定义为一个

⊖ Coolbpf 是由龙蜥社区开源的 BPF 开发编译平台，将在 3.5 节进行详细介绍。

kprobe。其中，kprobe/tcp_sendmsg 指定了要挂载的 kprobe 函数的名，即内核中的 tcp_sendmsg 函数。

4）int BPF_KPROBE(tcp_sendmsg, struct sock *sk, struct msghdr *msg, size_t size)：这是一个 eBPF 程序的入口函数定义。BPF_KPROBE 是一个宏，它定义了 kprobe 的处理函数，该函数的名称为 tcp_sendmsg。该函数将接收 3 个参数，分别对应于原始 tcp_sendmsg 函数的参数。其参数解释如下。

- struct sock *sk：指向 socket 结构的指针。
- struct msghdr *msg：指向 msghdr 结构体的指针。
- size_t size：表示正在发送的消息大小的值。

> 注意　BPF_KPROBE 宏会根据运行环境的不同进行扩展，上述示例代码中给出的参数列表可能不适用于所有环境。

5）int pid = pid();：这行代码调用 bpf_get_current_pid_tgid 的辅助函数，以获取当前进程的 PID（Process ID，进程 ID）。在内核中，PID 和 TGID（Thread Group ID，线程组 ID）存储在一个 64 位整数中，PID 在低 32 位，TGID 在高 32 位。这里只获取 PID。

6）comm(command);：该语句调用了 bpf_get_current_comm 的辅助函数，用该辅助函数将当前进程的命令名称填充进 command 数组。

7）bpf_printk("%d/%s send %d bytes\n", pid, command, size);：这行代码使用 bpf_printk 辅助函数打印信息到内核日志系统。“%d/%s send %d bytes\n”是要输出的格式化字符串，后面的参数 pid、command、size 分别对应于进程 ID、进程名称和发送消息的大小。我们可以执行“cat /sys/kernel/debug/tracing/trace_pipe”来读取 eBPF bpf_printk打印的信息。

2.1.4　使用汇编语言编写 eBPF 程序

本小节将通过内联汇编来实现与 2.1.3 小节中 C 语言版本功能相同的 eBPF 程序。掌握内联汇编对编写 eBPF 程序至关重要，因为它允许我们更精确地控制程序的行为，从而避免编译器优化可能引入的问题，这些问题有时会导致 eBPF 程序无法正确加载到内核中。通过直接编写汇编代码，我们能够确保生成的指令完全符合我们的预期，从而提高 eBPF 程序的可靠性和性能。使用汇编语言编写 kprobe_tcp_sendmsg 函数代码的示例如下：

```
#include <vmlinux.h>
#include <coolbpf/coolbpf.h>

#define __clobber_all "r0", "r1", "r2", "r3", "r4", "r5", "r6", "r7", "r8",
    "r9", "memory"
```

```
SEC("kprobe/tcp_sendmsg")
__attribute__((naked)) void kprobe_tcp_sendmsg(void)
{

    asm volatile(" \
    r6 = *(u64 *)(r1 +96); \
    call %[pid]; \
    r7 = r0; \
    r7 >>= 32; \
    r8 = r10; \
    r8 += -16; \
    r1 = r8; \
    r2 = 16; \
    call %[comm]; \
    r1 = 175334772; \
    *(u32 *)(r10 -24) = r1; \
    r1 = %[str1] ll; \
    *(u64 *)(r10 -32) = r1; \
    r1 = %[str2] ll; \
    *(u64 *)(r10 -40) = r1; \
    r1 = 0; \
    *(u8 *)(r10 -20) = r1; \
    r1 = r10; \
    r1 += -40; \
    r2 = %[fmt_size]; \
    r3 = r7; \
    r4 = r8; \
    r5 = r6; \
    call %[print]; \
    r0 = 0; \
    exit; \
"
    :
    : [pid] "i"(bpf_get_current_pid_tgid),
      [comm] "i"(bpf_get_current_comm),
      [print] "i"(bpf_trace_printk),
      [fmt_size] "i"(sizeof("%d/%s send %d bytes\n")),
      [str1] "i"(0x796220642520646e),
      [str2] "i"(0x65732073252f6425)
    : __clobber_all);
}
```

上述代码的详细解释如下。

1）#include <vmlinux.h> 和 #include <coolbpf/coolbpf.h>：包含了内核和 Coolbpf 库的头文件，这些文件定义了在编写 eBPF 程序时需要的各种类型和辅助函数。

2）#define __clobber_all "r0", "r1", ... "memory"：定义了一个宏 __clobber_all，它列

出了所有的寄存器和内存，在汇编代码执行过程中，这些寄存器的内容可能会被改变。

3）SEC("kprobe/tcp_sendmsg")：一个宏，用于指示该函数是一个 kprobe 类型的 eBPF 程序，同时要挂载到内核的 tcp_sendmsg 函数中。

4）__attribute__((naked)) void kprobe_tcp_sendmsg(void) {...}：定义了一个 naked 函数（不含有由编译器生成的 prologue 和 epilogue 的函数），函数的运行过程都由开发者通过内联汇编代码明确控制。

5）asm volatile(...)：表示内联汇编代码块，volatile 表示该段汇编代码不应该被编译器优化掉。该代码块内部的指令序列调用了 bpf_get_current_pid_tgid、bpf_get_current_comm 和 bpf_trace_printk 三个辅助函数。

2.1.5　使用字节码编写 eBPF 程序

本小节将深入探讨如何通过手动编写 eBPF 字节码来实现之前 2.1.3 节和 2.1.4 节描述的功能。这个过程不仅有助于我们深入理解 eBPF 指令的运行机制，还能加强我们对 eBPF 虚拟机内部工作原理的认识。值得一提的是，Linux 内核为我们提供了一系列的宏定义，这些宏极大地简化了 eBPF 字节码的创建过程，允许我们更轻松地构建 eBPF 指令序列。通过直接使用这些宏，我们可以更精确地控制 eBPF 程序的行为，并优化其性能。

使用字节码编写 eBPF 程序的示例如下所示：

```
1. #include <linux/filter.h>
2. #include <asm/unistd.h>
3. #include <sys/ioctl.h>
4. #include <unistd.h>
5. #include <linux/perf_event.h>
6. #include <coolbpf/coolbpf.h>
7.
8. int main(void)
9. {
10.     bump_memlock_rlimit();
11.     LIBBPF_OPTS(bpf_prog_load_opts, load_opts, .kern_version = get_kernel_version());
12.     char bpf_func_name[] = "kprobe_tcp_sendmsg";
13.     char func_name[] = "tcp_sendmsg";
14.
15.     struct bpf_insn insns[] = {
16.         BPF_LDX_MEM(BPF_DW, BPF_REG_6, BPF_REG_1, 96),
17.         BPF_EMIT_CALL(BPF_FUNC_get_current_pid_tgid),
18.         BPF_MOV64_REG(BPF_REG_7, BPF_REG_0),
19.         BPF_ALU64_IMM(BPF_RSH, BPF_REG_7, 32),
20.         BPF_MOV64_REG(BPF_REG_8, BPF_REG_10),
21.         BPF_ALU64_IMM(BPF_ADD, BPF_REG_8, -16),
22.         BPF_MOV64_REG(BPF_REG_1, BPF_REG_8),
```

```
23.         BPF_MOV64_IMM(BPF_REG_2, 16),
24.         BPF_EMIT_CALL(BPF_FUNC_get_current_comm),
25.         BPF_MOV64_IMM(BPF_REG_1, 175334772),
26.         BPF_STX_MEM(BPF_DW, BPF_REG_10, BPF_REG_1, -24),
27.         BPF_LD_IMM64(BPF_REG_1, 0x796220642520646e),
28.         BPF_STX_MEM(BPF_DW, BPF_REG_10, BPF_REG_1, -32),
29.         BPF_LD_IMM64(BPF_REG_1, 0x65732073252f6425),
30.         BPF_STX_MEM(BPF_DW, BPF_REG_10, BPF_REG_1, -40),
31.         BPF_MOV64_IMM(BPF_REG_1, 0),
32.         BPF_STX_MEM(BPF_B, BPF_REG_10, BPF_REG_1, -20),
33.         BPF_MOV64_REG(BPF_REG_1, BPF_REG_10),
34.         BPF_ALU64_IMM(BPF_ADD, BPF_REG_1, -40),
35.         BPF_MOV64_IMM(BPF_REG_2, sizeof("%d/%s send %d bytes\n")),
36.         BPF_MOV64_REG(BPF_REG_3, BPF_REG_7),
37.         BPF_MOV64_REG(BPF_REG_4, BPF_REG_8),
38.         BPF_MOV64_REG(BPF_REG_5, BPF_REG_6),
39.         BPF_EMIT_CALL(BPF_FUNC_trace_printk),
40.         BPF_MOV64_IMM(BPF_REG_0, 0),
41.         BPF_EXIT_INSN(),
42.     };
43.
44.     int progfd = bpf_prog_load(BPF_PROG_TYPE_KPROBE, bpf_func_name, "GPL",
          insns, sizeof(insns) / sizeof(struct bpf_insn), &load_opts);
45.     if (progfd < 0)
46.     {
47.         printf("failed to load bpf program\n");
48.         return 0;
49.     }
50.
51.     struct perf_event_attr attr = {0};
52.     attr.size = sizeof(attr);
53.     attr.type = 6;
54.     attr.config1 = (__u64)(unsigned long)func_name;
55.     attr.config2 = 0;
56.
57.     int pfd = syscall(__NR_perf_event_open, &attr, -1, 0, -1, PERF_FLAG_FD_CLOEXEC);
58.     if (pfd < 0)
59.     {
60.         printf("failed to create kprobe event\n");
61.         close(progfd);
62.         return 0;
63.     }
64.
65.     if (ioctl(pfd, PERF_EVENT_IOC_SET_BPF, progfd) < 0)
66.     {
67.         printf("failed to attach ebpf program\n");
68.         close(pfd);
69.         close(progfd);
```

```
70.         return 0;
71.     }
72.
73.     if (ioctl(pfd, PERF_EVENT_IOC_ENABLE, 0) < 0)
74.     {
75.         printf("failed to enable ebpf program\n");
76.         close(pfd);
77.         close(progfd);
78.         return 0;
79.     }
80.
81.     while (1)
82.         sleep(3);
83.
84.     return 0;
85. }
```

下面是该代码段的详细解释。

1）第1～6行包含了必要的头文件来获取函数和宏定义，如linux/filter.h提供eBPF相关定义，unistd.h和sys/ioctl.h提供系统调用接口等。

2）第10行调用bump_memlock_rlimit()函数，用于提升当前进程的内存锁定限额，以允许eBPF程序分配足够的内存。

3）第11行利用LIBBPF_OPTS宏来初始化bpf_prog_load_opts结构体，并指定内核版本等加载选项。

4）第15～42行定义一系列struct bpf_insn结构体，表示了要加载的eBPF程序的字节码指令序列。每个指令都使用宏定义（如BPF_LDX_MEM等），来简化编码并使代码更具可读性。

5）第44行使用bpf_prog_load函数加载eBPF程序。此函数的参数包括eBPF程序的类型（这里是BPF_PROG_TYPE_KPROBE），eBPF程序的名称，许可证字符串（这里是GPL），以及eBPF指令数组和加载选项。

6）第51～55行设置struct perf_event_attr结构体来创建一个perf（性能）事件，该事件用于监听tcp_sendmsg函数的调用情况。其中，attr.type为6表示kprobe类型，attr.config1为函数名称的地址。

7）第57行使用syscall进行内核调用，打开perf事件。__NR_perf_event_open是perf_event_open系统调用的编号：-1表示不需要监控特定的CPU，0表示没有分组，PERF_FLAG_FD_CLOEXEC是一个标志，让文件描述符在新的进程创建（如exec调用）后自动关闭。

8）第65行通过ioctl系统调用，将加载的eBPF程序与perf事件关联起来，使得每当tcp_sendmsg函数被调用时，eBPF程序就会执行。

9）第73行使用ioctl系统调用启用perf事件。

2.2 eBPF 系统调用

eBPF 系统调用是内核提供的一种程序接口，允许用户空间的应用程序与内核空间中的 eBPF 子系统进行交互。这个系统调用作为内核与用户空间之间的接口，对了解和掌握 eBPF 的工作原理至关重要。通过这个系统调用，开发人员可以加载和管理 eBPF 程序与映射（map），这些程序和映射提供了数据包处理、监视和网络安全等强大功能。因此，本节将深入探讨 eBPF 系统调用，让学会如何有效利用 eBPF 来增强系统的可观测性和可扩展性。

2.2.1 eBPF 系统调用的函数原型

eBPF 系统调用是一个多功能的接口，用于管理 eBPF 程序及其相关资源。这个系统调用允许用户空间程序执行一系列不同的命令来与内核中的 eBPF 子系统交互。

用户空间的 BPF 系统调用函数的原型如下：

```
int bpf(int cmd, union bpf_attr *attr, unsigned int size);
```

其中各参数的含义如下。

1）int cmd：表示要执行的操作命令。cmd 参数指定了要执行的具体的 eBPF 操作，比如加载一个新的 eBPF 程序（BPF_PROG_LOAD），创建一个新的 eBPF map（如 BPF_MAP_CREATE）等。

2）union bpf_attr *attr：一个指向联合体 bpf_attr 的指针，该联合体包含了与指定命令相对应的属性和参数。例如，如果命令是加载一个 eBPF 程序，那么 attr 就会包含 eBPF 程序的代码、程序类型以及其他加载选项。

3）unsigned int size：属性参数的大小。这是 attr 指针所指向的内存数据大小，用于确保传入的结构体大小是合适的，以防止不同版本的结构体或错误的数据被传递。

2.2.2 eBPF 系统调用的类型

根据使用场景，eBPF 的系统调用大致分为三类：程序类、映射（即 map）类和 BTF 类。以下是对每一类的概述以及相关的系统调用和参数的介绍。

1. 程序类

程序类的系统调用主要用于加载、挂载和管理 eBPF 程序。主要的系统调用如下。

1）BPF_PROG_LOAD：加载 eBPF 程序。其参数包括 eBPF 程序的代码、程序类型、指令数、许可级别、日志缓冲区、日志缓冲区大小和校验标志等。

2）BPF_PROG_ATTACH：将 eBPF 程序挂载到某个函数上，例如 cgroup。其参数

包括程序文件描述符、目标文件描述符、挂载类型和挂载标志等。

3）BPF_PROG_DETACH：卸载一个 eBPF 程序。其参数包括目标文件描述符和挂载类型。

4）BPF_PROG_TEST_RUN：测试运行 eBPF 程序。其参数包括程序文件描述符，输入和输出数据缓冲区，以及其他执行选项。

5）BPF_PROG_GET_NEXT_ID：获取下一个 eBPF 程序的 ID。其参数包括当前 ID 和下一个程序 ID 的内存地址。

6）BPF_PROG_GET_FD_BY_ID：通过 eBPF 程序 ID 获取文件描述符。其参数包括程序的 ID 和文件描述符的内存地址。

2. map 类

eBPF map 类的系统调用主要用于创建和操作 eBPF map。主要的系统调用包括

1）BPF_MAP_CREATE：创建一个新的 eBPF map，参数包括 map 类型、键占用的内存大小、值占用的内存大小、元素个数和 map 标志等。

2）BPF_MAP_LOOKUP_ELEM、BPF_MAP_UPDATE_ELEM 和 BPF_MAP_DELETE_ELEM：分别用于查找、更新和删除 map 中的元素。其参数包括 map 文件描述符和指向键 / 值的指针。

3）BPF_MAP_GET_NEXT_KEY：获取 map 中的下一个键。其参数包括 map 文件描述符和指向当前键和下一个键的指针。

4）BPF_MAP_GET_NEXT_ID：获取下一个 map ID。其参数和 BPF_PROG_GET_NEXT_ID 类似。

5）BPF_MAP_GET_FD_BY_ID：通过 map ID 获取文件描述符，其参数和 BPF_PROG_GET_FD_BY_ID 类似。

3. BTF 类

BTF 类的系统调用 cmd 主要用于加载和查询 BTF 信息，主要是 eBPF 程序的调试和类型信息。

1）BPF_BTF_LOAD：加载 BTF 信息，参数包括 BTF 数据、数据大小和 BTF 名称等。

2）BPF_BTF_GET_FD_BY_ID：通过 BTF ID 获取文件描述符，参数和 BPF_PROG_GET_FD_BY_ID 类似。

2.2.3　eBPF 系统调用的数据结构解析

union bpf_attr 是 Linux 内核用于 eBPF 相关系统调用的一个数据结构。它提供了许多不同的操作，每种操作对应不同的匿名结构体。union bpf_attr 结构体已经非常庞大了，里面包含了非常多的信息。

1. map 创建

union bpf_attr 中和 BPF_MAP_CREATE 命令相关的字段如下。

- map_type：这是枚举 bpf_map_type 中的一个值，用于指定要创建的 map 类型。常见的 map 类型包括 BPF_MAP_TYPE_HASH、BPF_MAP_TYPE_ARRAY 等。
- key_size：指定 map 中键的大小。
- value_size：指定 map 中值的大小。每个键都关联一个值。
- max_entries：指定 map 可以容纳的最大条目数。这个参数对于限制 map 占用的内存量很有用。
- map_flags：用于提供如何创建 map 的额外信息。例如，使用 BPF_F_NO_PREALLOC 和 BPF_F_MMAPABLE 来分别减少预分配内存和提高访问效率。利用 BPF_F_RDONLY 或 BPF_F_WRONLY 等标志来限制数据的访问权限。

通过组合这些字段，用户可以在 eBPF 系统调用中指定他们想要创建的具体 map 类型和特性。

2. eBPF 程序加载

在下面的代码中，内嵌的匿名结构体是为 BPF_PROG_LOAD 命令设计的，用于加载 eBPF 程序到内核。这个匿名结构体的字段包含了加载 eBPF 程序所需要的信息：

```
union bpf_attr {
    struct {
        __u32          prog_type;
        __u32          insn_cnt;
        __aligned_u64     insns;
        __aligned_u64     license;
        __u32          log_level;
        __u32          log_size;
        __aligned_u64     log_buf;
        __u32          kern_version;
        __u32          prog_flags;
        char          prog_name[BPF_OBJ_NAME_LEN];
    }
}
```

bpf_attr 数据结构说明如下。

- prog_type：程序类型由 bpf_prog_type（枚举类型）指定，例如 BPF_PROG_TYPE_XDP 或 BPF_PROG_TYPE_SOCKET_FILTER。
- insn_cnt：eBPF 程序中的指令数量。
- insns：指向 eBPF 程序指令数组的用户空间指针。
- license：指向程序许可证字符串的用户空间指针。eBPF 程序必须指定一个兼容 GPL 的许可证。

- log_level：指定内核的日志等级。当加载 eBPF 程序出错时，这个日志可以提供有关错误的详细信息。
- log_size：指定用户提供的日志缓冲区的大小。
- log_buf：指向日志缓冲区的用户空间指针。
- kern_version：曾用于指明程序基于的内核版本，但目前不再使用。。
- prog_flags：指定加载程序时的挂载选项。这些标志可以控制如何加载和执行程序。
- prog_name：一个字符数组，用于给 eBPF 程序命名。这有助于在内核中标识程序，尤其是在调试或审计时。

这个结构体是通过 bpf() 系统调用中的一组参数传递给内核的。在用户空间编写和编译 eBPF 程序后，可以通过填充这个结构体并调用 bpf(BPF_PROG_LOAD, &attr, sizeof(attr)) 来请求内核加载并准备执行这个程序。加载成功后，程序可以被挂载到网络接口（如用在 XDP 或 TC 中）、socket（如用于 socket 过滤）或其他内核事件。

2.3 eBPF 辅助函数

本节将从代码层面对 eBPF 辅助函数（helper 函数）在内核中的设计与实现进行深入分析。相信经过本节学习后，你不仅能够轻松应对由于错误调用辅助函数导致的 eBPF 校验问题，还能了解如何实现一个新的 eBPF 辅助函数。

什么是 eBPF 辅助函数？在 eBPF 的上下文中，辅助函数是指一组在 eBPF 程序中可以使用的内核提供的函数。这些函数可以帮助程序执行特定的任务，例如访问内核数据结构、执行网络操作、处理内存等。使用这些辅助函数可以大大简化 eBPF 程序的编写，并提高程序的效率和安全性。

为什么要有 eBPF 辅助函数呢？为什么不能像驱动一样直接调用内核函数呢？这主要是为了保证系统安全。由于 eBPF 程序运行在内核态，因此为了防止不当调用内核函数导致系统崩溃或安全漏洞，eBPF 程序只能调用内核提供的 eBPF 辅助函数。

截至目前，内核共提供了 210 多个 eBPF 辅助函数，具体详细列表可见内核源码文件：include/uapi/linux/bpf.h。

2.3.1 eBPF 辅助函数的设计

在内核中，struct bpf_func_proto 描述了 eBPF 辅助函数的定义、入参类型、返回值类型等重要信息。这些信息的指定主要是为了通过 eBPF verifier 的安全验证，确保传入数据的可靠性，避免传入错误的参数而导致系统崩溃。bpf_func_proto 结构体的定义如下所示：

```
struct bpf_func_proto {
    //eBPF辅助函数的具体实现
    u64 (*func)(u64 r1, u64 r2, u64 r3, u64 r4, u64 r5);
    bool gpl_only;
    bool pkt_access;
    bool might_sleep;
    //返回类型
    enum bpf_return_type ret_type;
    union {
    //参数类型
    struct {
    enum bpf_arg_type arg1_type;
    enum bpf_arg_type arg2_type;
    enum bpf_arg_type arg3_type;
    enum bpf_arg_type arg4_type;
    enum bpf_arg_type arg5_type;
    };
    enum bpf_arg_type arg_type [5];
    };
    union {
    //当参数类型为ARG_PTR_TO_BTF_ID，需要指明参数的BTF编号
    struct {
    u32 *arg1_btf_id;
    u32 *arg2_btf_id;
    u32 *arg3_btf_id;
    u32 *arg4_btf_id;
    u32 *arg5_btf_id;
    };
    u32 *arg_btf_id [5];
    struct {
    size_t arg1_size;
    size_t arg2_size;
    size_t arg3_size;
    size_t arg4_size;
    size_t arg5_size;
    };
    size_t arg_size [5];
    };
    //返回参数的BTF编号
    int *ret_btf_id;
    bool (*allowed)(const struct bpf_prog *prog);
};
```

在 bpf_func_proto 结构体中，bpf_return_type 描述该 eBPF 辅助函数的返回参数类型，而 argx_type 描述该函数的入参类型。argx_type 中的 X 是一个数字，代表函数参数的编号，如 arg1_type，后续类似表示不再解释。func 是一个函数指针，指向该 eBPF 辅助函数的具体实现，用于执行特定的辅助函数功能。

接下来将对入参类型和返回值类型进行解析。

1. 入参类型

辅助函数入参类型分为基本类型和扩展类型。扩展类型在基本类型的基础上，添加了空指针类型，即允许入参为空指针。另外，当参数类型为 ARG_PTR_TO_BTF_ID 时，则需要在 struct bpf_func_proto 的成员 argx_btf_id（X 表示数字）指明具体的 BTF 编号。

注意：BTF 编号可以看成内核数据类型的编号，通过该编号可以确定数据类型。

（1）入参类型的基本类型

辅助函数入参类型的基本类型，大致分为三类。

1）指针类型，可以细分为：①具体类型的指针类型，如 ARG_PTR_TO_SOCKET 表示 struct socket 指针；②由 BTF 编号确定数据类型的指针类型，如 ARG_PTR_TO_BTF_ID 表示某一内核数据类型指针，且该内核数据类型由 BTF 编号指定；③指向某一类型内存的指针，如 ARG_PTR_TO_MAP_KEY 指向 eBPF 程序栈内存的指针。

2）整数类型，如 ARG_CONST_SIZE 表示整数，且该整数的值不能为 0。

3）任意类型，用 ARG_ANYTHING 表示任意类型，但是需要初始化该值，否则 eBPF verifier 会报“未初始化”等相关错误。

辅助函数入参类型的基本类型如表 2-7 所示。

表 2-7　辅助函数入参类型的基本类型

类型	含义
ARG_CONST_MAP_PTR	表示指向 struct bpf_map 的指针
ARG_PTR_TO_MAP_KEY	表示指向 eBPF 程序栈内存的指针，且该内存的数据是 map 的键
ARG_PTR_TO_MAP_VALUE	表示 eBPF map 的元素值指针
ARG_PTR_TO_MEM	表示指向栈、报文或 eBPF map 元素值的指针
ARG_CONST_SIZE	表示整数且值不为 0
ARG_CONST_SIZE_OR_ZERO	表示整数
ARG_CONST_ALLOC_SIZE_OR_ZERO	表示整数，虽然和 ARG_CONST_SIZE_OR_ZERO 一样表示整数，但是语义不同
ARG_PTR_TO_CTX	表示指向 struct pt_regs 的指针
ARG_ANYTHING	表示任意类型，但是其值需要初始化
ARG_PTR_TO_SPIN_LOCK	表示指向 struct bpf_spin_lock 的指针
ARG_PTR_TO_SOCK_COMMON	表示指向 struct sock_common 的指针
ARG_PTR_TO_INT	表示指向 int 的指针
ARG_PTR_TO_LONG	表示指向 long 的指针

（续）

类型	含义
ARG_PTR_TO_SOCKET	表示指向 struct socket 的指针
ARG_PTR_TO_BTF_ID	表示内核任意结构体指针，表示内核任意结构体指针，且该指针用 BTF 编号表示
ARG_PTR_TO_RINGBUF_MEM	表示指向环形缓冲区内存区域的指针
ARG_PTR_TO_BTF_ID_SOCK_COMMON	表示指向 struct sock_common 或 struct bpf_sock 的指针
ARG_PTR_TO_PERCPU_BTF_ID	表示指向 percpu 类型的指针，其中 percpu 代表的具体类型由 BTF 编号指定
ARG_PTR_TO_FUNC	表示指向 eBPF 程序的指针
ARG_PTR_TO_STACK	表示指向 eBPF 程序栈内存的指针
ARG_PTR_TO_CONST_STR	表示字符串指针
ARG_PTR_TO_TIMER	表示指向 struct bpf_timer 的指针
ARG_PTR_TO_KPTR	表示 kptr 类型指针，kptr 表示指向内核态地址空间的指针
ARG_PTR_TO_DYNPTR	表示指向 struct bpf_dynptr 的指针

（2）入参类型的扩展类型

辅助函数入参类型的扩展类型如表 2-8 所示。

表 2-8　辅助函数入参类型的扩展类型

类型	含义
ARG_PTR_TO_MAP_VALUE_OR_NULL	表示 eBPF 映射元素值的指针
ARG_PTR_TO_MEM_OR_NULL	表示指向栈、报文或 eBPF 映射元素值的指针或空指针
ARG_PTR_TO_CTX_OR_NULL	表示指向 struct pt_regs 指针或者空指针
ARG_PTR_TO_SOCKET_OR_NULL	表示指向 struct socket 指针或者空指针
ARG_PTR_TO_STACK_OR_NULL	表示指向 eBPF 程序栈内存的指针或者空指针
ARG_PTR_TO_BTF_ID_OR_NULL	表示该类型由 BTF 编号指定，且允许传入的值为空
ARG_PTR_TO_UNINIT_MEM	表示指向内存空间的指针，允许该片内存未初始化
ARG_PTR_TO_FIXED_SIZE_MEM	表示指向固定内存空间的指针，且在编译期间能够确定该内存大小

2. 返回值类型

同入参类型类似，返回值类型也分为基本类型和扩展类型。扩展类型也是在基本类型的基础上添加了空指针类型。

（1）基本类型

辅助函数返回值类型的基本类型如表 2-9 所示。

表 2-9　辅助函数返回值类型的基本类型

类型	含义
RET_INTEGER	表示返回整数类型
RET_VOID	表示无返回值
RET_PTR_TO_MAP_VALUE	表示 eBPF map 元素值的指针
RET_PTR_TO_SOCKET	表示指向 struct socket 的指针
RET_PTR_TO_TCP_SOCK	表示指向 struct tcp_sock 的指针
RET_PTR_TO_SOCK_COMMON	表示指向 struct sock_common 的指针
RET_PTR_TO_MEM	表示指向有效内存的指针
RET_PTR_TO_MEM_OR_BTF_ID	表示指向有效内存的指针或者 BTF 编号
RET_PTR_TO_BTF_ID	表示内核任意结构体指针，由 BTF 编号表示具体类型

（2）扩展类型

辅助函数返回值类型的扩展类型（见表 2-10）是在基本类型的基础上，添加了空指针类型，表示返回值可能是空指针，那么 eBPF verifier 需要考虑针对空指针进行安全验证。

表 2-10　辅助函数返回值类型的扩展类型

类型	含义
RET_PTR_TO_MAP_VALUE_OR_NULL	表示 eBPF 映射元素值的指针或者空指针，如 eBPF 辅助函数 bpf_map_lookup_elem 使用它作为返回值类型
RET_PTR_TO_SOCKET_OR_NULL	表示指向 struct socket 指针或空指针
RET_PTR_TO_TCP_SOCK_OR_NULL	表示指向 struct tcp_sock 指针或空指针
RET_PTR_TO_SOCK_COMMON_OR_NULL	表示指向 struct sock_common 指针或空指针
RET_PTR_TO_RINGBUF_MEM_OR_NULL	表示指向环形缓存的内存指针或空指针
RET_PTR_TO_DYNPTR_MEM_OR_NULL	表示指向 struct bpf_dynptr 指针或空指针
RET_PTR_TO_BTF_ID_OR_NULL	表示该类型由 BTF 编号指定，且允许传入的值为空
RET_PTR_TO_BTF_ID_TRUSTED	表示该指针是安全的，且该指针类型由 BTF 编号确定

2.3.2　eBPF 辅助函数的实现

了解了 eBPF 辅助函数的入参和返回值类型后，接下来将以 bpf_perf_event_output 为例介绍 eBPF 辅助函数的实现，因为这是应用最广泛的一个辅助函数，其主要功能是将数据通过 perf 缓冲区传送给用户态程序。实现 bpf_perf_event_output 需要完成以下 3 个步骤。

- 定义 struct bpf_func_proto 结构体，为 bpf_perf_event_output 辅助函数指定功能

函数、参数类型、返回值类型等。
- ❑ 为 bpf_perf_event_output 辅助函数分配唯一的编号。
- ❑ 将 bpf_perf_event_output 与特定的 eBPF 程序类型绑定，以确保只有该类型的程序才能调用该辅助函数。

下面来看具体的实现细节。

1. 定义 bpf_func_proto 结构体

定义和实现结构体 bpf_func_proto，指定它的功能函数为 bpf_perf_event_output，这样 eBPF 程序里就可以直接调用 bpf_perf_event_output()。bpf_perf_event_output_proto 定义的示例代码如下：

```
BPF_CALL_5 (bpf_perf_event_output, struct pt_regs *, regs, struct bpf_map *,
    map, u64, flags, void *, data, u64, size)
{
    …
    return err;
}

static const struct bpf_func_proto bpf_perf_event_output_proto = {
    .func     = bpf_perf_event_output,
    .gpl_only     = true,
    .ret_type     = RET_INTEGER,
    .arg1_type    = ARG_PTR_TO_CTX,
    .arg2_type    = ARG_CONST_MAP_PTR,
    .arg3_type    = ARG_ANYTHING,
    .arg4_type    = ARG_PTR_TO_MEM | MEM_RDONLY,
    .arg5_type    = ARG_CONST_SIZE_OR_ZERO,
};
```

上述代码定义了 bpf_perf_event_output 的入参类型分别如下。
- ❑ ARG_PTR_TO_CTX：表示 struct pt_regs 指针。
- ❑ ARG_CONST_MAP_PTR：表示 struct bpf_map 指针。
- ❑ ARG_ANYTHING：表示任意类型，且数值已初始化。
- ❑ ARG_PTR_TO_MEM | MEM_RDONLY：指向栈、报文或 eBPF map 元素值的指针。
- ❑ ARG_CONST_SIZE_OR_ZERO：整数且该整数值可为 0。
- ❑ RET_INTEGER：表示返回值类型是整数类型。

2. 添加编号

在完成 struct bpf_func_proto 的定义之后，需要为辅助函数分配一个唯一的编号。下面的代码将上述代码扩展为 BPF_FUNC_perf_event_output 宏定义，并将该辅助函数的编号设置为 25，即 #define BPF_FUNC_perf_event_output 25。

```
#define ___BPF_FUNC_MAPPER (FN, ctx...)
    FN (unspec, 0, ##ctx)     \
    …
    FN (perf_event_output, 25, ##ctx)     \
    …
```

注意，该代码位于内核源文件 include/uapi/linux/bpf.h 中。

3. 绑定 eBPF 程序类型

最后一步是要指定允许调用该辅助函数的 eBPF 程序类型。例如，下面的代码允许 BPF_PROG_TYPE_KPROBE 类型的 eBPF 程序调用 bpf_perf_event_output 辅助函数。如果 eBPF 程序调用了某个辅助函数，但未指定该程序允许调用此类辅助函数的类型，那么在加载过程中会出现类似“unknown func bpf_perf_event_output#25”的 eBPF 验证器错误信息。

```
static const struct bpf_func_proto *
kprobe_prog_func_proto (enum bpf_func_id func_id, const struct bpf_prog *prog)
{
    switch (func_id) {
    case BPF_FUNC_perf_event_output:
    return &bpf_perf_event_output_proto;
    …
    default:
    return bpf_tracing_func_proto (func_id, prog);
    }
}
const struct bpf_verifier_ops kprobe_verifier_ops = {
    .get_func_proto  = kprobe_prog_func_proto,   //验证该类型的eBPF程序是否可调用func_
                                                 //id所代表的辅助函数
    .is_valid_access = kprobe_prog_is_valid_access,
};
```

2.4　eBPF 程序类型设计

eBPF 程序是内核中运行的轻量级代码，它们响应各种系统事件，如网络数据包接收、系统调用执行以及内核和应用程序的特定操作。eBPF 程序之所以独特，是因为它们在内核中运行在一个虚拟的、沙箱化的环境中，这种机制确保了执行的代码不会破坏系统的稳定性或安全性。目前，eBPF 支持超过 30 种不同的程序类型，本节将介绍主要的类型以及它们的基本设计细节。

2.4.1　eBPF 程序类型

在 Linux 内核中，eBPF 程序被划分为 4 种类型，每一类型都针对特定的内核子系统或操作进行了专门的设计和优化。本小节将详细列举这些 eBPF 程序类型，并探讨它们在多种场景中的功能。

- **跟踪诊断类**：这一类程序主要用于监控和诊断内核函数调用、性能事件、静态跟踪点等。
- **网络处理类**：XDP 程序就属于这类。它专注于网络数据包的处理，包括报文转发与重定向、流量分类、socket 层面的过滤等。
- **系统安全类**：这一类程序与系统调用、cgroup（控制组）和 Linux 安全模块相关，用于增强系统安全性和提升性能。
- **特定用途类**：这一类程序用于满足特定的需求。

表 2-11 给出了 Linux 内核中 eBPF 程序的大致类型。

表 2-11　eBPF 程序的大致类型

分类	程序类型	说明
跟踪诊断类	BPF_PROG_TYPE_KPROBE	绑定到内核函数，能够在内核函数被调用时做出响应
	BPF_PROG_TYPE_TRACEPOINT	用于在内核静态跟踪点执行 eBPF 程序
	BPF_PROG_TYPE_PERF_EVENT	用于性能监控和事件采样
	BPF_PROG_TYPE_RAW_TRACEPOINT	用于绑定内核静态跟踪点，执行原始数据监控
	BPF_PROG_TYPE_RAW_TRACEPOINT_WRITABLE	允许 eBPF 程序在 tracepoint 事件触发时，不仅能读取跟踪点的数据，还能对数据进行修改
网络处理类	BPF_PROG_TYPE_XDP	用于在网络层的最开始处处理数据包，即在数据包刚进入网卡驱动时立即进行处理
	BPF_PROG_TYPE_SCHED_CLS	用于流量分类，可以挂载到与流量控制的相关类上
	BPF_PROG_TYPE_SCHED_ACT	与流量控制相关，用于处理流量行为，可以挂载在流量控制（如 Linux 的 tc 模块）相关的执行函数上
	BPF_PROG_TYPE_SOCKET_FILTER	用于在 socket 层面上过滤网络数据包
	BPF_PROG_TYPE_LWT_IN	用于设置“轻量级隧道”的输入路径
	BPF_PROG_TYPE_LWT_OUT	用于设置“轻量级隧道”的输出路径
	BPF_PROG_TYPE_LWT_XMIT	用于在轻量级隧道技术中处理数据包的传输
	BPF_PROG_TYPE_SK_SKB	用于处理与 socket 相关的数据包，支持修改数据包内容和进行 socket 重定向
	BPF_PROG_TYPE_SK_MSG	用于捕获和分析发送或接收的网络数据
	BPF_PROG_TYPE_CGROUP_SKB	用于在数据包进入或离开 cgroup 管理的网络命名空间时，进行拦截和操作
	BPF_PROG_TYPE_CGROUP_SOCK	用于在 cgroup 级别监控和操作 socket
	BPF_PROG_TYPE_CGROUP_DEVICE	用于控制 cgroup 级别的设备文件访问
	BPF_PROG_TYPE_SK_REUSEPORT	用于在 cgroup 级别上处理 socket 的复用端口功能

（续）

分类	程序类型	说明
网络处理类	BPF_PROG_TYPE_FLOW_DISSECTOR	用于在内核网络堆栈中对数据流进行解析，它可以对网络流量进行细粒度的检查和处理
	BPF_PROG_TYPE_CGROUP_SOCKOPT	用于在 cgroup 层面上对套接字选项的获取和设置进行监控与修改，增强了网络编程的灵活性和控制能力
	BPF_PROG_TYPE_SK_LOOKUP	用于通过 eBPF 程序来定制和实现内核的 socket 查找逻辑
系统安全类	BPF_PROG_TYPE_CGROUP_SYSCTL	用于对 cgroup 系统中的系统控制参数进行细粒度的访问和控制
	BPF_PROG_TYPE_LSM	用于实现系统范围的强制访问控制和审计策略
	BPF_PROG_TYPE_SYSCALL	用于捕获系统调用
特定用途类	BPF_PROG_TYPE_LIRC_MODE2	用于在 Linux 红外设备上接收和解码红外信号
	BPF_PROG_TYPE_EXT	用于动态扩展其他 eBPF 程序

接下来，我们将重点介绍跟踪诊断类程序（参见 2.5 节）和网络处理类程序（参见 2.6 节）。

尽管每种类型的 eBPF 程序都有其特定的用途，但它们的基本实现原理相似，主要涉及三个核心结构体。

- struct bpf_verifier_ops：用于实现 eBPF 验证器的功能。
- struct bpf_prog_ops：用于 eBPF 程序的测试。
- struct bpf_prog_offload_ops：提供了将 eBPF 程序卸载到硬件所需的功能。

这三个结构体对应着三种接口——验证器接口、测试接口以及卸载接口。下面具体来看下如何设计这些 eBPF 的接口。

2.4.2 验证器接口设计

struct bpf_verifier_ops 结构体定义了与 eBPF 程序验证相关的操作接口。在 eBPF 程序加载到内核时，这些接口确保程序满足安全和性能标准，防止对系统稳定性或安全性造成损害。独立的验证过程是 eBPF 生态系统的一个重要特性，它允许用户空间代码在内核空间中安全地执行。bpf_verifier_ops 结构体定义如下所示：

```
struct bpf_verifier_ops {
    const struct bpf_func_proto *
    (*get_func_proto)(enum bpf_func_id func_id,
                      const struct bpf_prog *prog);
    bool (*is_valid_access)(int off, int size,
   enum bpf_access_type type,
                            const struct bpf_prog *prog,
          struct bpf_insn_access_aux *info);
    int (*gen_prologue)(struct bpf_insn *insn, bool direct_write,
```

```
            const struct bpf_prog *prog);
        int (*gen_ld_abs)(const struct bpf_insn *orig,
            struct bpf_insn *insn_buf);
        u32 (*convert_ctx_access)(enum bpf_access_type type,
            const struct bpf_insn *src,
            struct bpf_insn *dst,
            struct bpf_prog *prog, u32 *target_size);
        int (*btf_struct_access)(struct bpf_verifier_log *log,
            const struct bpf_reg_state *reg,
            int off, int size, enum bpf_access_type atype,
            u32 *next_btf_id, enum bpf_type_flag *flag);
    };
```

struct bpf_verifier_ops 结构体的每个成员的解释如下。

- get_func_proto：主要用于验证该程序类型的 eBPF 程序能否调用 func_id 辅助函数，并返回该辅助函数的原型定义。
- is_valid_access：此函数用于检查 eBPF 程序是否有权访问特定的内存区域。
- gen_prologue：此函数用于生成 eBPF 程序的序言，这通常是程序的开始部分，用于设置程序的运行环境。目前只有少部分的 eBPF 程序类型需要实现这个函数。
- gen_ld_abs：此函数用于生成执行绝对加载的 eBPF 指令（ld_abs）。
- convert_ctx_access：此函数用于转换 eBPF 程序对上下文的访问方式，确保访问操作符合预期行为规范。
- btf_struct_access：btf_struct_access 用于访问 BTF 类型的结构体。这对那些使用 BTF 信息的复杂 eBPF 程序来说非常重要，使得验证器能够进行结构体字段的类型安全访问。

2.4.3 测试接口设计

结构体 bpf_prog_ops 的作用是针对已加载 eBPF 程序的运行时行为提供操作方法集合，但目前它的这些操作方法主要是用于测试的。我们可以通过这些方法测试编写的 eBPF 程序的运行情况，以确保其正确性。bpf_prog_ops 结构体的定义如下所示：

```
struct bpf_prog_ops {
    int (*test_run)(struct bpf_prog *prog, const union bpf_attr *kattr,
    union bpf_attr __user *uattr);
};
```

在结构体 bpf_prog_ops 中，(*test_run) 是一个函数指针。在 bpf_prog_ops 的实例被初始化时，这个指针会被赋值为相应的函数。test_run 的 3 个参数的说明如下。

1）第一个参数 (struct bpf_prog *prog) 是一个指向 struct bpf_prog 的指针，表示一个加载到内核的 eBPF 程序实例，test_run 函数会对这个特定的 eBPF 程序进行操作。

2）第二个参数 (const union bpf_attr *kattr) 是一个指向 bpf_attr 联合体的指针，这是内核用来传递从用户空间到内核空间的 eBPF 系统调用参数的标准方式。kattr 中包含了执行测试所需的各种参数，如输入数据的位置和大小、预期的输出和其缓冲区大小等。

3）第三个参数 (union bpf_attr __user *uattr) 与第二个参数相似，但它是从用户空间传递的指针。__user 是一个内核宏，用于标识这个指针指向的内存是属于用户空间的，内核代码不应直接去访问它，而是需要使用特定的函数来安全地从用户空间读取或写入数据。

在 struct bpf_prog_ops 中，test_run 提供了唯一的测试操作，为开发人员构建了一个评估 eBPF 程序在内核环境中执行行为的框架。借助这一接口，用户可以在不依赖实际网络包或事件流的情况下，验证 eBPF 程序的数据处理逻辑是否符合预期，并检查其性能表现。这一工具至关重要，因为它允许在不对生产环境造成影响的前提下，安全地测试和调试 eBPF程序。

2.4.4 卸载接口设计

struct bpf_prog_offload_ops 通常由支持 eBPF 卸载的硬件驱动程序提供，并且由内核在初始化驱动时进行设置。这些操作允许驱动程序控制 eBPF 程序在特定硬件上的生命周期，并执行如验证、JIT 编译（将 eBPF 字节码转换为硬件特定指令集）、挂载和卸载等任务。

struct bpf_prog_offload_ops 结构体包含了一系列的函数指针，它们旨在为支持卸载的 eBPF 程序提供一整套回调接口。通过这些回调接口，内核的 eBPF 子系统能够将 eBPF 程序的验证、优化和生命周期管理任务委托给特定硬件的驱动程序来处理。下面的代码是 struct bpf_prog_offload_ops 结构体的具体定义。

```
struct bpf_prog_offload_ops {
    int (*insn_hook)(struct bpf_verifier_env *env,
     int insn_idx, int prev_insn_idx);
    int (*finalize)(struct bpf_verifier_env *env);
    int (*replace_insn)(struct bpf_verifier_env *env, u32 off,
        struct bpf_insn *insn);
    int (*remove_insns)(struct bpf_verifier_env *env, u32 off, u32 cnt);
    int (*prepare)(struct bpf_prog *prog);
    int (*translate)(struct bpf_prog *prog);
    void (*destroy)(struct bpf_prog *prog);
};
```

让我们逐一分析这些成员函数。

1）insn_hook：这个函数被 eBPF 验证器调用，用于对单个 eBPF 指令进行特定的处理。在 eBPF 程序被加载和验证的过程中，insn_hook 在每个 eBPF 指令的验证环节被调用，允许对指令进行特殊处理。

2）finalize：在 eBPF 验证器完成验证后调用的函数。这个函数用于做最后的整理工作，涉及对准备卸载到硬件的 eBPF 程序的最终调整或确认。

3）replace_insn：在验证器优化阶段之后调用，用于替换程序中的指令。它允许卸载驱动程序对 eBPF 指令序列进行优化或进行基于硬件的特定调整。

4）remove_insns：用于移除 eBPF 程序中一定范围内的指令。这在优化程序大小和性能时可能非常有用。

而对于 eBPF 程序的生命周期管理，此结构体提供了以下 3 个回调函数。

1）prepare：当一个新的 eBPF 程序准备卸载到硬件时调用。这个过程通常涉及资源的分配和初始化，以便硬件可以接管该程序的执行。

2）translate：这个函数负责将 eBPF 程序从虚拟机指令格式转换为硬件可以理解的命令。这通常是 eBPF 卸载中最复杂的部分，因为它涉及具体硬件指令集的细节。

3）destroy：当 eBPF 程序不再需要在硬件上运行时调用，这个函数负责清理任何在执行 prepare 函数的阶段分配的资源，并执行任何必要的设备级清理工作。

struct bpf_prog_offload_ops 提供了验证、优化和管理硬件卸载 eBPF 程序所需的完整回调接口。通过实现这些接口，硬件设备的驱动程序可以控制 eBPF 程序在硬件上的行为，从而具备硬件加速的可能性。这有助于在性能和灵活性之间达到更好的平衡，尤其在高性能网络处理和数据中心场景中显得尤为重要。

使用 struct bpf_prog_offload_ops 进行程序卸载的一个典型例子是在使用 XDP 时，将数据包处理逻辑卸载到支持 XDP 的网卡硬件上。通过这种方式，数据包可以直接在网卡上进行处理，而不需要先进入操作系统的网络堆栈，从而显著地提高网络 I/O 的性能。

2.5 跟踪诊断类 eBPF 程序

跟踪诊断类 eBPF 程序类型是指那些用于内核或用户态程序监控和性能分析的 eBPF 程序。这些程序可对系统行为进行深入观察，帮助开发者和系统管理员捕捉问题、优化性能、理解复杂的系统动态。主要有以下几种类型，其中 kprobe/kretprobe、uprobes/uretprobes、tracepoint 在第 1 章已简单介绍过，还有一种类型是 perf_events。perf_events 提供了一种机制，通过它可以测量大范围的硬件和软件的性能。eBPF 程序可以与 perf_events 一起使用，来分析这些数据。

这些跟踪类 eBPF 程序类型共同构成了 eBPF 的调测和监控工具集，通过它们，系统的不同方面可以被分析和探究，无论是微观的一次函数调用，还是宏观的系统行为。跟踪程序还可搭配 eBPF map 存储长期的状态信息，为复杂数据的收集和分析提供支持。随着 eBPF 工具链的不断完善，这些程序类型在快速定位问题和优化系统方面将扮演更加重要的角色。

2.5.1　kprobe/kretprobe 类程序

本节将深入探讨 eBPF 的 kprobe 程序类型相关接口，kretprobe 程序与此类似。由于 kprobe 程序类型不支持测试，接下来主要介绍 kprobe 程序的验证器接口，重点分析其参数的合法性校验机制，这是确保操作系统核心稳定性和安全性的重要环节。然后，我们将详细说明 kprobe 程序的挂载流程，包括使用 perf ioctl 方式的具体步骤。最后，我们将探讨 kprobe 程序的执行流程，展示从事件触发到 eBPF 程序执行的完整路径。

1）**验证器相关接口**。kprobe 程序验证阶段的操作函数，主要包含两个，一个是 kprobe_prog_func_proto，用来获取 kprobe 可以调用的辅助函数，另外一个是 kprobe_prog_is_valid_access，用来判断 kprobe 程序参数的合法性，确保了 kprobe 类型的 eBPF 程序只进行合法的、只读的到 struct pt_regs 的访问操作。这是确保操作系统核心稳定性和安全性的重要机制。kprobe 程序类型验证器接口 kprobe_verifier_ops 的定义如下：

```
const struct bpf_verifier_ops kprobe_verifier_ops = {
    .get_func_proto  = kprobe_prog_func_proto,
    .is_valid_access = kprobe_prog_is_valid_access,
};
```

kprobe_prog_func_proto 函数前面章节已经有过介绍，不再阐述。接下来一起看看 kprobe_prog_is_valid_access 的源码，如下所示。

```
/* bpf+kprobe程序可以访问struct pt_regs的字段*/
static bool kprobe_prog_is_valid_access(int off, int size, enum bpf_access_
    type type, const struct bpf_prog *prog, struct bpf_insn_access_aux *info) {
    if (off < 0 || off >= sizeof(struct pt_regs))
        return false;
    if (type != BPF_READ)
        return false;
    if (off % size != 0)
        return false;
    /*要确保32位架构的断言不对struct pt_regs的最后4字节成员进行超出范围的8字节访问(BPF_DW) */
    if (off + size > sizeof(struct pt_regs))
        return false;
    return true;
}
```

这段代码作用是验证 kprobe 类型的 eBPF 程序是否访问的是 struct pt_regs 结构字段。struct pt_regs 存储了当函数被内核中的 kprobe 捕获时的 CPU 寄存器状态。这个验证过程是 eBPF 安全模型的一部分，确保 eBPF 程序只能按照内核允许的方式读取它们。函数的主要判断逻辑如下。

①检查偏移量 off 是否处于 struct pt_regs 的有效访问范围内。如果 off 是负数或大于 struct pt_regs 的大小，则这不是有效的访问，函数返回 false。

②验证访问类型 type 是否为 BPF_READ。kprobe 捕获的寄存器状态只能读取而不能写入，如果尝试写，则返回 false。

③校验偏移量 off 是否与访问大小 size 对齐。如果不对齐，则认为访问无效，返回 false。

④确保访问不会超出 struct pt_regs 末尾。即使 off 是合法的，要读取的字段（由 off 和 size 界定）不能延伸到结构体之外。这样的访问同样被视为无效，也会返回 false。

⑤如果所有这些检查都通过了，函数确认访问是有效的，则返回 true。

2）**测试相关接口：**目前，kprobe 类型的 eBPF 程序暂不支持测试，故未实现 test_run 接口。

3）**硬件卸载接口：**同样，kprobe 类型的 eBPF 程序也不支持卸载。

4）**挂载流程：**kprobe 类型的 eBPF 程序有两种挂载方式：一种是传统的基于 perf 的 ioctl 方式进行挂载，另外一种是主流的 eBPF Link（eBPF Link 是在内核中挂载的 eBPF 程序的引用，它允许这些程序附着在内核的特定事件或钩子点上，以便在事件发生时被触发执行）方式。因为 eBPF Link 需要较高的内核版本才能支持，所以这里主要介绍 perf ioctl 的方式。kprobe 类型的 eBPF 程序使用 perf ioctl 方式进行挂载，主要分为 3 步。

第 1 步：使用 perf_event_open 系统调用创建一个 perf 事件，建立与内核事件的通信通道。可以通过设置 perf 事件的参数来指定监控的 kprobe 事件，主要参数如下。

- 事件类型，事件类型的值可从 /sys/bus/event_source/devices/kprobe/type 文件获取。
- 如果是 kretprobe，还需要从 /sys/bus/event_source/devices/kprobe/format/retprobe 文件读取额外的配置信息。
- 跟踪的内核函数名字。
- 跟踪的内核函数偏移。

perf_event_open 函数最终会在内核中注册一个 kprobe 钩子。下面的代码展示了 __register_trace_kprobe 函数的实现，该函数使用 register_kprobe 或 register_kretprobe 来分别注册 kprobe 和 kretprobe。

```
static int __register_trace_kprobe(struct trace_kprobe *tk)
{
    int i, ret;
    if (trace_probe_is_enabled(&tk->tp))
        tk->rp.kp.flags &= ~KPROBE_FLAG_DISABLED;
    else
        tk->rp.kp.flags |= KPROBE_FLAG_DISABLED;
    //注册kprobe或者kretprobe
    if (trace_kprobe_is_return(tk))
        ret = register_kretprobe(&tk->rp);
    else
        ret = register_kprobe(&tk->rp.kp);
```

```
    return ret;
}
```

第 2 步：使用 ioctl 系统调用将 eBPF 程序挂载到 perf 事件上。具体来说是调用 ioctl(pfd, PERF_EVENT_IOC_SET_BPF, prog_fd) 函数，其中 pfd 是 perf 事件的文件描述符，prog_fd 是已经加载的 eBPF 程序的文件描述符，通过此函数可以将 eBPF 程序挂载到 perf 事件上。在这个过程中，perf 会通过数组保存挂载的 eBPF 程序，一个 kprobe 事件可以挂载多个 eBPF 程序实例。所有的 eBPF 程序按照挂载的顺序执行。下面的代码展示了 perf_event_attach_bpf_prog 函数的实现细节，该函数负责将新挂载的 eBPF 程序添加到 bpf_prog 数组中。

```
int perf_event_attach_bpf_prog(struct perf_event *event,
                               struct bpf_prog *prog,
                               u64 bpf_cookie)
{
    struct bpf_prog_array *old_array;
    struct bpf_prog_array *new_array;
    …
    // 将old_array和prog合并到new_array
    ret = bpf_prog_array_copy(old_array, NULL, prog, bpf_cookie, &new_array);
    if (ret < 0)
        goto unlock;

    event->prog = prog;
    event->bpf_cookie = bpf_cookie;
    // 更新prog_array
    rcu_assign_pointer(event->tp_event->prog_array, new_array);
    bpf_prog_array_free_sleepable(old_array);
    …
    return ret;
}
```

第 3 步：使能 perf 事件可以通过调用 ioctl(pfd, PERF_EVENT_IOC_ENABLE, 0) 函数来实现。但是，在第二步已经将 eBPF 程序挂载到 perf 事件上时，实际上已经启用了 eBPF 程序，所以第三步是可选的。

5）**运行流程：**因为 kprobe 是基于 Linux 原有的 kprobe 机制来实现的，所以当事件触发时，仍由 kprobe 调用 kprobe_dispatcher 或 kretprobe_dispatcher 来进行事件的分发。具体的运行流程如下：当事件触发时，kprobe 会先调用 kprobe_dispatcher 函数，然后调用 kprobe_perf_func 函数，最后调用 trace_call_bpf 函数来执行 eBPF 程序。当事件触发时，kretprobe 会先调用 kretprobe_dispatcher 函数，然后调用 kretprobe_perf_func 函数，最后调用 trace_call_bpf 函数来执行 eBPF 程序。可以看到，不管是 kprobe 还是 kretprobe，最终都是由 trace_call_bpf 函数来执行 eBPF 程序。以下代码展示了 trace_ call_bpf 函数的具体实现，它通过调用 bpf_prog_run_array 来执行所有已挂载的 eBPF 程序。

```
unsigned int trace_call_bpf(struct trace_event_call *call, void *ctx)
{
    ...
    rcu_read_lock();
    // 按顺序执行所有的eBPF程序
    ret = bpf_prog_run_array(rcu_dereference(call->prog_array),
    ctx, bpf_prog_run);
    rcu_read_unlock();
    …
}
```

2.5.2 uprobe/uretprobe 类程序

本小节将深入探讨 eBPF 的 uprobe 程序类型相关接口，uretprobe 程序与此类似。我们将简要介绍 uprobe 程序的验证器和测试接口，由于它们与 kprobe 共享，因此不会过多展开。接着，我们将详细说明 uprobe 程序的挂载流程，包括使用 perf ioctl 方式进行的步骤。最后，我们将探讨 uprobe 程序的执行流程，展示从事件触发到 eBPF 程序执行的完整路径。

1）**验证器相关接口**：uprobe 程序类型和 kprobe 共用同一个验证器接口，故不在此过多介绍。

2）**测试相关接口**：uprobe 程序类型和 kprobe 共用同一个测试接口，故不在此过多介绍。

3）**硬件卸载接口**：uprobe 类型的 eBPF 程序也不支持卸载。

4）**挂载流程**：同 kprobe 类型的 eBPF 程序一样，uprobe 程序也有两种挂载方式：一种是传统的基于 perf 的 ioctl 方式进行挂载；另外一种是目前主流的 eBPF Link 方式。

uprobe 类型的 eBPF 程序使用 perf ioctl 方式进行挂载，主要分为三步。

第 1 步：使用 perf_event_open 系统调用创建一个 perf 事件，建立与内核事件的通信通道。可以通过设置 perf 事件的参数来指定监控的 uprobe 事件，主要参数如下。

- 事件类型，事件类型值从 /sys/bus/event_source/devices/uprobe/type 文件中获取。
- 如果是 uretprobe，还需要从 /sys/bus/event_source/devices/uprobe/format/retprobe 文件中读取额外的配置信息。
- 跟踪的用户程序路径，比如 /proc/self/exe 会跟踪自身的程序。
- 跟踪的用户态函数的地址。

perf_event_open 最终通过内核的 register_trace_uprobe 函数向内核注册 uprobe 函数。下面的代码展示了 __register_trace_uprobe 函数的实现，该函数使用 register_uprobe 和

register_uretprobe 来分别注册 uprobe 与 uretprobe。

```
static int __register_trace_uprobe(struct trace_uprobe *tk)
{
    int i, ret;
    if (trace_probe_is_enabled(&tk->tp))
    tk->rp.kp.flags &= ~uprobe_FLAG_DISABLED;
    else
    tk->rp.kp.flags |= uprobe_FLAG_DISABLED;
    //注册uprobe或者uretprobe
    if (trace_uprobe_is_return(tk))
    ret = register_uretprobe(&tk->rp);
    else
    ret = register_uprobe(&tk->rp.kp);

    return ret;
}
```

第 2 步：使用 ioctl 系统调用将 eBPF 程序挂载到 perf 事件上，具体来说是调用 ioctl(pfd, PERF_EVENT_IOC_SET_BPF, prog_fd) 函数。其中 pfd 是 perf 事件的文件描述符，prog_fd 是加载的 eBPF 程序的文件描述符。通过此函数可以将 eBPF 程序挂载到 perf 事件上。在这个过程中，perf 事件会通过数组保存挂载的 eBPF 程序，一个 uprobe 事件可以挂载多个 eBPF 程序实例。所有的 eBPF 程序按照挂载的顺序执行。

第 3 步：使能 perf 事件，可以通过调用 ioctl(pfd, PERF_EVENT_IOC_ENABLE, 0) 函数来实现。但是，因为在第二步将 eBPF 程序挂载到 perf 事件上时，实际上就启用了 eBPF 程序，所以第三步是可选的。

5）**程序执行**：因为 kprobe 程序类型是基于 Linux 原有的 uprobe 机制来实现的，所以当事件触发时，仍由 uprobe 机制调用 uprobe_dispatcher 或 uretprobe_dispatcher 来进行事件的分发。具体程序的执行流程如下：当事件触发时，会先调用 uprobe_dispatcher 函数，然后调用 uprobe_perf_func 函数，最后调用 trace_call_bpf 函数来执行 eBPF 程序。不管是 uprobe 还是 uretprobe，最终都是由 trace_call_bpf 函数来执行 eBPF 程序。以下代码展示了 trace_call_bpf 函数的具体实现，它通过调用 bpf_prog_run_array 来执行所有已挂载的 eBPF 程序。

```
unsigned int trace_call_bpf(struct trace_event_call *call, void *ctx)
{
    …
    rcu_read_lock();
    //按顺序执行所有的eBPF程序
    ret = bpf_prog_run_array(rcu_dereference(call->prog_array),ctx, bpf_prog_run);
    rcu_read_unlock();
    …
```

```
}
```

2.5.3 tracepoint 类程序

本小节将深入剖析 eBPF 的 tracepoint 类程序，探讨其验证器接口、挂载流程以及运行机制。首先，我们会展示 tracepoint 程序在验证阶段使用的关键操作函数，这些函数确保程序的合法性和安全性。接下来，我们将介绍 tracepoint 程序的挂载流程，包括使用 perf ioctl 方式进行挂载的详细步骤。最后，我们将探讨 tracepoint 程序的运行流程，并以 net/net_dev_xmit tracepoint 为例，展示它如何在内核中触发并执行 eBPF 程序。

1）**验证器相关接口**。以下代码展示了 tracepoint 类程序在验证阶段使用的两个主要操作函数（即验证器相关的接口）。第一个函数 tp_prog_func_proto 用于检索 tracepoint 能够调用的辅助函数的原型。第二个函数 tp_prog_is_valid_access 负责验证对 tracepoint 类程序参数的访问是否合法，确保 tracepoint 类型的 eBPF 程序仅执行对 struct pt_regs 结构体的合法只读访问。

```
const struct bpf_verifier_ops tracepoint_verifier_ops = {
    .get_func_proto  = tp_prog_func_proto,
    .is_valid_access = tp_prog_is_valid_access,
};
```

2）**测试相关接口**：目前，tracepoint 类型的 eBPF 程序暂不支持测试，故未实现 test_run 接口。

3）**硬件卸载接口**：同样，tracepoint 类型的 eBPF 程序也不支持卸载。

4）**挂载流程**。tracepoint 类型的 eBPF 程序有两种挂载方式：一种是传统的基于 perf 的 ioctl 方式，另外一种是主流的 eBPF Link 方式。因为 eBPF Link 需要基于较高的内核版本，所以这里主要介绍 perf ioctl 的方式。tracepoint 类型的 eBPF 程序使用 perf ioctl 方式进行挂载，主要分为三步。

第 1 步：使用 perf_event_open 系统调用创建一个 perf 事件，建立与内核事件的通信通道。可以通过设置 perf 事件的参数来指定监控的 tracepoint 事件，功能主要包括：

- 指定 tracepoint 事件的编号，该编号可从 /sys/kernel/debug/tracing/events/[category]/[name]/id 文件读取。
- 指定 perf 事件类型为 PERF_TYPE_TRACEPOINT。

perf_event_open 最终会向内核注册静态跟踪点。下面的代码展示了 perf_trace_init 函数的实现，该函数使用 perf_trace_event_reg 来注册静态跟踪点。

```
int perf_trace_init(struct perf_event *p_event)
{
    struct trace_event_call *tp_event;
    u64 event_id = p_event->attr.config;
```

```
    int ret = -EINVAL;

    mutex_lock(&event_mutex);
    list_for_each_entry(tp_event, &ftrace_events, list) {
        if (tp_event->event.type == event_id &&
            tp_event->class && tp_event->class->reg &&
            trace_event_try_get_ref(tp_event)) {
            //注册静态跟踪点
            ret = perf_trace_event_init(tp_event, p_event);
            if (ret)
                trace_event_put_ref(tp_event);
            break;
        }
    }
    mutex_unlock(&event_mutex);

    return ret;
}

static int perf_trace_event_init(struct trace_event_call *tp_event,
                                 struct perf_event *p_event)
{
    …
    //注册静态跟踪点
    ret = perf_trace_event_reg(tp_event, p_event);
    …
}

static int perf_trace_event_reg(struct trace_event_call *tp_event,
                                struct perf_event *p_event)
{
    …
    //这里reg调用的是trace_event_reg
    ret = tp_event->class->reg(tp_event, TRACE_REG_PERF_REGISTER, NULL);
    …
}
```

以下代码片段定义了trace_event_reg，其中call->tp指的是内核中预定义的静态跟踪点，而call->class->perf_probe是指派的回调函数。tracepoint_probe_register函数负责将该回调函数与内核的静态跟踪点绑定。一旦内核执行到该静态跟踪点，便会触发回调函数的调用，进而执行我们注册的eBPF程序。

```
int trace_event_reg(struct trace_event_call *call,
                    enum trace_reg type, void *data)
{
    …
    case TRACE_REG_PERF_REGISTER:
```

```
        return tracepoint_probe_register(call->tp,
                            call->class->perf_probe,
                            call);
    …
    return 0;
}
```

第 2 步：使用 ioctl 系统调用将 eBPF 程序挂载到 perf 事件上，具体来说是调用 ioctl(pfd, PERF_EVENT_IOC_SET_BPF, prog_fd) 函数。其中，pfd 是 perf 事件的文件描述符，prog_fd 是已经加载的 eBPF 程序的文件描述符。通过此函数可以将 eBPF 程序挂载到 perf 事件上。在这个过程中，perf 会通过数组保存挂载的 eBPF 程序，一个 tracepoint 事件挂载多个 eBPF 程序实例。所有的 eBPF 程序按照挂载的顺序执行。下面的代码展示了 perf_event_attach_bpf_prog 函数的实现细节，该函数负责将新挂载的 eBPF 程序添加到 bpf_prog 数组中。

```
int perf_event_attach_bpf_prog(struct perf_event *event,
                               struct bpf_prog *prog,
                               u64 bpf_cookie)
{
    struct bpf_prog_array *old_array;
    struct bpf_prog_array *new_array;
    …
    //将old_array和prog合并成new_array
    ret = bpf_prog_array_copy(old_array, NULL, prog, bpf_cookie, &new_array);
    if (ret < 0)
        goto unlock;

    event->prog = prog;
    event->bpf_cookie = bpf_cookie;
    //更新prog_array
    rcu_assign_pointer(event->tp_event->prog_array, new_array);
    bpf_prog_array_free_sleepable(old_array);
    …
    return ret;
}
```

第 3 步：使能 perf 事件可以通过调用 ioctl(pfd, PERF_EVENT_IOC_ENABLE, 0) 函数来实现。但是，因为在第 2 步将 eBPF 程序挂载到 perf 事件上时，实际上就启用了 eBPF 程序，所以第 3 步是可选的。

5）运行流程。eBPF tracepoint 类型的程序运行流程涉及内核跟踪点的触发和 eBPF 程序的执行。下面以 net/net_dev_xmit tracepoint 为例介绍其运行流程，详细说明如下。

- **内核函数调用**：下面的代码是 xmit_one 函数的内核源码，当内核执行到 xmit_one 函数时，如果该函数的执行路径上注册了 net/net_dev_xmit tracepoint，那么函数在特定位置会触发该 tracepoint。

```
static int xmit_one(struct sk_buff *skb, struct net_device *dev,
                    struct netdev_queue *txq, bool more)
{
    …
    rc = netdev_start_xmit(skb, dev, txq, more);
    trace_net_dev_xmit(skb, rc, dev, len);
    return rc;
}
```

- **触发 tracepoint**：在 xmit_one 函数中，trace_net_dev_xmit 函数被调用来处理 tracepoint 事件。这个函数是由 DEFINE_EVENT 宏自动生成的，它封装了 tracepoint 的实现逻辑。
- **回调函数**：trace_net_dev_xmit 函数会回调 struct tracepoint 中保存的 func 函数，通常是 perf_trace_##call 函数。这个回调函数是 tracepoint 事件处理的核心。
- **执行 eBPF 程序**：perf_trace_##call 函数会调用 perf_trace_run_bpf_submit 函数来执行挂载到该 tracepoint 的 eBPF 程序。下面的代码是 perf_trace_run_bpf_submit 内核源码片段。在 perf_trace_run_bpf_submit 函数中，首先检查是否有有效的 eBPF 程序数组。如果有，它会更新事件的上下文信息，包括将当前的 pt_regs（指向程序计数器的指针），并存储在 raw_data 中。接着，perf_trace_run_bpf_submit 函数会调用 trace_call_bpf 函数，该函数负责实际执行 eBPF 程序。

```
void perf_trace_run_bpf_submit(void *raw_data, int size, int rctx,
                               struct trace_event_call *call, u64 count,
                               struct pt_regs *regs, struct hlist_head *head,
                               struct task_struct *task)
{
    if (bpf_prog_array_valid(call)) {
        *(struct pt_regs **)raw_data = regs;
        if (!trace_call_bpf(call, raw_data) || hlist_empty(head)) {
            perf_swevent_put_recursion_context(rctx);
            return;
        }
    }
    perf_tp_event(call->event.type, count, raw_data, size, regs, head,
                  rctx, task);
}
```

2.5.4 perf 事件类程序

本小节深入探讨了 eBPF 的 perf 事件类型程序，重点分析了其验证器接口和数据处理流程。我们将展示如何通过 perf_event_verifier_ops 结构体定义验证逻辑，并详细解释了 pe_prog_convert_ctx_access 函数在处理 perf 事件上下文访问中的关键作用。此外，本小节还将概述 perf 事件程序的挂载流程和运行机制。

1）**验证器相关接口**。在以下的代码中，我们将看到验证器功能对应的 perf_event_verifier_ops 结构体的定义，它指定了 perf 事件类型 eBPF 程序的验证逻辑。之前，我们已经详细探讨了其他程序类型中的 get_func_proto 和 is_valid_access 函数的实现，本小节将专注于解释 pe_prog_convert_ctx_access 函数的功能和重要性。

```
const struct bpf_verifier_ops perf_event_verifier_ops = {
    .get_func_proto      = pe_prog_func_proto,
    .is_valid_access     = pe_prog_is_valid_access,
    .convert_ctx_access  = pe_prog_convert_ctx_access,
};
```

以下代码详细展示了 pe_prog_convert_ctx_access 函数的实现。该函数的核心作用是将对 perf 事件上下文的访问请求转换为相应的 eBPF 指令，并将这些指令存储于 insn_buf 缓冲区中。依据 si->off 的值，该函数能够分别读取 sample_period、addr 或 regs 等字段，并将它们的值加载到指定的寄存器中，以便 eBPF 程序后续使用。

```
static u32 pe_prog_convert_ctx_access(enum bpf_access_type type,
                                      const struct bpf_insn *si,
                                      struct bpf_insn *insn_buf,
                                      struct bpf_prog *prog, u32 *target_size)
{
    struct bpf_insn *insn = insn_buf;

    switch (si->off) {
    case offsetof(struct bpf_perf_event_data, sample_period):
        *insn++ = BPF_LDX_MEM(BPF_FIELD_SIZEOF(struct bpf_perf_event_data_
            kern, data), si->dst_reg, si->src_reg, offsetof(struct bpf_perf_
            event_data_kern, data));
        *insn++ = BPF_LDX_MEM(BPF_DW, si->dst_reg, si->dst_reg,  bpf_target_
            off(struct perf_sample_data, period, 8, target_size));
        break;
    case offsetof(struct bpf_perf_event_data, addr):
        *insn++ = BPF_LDX_MEM(BPF_FIELD_SIZEOF(struct bpf_perf_event_data_
            kern, data), si->dst_reg, si->src_reg, offsetof(struct bpf_perf_
            event_data_kern, data));
        *insn++ = BPF_LDX_MEM(BPF_DW, si->dst_reg, si->dst_reg, bpf_target_
            off(struct perf_sample_data, addr, 8, target_size));
        break;
    default:
        *insn++ = BPF_LDX_MEM(BPF_FIELD_SIZEOF(struct bpf_perf_event_data_
            kern, regs), si->dst_reg, si->src_reg, offsetof(struct bpf_perf_
            event_data_kern, regs));
        *insn++ = BPF_LDX_MEM(BPF_SIZEOF(long), si->dst_reg, si->dst_reg, si->off);
```

```
        break;
    }

    return insn - insn_buf;
}
```

2）**测试相关接口**：目前，perf事件类型的eBPF程序暂不支持测试，故未实现test_run接口。

3）**硬件卸载接口**：同样，perf事件类型的eBPF程序也不支持卸载。

4）**挂载流程**：perf事件程序类型的eBPF程序挂载流程如下。

①定义事件属性。下面代码初始化了一个perf_event_attr结构体的实例，用来定义一个perf事件的属性。

```
struct perf_event_attr pe_sample_attr = {
    .type = PERF_TYPE_SOFTWARE,
    .freq = 1,
    .sample_period = 10,
    .config = PERF_COUNT_SW_CPU_CLOCK,
};
```

下面是pe_sample_attr各个字段的解释。

- type = PERF_TYPE_SOFTWARE：设置事件类型为软件事件。Linux性能计数器提供了多种事件类型，包括硬件、软件、追踪点等。这里指定的PERF_TYPE_SOFTWARE意味着事件与软件行为有关，如上下文切换、页面错误次数等。
- freq = 1：启用频率模式。在频率模式下，而非计数模式，Linux内核将尝试根据.sample_period指定的目标采样频率来调整计数器的溢出阈值，以便根据系统的实际性能自动调节采样的频率。
- sample_period = 10：在频率模式下，此值定义了样本的目标采集频率。具体而言，这决定了内核生成样本事件的频率。
- config = PERF_COUNT_SW_CPU_CLOCK：该配置指定了要监视的事件类型为软件事件，具体来说是CPU时钟周期事件。这里的"软件事件"指的是由操作系统内核在软件层面上模拟的事件，而不是直接由硬件计数器产生的事件。

②给每个CPU创建perf事件。下面的代码展示了如何使用perf_event_open函数为每个CPU创建perf事件。

```
for (i = 0; i < nr_cpus; i++) {
    pmu_fd[i] = perf_event_open(&pe_sample_attr, -1 /* pid */, i,
        -1 /* group_fd */, 0 /* flags */);
}
```

③如果内核支持eBPF Link，则使用BPF_LINK_CREATE命令来执行挂载操作；如

果不支持，则通过 ioctl 调用 PERF_EVENT_IOC_SET_BPF 来将 eBPF 程序与 perf 事件进行绑定。

5）**程序运行**。以下代码展示了 bpf_overflow_handler 函数的实现，该函数负责调用 bpf_prog_run 来运行 eBPF 程序。在创建 perf 事件时，内核会将事件的溢出处理回调设置为 bpf_overflow_handler 函数。

```
static void bpf_overflow_handler(struct perf_event *event,
                struct perf_sample_data *data,
                struct pt_regs *regs)
{
    struct bpf_perf_event_data_kern ctx = {
        .data = data,
        .event = event,
    };
    struct bpf_prog *prog;
    int ret = 0;

    ctx.regs = perf_arch_bpf_user_pt_regs(regs);
    if (unlikely(__this_cpu_inc_return(bpf_prog_active) != 1))
        goto out;
    rcu_read_lock();
    prog = READ_ONCE(event->prog);
    if (prog) {
        //准备eBPF程序的入参
        perf_prepare_sample(data, event, regs);
        //运行eBPF程序
        ret = bpf_prog_run(prog, &ctx);
    }
    rcu_read_unlock();
out:
    __this_cpu_dec(bpf_prog_active);
    if (!ret)
        return;

    event->orig_overflow_handler(event, data, regs);
}
```

2.6 网络处理类：XDP 程序

本节以近期被关注非常多的 XDP 程序为例介绍网络处理类 eBPF 程序。为什么会有 XDP 技术呢？什么是 XDP 呢？

在现代高速网络环境下，通过内核网络栈处理所有数据包的传统方法已经逐渐显示出其局限性。随着数据包处理需求的增长，内核开发者和系统管理员开始寻找能够提供更高性能和更多灵活性的解决方案。这就是 XDP 技术出现的背景。

XDP 是一种高效的数据包处理机制，它能在操作系统内核的最早阶段处理数据包，实现快速决策，例如丢弃不需要的流量或将数据包重定向到不同的处理路径。而 eBPF 是一个能在 Linux 内核中运行小的程序的虚拟机。这些程序可以在运行时注入和修改，而 XDP 正是基于 eBPF 的一种具体应用。

通过本小节的学习，你将能够理解 XDP 的运作机制，并掌握如何使用它们来构建高性能的网络程序。

2.6.1　XDP 基本原理

XDP 作为 Linux 内核的一部分，充分利用硬件接口的高效性能，强化了 Linux 网络数据包处理能力。由于它在网络设备驱动的数据包接收路径上尽可能靠前的位置进行处理，因此能够显著减少延迟和资源开销。这个处理过程不仅避免了数据包在内核中不必要的复制操作，也减少了对内存缓冲区的需求，从而提升了整体的数据包处理速度。

同时，在这个模型中，CPU 的利用率被最大化。由于不必等待锁定或排队操作，因此处理器可以立即响应数据包的处理请求。这种灵活的 CPU 使用方式，使得系统能在繁忙轮询或中断驱动的模式之间动态调整，从而有效提升多核处理器的性能。此外，eBPF 程序以其革命性的可编程性，允许用户定义复杂的数据包处理逻辑，比如实现自定义的路由算法、防火墙规则和流量监测等，极大地增强了网络的可控性和可观测性。

图 2-1 是 XDP 基本原理图。

图 2-1 展示了数据包在 XDP 中传输和处理的整个过程。

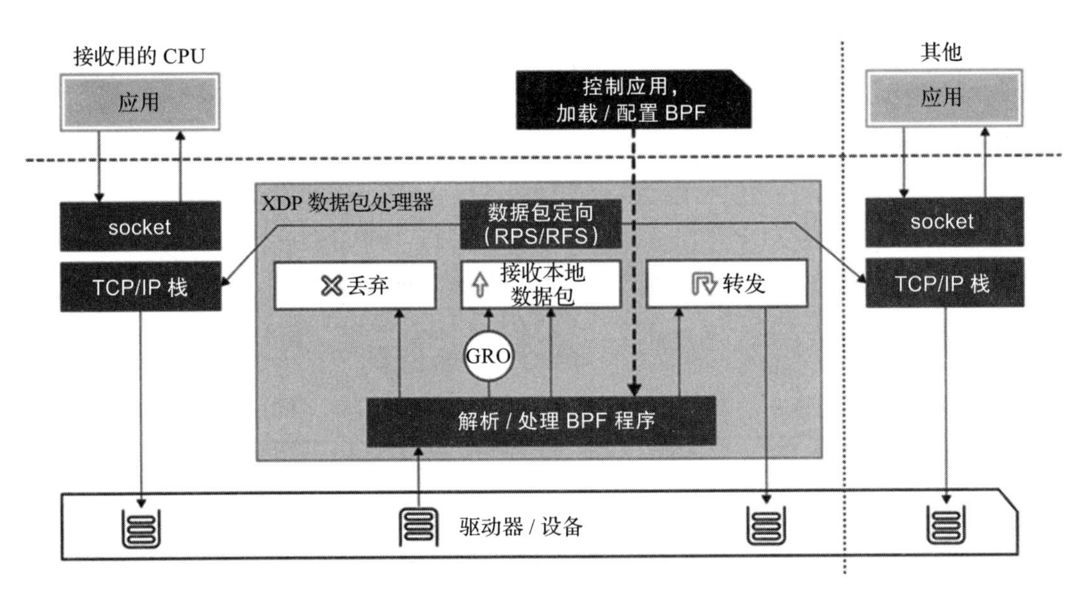

图 2-1　XDP 基本原理图

1）数据包首先由应用程序通过 TCP/IP 栈发送出去，或者通过网络接口卡（NIC）接收。

2）在 XDP 层级，数据包被直接送到 XDP 数据包处理器，这一过程跳过了 Linux 传统的网络栈处理。

3）数据包到达 XDP 数据包处理器后，该处理器会先执行 eBPF 程序的解析和处理流程。这个 eBPF 程序可以进行各种操作，例如解析数据包、挑选策略和维护状态等。

4）经过处理后，数据包可能会有 3 种不同的处理结果。

- 丢弃：数据包被直接丢弃，不会进一步向上层网络栈或应用程序传递。
- 接收：数据包被保留，并且转发到本地 TCP/IP 栈进行进一步的处理。
- 转发：数据包被重定向或转发到其他的网络接口或路径。

5）如果数据包经过接收操作，它可能还会经过 GRO（Generic Receive Offload，通用接收卸载）处理，这是一个用来提高网络栈效率的技术，通过合并数据包以减少总的处理次数。

6）最后，根据具体的处理结果，数据包要么被发送至其他的应用程序，要么被 TCP/IP 栈进一步处理，要么被丢弃。

在处理数据包的过程中，还会有一个用于控制的应用程序，负责加载和配置 BPF 程序，即常用于设置网络策略和规则。在数据包处理之外，可能还有其他应用程序通过 socket 与 TCP/IP 栈交互。

XDP 有 3 种主要的运行模式，它们定义了 XDP 程序和网络设备驱动之间的交互方式。

1）硬件卸载模式：在这种模式下，XDP 程序被直接部署在支持 XDP 的网络设备（如智能网卡）上，完全在硬件级别的设备上运行。这意味着数据包不需要被送到 CPU，XDP 处理会在网卡上完成。硬件 XDP 可以提供最低的延迟和最高的吞吐量，但它要求网络硬件设备具有特殊的支持，并且只能运行特定类型的 eBPF 程序。

2）驱动模式：在此模式下，XDP 程序嵌入在网络设备驱动的软件层中运行。这种配置不需要硬件支持，但仍然能够提供高性能的数据包处理。因为它实现了数据包的早期处理，加之 C 语言编写的 XDP 程序可以直接在内核执行，所以绕过了传统的网络栈路径。

3）通用模式：通用模式是兼容性最好但性能最差的模式，适用于不支持 XDP 原生运行的网络设备。在这种模式下，XDP 程序会作为内核 NAPI（New API）轮询模式的一部分运行。由于数据包需要在处理前被复制到内核缓存中，这将带来额外的性能损耗。XDP 通用模式不需要特定的驱动支持，因此它能够运行在任何 Linux设备上，并且它也不会提前丢弃数据包。

2.6.2 XDP 应用场景

XDP 技术的 3 个主要应用场景如下。

1）DDoS防御：XDP能够在网络数据包进入内核栈之前，以非常高的速度对它进行处理。这使得它能够快速丢弃恶意流量，在网络的最前端抵御DDoS（分布式拒绝服务）攻击。XDP的快速处理能力可以有效减轻或阻断DDoS攻击，保护关键的基础设施和服务。

2）负载均衡：XDP在内核空间进行数据包处理，避免了上下文切换的开销，从而可以实现高性能的负载均衡器，高效地分发传入的网络流量到后端服务器。它可以直接与网络硬件交互，加速数据包的重定向，从而减少延迟，提高整个负载均衡系统的吞吐率。

3）流量监控和分析：利用XDP的数据包捕捉能力，网络管理员可以实时监控网络流量，从而进行协议解析、内容审查以及异常检测等操作。这对于提前发现并解决网络问题、保障网络安全以及优化网络性能都至关重要。

这三个场景都高度依赖XDP在网络栈底层提供的高性能数据包处理能力，以满足现代网络环境对于速度、安全性和可靠性的严苛要求。随着网络架构和流量模式的不断演化，XDP的灵活性和强大功能也被不断探索，以适应越来越多的应用场景。

2.6.3 XDP内核解析

本小节将深入分析XDP程序的验证、测试、硬件卸载、挂载和运行流程，旨在帮助开发者高效利用XDP优化网络性能。我们将探讨如何通过内核接口函数确保XDP程序的安全性，并使用模拟器进行硬件卸载测试，以及根据不同模式挂载和运行XDP程序。通过这些内容，开发者可以更好地理解和应用XDP，以提升网络处理效率。

1）**验证器相关接口**。XDP程序验证阶段的操作函数，主要包含5个接口函数。

- xdp_func_proto：用来获取XDP可以调用的辅助函数。
- xdp_is_valid_access：用来判断XDP程序参数访问的合法性，确保读写操作都在预定范围内。
- xdp_convert_ctx_access：用来将XDP程序参数访问转换成具体指令。
- bpf_noop_prologue：用于生成eBPF程序的prologue，目前XDP尚未实现该功能。
- btf_struct_access：用于访问和修改nf_conn结构体的内容。

XDP程序验证器接口xdp_verifier_ops的定义如下所示：

```
const struct bpf_verifier_ops xdp_verifier_ops = {
    .get_func_proto     = xdp_func_proto,
    .is_valid_access    = xdp_is_valid_access,
    .convert_ctx_access = xdp_convert_ctx_access,
    .gen_prologue       = bpf_noop_prologue,
    .btf_struct_access  = xdp_btf_struct_access,
};
```

2）**测试相关接口**：我们可以通过BPF_PROG_RUN命令来对XDP程序进行测试，

核心的测试函数就是 bpf_prog_test_run_xdp，其主要逻辑如下。

- 根据传入的 eBPF 程序和测试参数，初始化测试环境。
- 根据测试模式（实时或非实时），配置数据包的头部和尾部空间。
- 根据测试参数创建一个 xdp_buff 结构体，用于模拟 XDP 数据包。
- 如果是实时测试模式，调用 bpf_test_run_xdp_live() 函数执行测试；否则，调用 bpf_test_run() 函数执行测试。
- 根据测试结果，释放相关资源并返回测试结果。

3）**硬件卸载接口**：至今为止，Linux 内核尚未有实际的物理网络适配器驱动程序支持硬件卸载功能。不过，下面代码中的 nsim_bpf_dev_ops 是由内核的网络设备模拟器提供的一种 XDP 硬件卸载方法。网络模拟器允许开发者在没有实际网络硬件（如网卡）的情况下，通过虚拟设备模拟网络功能，以此达到验证和调试网络功能的目的。

```
static const struct bpf_prog_offload_ops nsim_bpf_dev_ops = {
    .insn_hook     = nsim_bpf_verify_insn,
    .finalize     = nsim_bpf_finalize,
    .prepare     = nsim_bpf_verifier_prep,
    .translate     = nsim_bpf_translate,
    .destroy     = nsim_bpf_destroy_prog,
};
```

参考 2.4.4 小节对卸载接口 bpf_prog_offload_ops 的介绍，对 nsim_bpf_dev_ops 结构的说明如下。

- nsim_bpf_verify_insn 用于指令校验。
- nsim_bpf_finalize 负责验证通过后的清理工作。
- nsim_bpf_verifier_prep 负责执行预处理工作，这些工作通常是在 eBPF 程序实际卸载到硬件前所必需的。
- nsim_bpf_translate 负责将 eBPF 程序中的原始指令转换成目标硬件可执行的指令。考虑到当前环境是网络设备模拟器，转换后的指令（xlated 指令）可以直接使用。
- nsim_bpf_destroy_prog 负责清理卸载到硬件的 eBPF 程序，并释放相关系统资源。

4）**挂载流程**：在挂载 XDP 程序时，系统会根据优先级顺序依次考虑硬件卸载模式、驱动模式和通用模式，以确定 XDP 将采用的工作模式。一旦 XDP 的工作模式确定，其挂载函数也随之确定。具体的对应关系可以参考表 2-12。

表 2-12　XDP 模式和挂载函数的对应关系

XDP 模式	挂载函数
硬件卸载模式	dev->netdev_ops->ndo_bpf
驱动模式	dev->netdev_ops->ndo_bpf（例 ixgbe 网卡 xdp 处理函数是 ixgbe_xdp）
通用模式	generic_xdp_install

接下来，我们会具体分析这 3 种模式在内核的具体实现。

首先介绍 dev_xdp_mode 函数，下面的代码是 dev_xdp_mode 函数的内核源码。dev_xdp_mode 函数根据标志位和设备驱动的特性来决定 XDP 应该在哪一种模式下运行。如果用户没有明确指定模式，那么它会检查设备驱动是否支持 XDP 来做出决定。

```
static enum bpf_xdp_mode dev_xdp_mode(struct net_device *dev, u32 flags)
{
    if (flags & XDP_FLAGS_HW_MODE)
        return XDP_MODE_HW;
    if (flags & XDP_FLAGS_DRV_MODE)
        return XDP_MODE_DRV;
    if (flags & XDP_FLAGS_SKB_MODE)
        return XDP_MODE_SKB;
    return dev->netdev_ops->ndo_bpf ? XDP_MODE_DRV : XDP_MODE_SKB;
}
```

接下来介绍 dev_xdp_bpf_op 函数，下面的代码是 dev_xdp_bpf_op 函数的内核源码。dev_xdp_bpf_op 函数根据提供的 XDP 模式来返回对应的函数指针，这个指针可以用于安装 XDP 程序到网络设备上。如果是通用模式，则使用 generic_xdp_install；如果是驱动模式或硬件模式，则使用设备对应的驱动提供的操作；如果是未知的模式，则返回 NULL，表示没有可用的操作函数。

```
static bpf_op_t dev_xdp_bpf_op(struct net_device *dev, enum bpf_xdp_mode mode)
{
    switch (mode) {
    case XDP_MODE_SKB:
        return generic_xdp_install;
    case XDP_MODE_DRV:
    case XDP_MODE_HW:
        return dev->netdev_ops->ndo_bpf;
    default:
        return NULL;
    }
}
```

下面总结一下 XDP 程序的完整挂载流程，如图 2-2 所示。

在此流程中，XDP 程序通过 BPF_LINK_CREATE 命令（它对应 eBPF 系统调用中的一种操作）挂载，该命令可以将 eBPF 程序连接到一个特定的挂载点或者某个事件上。

编写用户程序时，需要特别关注的是确定所要挂载网卡设备的编号。这可以通过 if_nametoindex 函数实现，比如调用 if_nametoindex("lo") 可以获取到本地环回接口（lo）的设备编号。有了这个编号，就可以使用 libbpf 提供的 API：struct bpf_link *bpf_program__attach_xdp(const struct bpf_program *prog, int ifindex)，从而将编写的 eBPF 程序挂载到指定的网络接口上。

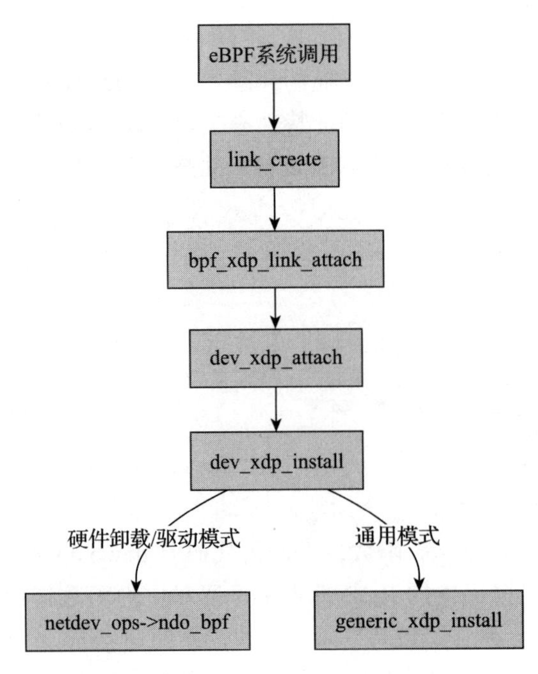

图 2-2　XDP 程序的完整挂载流程

5）**运行流程**：因为硬件卸载模式依赖于具体硬件的支持，并且运行在网络设备内部的硬件上，因此不在本次分析的范围内。我们将重点讨论另外两种模式：驱动模式和通用模式。这两种模式都在软件层面上处理数据包，但驱动模式是在支持 XDP 的网络驱动内运行，而通用模式则在不支持 XDP 的网络驱动上通过软件模拟来实现 XDP 功能。

①驱动模式。以 Intel 提供的 ixgbe 网络适配器为例，在执行 XDP 程序时，关键的函数是 ixgbe_run_xdp。驱动模式运行流程如图 2-3 所示。

其处理流程如下。

- ixgbe_poll 函数是网络适配器的 NAPI 轮询处理函数，负责接收数据包。
- ixgbe_clean_rx_irq 函数负责读取数据包，并准备 XDP 所需的数据信息。
- 一旦启用 XDP 功能，就会触发 ixgbe_run_xdp 函数的调用。
- ixgbe_run_xdp 函数会进一步调用 bpf_prog_run_xdp 来执行 XDP 程序。

这一流程确保了在启用 XDP 的情况下，数据包处理能够正确执行已加载的 eBPF 程序。

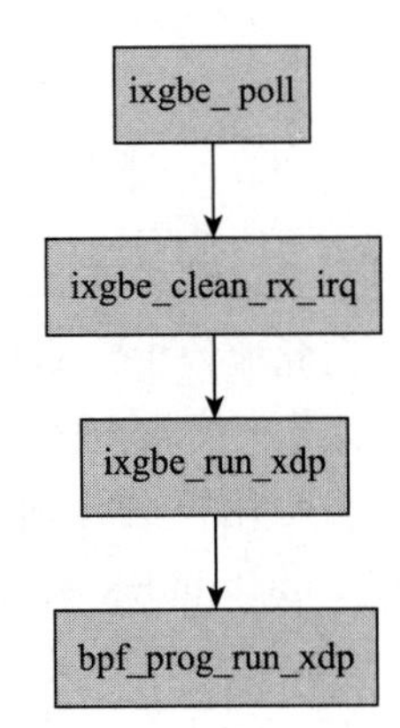

图 2-3　驱动模式运行流程

②通用模式。图 2-4 展示了 XDP 通用模式的运行流程。在缺乏直接硬件和驱动对 XDP 的支持时，数据包接收的核心处理函数 __netif_receive_skb_core 会触发 do_xdp_generic 函数来执行 XDP 的逻辑处理。接着，do_xdp_generic 调用 netif_receive_generic_xdp 来继续处理接收到的数据包。在此过程中，bpf_prog_run_generic_xdp 函数被用来准备 XDP 所需的数据信息。完成这些步骤后，bpf_prog_run_xdp 函数负责执行绑定的特定 eBPF 程序，以完成 XDP 处理流程。

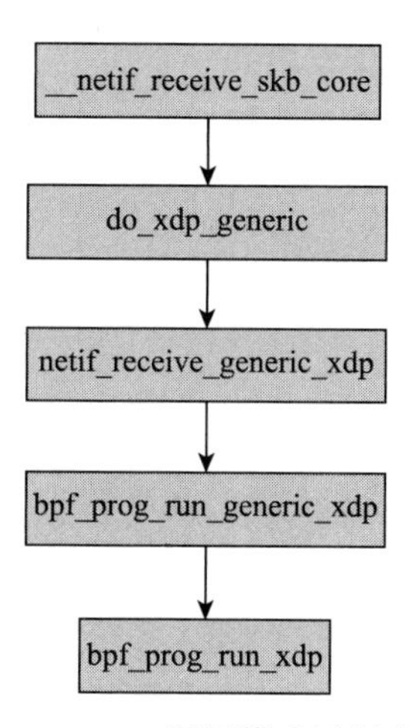

图 2-4　XDP 通用模式运行流程

2.7　本章小结

本章概述了 eBPF 超越基础包过滤功能的特性，强调它作为一个高效、安全的内核执行平台的角色。我们比较了 cBPF 与 eBPF 在指令集上的差异，后者扩展到了 64 位并引入了更多指令类型。此外，我们讨论了 eBPF 编程的关键组件——系统调用、辅助函数和程序类型，还特别关注了跟踪诊断和 XDP 类型的程序，分析了它们的辅助函数的使用、安装过程及执行流程，旨在帮助读者更好地开发和调试 eBPF 程序。

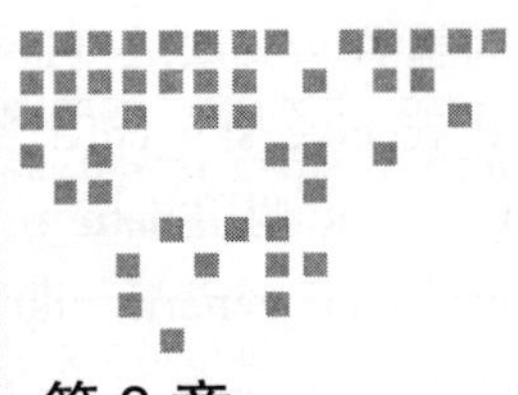

Chapter 3 第3章

eBPF开发框架

eBPF 程序包含两部分：内核态 eBPF 程序和用户态管理程序。内核态 eBPF 程序是直接运行在内核中的，通常负责数据包处理、系统调用审计、性能追踪等核心功能；用户态管理程序则作为宿主，负责加载 eBPF 字节码到内核、传递参数、获取结果以及管理 eBPF 程序的生命周期。

本章将探讨 eBPF 主要的开发框架（libbpf、BCC、bpftrace、eunomia-bpf 和 Coolbpf）的开发模式，包括设计理念、开发流程及利用现有工具和库简化开发的方法。

3.1 libbpf

首先介绍的是应用非常广泛的 libbpf，它是一个 C 语言库，伴随内核版本分发，用于辅助 eBPF 程序的加载和运行。它提供了用于与 eBPF 系统交互的一组 C 语言 API，使开发者能够更轻松地编写用户态程序来加载和管理 eBPF 程序。这些用户态程序通常用于分析、监控或优化系统性能。

使用 libbpf 库有以下优势。

- 简化了 eBPF 程序的加载、更新和运行过程。
- 提供了一组易于使用的 API，使开发者能够专注于编写核心逻辑，而不是处理底层细节。
- 能够确保与内核中的 eBPF 子系统兼容，降低维护成本。

结合 libbpf 和 BTF，eBPF 程序可以在各种不同版本的内核上运行，而无须为每个内核版本单独编译。这极大地提高了 eBPF 生态系统的可移植性和兼容性，降低了开发和维护的难度。

3.1.1 使用 libbpf 开发 eBPF 程序

本小节将介绍如何使用 libbpf 开发一个 eBPF 程序（命名为 bootstrap）。bootstrap 程序分为两个部分：内核态和用户态。内核态部分是一个 eBPF 程序，可以跟踪 exec() 和 exit() 系统调用；用户态部分是一个 C 语言程序，它使用 libbpf 库来加载和运行内核态程序，并处理从内核态程序收集的数据。这两部分程序共同工作，允许捕获关于新进程创建的信息（如文件名等），并在进程结束时统计信息（如进程退出的代码或消耗的资源量）。

1. 内核态程序的执行逻辑

bootstrap 内核态程序有两个作用：①跟踪 exec() 系统调用，对应新进程的创建过程（不包括 fork() 部分）；②跟踪 exit() 系统调用，了解每个进程何时退出。内核态程序的执行逻辑如下。

首先，引入所需的头文件，定义 eBPF 程序使用的两个 eBPF map ：exec_start 和 rb。exec_start 是一个散列类型的 map，用于存储进程开始执行的时间戳。rb 是一个环形缓冲区类型的 map，用于存储捕获的事件数据并将这些数据发送到用户态程序。引入头文件的代码如下：

```
#include "vmlinux.h"
#include <bpf/bpf_helpers.h>
#include <bpf/bpf_tracing.h>
#include <bpf/bpf_core_read.h>

struct {
    __uint(type, BPF_MAP_TYPE_HASH);
    __uint(max_entries, 8192);
    __type(key, pid_t);
    __type(value, u64);
} exec_start SEC(".maps");

struct {
    __uint(type, BPF_MAP_TYPE_RINGBUF);
    __uint(max_entries, 256 * 1024);
} rb SEC(".maps");

const volatile unsigned long long min_duration_ns = 0;
```

其次，定义了一个名为 handle_exec 的 eBPF 程序，它会在进程执行 exec() 系统调用时触发。该程序会先获取执行进程的 PID（Process Identifier，进程标识符），记录进程开始执行的时间戳，然后将这些时间戳存储在 exec_start 的 map 中。另外，eBPF 程序会从环形缓冲区中预留一个事件结构，并填充相关数据，如进程 ID、父进程 ID、进程名等。这些数据将被发送到用户态程序进行处理。handle_exec() 的实现代码如下：

```
SEC("tp/sched/sched_process_exec")
int handle_exec(struct trace_event_raw_sched_process_exec *ctx)
{
    //部分代码略，获取进程PID信息
    pid = bpf_get_current_pid_tgid() >> 32;
    ts = bpf_ktime_get_ns();
    bpf_map_update_elem(&exec_start, &pid, &ts, BPF_ANY);

    //部分代码略
    //从eBPF环形缓冲区预留样本空间
    e = bpf_ringbuf_reserve(&rb, sizeof(*e), 0);
    if (!e)
        return 0;

    //使用数据填充样本
    task = (struct task_struct *)bpf_get_current_task();

    e->exit_event = false;
    e->pid = pid;
    e->ppid = BPF_CORE_READ(task, real_parent, tgid);
    bpf_get_current_comm(&e->comm, sizeof(e->comm));

    fname_off = ctx->__data_loc_filename & 0xFFFF;
    bpf_probe_read_str(&e->filename, sizeof(e->filename), (void *)ctx + fname_off);

    //成功将样本提交到用户空间以进行后期处理
    bpf_ringbuf_submit(e, 0);
    return 0;
}
```

最后，定义一个名为 handle_exit 的 eBPF 程序，它会在进程执行 exit() 系统调用时触发，并从当前进程中获取 PID 和 TID。如果 PID 和 TID 不相等，说明这是一个线程退出，忽略此事件。bootstrap 内核态程序的 handle_exit() 示例代码如下：

```
SEC("tp/sched/sched_process_exit")
int handle_exit(struct trace_event_raw_sched_process_template* ctx)
{
    //部分代码略
    id = bpf_get_current_pid_tgid();
    pid = id >> 32;
    tid = (u32)id;

    //忽略线程退出
```

```
    if (pid != tid)
        return 0;

    //部分代码略
}
```

2. 用户态程序开发过程

用户态程序主要用于加载、验证、挂载 eBPF 程序，以及接收 eBPF 程序收集的事件数据，并将它们打印出来。下面介绍用户态程序的开发过程。

首先，定义一个 env 结构，用于存储命令行参数：

```
static struct env {
    bool verbose;
    long min_duration_ms;
} env;
```

其次，打开 eBPF 脚手架文件 bootstrap.skel.h。该文件是在 Makefile 里定义，并使用 Linux 内核的 bpftool 工具生成的。它将最小持续时间参数传递给内核态 eBPF 程序，以使用 libbpf 库打开、加载和挂载 eBPF 程序。bootstrap.c 的 main 函数的示例代码如下：

```
//创建并打开eBPF应用，访问bootstrap.skel.h头文件，获取skel对象
skel = bootstrap_bpf__open();
if (!skel) {
        fprintf(stderr, "Failed to open and load BPF skeleton\n");
        return 1;
}
//通过rodata传递参数给内核态的eBPF程序
skel->rodata->min_duration_ns = env.min_duration_ms * 1000000ULL;
//加载eBPF程序
err = bootstrap_bpf__load(skel);
if (err) {
        fprintf(stderr, "Failed to load and verify BPF skeleton\n");
        goto cleanup;
}
//挂载eBPF程序
err = bootstrap_bpf__attach(skel);
if (err) {
        fprintf(stderr, "Failed to attach BPF skeleton\n");
        goto cleanup;
}
//创建一个环形缓冲区，用于接收eBPF程序发送的数据
rb = ring_buffer__new(bpf_map__fd(skel->maps.rb), handle_event, NULL, NULL);
if (!rb) {
        err = -1;
        fprintf(stderr, "Failed to create ring buffer\n");
        goto cleanup;
```

```
}
//当程序收到SIGINT或SIGTERM信号时，完成清理、退出操作，关闭和卸载eBPF程序
cleanup:
    ring_buffer__free(rb);
    bootstrap_bpf__destroy(skel);
```

最后，用户态的 handle_event() 函数会处理从内核态 eBPF 程序收到的事件。根据事件类型（进程执行或退出）提取并打印事件信息，如时间戳、进程名、进程 ID、父进程 ID、文件名或退出代码等。这里将使用 ring_buffer__poll() 函数轮询环形缓冲区，处理收到的事件数据。handle_event() 部分示例代码如下：

```
//部分代码略
while (!exiting) {
err = ring_buffer__poll(rb, 100 /*超时，单位为ms */);
//部分代码略
}
```

3. 编译运行

要运行上面的用户态和内核态 eBPF 程序，需要安装依赖库，如 Clang、libelf 和 zlib，库的名字在不同的 Linux 发行版中可能会有所不同。

在 Ubuntu/Debian 上，需要执行以下命令：

```
sudo apt install clang libelf1 libelf-dev zlib1g-dev
```

在 CentOS/Fedora 上，需要执行以下命令：

```
sudo dnf install clang elfutils-libelf elfutils-libelf-devel zlib-devel
```

编译 bootstrap.bpf.c 和 bootstrap.c 程序，需要编写如下 Makefile，执行 make 命令生成 bootstrap 二进制程序：

```
# SPDX-License-Identifier: (LGPL-2.1 OR BSD-2-Clause)
OUTPUT := .output
CLANG ?= clang
LIBBPF_SRC := $(abspath ../third_party/libbpf/src)
BPFTOOL_SRC := $(abspath ../third_party/bpftool/src)
INCLUDES := -I$(OUTPUT) -I../third_party/libbpf/include/uapi -I$(dir $(VMLINUX))
CFLAGS := -g -Wall
ALL_LDFLAGS := $(LDFLAGS) $(EXTRA_LDFLAGS)

#定义生成二进制的文件名bootstrap
APPS = bootstrap
#使用Clang编译生成eBPF字节码
$(OUTPUT)/%.bpf.o: %.bpf.c $(LIBBPF_OBJ) $(wildcard %.h) $(VMLINUX) | $(OUTPUT)
    $(BPFTOOL)
    $(call msg,BPF,$@)
```

```
	$(Q)$(CLANG) -g -O2 -target bpf -D__TARGET_ARCH_$(ARCH)		\
		$(INCLUDES) $(CLANG_BPF_SYS_INCLUDES)			\
		-c $(filter %.c,$^) -o $(patsubst %.bpf.o,%.tmp.bpf.o,$@)
	$(Q)$(BPFTOOL) gen object $@ $(patsubst %.bpf.o,%.tmp.bpf.o,$@)

#生成eBPF脚手架文件bootstrap.skel.h
$(OUTPUT)/%.skel.h: $(OUTPUT)/%.bpf.o | $(OUTPUT) $(BPFTOOL)
	$(call msg,GEN-SKEL,$@)
	$(Q)$(BPFTOOL) gen skeleton $< > $@

#使用GCC编译生成二进制程序bootstrap
$(APPS): %: $(OUTPUT)/%.o $(LIBBPF_OBJ) | $(OUTPUT)
	$(call msg,BINARY,$@)
	$(Q)$(CC) $(CFLAGS) $^ $(ALL_LDFLAGS) -lelf -lz -o $@
```

运行 bootstrap，可以看到执行和退出进程的名字与 PID 信息，以及打开的文件：

```
$ make
    BPF      .output/bootstrap.bpf.o
    GEN-SKEL .output/bootstrap.skel.h
    CC       .output/bootstrap.o
    BINARY   bootstrap
$ sudo ./bootstrap

TIME     EVENT COMM             PID     PPID    FILENAME/EXIT CODE
03:16:41 EXEC  sh               110688  80168   /bin/sh
03:16:41 EXEC  which            110689  110688  /usr/bin/which
03:16:41 EXIT  which            110689  110688  [0] (0ms)
03:16:41 EXIT  sh               110688  80168   [0] (0ms)
03:16:41 EXEC  sh               110690  80168   /bin/sh
03:16:41 EXEC  ps               110691  110690  /usr/bin/ps
03:16:41 EXIT  ps               110691  110690  [0] (49ms)
03:16:41 EXIT  sh               110690  80168   [0] (51ms)
```

3.1.2 BPF 类型格式

本小节将会介绍 BTF（BPF Type Format，BPF 类型格式）的具体格式，帮助读者从底层数据结构层面理解 BTF，方便使用 libbpf 写出优秀的 CO-RE 程序（参见 3.1.3 小节）。libbpf 和 BTF 都是 eBPF 生态系统的重要组成部分。BTF 是在 Linux 内核 4.18 版本中引入的一项特性，它在实现跨内核版本的兼容性方面发挥了重要作用，主要体现在两个关键方面。

- BTF 允许 eBPF 程序访问内核数据结构的详细类型信息，而无须对特定内核版本进行硬编码。这使得 eBPF 程序可以适应不同版本的内核，从而实现版本兼容。
- 通过使用 CO-RE 技术，eBPF 程序可以利用 BTF 在编译时解析内核数据结构的类型信息，进而生成可以在不同内核版本上运行的 eBPF 程序。

BTF 用于表示结构体、联合体、枚举、函数等各种数据类型及其成员，用于描述这些数据类型的层次结构、成员偏移、大小、对齐等关键信息。此外，BTF 还定义了一些额外的调试信息（.BTF.ext），如类型名称、文件名和行号等，以帮助调试 eBPF 程序。图 3-1 展示了 BTF 在 ELF 文件中的格式（存储结构），它由头部、类型数组和字符串数组三部分组成。

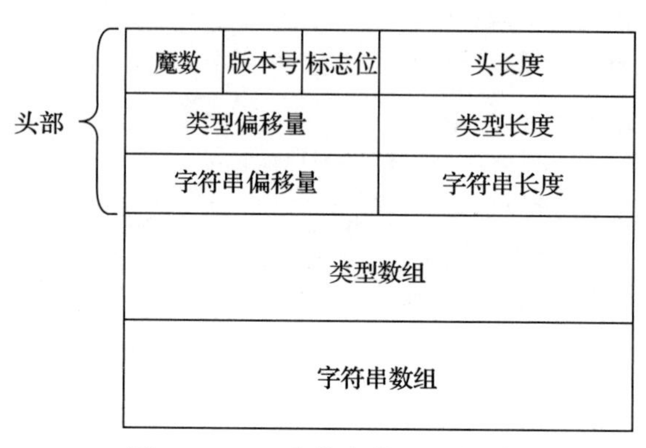

图 3-1　ELF 文件中的 BTF 格式

下面介绍 BTF 格式的技术细节。

1. BTF 头部

BTF 头部格式如下所示：

```
struct btf_header {
    __u16   magic;
    __u8    version;
    __u8    flags;
    __u32   hdr_len;
    __u32   type_off;
    __u32   type_len;
    __u32   str_off;
    __u32   str_len;
};
```

关键参数的说明如下。

- type_off 和 type_len 参数定义了类型数组的存储位置，它们分别指明了类型数组数据的偏移量和长度。
- str_off 和 str_len 参数定义了字符串数组的存储位置，它们分别标识了字符串数组数据在存储中的起始位置和长度。

2. BTF 类型数组

BTF 类型数组详细记录了程序中定义的所有 BTF 类型。接下来，我们将分三个部分来详细介绍 BTF 类型：首先是一个概述，然后是 BTF 类型公共信息，最后是它们的私有信息。

（1）BTF 类型概述

BTF 的类型大致可以分为三类。

1）基本类型：BTF_KIND_INT、BTF_KIND_ENUM、BTF_KIND_FWD（前向声明）和 BTF_KIND_FLOAT。

2）非引用类型：包含基本类型、BTF_KIND_STRUCT 和 BTF_KIND_UNION。

3）引用类型：BTF_KIND_CONST、BTF_KIND_VOLATILE、BTF_KIND_RESTRICT、BTF_KIND_PTR、BTF_KIND_TYPEDEF、BTF_KIND_FUNC、BTF_KIND_ARRAY 和 BTF_KIND_FUNC_PROTO。

BTF 类型的划分主要依赖于 BTF 去重算法。BTF 去重算法的实现过程大致可分为三个阶段。

- 第一阶段实现基本类型的去重，只需要简单比较类型信息。
- 第二阶段是非引用类型去重（不包括基本类型），较为复杂，需要考虑环和前向声明问题。
- 第三阶段就是引用类型去重，因为引用类型去重主要是判断所引用的非引用类型是否相等，而且非引用类型在第一和第二阶段已经完成去重，所以这一阶段相对简单很多。

（2）BTF 类型公共信息

每个 BTF 类型都包含一个名为 struct btf_type 的公共信息部分。这个结构体包含 4 个关键字段。

- name_off：表示该 BTF 类型对应的名称在字符串数组内的偏移，比如 struct test，其名称是 test，偏移则是 test 在字符串数组内的偏移。
- info：记录了 BTF 类型，以及特殊类型的额外信息，如 BTF_KIND_STRUCT 类型包含了结构体成员的数量。
- size：当类型是非应用类型时，它会记录该类型在内存中所占的大小。例如，对于一个名为 struct test 的结构体，其 size 字段将等于 sizeof(struct test)。
- type：当类型为引用类型时，它指向下一个 BTF 类型，表示该类型的引用关系。

（3）BTF 类型私有信息

除了包含公共信息部分外，每个 BTF 类型还可能拥有一个私有信息部分。在类型数组中，公共信息部分紧接着就是对应的私有信息部分。接下来，我将介绍 4 个具有代表性 BTF 类型的私有信息部分。

1）BTF_KIND_INT。表示整数类型，在公共信息部分之后会紧跟着一个 u32 类型的字段，该 u32 类型的字段的具体定义如下：

```
//表示signedness、char或bool
#define BTF_INT_ENCODING(VAL)    (((VAL) & 0x0f000000) >> 24)
//表示位域的偏移量
#define BTF_INT_OFFSET(VAL)      (((VAL) & 0x00ff0000) >> 16)
//表示位域的位数，比如定义了形如"int a:4;"的整数，那么该整数占4位
#define BTF_INT_BITS(VAL)        ((VAL)  & 0x000000ff)
```

因此，在比较两个整数类型的相等性时，除了要检查它们的公共信息是否一致外，还需要确保它们的 u32 字段也相等。

2）BTF_KIND_ARRAY。代表数组类型，在它的公共信息部分之后，会紧接着一个 struct btf_array 结构体，该结构体包含了私有信息。通过结合 struct btf_array 的定义和具体的数组实例，我们可以更准确地把握其含义。例如，对于定义为 struct test t[10] 的数组，其对应的 struct btf_array 结构体中的字段值如下：

```
struct btf_array {
    __u32   type;           //数组元素的类型
    __u32   index_type;     //索引类型，该类型一定属于INT
    __u32   nelems;         //数组元素的数量
};
```

3）BTF_KIND_STRUCT。对于结构体类型，在公共信息部分之后，会跟随由 vlen 指定数量的 struct btf_member 结构体，这些结构体包含了私有信息。vlen 的值可以在 struct btf_type 的 info 字段中找到。struct btf_member 结构体的详细解释如下：

```
struct btf_member {
    __u32   name_off;       //与struct btf_type的name_off一样
    __u32   type;           //成员类型
    __u32   offset;         //成员在结构体内的偏移
};
```

4）BTF 字符串数组：BTF 字符串数组包含了程序中使用的所有字符串，这使得 BTF 能够通过字符串的偏移量来记录类型名称。

3.1.3 CO-RE 功能

CO-RE 功能旨在解决同一个 BPF 程序在不同内核版本中运行的兼容性问题。需要注意的是，内核的内部数据结构可能会在不同的内核版本之间发生变化。例如，在 eBPF 程序中访问 struct task 结构，在内核版本 4.19 中可以正常运行，而在 5.10 中可能就无法运行。本小节将主要介绍 libbpf 如何支持 CO-RE，以及不同内核版本的 CO-RE 功能的使用限制。

1. 支持 CO-RE 的关键组件

在实现跨内核版本的 CO-RE 功能前，开发 eBPF 程序通常需要针对不同内核版本引

入相应的头文件，并重新编译程序。这种方法不仅会导致形成较大的二进制文件，增加运行时的成本，还会使 eBPF 程序在某些受限环境中（如嵌入式系统或资源受限的容器内）难以正常运行。

CO-RE 技术解决了这些问题。最初，CO-RE 功能允许 Clang 编译器为结构体 / 联合体成员字段的访问及数组索引生成重定位信息。随着需求的增长，CO-RE 进一步扩展了其功能，可为其他类型、位字段处理以及枚举值生成重定位信息。通过内置函数记录这些信息，CO-RE 实现了 BPF 程序的一次编译，即可由 eBPF 加载器或内核处理 ELF 二进制文件，并根据重定位信息动态调整内核数据结构的访问方式（例如调整偏移量）。

实现 CO-RE 功能需要三个关键组件的支持：BTF 文件、Clang 编译器以及 libbpf 加载器。Clang 编译器在编译过程中会将重定位信息存储在 .btf 段中；而 libbpf 则利用 .btf 段的信息和 BTF 文件来对 eBPF 程序进行重定位，从而确保程序能够正确地访问当前运行在内核的数据结构。

2. CO-RE 的具体实现流程

图 3-2 是 CO-RE 的具体实现流程。首先，Clang 编译器需记录所访问结构体成员的重定位信息；其次，eBPF 加载器（如 libbpf）读取 eBPF 程序的 BTF 信息及 CO-RE 重定位信息，并将这些信息与当前内核的 BTF 信息（通常是随内核发布的 BTF 文件，或使用 bpftool 生成的 BTF 文件）进行对比。必要时，加载器会对指定的指令进行修正以适应当前的内核环境。最后，经过适配的程序将被加载并验证，确保程序能在目标内核上正确执行。

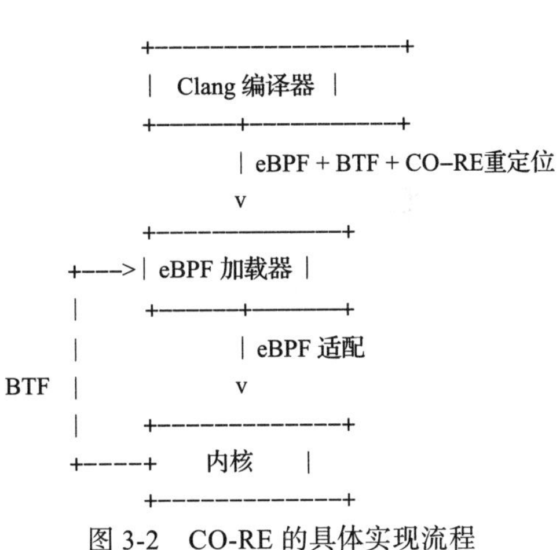

图 3-2　CO-RE 的具体实现流程

3.1.2 小节已经详细介绍了 BTF 的数据结构，这对于理解 CO-RE 机制非常有帮助，在此不再赘述。接下来我们来看一下编译器是如何生成重定位信息的。为了支持 CO-RE，Clang 引入了多个自带的内置函数（目前 GCC 也正在支持中），在编写 eBPF 程序时可以使用。比较常见的是 __builtin_preserve_access_index 和 __builtin_preserve_field_info。

（1）编译器内联函数

1）__builtin_preserve_access_index。该函数也可以通过 __attribute__((preserve_access_index)) 属性实现相同的效果。编译器只会为使用了 __builtin_preserve_access_index 内置函数的结构体记录其重定位信息。下面的代码片段展示了如何具体使用 preserve_access_index：

```
struct task_struct___o {
    volatile long int state;
} __attribute__((preserve_access_index));
```

```
struct task_struct___x {
    unsigned int __state;
} __attribute__((preserve_access_index));
```

通过使用编译器的属性栈，可以方便地为结构体批量添加 preserve_access_index 属性。如下面来自 vmlinux.h 文件的示例代码所示。该段代码使用 #pragma clang attribute push 指令，可以将 __attribute__((preserve_access_index)) 属性添加到编译器的属性栈中，并将该属性应用于指定的结构体（标记为 record）。这意味着从这个 #pragma 指令开始，直到匹配上 #pragma clang attribute pop 指令之前，该属性将一直有效。

```
#ifndef BPF_NO_PRESERVE_ACCESS_INDEX
#pragma clang attribute push (__attribute__((preserve_access_index)), apply_to
    = record)
#endif
…
#ifndef BPF_NO_PRESERVE_ACCESS_INDEX
#pragma clang attribute pop
#endif
```

2）__builtin_preserve_field_info(field_access, flag)。编译器针对 eBPF 提供了 __builtin_preserve_field_info 函数，其参数 field_access 指代被访问的结构体成员，而 flag 则是标记信息，根据 flag 的值返回不同含义的信息。具体包括：①当 flag = 0 时，返回值表示字段在结构体中的偏移量，单位为字节。②当 flag = 1 时，返回值表示字段的大小，单位为字节。③当 flag = 2 时，如果字段存在，则返回值为 1，否则为 0。④当 flag = 3 时，如果字段是有符号的，则返回值为 1，否则为 0。⑤当 flag = 4 或 5 时，返回值表示恢复字段原始值所需的左移或右移位数，主要用于从不同内核版本变化的结构体中读取位域值。

主要用于从不同内核版本之间发生变化的结构体中读取位域值。

在 libbpf 中，我们常用的 bpf_core_read() 其实就是对 _builtin_preserve_access_index、_builtin_preserve_field_info 这两个函数的封装。bpf_core_read 的代码片段如下所示：

```
#define bpf_core_read(dst, sz, src)          \
 bpf_probe_read_kernel(dst, sz, (const void *)   \
    __builtin_preserve_access_index(src))   \

#define __CORE_RELO(src, field, info)             \
 __builtin_preserve_field_info((src)->field, BPF_FIELD_##info)

#if __BYTE_ORDER__ == __ORDER_LITTLE_ENDIAN__
#define __CORE_BITFIELD_PROBE_READ(dst, src, fld)          \
 bpf_probe_read_kernel(              \
    (void *)dst,            \
    __CORE_RELO(src, fld, BYTE_SIZE),          \
```

```
    (const void *)src + __CORE_RELO(src, fld, BYTE_OFFSET))
//其余代码略
```

（2）重定位

编译器内联函数仅负责记录和访问重定位信息，而要实现 CO-RE 功能，需要在不同内核版本之间映射不同的重定位信息，这一过程在 libbpf 中被称为“重定位”。libbpf 将诸如 example、sample___flavor_one、sample___flavor_another_one 等结构体视为同一类型的变体，可以理解为 example 结构体在不同内核版本上的差异。因此，只要我们在代码中声明这些差异结构体的字段，libbpf 就会自动为我们处理重定位。

为了描述方便，我们将 eBPF 程序中参与编译的结构体类型称为“本地类型”（即一次编译的结果），而在当前内核中执行时，程序访问该内核版本上的同名结构体类型则称为“目标类型”（即到处运行的能力）。

libbpf 具体重定位过程主要有如下几个步骤。

1）加载本地类型 BTF 文件和目标类型 BTF 文件。下面的代码片段中的 obj->btf 就是“本地类型”，而 targ_btf_path 指的就是通常需要加载的内核 BTF 文件，即“目标类型”。

```
bpf_object__relocate(struct bpf_object *obj, const char *targ_btf_path)
{
    if (obj->btf) {
        err = bpf_object__relocate_core(obj, targ_btf_path);
        ...
        bpf_object__sort_relos(obj);
    }
}
```

2）查找同名的目标 BTF 类型。通过 bpf_core_find_cands() 函数，给定本地类型的名称，可以检索所有可能的目标 BTF 类型，这些类型的名称与本地类型相同（在比较时忽略“flavor”差异，即 ___flavor 后缀不计入考量）。

3）检查类型兼容性。bpf_core_fields_are_compat() 函数可以检查给定的本地和目标字段在类型上是否匹配并兼容。

4）从本地字段查找目标字段。bpf_core_match_member() 函数可以根据指定的本地字段名称，在目标结构体中定位相应的字段。此过程采用了递归搜索的方法。

5）修改目标指令。bpf_core_patch_insn() 函数可以根据之前查找和对比得出的结构体字段差异，对访问目标类型结构体的 eBPF 指令进行相应的修改。

3.2 BCC

BCC 是 iovisor 项目下的一个开源项目，由 Linux 基金会支持。BCC 不仅仅是一个编译器，它还提供了一套完整的工具集，用于创建和管理 eBPF 程序。这些程序可以被编译成 eBPF 字节码，并通过 Python 或 Lua 脚本注入 Linux 内核，以便进行高效的系统跟踪和调试。BCC 社区基于此开发了一系列工具，覆盖了内核的各个子系统，提供了超过 100 个实用的工具，以帮助用户深入理解 Linux 系统的运行情况。接下来，我们将详细介绍 BCC 的开发流程，包括如何编译和执行 eBPF 程序的步骤。

3.2.1 环境配置

BCC 的安装方法有两种：一种是直接二进制安装，另外一种是源码编译安装。

1. 二进制安装

根据不同的 Linux 发行版，二进制安装方法也有所不同。这里以 Linux 常见的发行版 Ubuntu 加以介绍。BCC 工具既可以从 Ubuntu Universe 软件库中获得，也可以从 iovisor 的个人软件包归档（PPA）中获得。Ubuntu 软件包的命名与 iovisor 提供的存在一些差异：例如，iovisor 提供的包中命名为 bcc（如 bcc-tools），而 Ubuntu 中的软件包则命名为 bpfcc（如 bpfcc-tools）。Ubuntu 的软件包源代码和生成的二进制文件可以在 packages.ubuntu.com 网站上找到。在 Ubuntu 中安装 bpfcc 工具的命令如下：

```
sudo apt-get install bpfcc-tools linux-headers-$(uname -r)
```

在 Ubuntu 18.04 中，这些工具被安装在 /usr/sbin 目录下，并使用 -bpfcc 作为后缀。我们可以尝试运行 sudo opensnoop-bpfcc 来测试安装。需要注意的是，在多数情况下，两者的包内容可能会导致安装冲突，因此不应同时安装来自 iovisor 源和 Ubuntu 源的包。如果决定使用 Ubuntu 的包，而不是 iovisor 提供的包（或反之），则需要卸载任何会引起冲突的已安装包。

安装 iovisor 提供的包（上游稳定并已签名的包）的步骤如下。

1）添加 iovisor 的 GPG 密钥，命令如下：

```
sudo apt-key adv --keyserver keyserver.ubuntu.com --recv-keys 4052245BD4284CDD
```

2）添加 iovisor 的 APT 存储库，命令如下：

```
echo "deb https://repo.iovisor.org/apt/$(lsb_release -cs) $(lsb_release -cs)
    main" | sudo tee /etc/apt/sources.list.d/iovisor.list
```

3）更新并安装 BCC 工具和示例，命令如下：

```
sudo apt-get update
sudo apt-get install bcc-tools libbcc-examples linux-headers-$(uname -r)
```

这些工具将被安装到 /usr/share/bcc/tools 目录下。

另外，上游的 nightly 构建包（即 nightly build，指的是每天晚上自动生成的软件版本）的安装步骤如下。

1）添加 nightly 构建包的 APT 存储库（替换 xenial 为你的 Ubuntu 版本，如 artful 或 bionic），命令如下：

```
echo "deb [trusted=yes] https://repo.iovisor.org/apt/xenial xenial-nightly
    main" | sudo tee /etc/apt/sources.list.d/iovisor.list
```

2）更新并安装 BCC 工具和示例，命令如下：

```
sudo apt-get update
sudo apt-get install bcc-tools libbcc-examples linux-headers-$(uname -r)
```

2. 源码编译安装

下面将详细说明在 Ubuntu 和 CentOS 操作系统上编译 BCC 的步骤。无论是在 Ubuntu 还是 CentOS 上，源码编译 BCC 的过程包括两个主要步骤：首先是安装编译依赖库，其次是编译 BCC 本身。

（1）在 Ubuntu 上通过源码构建 BCC

第 1 步：根据使用的 Ubuntu 版本安装编译 BCC 所需的依赖项。以下是针对不同版本的 Ubuntu 安装相应依赖的参考：

- 在 Ubuntu Focal(20.04.1 LTS) 上安装 BCC 编译依赖的命令如下：

```
sudo apt install -y zip bison build-essential cmake flex git libedit-dev \
libllvm12 llvm-12-dev libclang-12-dev python zlib1g-dev libelf-dev libfl-dev
    python3-setuptools \
liblzma-dev arping netperf iperf
```

- 在 Ubuntu Hirsute(21.04) 或 Impish(21.10) 上安装 BCC 编译依赖的命令如下：

```
sudo apt install -y zip bison build-essential cmake flex git libedit-dev \
libllvm12 llvm-12-dev libclang-12-dev python3 zlib1g-dev libelf-dev libfl-dev
    python3-setuptools \
liblzma-dev arping netperf iperf
```

- 在 Ubuntu Jammy(22.04) 上安装 BCC 编译依赖的命令如下：

```
sudo apt install -y zip bison build-essential cmake flex git libedit-dev \
libllvm14 llvm-14-dev libclang-14-dev python3 zlib1g-dev libelf-dev libfl-dev
    python3-setuptools \
liblzma-dev libdebuginfod-dev arping netperf iperf
```

- 在 Ubuntu Lunar Lobster(23.04) 上安装 BCC 编译依赖的命令如下：

```
sudo apt install -y zip bison build-essential cmake flex git libedit-dev \
libllvm15 llvm-15-dev libclang-15-dev python3 zlib1g-dev libelf-dev libfl-dev
    python3-setuptools \
 liblzma-dev libdebuginfod-dev arping netperf iperf libpolly-15-dev
```

第 2 步：编译并安装 BCC。

```
git clone https://github.com/iovisor/bcc.git
mkdir bcc/build; cd bcc/build
cmake ..
make
sudo make install
```

（2）在 CentOS 上通过源码构建 BCC

第 1 步：安装编译依赖，具体命令如下。

```
sudo yum install -y epel-release
sudo yum update -y
sudo yum groupinstall -y "Development tools"
sudo yum install -y elfutils-libelf-devel cmake3 git bison flex ncurses-devel
    luajit luajit-devel  # Lua支持
```

第 2 步：安装 LLVM 和 Clang 编译工具，命令如下。

```
curl -LO https://github.com/llvm/llvm-project/releases/download/llvmorg-10.0.1/
    llvm-10.0.1.src.tar.xz
curl -LO https://github.com/llvm/llvm-project/releases/download/llvmorg-10.0.1/
    clang-10.0.1.src.tar.xz
tar -xf llvm-10.0.1.src.tar.xz
tar -xf clang-10.0.1.src.tar.xz
mkdir llvm-build && cd llvm-build
cmake3 -G "Unix Makefiles" -DLLVM_TARGETS_TO_BUILD="BPF;X86" \
    -DCMAKE_BUILD_TYPE=Release ../llvm-10.0.1.src
make && sudo make install
cd ../clang-build
cmake3 -G "Unix Makefiles" ../clang-10.0.1.src
make && sudo make install
```

第 3 步：启用开发者工具集并编译安装 BCC，命令如下。

```
yum install -y centos-release-scl
yum install -y devtoolset-7 llvm-toolset-10 llvm-toolset-10-llvm-devel llvm-
   toolset-10-llvm-static llvm-toolset-10-clang-devel
source scl_source enable devtoolset-7 llvm-toolset-10
git clone https://github.com/iovisor/bcc.git
mkdir bcc/build; cd bcc/build
cmake3 ..
make
sudo make install
```

3.2.2 使用 BCC 开发 eBPF 程序

BCC 工具由两个核心组件构成。第一个组件是用于编写 eBPF 程序的 C 语言代码。

BCC通过提供丰富的便捷函数和宏，显著简化了eBPF程序的开发流程。第二个组件是用户空间的应用程序，这部分可以用Python或Lua等语言编写，其主要任务是将eBPF程序加载到内核中，并处理由内核返回的数据。本小节将重点介绍使用Python作为用户空间应用程序的方法。后续章节将通过具体的示例代码，对使用方法进行深入讲解。

```
from bcc import BPF
from bcc.utils import printb

#定义eBPF程序
prog = """
int hello(void *ctx) {
    bpf_trace_printk("Hello, World!\n");
    return 0;
}
"""

#加载eBPF程序
b = BPF(text=prog)
b.attach_kprobe(event=b.get_syscall_fnname("clone"), fn_name="hello")

#打印头部
print("%-18s %-16s %-6s %s" % ("TIME(s)", "COMM", "PID", "MESSAGE"))

#格式化输出
while 1:
    try:
        (task, pid, cpu, flags, ts, msg) = b.trace_fields()
    except ValueError:
        continue
    except KeyboardInterrupt:
        exit()
    printb(b"%-18.9f %-16s %-6d %s" % (ts, task, pid, msg))
```

这段代码利用了Python的BCC库来定义和加载一个基础的eBPF程序，并将它挂载到Linux系统的clone系统调用上。每当执行clone系统调用时，这个eBPF程序就会被激活，并在内核的追踪缓冲区输出一条“Hello, World!”的消息。接下来让我们逐步分析这段代码的关键部分。

- from bcc import BPF和from bcc.utils import printb导入了BCC库中的BPF类与printb函数。BPF类用于加载和挂载eBPF程序，而printb是一个帮助函数，用于打印格式化的字节串。
- prog是一个多行字符串，包含了要加载的eBPF程序的源码。eBPF程序定义了一个hello函数，这个函数使用bpf_trace_printk将“Hello, World!”信息输出到内核的追踪日志中。

- b = BPF(text=prog) 创建了一个 BPF 对象实例，并将之前定义的 eBPF 程序的源码传递给它。这个命令将会编译 eBPF 程序并加载它到内核中。
- b.attach_kprobe(event=b.get_syscall_fnname("clone"), fn_name="hello") 将 hello 函数挂载到 clone 系统调用的入口。
- get_syscall_fnname("clone") 用于获取适用于当前运行的内核的正确 clone 系统调用的名称，因为不同的内核版本在命名上可能有差异。
- 最后运行一个无限循环，周期性地从内核追踪缓冲区读取事件，并使用 b.trace_fields() 获取相关的字段。如果读取时发生 ValueError，则忽略这个错误的事件继续读取下一个。如果用户通过中断（如按 Ctrl+C）终止程序，将捕获 KeyboardInterrupt 事件并退出循环。对于每个捕获的事件，它使用 printb 打印出时间戳、进程名称、进程 ID 和消息内容。

3.2.3 编译运行

得益于 BCC 提供的便利性，编译过程会在运行时自动完成。只需将 3.2.2 小节中的示例代码复制到一个名为 hello.py 的文件中，然后运行命令 python3 hello.py，即可看到以下输出结果：

```
# python3 hello.py
TIME(s)             COMM              PID     MESSAGE
24585001.174885999  sshd              1432    Hello, World!
24585001.195710000  sshd              15780   Hello, World!
24585001.991976000  systemd-udevd     484     Hello, World!
24585002.276147000  bash              15787   Hello, World!
```

3.3 bpftrace

bpftrace 是一个高级的动态跟踪工具，它是基于 Linux 内核的 eBPF 技术，可以在不修改内核代码的情况下，对内核进行高效、安全、可扩展的跟踪和分析。bpftrace 通过提供类 C 语言的脚本语言和一系列内置的函数，使得用户可以方便地实现各种跟踪和诊断需求，例如统计系统调用次数、查找性能瓶颈、检测安全漏洞、诊断性能问题等。bpftrace 是 Linux 系统管理员和开发人员的有力工具，可以提高效率、缩短故障排查时间、优化系统性能。

bpftrace 也提供了大量可以跟踪和分析 Linux 系统中各种事件与行为的工具。这些工具涵盖 I/O 监控、进程和系统监控、网络监控等多个方面。每个工具都有它特定的功能和参数，用户可以根据需求选择合适的工具来进行跟踪和分析。根据不同的功能，可以将 bpftrace 提供的工具分成以下几类。

- I/O 监控工具：biolatency.bt、bitesize.bt、biosnoop.bt、dcsnoop.bt、mdflush.bt、open-

snoop.bt、syncsnoop.bt、undump.bt、vfscount.bt、vfsstat.bt、writeback.bt、xfsdist.bt。
- 进程和系统监控工具：capable.bt、cpuwalk.bt、gethostlatency.bt、killsnoop.bt、loads.bt、oomkill.bt、pidpersec.bt、runqlat.bt、runqlen.bt、statsnoop.bt、syscount.bt、threadsnoop.bt。
- 网络监控工具：ssllatency.bt、sslsnoop.bt、tcpaccept.bt、tcpconnect.bt、tcplife.bt、tcpretrans.bt、tcpsynbl.bt、tcpdrop.bt。
- 其他工具：bashreadline.bt、biolatency-kp.bt、execsnoop.bt、naptime.bt、setuids.bt。

3.3.1 环境配置

bpftrace 可以通过官方提供的安装包安装，也可以自行源码编译安装。下面介绍几种常见的方法。

1. 二进制安装

bpftrace 官方提供了 Ubuntu、Fedora、Gentoo、Debian、openSUSE、CentOS 等内核发行版的 bpftrace 安装包，安装方法如下。

- Ubuntu：安装命令是 sudo apt-get install -y bpftrace，Ubuntu 的内核版本最低要求为 19.04。
- Fedora：安装命令是 sudo dnf install -y bpftrace，Fedora 的最低版本要求是 28。
- Gentoo：安装命令是 sudo emerge -av bpftrace。
- Debian：安装包可以从 https://tracker.debian.org/pkg/bpftrace 下载。
- openSUSE：安装包可以从 https://software.opensuse.org/package/bpftrace 下载。
- CentOS：CentOS 安装包由个人用户维护，链接是 https://github.com/fbs/el7-bpf-specs/blob/master/README.md#repository。
- Arch：使用命令 sudo pacman -S bpftrace 从官方仓库安装 bpftrace。
- Alpine：通过 sudo apk add bpftrace 和 sudo apk add bpftrace-doc bpftrace-tools bpftrace-tools-doc 命令来安装 bpftrace 的工具与文档。

另外，bpftrace 的最新二进制版本也可以通过其 GitHub 页面获取。你可以访问 https://github.com/bpftrace/bpftrace/releases 下载最新版的 bpftrace。通常来说，Linux 发行版中包含的 bpftrace 版本会低于 GitHub 页面所公布的版本。

2. 源码编译安装

下面将以龙蜥社区开源操作系统 Anolis 为例介绍 bpftrace 的源码编译流程，此流程同样适用于 Red Hat/CentOS 系列。

首先，安装必要的依赖库，代码如下：

```
yum install -y flex bison cmake make git gcc-c++
```

```
yum install -y elfutils-libelf-devel elfutils-libs
yum install -y lrzsz binutils-devel
yum install -y gtest-devel gmock-devel libpcap-devel libpcap
yum install -y cereal-devel
yum install -y elfutils-devel llvm llvm-devel
yum install -y clang clang-devel
yum install -y iperf3 luajit luajit-devel netperf
yum install -y elfutils-debuginfod-0.180-1.1.al8.x86_64
yum install -y bcc-devel
```

然后，下载依赖库 libbpf 和 BCC 源码并进行编译：

```
cd bpftrace
git submodule update --init
mkdir build
cd build
../build-libs.sh
```

最后编译 bpftrace，我们可以通过 cmake 的 CMAKE_BUILD_TYPE 变量来控制编译 release 版本还是 debug 版本。如果是编译 release 版本，命令为 cmake -DCMAKE_BUILD_TYPE=Release -DBUILD_TESTING=OFF ..。之后，构建 debug 版本，命令为 cmake -DCMAKE_BUILD_TYPE=Debug -DBUILD_TESTING=OFF ..。最后运行 make 命令进行构建，命令为 make -j32 & make install。

3.3.2 使用 bpftrace 开发 eBPF 程序

bpftrace 是一种用于动态跟踪 Linux 内核的工具，它采用了一种类似于 Linux 的 awk 的语法来编写跟踪脚本。我们首先介绍一下 bpftrace 脚本的语法。

1. 注释

bpftrace 的注释使用 “//” 符号开头的行表示单行注释，bpftrace 会忽略这些行。如果需要添加多行注释，则可以使用 “/* */” 进行多行注释。这些注释的作用是为了帮助代码的可读性和可维护性，同时方便开发者添加对代码的解释和说明。

2. 语法结构

bpftrace 跟踪脚本的基本语法结构如下。

```
ProbeType:AttachPoint
{
    //statments;
    //具体语句略
}
```

其中，ProbeType 表示探测类型，AttachPoint 表示探测点，它们之间通过冒号隔开。

因为一个探测类型会对应多个探测点，所以需要通过AttachPoint来指定具体的探测点。例如，kprobe:tcp_sendmsg表示探测类型是kprobe，探测点是tcp_sendmsg，即要跟踪内核中tcp_sendmsg函数的执行情况。statements是指需要执行的操作，可以是打印输出、计数器统计、变量赋值等操作。多个statements之间需要用分号隔开。通过使用这些语句，我们可以在eBPF程序中监控和分析系统的行为、性能等信息，从而进行系统性能调优、故障排除等工作。

除了kprobe之外，bpftrace可以支持多种不同的探测类型，用于观察系统的不同方面。bpftrace支持的探测类型如下。

- uprobe/uretprobe：用户态探测，用于追踪用户空间程序的函数执行，uprobe是进入时的探测点，uretprobe是退出时的探测点。
- kprobe/kretprobe：内核探测，追踪内核中任意函数的进入（kprobe）和退出（kretprobe）。
- tracepoint：追踪内核中预定义的跟踪点，这些是内核作者公开的跟踪位置，为了探测内核特定事件而设定。
- profile：定时事件探测，周期性地触发，可以设置在应用程序代码或内核代码上。
- software：软件事件探测，由特定的软件事件触发，如上下文切换、系统调用等。
- hardware：硬件事件探测，基于CPU硬件事件计数器来追踪不同的硬件相关事件，如缓存失效或分支预测错误。

BEGIN和END是bpftrace脚本中的内置探针，分别在脚本执行开始和结束时触发。此外，bpftrace支持诸如syscalls/sys_enter_*和syscalls/sys_exit_*这种特定的tracepoint，这些tracepoint在系统调用的入口和出口处触发。bpftrace还能够监控网络和I/O相关的事件，例如文件系统和网络活动。利用这些探针，可以分析系统的底层行为，如文件操作和网络数据包过滤。

要查看特定系统上全部可用的探测点，可以在终端上运行bpftrace -l命令。

3. 过滤器

bpftrace过滤器的主要功能是对探测中得到的数据进行筛选和过滤，只选择符合特定条件的数据进行处理和分析。bpftrace过滤器支持多种数据类型的比较和筛选，如整型、浮点型、字符串等。可以使用各种比较运算符（如==、>、<、>=、<=、!=等）和逻辑运算符（如&&、||、!等）进行筛选。同时，bpftrace过滤器还支持使用正则表达式进行字符串匹配，更灵活地进行数据筛选。例如：

```
//跟踪某个进程的sys_read系统调用，只输出长度大于10的读取数据
tracepoint:syscalls:sys_enter_read /pid != 123 && args->count > 10 /
{
    printf ("read data (count=% d): \n", args->count);
}
```

4. 变量和表达式

bpftrace 的变量和表达式是用于存储和计算数据的重要元素。变量是用于存储和处理数据的标识符，可以存储各种类型的数据，如整型、字符串等。在 bpftrace 中，变量名以“$”符号开头。这种语法风格来源于一些脚本语言，例如 Bash Shell 和 Perl 等，用于区分变量和常量。

表达式是用于计算和操作数据的语句，可以使用各种算术运算符、比较运算符、逻辑运算符和位运算符进行计算及操作。

bpftrace 的变量和表达式可以用于实现各种功能，如打印输出、计数器统计、变量赋值、条件判断和循环等。

5. 函数和内置变量

bpftrace 提供了大量的函数和内置变量，可以在 bpftrace 程序中直接使用，无须用户自己定义和实现，可以节省用户的时间和精力，同时也提高了程序的可读性和可维护性。具体可见：https://github.com/bpftrace/bpftrace/blob/master/docs/reference_guide.md#functions。

6. bpftrace map 相关函数

bpftrace map 函数是一种内置的操作函数，用于在 eBPF 程序中创建和操作散列表（即哈希表）。散列表是一种由键 - 值对组成的数据结构，可以快速地查找和存储数据。

bpftrace map 函数提供了一系列的操作，如计数、求和、平均值、最大和最小值、直方图等，它们可以用于在 eBPF 程序中处理和分析数据。bpftrace map 函数在 eBPF 编程中很常用，可以帮助开发者更方便地操作和处理数据。它包括以下不同的操作。

- count ()：计算调用该函数的次数，比如“bpftrace -e 'kprobe:vfs_read { @reads = count (); }”统计了内核函数 vfs_read 执行的次数。
- sum (int n)：求 *n* 的总和，比如“bpftrace -e'kprobe:vfs_read { @bytes [comm] = sum (arg2); }”计算了每个进程的 I/O 字节数。
- avg (int n)：求 *n* 的平均值，比如“bpftrace -e'kprobe:vfs_read { @bytes [comm] = avg (arg2); }”计算了每个进程平均每次读取的字节数。
- min (int n)：记录 *n* 中的最小值。
- max (int n)：记录 *n* 中的最大值。
- stats (int n)：返回 *n* 的计数、平均值与总和。
- hist (int n)：生成 *n* 的对数直方图。
- lhist (int n, int min, int max, int step)：生成一个包含 *n* 个桶的线性直方图，桶的范围从 min 到 max，每个桶的步长为 step。
- delete (@x [key])：删除作为参数传递的散列表元素。
- print (@x [, top [, div]])：打印散列表，可选择仅打印顶部条目和使用除数。

- print (value)：打印值。
- clear (@x)：从散列表中删除所有键。
- zero (@x)：将散列表中的所有值设置为零。

3.3.3 编译运行

bpftrace 提供了两种主要的运行模式。一是单命令行模式，允许用户通过一条命令的形式来执行 eBPF 程序的编译、运行以及数据处理。这种模式适合简单的跟踪任务。二是脚本文件模式，一般适用于较为复杂的 bpftrace 程序，用户可以将 bpftrace 代码编写在一个单独的文件中，然后执行此文件来进行系统追踪。

1. 单命令行模式

我们可以使用单命令行模式，例如用 bpftrace -e'program' 来执行程序。例如，以下命令可以用来获取进程的系统调用计数。

```
bpftrace -e 'tracepoint:raw_syscalls:sys_enter { @[comm] = count (); }'
Attaching 1 probe...
^C

@[gmain]: 2
@[tuned]: 2
@[in:imjournal]: 6
@[nscd]: 12
@[docker]: 22
```

该命令利用了 tracepoint 探测类型来监控操作系统的系统调用入口，其参数解释如下。

- bpftrace -e：这是启动 bpftrace 的命令，-e 选项后面跟着的是要执行的 bpftrace 程序代码。
- tracepoint:raw_syscalls:sys_enter { @[comm] = count(); }：这是一个 bpftrace 脚本，包含了一个匿名程序段，它定义了如何处理与 tracepoint:raw_syscalls:sys_enter 探测点相关联的数据。
- tracepoint:raw_syscalls:sys_enter：指定了要追踪的探测点，这里是 raw_syscalls:sys_enter，这是一个内核的 tracepoint，在任意系统调用被执行时触发。
- { … }：花括号内的部分定义了一旦探测点被触发时将执行的程序代码块。
- @[comm] = count()：这是 bpftrace 中的 map 操作。@ 符号表示一个 map，其键值是程序段内的变量。comm 代表当前上下文运行进程的名称。count() 是一个内置函数，每当这个探测点被触发时，它就会对相应的进程名 comm 的计数进行累加。这相当于对每个不同的进程名进行计数，记录每个进程触发系统调用入口的次数。

2. 脚本文件模式

bpftrace 命令后面跟着脚本文件的名称，例如通过运行 bpftrace biolatency.bt 命令，即可执行名为 biolatency.bt 的脚本，该脚本位于代码仓库 github.com/bpftrace/tools/biolatency.bt 中，执行结果如下所示：

```
# bpftrace biolatency.bt    //执行命令
Attaching 5 probes...
Tracing block device I/O... Hit Ctrl-C to end.
^C

@usecs:
[256, 512)           1 |@@@@@@@@@@@@@@@@@@@@@@@@@@@@@@@@@@@@@@@@@@@@@@@@@@@@|
[512, 1K)            1 |@@@@@@@@@@@@@@@@@@@@@@@@@@@@@@@@@@@@@@@@@@@@@@@@@@@@|
```

3.4 eunomia-bpf

开发、构建和分发 eBPF 程序一直是一个技术门槛较高的工作。虽然使用 BCC、bpftrace 等工具可以提高开发效率并确保良好的可移植性，但在分发部署时，通常需要安装 LLVM、Clang 等编译环境。每次运行时，都需要执行本地或远程的编译过程，这会导致较大的资源消耗。而使用原生的 CO-RE libbpf 时，又需要编写额外的用户态加载代码来确保 eBPF 程序能够正确加载，并从内核中获取上报的信息。同时，对于 eBPF 程序的分发和管理，目前还没有一个成熟的解决方案。

eunomia-bpf 是一个开源的 eBPF 动态加载运行时和开发工具链，旨在简化 eBPF 程序的开发、构建、分发和运行流程，它是基于 libbpf 的 CO-RE 轻量级开发框架。使用 eunomia-bpf，你可以：

1）在编写 eBPF 程序或工具时，仅需要编写内核态代码，系统会自动获取内核态导出信息，并将这些信息作为模块动态加载。

2）利用 WebAssembly 进行用户态交互程序的开发，在 WebAssembly 虚拟机内部控制整个 eBPF 程序的加载和执行，以及处理相关数据。

3）eunomia-bpf 能够将预编译的 eBPF 程序打包为通用的 JSON 或 WebAssembly 模块，实现跨架构和内核版本的分发，无须重新编译即可动态加载运行。

eunomia-bpf 由一个编译工具链和一个运行时库组成，相比传统的 BCC、原生 libbpf 等框架，它极大地简化了 eBPF 程序的开发流程。在大多数情况下，开发者只需编写内核态代码，即可轻松地构建、打包和发布完整的 eBPF 应用程序。同时，内核态 eBPF 代码确保了与主流的 libbpf、libbpfgo、libbpf-rs 等开发框架的 100% 兼容性。可以利用 WebAssembly 技术，通过多种编程语言进行用户态程序的开发。图 3-3 是 eunomia-bpf 的架构图，主要包含编译工具链和运行时库。编译工具链包括 eunomia-cc 编译器、Clang/

LLVM 工具以及 BTF 项目模板导出器，这些工具使得 eBPF 程序的编写、编译和导出到 JSON 格式变得简单。运行时库则包括 eunomia-bpf 库和 ewasm 库，它们分别提供了 eBPF 应用程序插件的运行时环境和在用户空间使用 WebAssembly 操作 eBPF 的能力。

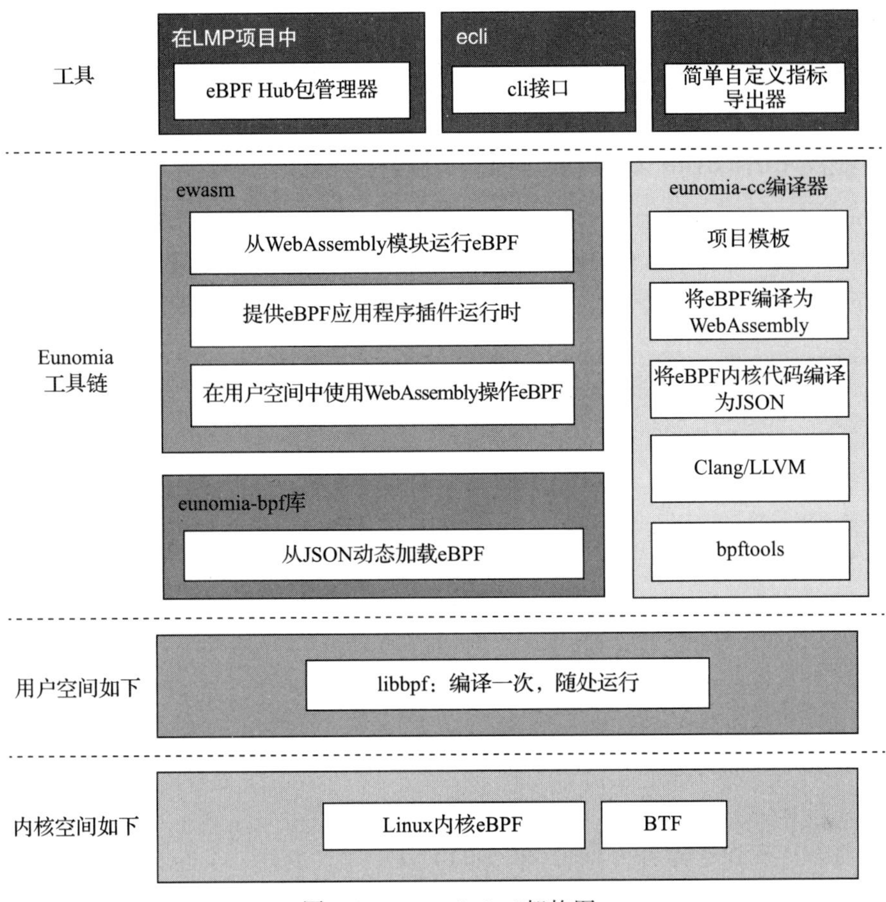

图 3-3　eunomia-bpf 架构图

3.4.1　环境配置

本小节将指导你完成 eunomia-bpf 的环境配置，并介绍如何安装 ecli 工具以便从云端运行 eBPF 程序。获取 ecli 工具的命令如下：

```
$ wget https://aka.pw/bpf-ecli -O ecli && chmod +x ./ecli
$ ./ecli -h
ecli子命令，包括run、push、pull、login、logout
```

安装 ecc 编译器工具链，用于将 eBPF 内核代码编译为 config 文件或 WebAssembly 模块（为了编译，需要安装 Clang、LLVM 和 Libclang），获取 ecc 编译器的命令如下：

```
$ wget  https://github.com/eunomia-bpf/eunomia-bpf/releases/latest/download/
    ecc && chmod +x ./ecc
$ ./ecc -h
```

或使用 Docker 镜像进行编译，获取 Docker 镜像的命令如下：

```
#适用于x86_64和AArch64，使用Docker进行编译。pwd应包含*.bpf.c文件和*.h文件
docker run -it -v 'pwd'/:/src/ ghcr.io/eunomia-bpf/ecc-'uname -m':latest
```

3.4.2 使用 eunomia-bpf 开发 eBPF 程序

eunomia-bpf 的 eBPF 代码是用 C 语言编写的，下面的代码片段是一个具体的示例，其功能是在 Linux 内核的系统调用 write 函数被触发时记录当前进程的 PID，并通过 bpf_printk 打印出来。

```
#include <linux/bpf.h>
#include <bpf/bpf_helpers.h>
#include <bpf/bpf_tracing.h>

typedef int pid_t;

char LICENSE[] SEC("license") = "Dual BSD/GPL";

SEC("tp/syscalls/sys_enter_write")
int handle_tp(void *ctx)
{
pid_t pid = bpf_get_current_pid_tgid() >> 32;
bpf_printk("BPF triggered from PID %d.\n", pid);
return 0;
}
```

我们将该代码保存到名为 hello.bpf.c 的文件中，并创建一个新文件夹 /path/to/repo，然后将该文件放入其中。在使用 sudo ecli run package.json 命令通过 Docker 打包时，需要将包含 .bpf.c 文件的目录挂载到容器的 /src 目录下，且确保该目录中仅包含一个 .bpf.c 文件。

编译好的 eBPF 代码能够适应多种内核版本，可以直接将 package.json 文件复制到另一台机器上，并直接运行而无须重新编译（符合“编译一次，到处运行”的原则）。此外，也可以通过网络传输和分发 package.json 文件。通常情况下，压缩后的文件大小仅为几 KB 到几十 KB。

如果 WebAssembly 不是使用 C 语言开发的，则可以利用 WebAssembly 的组件模型将 BTF 信息中的数据结构定义作为 WIT（WebAssembly Interface Types，WebAssembly 接口类型）进行声明和输出。然后，在用户空间代码中使用 wit-bindgen 工具一次性为多

种编程语言（如C、C++、Rust、Go）生成对应的类型定义。

我们为WebAssembly程序提供了一个仅包含头文件的libbpf API库。你可以在libbpf-wasm.h（位于wasm-include目录下）中找到这个库，它包含了libbpf中常用的用户态API和类型定义。WebAssembly程序可以利用libbpf API来操作eBPF对象，下面是一个具体的示例代码：

```
/*加载并验证eBPF应用程序*/
skel = bootstrap_bpf__open();

/*使用最短持续时间参数配置eBPF代码*/
skel->rodata->min_duration_ns = env.min_duration_ms * 1000000ULL;

/*加载并验证eBPF程序*/
err = bootstrap_bpf__load(skel);

/*挂载tracepoint */
err = bootstrap_bpf__attach(skel);
```

rodata部分用于存储eBPF程序中的常量数据。这些值将在使用bpftool gen skeleton命令生成骨架时，由代码生成映射到对象文件的正确偏移量。之后，在程序执行过程中，可以通过内存映射来修改这些值。因此，即使在WebAssembly环境中，也无须编译libelf库，运行时仍然可以动态加载和操作eBPF对象。

虽然WebAssembly端的C代码与本地libbpf代码有所不同，但它能够提供eBPF端的大部分功能。例如，它可以从环形缓冲区（ring buffer）或perf事件缓冲区进行轮询操作，允许从WebAssembly端和eBPF端访问映射，以及加载、挂载和分离eBPF程序等。WebAssembly端的C代码支持广泛的eBPF程序类型和映射，涵盖了跟踪、网络、安全等大多数eBPF程序使用场景。

用户态程序可以使用轮询API来获取内核态上传的数据。这个API是对环形缓冲区和perf缓冲区的封装，使得用户空间代码可以使用统一的API从环形缓冲区或perf缓冲区中轮询事件。具体使用的API取决于eBPF程序指定的缓冲区类型。例如，如果定义了一个类型为BPF_MAP_TYPE_RINGBUF的环形缓冲区，那么轮询操作将针对该环形缓冲区进行，示例代码如下。

```
struct {
    __uint(type, BPF_MAP_TYPE_RINGBUF);
    __uint(max_entries, 256 * 1024);
} rb SEC(".maps");
```

在用户态，你可以使用以下示例代码从环形缓冲区中轮询事件。

```
rb = bpf_buffer__open(skel->maps.rb, handle_event, NULL);
/*打印事件信息*/
```

```
printf("%-8s %-5s %-16s %-7s %-7s %s\n", "TIME", "EVENT", "COMM", "PID", "PPID",
    "FILENAME/EXIT CODE");
while (!exiting) {
    err = bpf_buffer__poll(rb, 100);
```

环形缓冲区的轮询操作不需要进行序列化处理。bpf_buffer__poll API 会调用 handle_event 回调函数来处理环形缓冲区中的事件数据。下面的代码片段是 handle_event 的具体实现。

```
static int
handle_event(void *ctx, void *data, size_t data_sz)
{
    const struct event *e = data;
    …
    if (e->exit_event) {
        printf("%-8s %-5s %-16s %-7d %-7d [%u]", ts, "EXIT", e->comm, e->pid,
            e->ppid, e->exit_code);
        if (e->duration_ns)
            printf(" (%llums)", e->duration_ns / 1000000);
        printf("\n");
    }
    …
    return 0;
}
```

3.4.3 编译运行

编译和运行 eBPF 程序的命令格式为“ecc[选项]< 源文件路径 >[挂载头文件]”。该命令用于编译指定的 eBPF 源文件，并生成对应的 eBPF 对象文件，示例用法如下。

1）当仅有一个源文件时，可以使用命令 ecc foo.bpf.c 来编译 foo.bpf.c 文件。

2）当源代码文件需要挂载头文件时，可以使用命令 ecc foo.bpf.c bar.h 来编译 foo.bpf.c 和 bar.h 文件。

3）当生成自定义的 BTFHub 存档并将打包为 tar 文件时，可以使用命令 ecc -b client.bpf.c event.h。该命令会编译 client.bpf.c 和 event.h，生成 client.bpf.o 对象文件。

3.5 Coolbpf

Coolbpf 是一站式 eBPF 开发编译平台，也是龙蜥社区智能运维系统 SysOM 的节点侧 eBPF 数据采集平台。Coolbpf 建立在 CO-RE 的基础之上，不仅保持了资源占用低和高可移植性的特点，还整合了 BCC 的动态编译特性，使它非常适合在生产环境中批量部署应用。Coolbpf 开辟了一条新路径，采用了远程编译的理念，将用户的 eBPF 程序上传到远程服务器进行编译，并返回编译后的 .o 或 .so 文件。Coolbpf 允许用户使用高级编程语言（如 Python、Rust、Go 或 C）加载这些文件，进而在不同内核版本中安全运行。用户只需集中精力于功能开发，无须担心底层库（例如 LLVM、Python 等）的安装和环境配置。此外，Coolbpf 还支持在 3.10 版本的内核上，通过内核模块的方式执行 eBPF 程序，实现了在较高内核版本上开发的应用程序无须修改，便可直接在较低版本内核上运行的能力。

Coolbpf 的功能架构主要分为三个层次，如图 3-4 所示。

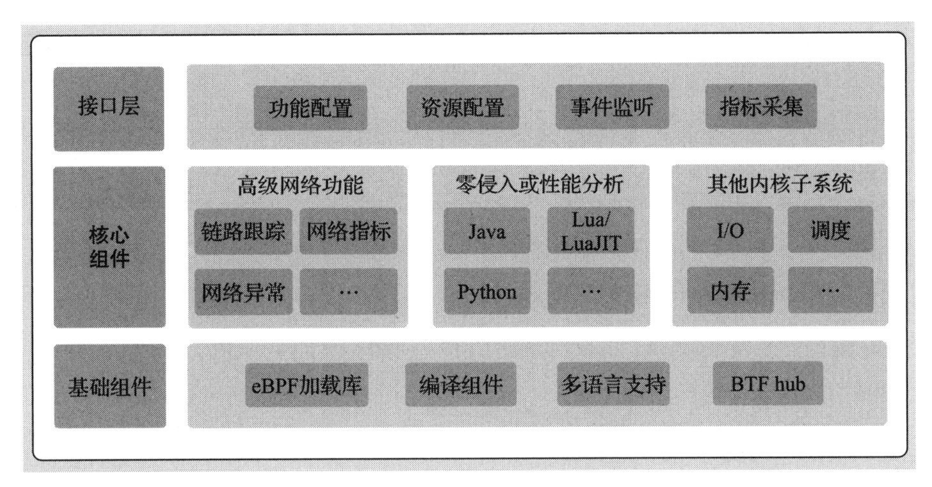

图 3-4 Coolbpf 功能架构图

1）接口层：提供给用户的接口。目前主要有 4 类接口。① 功能配置：配置和管理不同的 eBPF 功能或任务，可以通过用户接口或配置文件进行配置。② 资源配置：获取系统或应用程序的监控数据，通常由 eBPF 探针执行，并用于收集特定的性能指标或事件。③ 事件监听：处理和转发采集到的事件到指定的处理模块。④ 指标采集：协调和管理采集到的数据，确保它们按照计划进行分析和处理。

2）核心组件：由三个核心模块组成，高级网络功能、零侵入式性能分析以及其他内核子系统。高级网络功能模块涵盖了链路追踪、网络性能指标监测以及网络异常检测等关键特性。无侵入式性能分析是 Coolbpf 的亮点之一，它基于 eBPF 技术，提供了强大的性能分析工具，并且已经实现了对 Java、Lua/LuaJIT、Python、C/C++、Rust、Go 等多种编程语言的支持。此外，其他内核子系统模块则包括了对 I/O、调度和内存等关键性能指标的监控。

3）基础组件：它提供了 Coolbpf 运行所需的底层支持。① eBPF 加载库：加载和管理 eBPF 程序。② 编译组件：提供了编译环境。③ 多语言支持：支持多种语言来扩展 Coolbpf 功能。④ BTF hub：BTF 文件存储仓库，用于管理和查找内核数据结构的定义，确保 eBPF 字节码与内核数据结构的一致性。

Coolbpf 提升了 eBPF 的开发效率，同时保证了工具的跨平台兼容性。其主要应用场景为系统故障诊断、网络优化、系统安全和性能监控。未来，Coolbpf 还将探索新技术和新特性，例如提升字节码翻译效率和内核运行时安全等，进一步丰富应用场景。

3.5.1 环境配置

要编译 libcoolbpf，需要安装 elfutils-devel（用于处理 ELF 格式文件）以及 GCC。

要编译 eBPF 工具，你还需要额外安装 Clang 和 LLVM。

依赖库和工具的完整安装命令如下：

```
yum install elfutils-devel
yum install gcc
yum install clang
yum install llvm
```

3.5.2 使用 Coolbpf 开发 eBPF 程序

Coolbpf 提供了两大类 API：一类是用户态程序调用的 API，另外一类是内核态 eBPF 程序调用的 API。

1. 用户态程序调用的 API

用户态程序需要调用的 API 如下。

1）coolbpf_object_load：此函数用于加载 eBPF 程序。加载是 eBPF 生命周期的起始阶段，涉及程序的 JIT 编译和准备工作。其参数是指向待加载 Coolbpf 对象的指针。加载后会返回一个整型值，标识加载操作成功与否。

2）coolbpf_object_attach：该函数用于将已加载的 eBPF 程序挂载到系统中的某个函数上。这是使 eBPF 程序开始执行的关键步骤。其参数是指向已加载 Coolbpf 对象的指针。挂载后会返回一个整型值，表示挂载操作是否成功。

3）coolbpf_object_destroy：销毁 Coolbpf 对象实例并释放相关资源。在 eBPF 程序不再需要时，使用此函数进行清理。coolbpf_object_destroy 的参数是指向需要销毁的 Coolbpf 对象的指针。

4）coolbpf_object_find_map：从 Coolbpf 对象中检索特定的 eBPF map，并获取其文件描述符，以操作映射中的数据。其参数是指向 Coolbpf 对象的指针。其参数是欲检索的 map 的名称。返回 map 的文件描述符，通过这个文件描述符，程序可以对 map 进行读写操作。

5）coolbpf_major_version：获取 Coolbpf 的主版本号，用于确定 API 层的主版本。返回一个 uint32_t 类型的值，该值代表库的主版本号。

6）coolbpf_minor_version：获取 Coolbpf 的副版本号，用于获取 API 版本的更详细信息，并返回一个 uint32_t 类型的值，该值表示库的次版本号。

7）coolbpf_version_string：返回当前 Coolbpf 版本的字符串表示，方便显示或记录，并返回包含版本信息的字符串。

8）initial_perf_thread：创建一个 perf 缓冲区监听线程，该线程负责接收和处理 perf 事件。该 API 会返回新创建线程的标识符，以便之后可以进行管理或销毁。

9）kill_perf_thread：终止已经创建的 perf 缓冲区监听线程，并进行必要的清理工作。参数为待销毁的线程的 ID。返回值为整数，标识销毁操作成功与否。

10）bump_memlock_rlimit 功能：用于提高 Linux 系统中进程的内存锁定限制的函数，以便允许进程锁定更多的内存。这个操作对运行需要大量内存锁定的 eBPF 程序尤为重要，因为它可以确保程序不会因为内存锁定限制而失败。

通过这些函数你可以加载、挂载、操作以及销毁 eBPF 程序和相关资源。

2. 内核态 eBPF 程序调用的 API

eBPF 程序需要调用的 API 如下。

1）fast_log2：计算以 2 为底的对数，并向下取整到最接近的整数。该函数通常用于快速估算 2 的指数级倍数。

2）fast_log10：计算以 10 为底的对数，并向下取整到最接近的整数。该函数用于快速估算 10 的指数级倍数。

3）add_hist：在指定的 eBPF map 中为特定键增加计数。该操作用于构建直方分布图。

4）hist2_push：将值添加到以 2 为底的对数的直方图中。

5）hist10_push：将值添加到以 10 为底的对数的直方图中。

6）ns、pid、tid、comm、cpu：这些都是访问内核或进程信息的内联函数的定义，如获取当前的时间戳、进程 ID、线程 ID、进程名、CPU 编号。

为简化操作，Coolbpf 提供了一些宏定义，方便程序的编写，例如：BPF_MAP、BPF_HASH、BPF_LRU_HASH 等。这些宏定义简化了创建不同类型的 eBPF map 的过程。它们定义了 map 的各种属性，允许通过一个宏定义来创建不同种类的 map，比如散列表、LRU 散列表、数组等。

这些定义和函数在编写 eBPF 程序时提供了跨多个项目的一致性与简洁性，从而使得程序更容易理解和维护。通过这些高级抽象，eBPF 程序开发者可以更快地实现性能监控和事件跟踪的功能。

3.5.3　编译运行

在 tools/examples/syscall 目录中有使用 libcoolbpf 开发的 eBPF 程序示例。以下是编译这些 eBPF 程序的具体步骤。

1）安装 libcoolbpf：在 Coolbpf 根目录下运行 ./install.sh 来安装 libcoolbpf。

2）编译 syscall：在 Coolbpf 根目录下运行。

```
mkdir -p build && cd build && cmake -DBUILD_EXAMPLE=on .. && make
```

3）最终生成的 syscall 可执行程序存放在 build/tools/examples/syscall/syscall。

3.6 eBPF 开发框架对比

BCC、bpftrace、eunomia-bpf 和 Coolbpf 都是 eBPF 生态系统中的工具，每个工具都有其独特的特点和用途。我们将主要从编程语言、开发难度、部署难度、性能、应用环境等角度进行对比分析。

1）BCC：BCC 是一个功能丰富的 eBPF 程序开发框架，支持 Python 和 Lua 的前端接口。它需要用户编写 eBPF 代码（通常是 C 语言），然后使用 Python 或 Lua 语言来加载和管理这些 eBPF 程序。

- 开发难度：中等，尽管提供了丰富的 API 和示例，加速了 eBPF 程序的开发，但是仍然需要编写复杂的 eBPF 程序，因此开发难度属于中等。
- 部署难度：较高，因为 BCC 是在线编译，部署需要安装 Clang、LLVM 等依赖，增加了部署的难度。
- 性能：低，由于 BCC 采用 Python 进行数据的处理，因此其性能是比较低的。
- 应用环境：测试环境，意味着适用于开发和调试阶段，但可能不够适合生产环境。

2）bpftrace：bpftrace 提供了一种高级的、基于脚本的语言来编写 eBPF 追踪程序。它的目标是简化追踪程序的编写，让用户快速开始追踪系统和应用程序的行为。bpftrace 是一种即时工具，即用户只需编写高级脚本，bpftrace 负责编译这些脚本并直接在内核中执行。对于想要快速编写和运行 eBPF 追踪脚本的开发者或系统管理员来说，bpftrace 非常合适。

- 开发难度：极低，因为它提供了简洁的语法和强大的命令，适合快速开发和原型设计。
- 开发语言灵活性：低，bpftrace 仅支持自己的特定脚本语言，缺乏对其他编程语言的支持。
- 功能覆盖面：低，因其设计初衷是作为一种快速和易用的追踪工具，并不聚焦于全面的应用场景。
- 应用环境：测试环境，与 BCC 类似，更适用于开发阶段。

3）eunomia-bpf：eunomia-bpf 允许在用户空间基于 WebAssembly 开发和运行 eBPF 应用程序，并提供一种跨平台的开发模式，有利于移植性。它是对 eBPF 开发模式的一种创新，通过更广泛采用的编程语言和技术来推广 eBPF 的使用。

- 开发难度：中等，属于中间水平的开发难度。
- 开发语言灵活性：中等，可支持多种编程语言，但没有达到高度自由配置的水平。
- 功能覆盖面：高，比前 BCC 和 bpftrace 更全面地支持各种功能与使用场景。
- 应用环境：生产环境，这意味着这个工具已经足够成熟和稳定，可以在生产环境中使用。

4）Coolbpf：Coolbpf 对底层操作进行了封装，简化了 eBPF 的复杂操作，通过远程编译的方式提升编译和运行效率，支持更多语言进行开发，广泛应用于实际的生产环境中。

- 开发难度：中等，但对开发者有一定的要求。
- 开发语言灵活性：极高，支持多种语言进行开发，既支持 C 和 Python，也支持 Go 和 Rust 语言。
- 功能覆盖面：大，支持低版本内核（如 3.10），也支持高版本内核；提供常见的内核的 BTF 文件自动下载能力，也支持对底层操作的封装。
- 应用环境：生产环境，与 eunomia-bpf 一样，Coolbpf 也适合在生产环境中部署，已随龙蜥社区的 SysOM 工具在生产环境中得到了广泛使用。

每种工具都有其独特的用途和优势。BCC 和 bpftrace 提供了相对较低的开发难度，BCC 更适用于需要精细控制和复杂逻辑的 eBPF 应用程序，而 bpftrace 适用于快速开发和脚本级别的 eBPF 追踪。相反，eunomia-bpf 和 Coolbpf 则提供了更全面的功能覆盖，适用于生产环境。在语言灵活性方面，BCC 可谓最为优秀，它支持 Python 编程语言并提供了丰富的 API。这些工具的选择取决于项目需求、开发资源和对环境稳定性的要求。

3.7　本章小结

本章介绍了 eBPF 的开发模式和开发框架，这些框架为 eBPF 程序的开发和部署提供了不同程度的抽象与便利性。

虽然这些工具有各自的特色和用途，但它们都促进了 Linux 生态系统的创新。本章总结了这些工具的特点和适用场景，帮助读者根据需求选择合适的开发工具。随着 eBPF 技术的发展和社区的支持，预计这些工具还会不断完善。

Chapter 4 第 4 章

基于 eBPF 的应用可观测实践

应用程序是现代业务的核心，承载着各种关键业务场景，如数据处理、用户交互、交易处理等。随着数字化应用的不断深入，尤其是在云原生技术的推动下，基于容器和微服务架构的应用变得越来越庞大和复杂。这种复杂性不仅体现在应用的分布性和动态性上，还包括在多云和混合云环境中应用之间的交互性。

本章将结合实际业务场景，深入探讨如何利用 eBPF 技术进行 MySQL 慢查询监控、Nginx 应用延迟分析、Java 应用垃圾回收观测、TLS 明文数据观测、Go 应用观测等，从而提升系统的整体可观测性和运维效率。eBPF 的应用不仅可以用 C 和 C++ 等传统的系统编程语言开发，还能够广泛应用其他现代编程语言，如 Go、Java、Python 等。这使得 eBPF 成为云原生和微服务架构下提升应用可观测性的重要工具。

4.1 使用 uprobe/USDT 观测应用程序

Linux 提供了多种强大的动态追踪技术，其中 uprobe（用户空间动态探针）和 USDT（用户空间静态追踪点）是实现应用程序可观测性的关键工具。

4.1.1 uprobe：用户空间的动态追踪工具

uprobe 是一种专为用户空间应用程序设计的动态追踪工具。它允许用户在运行中的进程的特定函数处插入探针（probe），以便在函数执行的关键时刻捕获相关信息，而无须对目标应用程序进行重新编译或修改源代码。

uprobe 的工作原理是通过内核提供的基础设施，在目标进程的二进制文件中插入探针。当探针所附着的函数被调用时，内核会暂停进程的执行，触发探针处理程序来执行预定义的操作，然后恢复进程的执行。探针处理程序可以收集数据、触发进一步的追踪动作，甚至在某些高级框架中修改函数的行为。

具体来说，uprobe 允许在用户空间程序中动态插桩，插桩位置包括函数入口、特定偏移处，以及函数返回处。当定义 uprobe 时，内核会在附加的指令上创建快速断点指令（目前在 x86 架构上为 int3 指令），当程序执行到该指令时，内核将触发事件，程序陷入内核态，并以回调函数的方式调用探针函数，执行完探针函数后再返回用户态继续执行后续的指令。

uprobe 是基于文件的，当一个二进制文件中的一个函数被跟踪时，所有使用这个文件的进程都会被插桩，包括那些尚未启动的进程，这样就可以在全系统范围内跟踪系统调用。

下面来看两个示例，分别是跟踪查询请求数与可跟踪的函数数量。

例如，通过在 MySQL 的 dispatch_command() 函数上插入探针，我们可以跟踪服务器的查询请求，并收集执行的查询语句、执行的时间等关键信息：

```
# ./uprobe 'p:cmd /opt/bin/mysqld:_Z16dispatch_command19enum_server_command-
    P3THDPcj +0(%dx):string'
Tracing uprobe cmd (p:cmd /opt/bin/mysqld:0x2dbd40 +0(%dx):string). Ctrl-C to end.
    mysqld-2855  [001] d... 19957757.590926: cmd: (0x6dbd40) arg1="show tables"
    mysqld-2855  [001] d... 19957759.703497: cmd: (0x6dbd40) arg1="SELECT *
        FROM numbers"
…
```

这里我们使用了 uprobe 工具，它利用了 Linux（版本要在 4.0 以上）的内置功能：ftrace（跟踪器）和 uprobes（用户级动态跟踪）。

此外，还可以跟踪 MySQL 的许多函数，以获取更多的信息。我们可以列出这些函数，并计算这些函数的总数：

```
# ./uprobe -l /opt/bin/mysqld | more
account_hash_get_key
add_collation
add_compiled_collation
add_plugin_noargs
adjust_time_range
…
# ./uprobe -l /opt/bin/mysqld | wc -l
21809
```

结果显示，有 21 809 个函数可以跟踪。我们甚至可以跟踪库函数或单个的指令偏移。

用户级的动态跟踪能力是非常强大的，它可以解决无数问题。然而，使用它也有一些挑战：需要确定需要跟踪的代码位置、处理函数参数的复杂性，以及应对代码的更改。

uprobe 特别适用于在用户态解析一些通过内核态探针无法解析的流量，例如 HTTP/2 流量（报文 header 被编码，内核无法解码）和 HTTPS 流量（加密流量，内核无法解密）。

尽管 uprobe 是一种强大的工具，但在实际应用中仍然存在一些挑战。例如，确定需要跟踪的代码位置、处理函数参数的复杂性，以及代码更新带来的适应性问题。此外，虽然 uprobe 是非侵入式的，但大量或频繁的探针触发仍可能对应用程序性能产生影响。

为了解决这些问题，尤其是在内核态 eBPF 运行时可能产生较大性能开销的情况下，可以考虑使用用户态 eBPF 运行时，例如 bpftime。bpftime 是一个基于 LLVM JIT/AOT 的用户态 eBPF 运行时，它能够在用户态运行 eBPF 程序，与内核态 eBPF 兼容，从而避免了内核态和用户态之间的上下文切换，显著提高了 eBPF 程序的执行效率。对于 uprobe 而言，使用 bpftime 的性能开销最多可以比内核态 eBPF 小一个数量级，并且能够更快地读写用户空间内存，使得追踪更高效。

4.1.2 USDT: 用户空间的静态追踪点技术

USDT（User-Space Statically Defined Tracing）是一种在应用程序中插入静态追踪点的机制，它允许开发者在程序的关键位置插入可用于调试和性能分析的探针。这些探针可以在运行时被 DTrace、SystemTap 或 eBPF 等工具动态激活，从而在不重启应用程序或更改程序代码的情况下，获取程序的内部状态和性能指标。USDT 在很多开源软件，如 MySQL、PostgreSQL、Ruby、Python 和 Node.js 等都有广泛应用。USDT 探针（或者称为用户级 marker）是开发者在代码的关键位置插入的跟踪宏，提供稳定且文档说明过的 API。这使得跟踪工作变得更加简单。

使用 USDT，我们可以方便跟踪名为 mysql:query__start 的探针，而不必直接跟踪名为 _Z16dispatch_command19enum_server_commandP3THDPcj 的 C++ 符号，也就是 dispatch_command() 函数。当然，在需要时我们仍然可以跟踪 dispatch_command() 以及其他 mysqld 函数，但只有在 USDT 探针无法解决问题时才需要这么做。

Linux 中的 USDT（无论是哪种形式的静态跟踪点）其实已经存在了几十年。它最近由于 Sun 的 DTrace 工具的流行而再次受到关注。SystemTap 则开发了一种可以消费这些 DTrace 探针的方式。

你可能已经运行了一个包含 USDT，用户空间静态定义跟踪探针的 Linux 应用程序。如果你的应用程序中不包含探针，则需要通过重新编译应用程序来启用该功能（通常通过添加 --enable-dtrace 选项实现）。你可以使用 readelf 来检查该应用程序是否包含 USDT 探针，例如检查 Node.js 应用程序的探针信息：

```
# readelf -n node
//代码略
```

```
Notes at offset 0x00c43058 with length 0x00000494:
    Owner                  Data size    Description
    stapsdt               0x0000003c    NT_STAPSDT (SystemTap probe descriptors)
        Provider: node
        //探针: gc__start, 代表开始进行垃圾回收
        Name: gc__start
        Location: 0x0000000000bf44b4, Base: 0x0000000000f22464, Semaphore:
            0x0000000001243028
        Arguments: 4@%esi 4@%edx 8@%rdi
    //代码略
    stapsdt              0x00000082       NT_STAPSDT (SystemTap probe descriptors)
        Provider: node
        //探针: http_client_request, 代表进行HTTP客户端请求
        Name: http__client__request
        Location: 0x0000000000bf48ff, Base: 0x0000000000f22464, Semaphore:
            0x0000000001243024
        Arguments: 8@%rax 8@%rdx 8@-136(%rbp) -4@-140(%rbp) 8@-72(%rbp) 8@-
            80(%rbp) -4@-144(%rbp)
//代码略
```

上述代码输出显示了通过 readelf-n node 命令查看到的 USDT 探针信息。注意，Node.js 需要启用 --enable-dtrace 选项，以进行重新编译，并且系统中要安装 systemtap-sdt-dev 包以提供 USDT 支持。你可以看到两个探针：gc__start（垃圾回收开始）和 http__client__request（HTTP 客户端请求）。

此时，可以使用 SystemTap 或 LTTng 等工具来跟踪这些探针。然而，目前 Linux 内核自带的跟踪工具（如 ftrace 和 perf_events）还无法直接支持 USDT 探针。

4.2 Nginx 函数延迟观测与性能分析

Nginx 是现代 Web 服务架构中常用的应用服务器和反向代理服务器。Nginx 在高并发访问下的性能问题往往成为系统的瓶颈，尤其是当请求处理时间变长时，用户端的响应时间会显著增加，从而直接影响用户体验。下面将简单介绍 Nginx 面临的问题。

尽管 Nginx 以其轻量级和高效著称，但在高负载情况下仍可能面临以下性能问题。

1）反向代理延迟。Nginx 的主要功能之一是将请求转发到后端服务器。如果后端服务器响应缓慢，Nginx 自身也会受到影响，表现为请求延迟。例如，当 Nginx 将请求代理到一个负载过高的后端服务器时，整体的响应时间可能会增加。

2）静态资源提供延迟。Nginx 擅长提供静态资源，但在高并发情况下，如果存在磁盘 I/O 限制或缓存未命中的情况，则可能导致资源提供的延迟。例如，当大量用户同时请求一个大型静态文件（如视频文件）时，如果缓存命中率不高或磁盘 I/O 性能不足，可能会导致明显的延迟。

3）网络带宽与连接管理。Nginx 的网络带宽和连接管理也可能成为性能瓶颈。在高并发请求中，如果带宽受限或连接数配置不当，Nginx 的性能会受到显著影响。

eBPF 提供了强大的内核级动态追踪能力，能够在系统运行时监控并收集细粒度的性能数据，从而帮助开发者和运维人员精准定位问题。

4.2.1 基于 eBPF 分析函数延迟

接下来我们将介绍如何设计一个用于分析函数延迟的 eBPF 程序，通过在函数的入口和出口点引入钩子函数来实现。

1. 内核代码实现

我们设计的函数延迟分析 eBPF 程序将通过使用 kprobes 和 kretprobes 探针（用于跟踪内核函数）或者 uprobes 和 uretprobes 探针（用于跟踪用户空间函数），实现对函数执行的延迟分析。kprobes 主要用于在内核函数的入口处捕获相关信息，而 kretprobes 则用于捕捉函数执行结束时的信息。在用户空间函数中，uprobes 和 uretprobes 扮演着类似的角色，它们分别在函数执行的起始时和结束时进行函数执行上下文的捕获。通过在要分析延迟的函数的入口和出口处设置钩子函数探针，我们能够精准地记录函数的执行时间，从而为后续的延迟分析提供数据支持。以下是对应的延迟分析函数的代码实现：

```
#include "vmlinux.h"
#include <bpf/bpf_core_read.h>
#include <bpf/bpf_helpers.h>
#include <bpf/bpf_tracing.h>
#include "funclatency.h"
#include "bits.bpf.h"

const volatile pid_t targ_tgid = 0;
const volatile int units = 0;

/* key: PID;  value:开始时间*/
struct {
    __uint(type, BPF_MAP_TYPE_HASH);
    __uint(max_entries, MAX_PIDS);
    __type(key, u32);
    __type(value, u64);
} starts SEC(".maps");

__u32 hist[MAX_SLOTS] = {};

static void entry(void)
{
    u64 id = bpf_get_current_pid_tgid();
    u32 tgid = id >> 32;
    u32 pid = id;
    u64 nsec;
```

```
    if (targ_tgid && targ_tgid != tgid)
        return;
    nsec = bpf_ktime_get_ns();
    bpf_map_update_elem(&starts, &pid, &nsec, BPF_ANY);
}

SEC("kprobe/dummy_kprobe")
int BPF_KPROBE(dummy_kprobe)
{
    entry();
    return 0;
}

static void exit(void)
{
    u64 *start;
    u64 nsec = bpf_ktime_get_ns();
    u64 id = bpf_get_current_pid_tgid();
    u32 pid = id;
    u64 slot, delta;

    start = bpf_map_lookup_elem(&starts, &pid);
    if (!start)
        return;

    delta = nsec - *start;

    switch (units) {
    case USEC:
        delta /= 1000;
        break;
    case MSEC:
        delta /= 1000000;
        break;
    }

    slot = log2l(delta);
    if (slot >= MAX_SLOTS)
        slot = MAX_SLOTS - 1;
    __sync_fetch_and_add(&hist[slot], 1);
}

SEC("kretprobe/dummy_kretprobe")
int BPF_KRETPROBE(dummy_kretprobe)
{
    exit();
    return 0;
}

char LICENSE[] SEC("license") = "GPL";
```

在理解代码之前，我们首先需要明确其核心组成部分及其相互关联的作用。

1）头文件：代码引入了必要的头文件，例如 vmlinux.h 和 bpf_helpers.h。vmlinux.h 提供了内核中各种数据结构和函数的定义，这是 eBPF 程序与内核交互所必需的。bpf_helpers.h 则包含了 eBPF 程序所需的辅助函数，如与内核空间通信的相关函数。这些头文件的引入确保了 eBPF 程序可以正常编译和执行。

2）全局变量：代码定义了一些全局变量，用于在不同函数之间共享数据。targ_tgid 是目标进程 ID（或线程组 ID），用于标识我们感兴趣的特定进程或线程。units 变量用于确定时间测量的单位，常见的单位是微秒（μs）或毫秒（ms），这取决于延时分析的精度需求。全局变量的使用使得数据可以在不同的函数中传递和操作，便于延迟的测量和记录。

3）eBPF 映射：代码中使用了 eBPF 映射来存储和管理数据。第一个映射是散列映射 starts，它的作用是存储每个进程 ID（或线程组 ID）对应的函数执行的开始时间。通过使用进程 ID 作为键，映射能够为每个进程唯一标识它的开始时间。第二个映射是数组 hist，该数组用于存储延迟分布的直方图。hist 数组通过记录每个延迟区间的出现次数，帮助分析不同延迟值的频率分布。

4）入口函数：entry() 函数作为代码中的入口点，在跟踪的函数开始执行时被触发。它的主要任务是捕获当前的时间戳，并将它存储在 starts 映射中。具体而言，当函数进入时，entry() 调用 bpf_ktime_get_ns() 函数获取当前的系统时间（以 ns 为单位），并将时间戳存储在以进程 ID 为键的散列映射 starts 中。这一操作为后续计算延迟提供了基准时间。

5）出口函数：exit() 函数在跟踪的函数结束时被触发。该函数的作用是计算延迟，并将它记录在直方图中。具体来说，exit() 首先从 starts 映射中取出对应进程 ID 的函数开始时间，并与当前时间进行比较，计算出函数的执行延迟。然后，它会根据延迟值将它归类到特定的直方图区间，并递增该区间的计数。这一过程帮助构建延迟分布，以便进一步分析系统性能。

6）探针：kprobe 探针附加到目标函数的入口点，触发 entry() 函数执行，以记录函数开始的时间。kretprobe 探针则挂载到目标函数的返回点（出口），触发 exit() 函数，以计算函数执行的延迟时间。通过这两个探针，代码能够在函数调用的入口和出口时分别捕获时间戳，并计算出函数的延迟。

为了进一步了解函数延迟的应用方式，接下来我们将探讨如何跟踪用户空间或内核空间函数的延迟。

2. 跟踪用户空间函数延迟

要跟踪用户空间函数（例如 libc 库中的 read 函数）的延迟，可以运行以下命令：

```
# ./funclatency /usr/lib/x86_64-linux-gnu/libc.so.6:read
tracing /usr/lib/x86_64-linux-gnu/libc.so.6:read...
```

```
tracing func read in /usr/lib/x86_64-linux-gnu/libc.so.6...
Tracing /usr/lib/x86_64-linux-gnu/libc.so.6:read.  Hit Ctrl-C to exit
^C
    nsec                    : count    distribution
        0 -> 1              : 0        |                                        |
        2 -> 3              : 0        |                                        |
        4 -> 7              : 0        |                                        |
        8 -> 15             : 0        |                                        |
       16 -> 31             : 0        |                                        |
       32 -> 63             : 0        |                                        |
      128 -> 255            : 0        |                                        |
      512 -> 1023           : 0        |                                        |
    65536 -> 131071         : 651      |***************************************+|
   131072 -> 262143         : 107      |******                                  |
   262144 -> 524287         : 36       |**                                      |
   524288 -> 1048575        : 8        |                                        |
  8388608 -> 16777215       : 2        |                                        |
Exiting trace of /usr/lib/x86_64-linux-gnu/libc.so.6:read
```

3. 跟踪内核空间函数延迟

同样，要跟踪内核空间函数（例如 vfs_read）的延迟时间，可以运行以下命令：

```
# sudo ./funclatency -u vfs_read
Tracing vfs_read.  Hit Ctrl-C to exit
^C
    usec                    : count    distribution
        0 -> 1              : 0        |                                        |
        8 -> 15             : 0        |                                        |
       16 -> 31             : 3397     |****************************************|
       32 -> 63             : 2175     |*************************               |
       64 -> 127            : 184      |**                                      |
     1024 -> 2047           : 0        |                                        |
     4096 -> 8191           : 5        |                                        |
  2097152 -> 4194303        : 2        |                                        |
Exiting trace of vfs_read
```

这些命令会跟踪指定函数（无论是在用户空间还是在内核空间）的执行，并打印出观察到的延迟的直方图，显示函数执行时间的分布。

4.2.2　Nginx 中与性能相关的关键函数

在对 Nginx 关键函数进行监控之前，我们需要了解这些函数在 Nginx 中的作用以及它们对系统性能的影响。下面列出了一些 Nginx 中与性能密切相关的函数，通过监控这些函数，我们可以更好地了解系统的行为并进行优化。

- ngx_http_process_request：负责处理传入的 HTTP 请求。监控此函数有助于跟踪请求处理的开始时间。

- ngx_http_upstream_send_request：当 Nginx 作为反向代理时，负责向上游服务器发送请求。
- ngx_http_finalize_request：完成 HTTP 请求的处理，包括发送响应。跟踪此函数可以衡量整个请求处理的时间。
- ngx_event_process_posted：处理事件循环中的队列事件。
- ngx_handle_read_event：负责处理来自 socket 的读取事件，对监控网络 I/O 性能至关重要。
- ngx_writev_chain：负责将响应结果发送回客户端，通常与写事件循环结合使用。

接下来，我们将展示如何使用 bpftrace，来监控这些关键函数的执行时间。通过这个工具，我们可以轻松获取关于函数执行时间的详细信息，并将这些信息用于性能分析。以下是一个示例脚本，用于跟踪这些 Nginx 函数的执行情况。

1. 使用 bpftrace 跟踪 Nginx 函数

为了监控这些函数，我们可以使用 bpftrace（请参考 3.3 节）。以下是一个用于跟踪几个关键 Nginx 函数执行时间的脚本：

```
#!/usr/sbin/bpftrace

//监控HTTP请求处理的开始时间
uprobe:/usr/sbin/nginx:ngx_http_process_request
{
    printf("HTTP请求处理开始(tid: %d)\n", tid);
    @start[tid] = nsecs;
}

//监控HTTP请求的完成
uretprobe:/usr/sbin/nginx:ngx_http_finalize_request
/@start[tid]/
{
    $elapsed = nsecs - @start[tid];
    printf("HTTP请求处理时间: %d ns (tid: %d)\n", $elapsed, tid);
    delete(@start[tid]);
}

//监控向上游服务器发送请求的开始时间
uprobe:/usr/sbin/nginx:ngx_http_upstream_send_request
{
    printf("开始向上游服务器发送请求(tid: %d)\n", tid);
    @upstream_start[tid] = nsecs;
}

//监控上游请求发送完成时间
```

```
uretprobe:/usr/sbin/nginx:ngx_http_upstream_send_request
/@upstream_start[tid]/
{
    $elapsed = nsecs - @upstream_start[tid];
    printf("上游请求发送完成时间: %d ns (tid: %d)\n", $elapsed, tid);
    delete(@upstream_start[tid]);
}

//监控事件处理的开始时间
uprobe:/usr/sbin/nginx:ngx_event_process_posted
{
    printf("事件处理开始(tid: %d)\n", tid);
    @event_start[tid] = nsecs;
}

//监控事件处理的完成时间
uretprobe:/usr/sbin/nginx:ngx_event_process_posted
/@event_start[tid]/
{
    $elapsed = nsecs - @event_start[tid];
    printf("事件处理时间: %d ns (tid: %d)\n", $elapsed, tid);
    delete(@event_start[tid]);
}
```

2. 运行 eBPF 程序并分析

要运行上述脚本，需先启动 Nginx，然后使用 curl 等工具生成 HTTP 请求，bpftrace 的执行结果如下：

```
# bpftrace bpf-developer-tutorial/src/39-nginx/trace.bt
Attaching 4 probes...
事件处理开始(tid: 1071)
事件处理时间: 166396 ns (tid: 1071)
事件处理开始(tid: 1071)
事件处理时间: 87998 ns (tid: 1071)
HTTP请求处理开始(tid: 1071)
HTTP请求处理时间: 1083969 ns (tid: 1071)
事件处理开始(tid: 1071)
事件处理时间: 92597 ns (tid: 1071)
```

该脚本监控了几个 Nginx 函数的开始时间和结束时间，并打印了每个函数的执行时间。较长的执行时间可能表明存在系统瓶颈，如网络 I/O 或上游响应延迟，而较短的时间则表明系统运行良好。通过这些数据可以快速定位需要优化的模块，以提升整体性能。

4.2.3 测试 Nginx 的函数延迟

为了更详细地分析函数延迟，你可以使用 funclatency 工具，该工具可以分析 Nginx

函数的延迟分布。以下是测试 ngx_http_process_request 函数延迟的运行结果：

```
# sudo ./funclatency /usr/sbin/nginx:ngx_http_process_request
tracing /usr/sbin/nginx:ngx_http_process_request...
tracing func ngx_http_process_request in /usr/sbin/nginx...
Tracing /usr/sbin/nginx:ngx_http_process_request.  Hit Ctrl-C to exit
^C
     nsec                     : count     distribution
         0 -> 1               : 0        |                                        |
    524288 -> 1048575         : 16546    |****************************************|
   1048576 -> 2097151         : 2296     |*****                                   |
   2097152 -> 4194303         : 1264     |***                                     |
   4194304 -> 8388607         : 293      |                                        |
   8388608 -> 16777215        : 37       |                                        |
Exiting trace of /usr/sbin/nginx:ngx_http_process_request
```

通过分析该延迟分布，我们可以发现大多数 ngx_http_process_request 函数的执行时间集中在 524 288～1 048 575ns 之间，表明系统在处理大多数请求时表现稳定。而较长的执行时间分布（如 2 097 152ns 以上）则可能代表极端情况下的性能瓶颈，可能与高负载或特定请求类型有关。

4.3 Java 应用的 GC 观测

Java 作为一种高级编程语言，GC 机制是其核心特性之一。GC 的主要任务是自动管理内存，即在程序运行过程中动态分配和释放对象的内存空间，从而减轻开发者手动管理内存的负担。虽然 GC 极大地简化了内存管理的复杂性，但其运行机制对应用程序的性能有着直接的影响。通过可观测性工具，开发者可以监控 GC 的行为和频率，分析其对系统延时和吞吐量的影响，从而优化应用的整体性能。

4.3.1 GC 策略简介与问题排查示例

JVM（Java 虚拟机）在执行 GC 时，通常会暂停应用程序的正常执行（即执行 Stop-The-World 事件），这会导致程序的短暂停顿，影响响应时间。不同的垃圾回收器（如 Serial GC、Parallel GC、G1 GC、ZGC 等）在处理不同类型的应用程序时表现各异，具体选择哪种垃圾回收器以及如何调优都对应用程序的性能至关重要。因此，深入理解和监控 GC 过程，对优化 Java 应用程序的性能具有重要意义。

1. GC 的策略

Java 的垃圾回收器通常通过以下几种策略来管理内存。

1）**标记 – 清除算法**：这是最基础的 GC 算法。垃圾回收器首先遍历所有活动对象（即仍然被引用的对象），将它标记为“存活”，然后清除未被标记的对象，并回收对象占用的内存。

2）**标记－整理算法**：在标记－清除算法中，为了减少内存碎片化，垃圾回收器在清除阶段会将所有存活的对象移动到一个连续的内存区域，从而提高后续内存分配的效率。

3）**复制算法**：垃圾回收器将内存区域划分为两个等大的空间，每次只使用其中一个空间。当这个空间被占满时，垃圾回收器将存活对象复制到另一个空间中，然后清除原空间的所有对象。

4）**分代收集算法**：现代 JVM 大多使用分代收集算法，将堆内存划分为新生代和老年代。新生代中对象的生命周期较短，执行 GC 操作频繁；老年代中对象存活时间较长，执行 GC 的频率较低。这样做可以提高 GC 的效率。

不同类型的垃圾回收器在这些基本算法上进行了不同的优化，例如 G1 GC 采用了区域划分和并行收集，ZGC 采用了低停顿时间设计以减少应用程序的停顿时间。

eBPF 能够捕获和分析 JVM 中发生的 GC 事件，提供关于 GC 频率、暂停时间、影响的线程数等详细信息。这些信息对于排查和优化 Java 应用的性能问题非常有帮助。

2. 实际生产环境中的问题排查示例

1）**应用程序响应时间不稳定**：在高并发应用中，响应时间偶尔会增加。这种现象可能是由频繁的 GC 引起的。通过监测 GC 的频率和每次 GC 的暂停时间，可以确定 GC 是否为导致响应时间增加的原因。如果发现 GC 频率过高或暂停时间过长，则可以考虑调整 JVM 的 GC 参数或选择更适合当前应用场景的垃圾回收器。

2）**内存使用异常**：当应用程序出现内存溢出（OutOfMemoryError）或内存使用过高时，可能是由于内存泄漏或不合理的对象生命周期管理所致。通过 eBPF 监控 GC 事件，可以分析哪些对象在堆内存中持续存活，找出可能存在的内存泄漏点。

3）**CPU 使用率高**：如果应用的 CPU 使用率长时间处于高位，且系统负载较高，可能是频繁触发 GC 导致 CPU 资源消耗过多。通过监控 GC 的时间和频率，可以识别这一问题，可通过优化代码或调整 GC 策略来降低 CPU 使用率。

4.3.2　通过 eBPF 实现 GC 观测

在 Java 执行 GC 操作的过程中，GC 的频率和效率直接影响应用的性能。通过 eBPF，我们可以高效地监控和分析垃圾回收的执行情况，并及时获取相关性能指标。实现 Java GC 功能的 eBPF 程序分为内核态和用户态两部分，我们会分别介绍这两部分的实现机制。

1. 内核态 eBPF 程序代码实现

接下来我们将分析内核态程序的实现，代码的主要作用是通过 eBPF 实时捕捉 Java GC 事件的开始时间和结束时间，并计算 GC 的持续时间。以下是详细的代码实现：

```
#include <vmlinux.h>
#include <bpf/bpf_helpers.h>
#include <bpf/bpf_core_read.h>
#include <bpf/usdt.bpf.h>
#include "javagc.h"

struct {
    __uint(type, BPF_MAP_TYPE_HASH);
    __uint(max_entries, 100);
    __type(key, uint32_t);
    __type(value, struct data_t);
} data_map SEC(".maps");

struct {
    __uint(type, BPF_MAP_TYPE_PERF_EVENT_ARRAY);
    __type(key, int);
    __type(value, int);
} perf_map SEC(".maps");

__u32 time;

static int gc_start(struct pt_regs *ctx)
{
    struct data_t data = {};

    data.cpu = bpf_get_smp_processor_id();
    data.pid = bpf_get_current_pid_tgid() >> 32;
    data.ts = bpf_ktime_get_ns();
    bpf_map_update_elem(&data_map, &data.pid, &data, 0);
    return 0;
}

static int gc_end(struct pt_regs *ctx)
{
    struct data_t data = {};
    struct data_t *p;
    __u32 val;

    data.cpu = bpf_get_smp_processor_id();
    data.pid = bpf_get_current_pid_tgid() >> 32;
    data.ts = bpf_ktime_get_ns();
    p = bpf_map_lookup_elem(&data_map, &data.pid);
    if (!p)
        return 0;

    val = data.ts - p->ts;
    if (val > time) {
```

```
        data.ts = val;
        bpf_perf_event_output(ctx, &perf_map, BPF_F_CURRENT_CPU, &data, sizeof
            (data));
    }
    bpf_map_delete_elem(&data_map, &data.pid);
    return 0;
}

SEC("usdt")
int handle_gc_start(struct pt_regs *ctx)
{
    return gc_start(ctx);
}

SEC("usdt")
int handle_gc_end(struct pt_regs *ctx)
{
    return gc_end(ctx);
}

SEC("usdt")
int handle_mem_pool_gc_start(struct pt_regs *ctx)
{
    return gc_start(ctx);
}

SEC("usdt")
int handle_mem_pool_gc_end(struct pt_regs *ctx)
{
    return gc_end(ctx);
}


char LICENSE[ ] SEC("license") = "Dual BSD/GPL";
```

首先，我们在内核态程序中定义了两个映射（map)，分别用于存储 GC 的开始时间和将数据传递回用户态。

1）data_map：这是一个散列映射（hashmap)，用于存储每个进程的 GC 开始时间。该映射的 key 是进程 ID，value 是一个包含进程相关信息的 data_t 结构体。结构体中保存了进程 ID、CPU ID 和时间戳等信息，用于记录 GC 事件的具体开始时刻。

2）perf_map：这是一个性能事件数组（perf event array)，用于将收集到的 GC 相关数据传递回用户态程序。用户态程序可以通过此映射进一步处理和分析收集到的延时数据，从而对系统性能进行优化。

接下来，程序定义了 4 个主要的处理函数，用于捕获和处理 GC 事件。

1）gc_start：该函数在 GC 开始时调用。它负责获取当前的 CPU ID、进程 ID 和时间戳，并将这些数据存储在 data_map 中。通过这样做，程序能够准确记录每个进程在 GC 开始时的状态。

2）gc_end：该函数在 GC 结束时调用。首先，函数从 data_map 中检索与该进程相关的开始时间，并通过计算当前时间与开始时间的差值，得出 GC 的持续时间。如果该持续时间超过预设的阈值（即变量 time），函数会将该延迟数据通过 perf_map 发送到用户态程序，随后从 data_map 中删除对应的记录，以释放存储空间。

3）handle_gc_start 和 handle_gc_end：这两个函数是专门用于处理 USDT（用户级静态定义跟踪）事件的。handle_gc_start 在 GC 开始时触发，handle_gc_end 则在 GC 结束时触发。这两个函数调用了前面定义的 gc_start 和 gc_end，分别处理 GC 的开始和结束事件。

4）handle_mem_pool_gc_start 和 handle_mem_pool_gc_end：这两个函数与内存池（memory pool）的 GC 相关，分别在内存池 GC 的开始和结束时触发。它们同样调用了 gc_start 和 gc_end，以记录和分析内存池的 GC 行为。

为了使这些函数在特定的 USDT 事件发生时被调用，我们使用了 eBPF 的 SEC("usdt") 宏对函数进行了标注。

2. 用户态加载与分析程序实现

用户态程序的主要任务是加载和运行 eBPF 程序，同时处理从内核态传递的数据。通过 libbpf 库，用户态程序能够将 eBPF 程序挂载到特定进程的 USDT 探针上，从而实时捕获与 GC 相关的事件。

为了实现这一点，用户态程序首先需要定位 JVM 的 libjvm.so 库文件。get_jvmso_path 函数则从 /proc/<pid>/maps 文件中读取并查找与 libjvm.so 相关的内存映射条目，以便获取该库的路径，随后将 eBPF 程序挂载到 JVM 的 USDT 探针上，实现对 GC 事件的监控。具体的 get_jvmso_path 函数代码实现如下所示：

```
static int get_jvmso_path(char *path)
{
    char mode[16], line[128], buf[64];
    size_t seg_start, seg_end, seg_off;
    FILE *f;
    int i = 0;

    sprintf(buf, "/proc/%d/maps", env.pid);
    f = fopen(buf, "r");
    if (!f)
        return -1;

    while (fscanf(f, "%zx-%zx %s %zx %*s %*d%[^\n]\n",
```

```
        &seg_start, &seg_end, mode, &seg_off, line) == 5) {
      i = 0;
      while (isblank(line[i]))
          i++;
      if (strstr(line + i, "libjvm.so")) {
          break;
      }
  }

  strcpy(path, line + i);
  fclose(f);

  return 0;
}
```

接下来，用户态程序将eBPF程序中的函数（handle_gc_start和handle_gc_end函数）挂载到Java进程的相关的USDT探针上。每个eBPF程序通过调用bpf_program__attach_usdt函数实现挂载操作，该函数的参数包括eBPF程序、进程ID、二进制文件路径，以及探针的提供者和名称。如果探针成功挂载，bpf_program__attach_usdt将返回一个链接对象，该对象会存储在骨架程序的链接成员中；若挂载失败，程序会打印错误消息并执行相应的清理操作。用户态程序挂载eBPF程序的代码实现如下所示：

```
skel->links.handle_mem_pool_gc_start = bpf_program__attach_usdt(skel->progs.handle_
    gc_start, env.pid, binary_path, "hotspot", "mem__pool__gc__begin", NULL);
    if (!skel->links.handle_mem_pool_gc_start) {
        err = errno;
        fprintf(stderr, "attach usdt mem__pool__gc__begin failed: %s\n", strerror(err));
        goto cleanup;
    }

    skel->links.handle_mem_pool_gc_end = bpf_program__attach_usdt(skel->progs.handle_
        gc_end, env.pid, binary_path, "hotspot", "mem__pool__gc__end", NULL);
    if (!skel->links.handle_mem_pool_gc_end) {
        err = errno;
        fprintf(stderr, "attach usdt mem__pool__gc__end failed: %s\n", strerror(err));
        goto cleanup;
    }

    skel->links.handle_gc_start = bpf_program__attach_usdt(skel->progs.handle_
        gc_start, env.pid, binary_path, "hotspot", "gc__begin", NULL);
    if (!skel->links.handle_gc_start) {
        err = errno;
        fprintf(stderr, "attach usdt gc__begin failed: %s\n", strerror(err));
        goto cleanup;
    }
```

```
    skel->links.handle_gc_end = bpf_program__attach_usdt(skel->progs.handle_
        gc_end, env.pid, binary_path, "hotspot", "gc__end", NULL);
    if (!skel->links.handle_gc_end) {
        err = errno;
        fprintf(stderr, "attach usdt gc__end failed: %s\n", strerror(err));
        goto cleanup;
    }
```

在挂载 eBPF 程序之后，用户态程序需要处理来自 perf event array 的事件。handle_event 是一个回调函数，用于处理从 perf event array 中接收到的数据。每当有新事件触发时，该函数会被调用。函数首先将接收到的数据转换为 data_t 结构体，然后将数据进行格式化处理，打印出事件发生的时间戳、CPU ID、进程 ID 以及 GC 的持续时间。

接下来是 handle_event 函数的具体实现，它展示了如何接收和处理这些事件的数据：

```
static void handle_event(void *ctx, int cpu, void *data, __u32 data_sz)
{
    struct data_t *e = (struct data_t *)data;
    struct tm *tm = NULL;
    char ts[16];
    time_t t;

    time(&t);
    tm = localtime(&t);
    strftime(ts, sizeof(ts), "%H:%M:%S", tm);
    printf("%-8s %-7d %-7d %-7lld\n", ts, e->cpu, e->pid, e->ts/1000);
}
```

3. 编译运行 Java GC 分析程序

在对应的目录中，运行 make 命令即可编译运行上述 Java GC 分析代码：

```
$ make
$ sudo ./javagc -p 12345
Tracing javagc time... Hit Ctrl-C to end.
TIME     CPU     PID     GC TIME
10:00:01 10%     12345   50ms
10:00:02 12%     12345   55ms
10:00:03 9%      12345   47ms
10:00:04 13%     12345   52ms
10:00:05 11%     12345   50ms
```

（1）输出结果分析

通过这些输出数据，我们可以详细分析 Java 应用的 GC 行为，从多个维度评估其性能表现。

1）**TIME（时间戳）**：表示每次 GC 的发生时间，这些时间戳能够帮助我们了解 GC 事件的频率以及分布情况，尤其是分析 GC 事件是否集中在某些时段。

2）**CPU（CPU 使用率）**：这一列显示了每次 GC 时的 CPU 使用情况。较高的 CPU 使用率可能意味着 GC 占用了大量计算资源，从而影响应用的响应速度。在实际生产环境中，如果发现 CPU 使用率持续偏高且伴随着频繁的 GC 事件，这通常意味着存在潜在的性能瓶颈。

3）**PID（进程 ID）**：此列用于标识被监控的 Java 进程，确保我们监控的是目标应用的 GC 行为。通过 PID，可以精准监控进程，确保数据的准确性。

4）**GC TIME（GC 持续时间）**：这一列显示每次 GC 的持续时间，这是最为关键的指标。较长的 GC 时间通常意味着垃圾回收导致应用停顿的时间较长，可能会影响用户体验。分析这些持续时间数据，能够帮助我们判断是否需要调整 JVM 的 GC 参数或选择更合适的 GC 策略。

（2）优化措施

基于上述输出结果的分析，如果我们发现 GC 持续时间较长或频率过高，可以采取以下优化措施。

1）**调整 GC 参数**：通过优化 JVM 启动参数，如 -Xms 和 -Xmx，可以调节堆内存的大小，减少 Full GC 的频率。同时，还可以通过调整 -XX:MaxGCPauseMillis 和 -XX:GCTimeRatio 等参数，进一步优化垃圾回收器的行为，减少它对应用性能的影响。

2）**选择合适的 GC 策略**：不同类型的应用对 GC 有不同的需求，根据应用特点选择合适的 GC 策略，能够有效改善系统的性能。对于延迟敏感的应用，ZGC 可能是一个更好的选择，而对于高吞吐量的应用，并行 GC 能够提供更好的性能表现。

3）**监控和优化内存使用**：通过减少不必要的对象创建和及时释放无用对象，可以有效降低内存的占用，从根本上减少 GC 的压力。监控内存的使用情况，并适时优化代码，有助于显著提高系统的运行效率。

通过 eBPF 实现的 Java GC 监控工具，开发者可以深入了解 Java 应用的内存管理状况，并根据实时的 GC 数据进行性能优化。这种基于数据驱动的优化方式，不仅可以帮助减少 GC 对系统的影响，还能显著提升应用程序的响应速度和用户体验。

4.4　MySQL 慢查询监测与排障实践

在现代数据库应用中，MySQL 是最为广泛使用的关系型数据库之一。然而，随着数据量和并发量的增加，MySQL 的性能问题愈发凸显，特别是慢查询问题。这种问题不仅会导致系统整体响应时间变长，还可能引发锁等待、资源争用等一系列连锁反应，最终影响用户体验。因此，监控和优化 MySQL 的慢查询是保障系统稳定运行的重要环节。为了解决这些挑战，业界需要更加高效的监控手段。eBPF 能够提供细粒度、低开销的监控能力，帮助开发者与运维人员深入分析和优化 MySQL 的性能问题。

4.4.1 慢查询的常见原因

要有效地优化 MySQL 性能，需要了解导致慢查询的主要原因。慢查询通常是由以下几个方面导致的。

1）**索引使用不当**：在查询语句中，如果没有合理利用索引，MySQL 将不得不进行全表扫描，这会极大增加查询的时间。例如，一个没有建立索引的查询语句，如 SELECT * FROM users WHERE age = 30; 可能会导致查询时间大幅延长。

2）**复杂的查询逻辑**：复杂的 SQL 语句，如涉及多表连接（JOIN）或子查询的语句，可能导致 MySQL 在执行时需要大量的计算和临时数据存储，在这种情况下慢查询就更加普遍。例如，一个复杂的多表连接查询在数据量较大的情况下容易导致慢查询：

```
SELECT * FROM orders JOIN customers ON orders.customer_id = customers.id WHERE
    orders.amount > 1000;
```

3）**锁竞争**：当多个事务试图同时访问相同的数据资源时，可能会发生锁竞争，导致部分查询被阻塞。例如，写操作与读操作之间的锁冲突，常常导致读取操作的延迟增加。

这些慢查询的产生往往伴随着数据库性能的下降，进而对系统的稳定性产生威胁。为了更好地理解这些现象，我们需要深入分析 MySQL 在生产环境中的常见性能瓶颈。

4.4.2 慢查询监测方法与示例场景

为了有效应对 MySQL 慢查询和性能瓶颈，开发者和运维人员需要采用先进的监测和优化工具。eBPF 作为一种高效的内核级监控工具，不仅提供了细粒度的性能数据，而且以极低的开销运行，适合在生产环境中进行实时监控。下面将介绍慢查询的监测方法，并通过示例场景展示其具体应用。

1. 监控系统资源

在生产环境中，MySQL 的性能与系统资源的利用率密切相关。CPU、内存、磁盘 I/O 等资源的不足或过度占用都会直接影响数据库的响应速度，甚至导致严重的性能瓶颈。通过使用 eBPF 工具（如 BCC 或 bpftrace），可以实时追踪 MySQL 进程及其线程的资源消耗情况。这种实时监测不仅能帮助快速定位系统瓶颈，还能为优化资源分配提供数据支持。

- **CPU 使用率**：eBPF 可以监测每个 MySQL 线程的 CPU 调度情况，帮助识别计算密集型的查询操作，并进行优化。
- **内存分配**：eBPF 能够跟踪内存分配情况，识别是否存在内存泄漏或频繁的内存分配操作，从而优化内存使用。
- **磁盘 I/O**：磁盘 I/O 是影响数据库性能的关键因素之一。通过 eBPF，可以监测磁盘读写操作的频率和延迟，识别 I/O 瓶颈。

示例场景：在一个高并发的电商网站中，用户发现某些时段内查询响应时间显著增加。通过 eBPF 监控系统资源，可以发现 CPU 使用率在高峰时段达到瓶颈，导致查询处理速度变慢。通过调整查询计划和优化 SQL 语句，减轻了 CPU 负载，最终提升了系统性能。

2. 跟踪 SQL 执行

MySQL 的慢查询往往与特定的 SQL 语句或函数调用有关。通过 eBPF，可以深入监控 MySQL 内部的函数调用，实时捕获正在执行的 SQL 语句及其性能数据。

eBPF 可以通过追踪 mysql_execute_command() 函数来捕获 MySQL 执行的 SQL 语句，或者在 query_end 事件中钩取（hook）每个查询的执行时间。利用这些信息，开发者能够识别出造成性能瓶颈的 SQL 语句，并对这些 SQL 语句进行针对性的优化。

示例场景：在一个社交媒体平台中，用户抱怨某些查询（如搜索功能）响应时间过长。通过 eBPF 跟踪 mysql_execute_command() 函数，可以捕获并分析这些 SQL 语句的执行时间，发现某些 SQL 语句存在未优化的 JOIN 操作。通过重新设计查询语句和添加必要的索引，查询响应时间得到显著改善。

3. 深入查询优化

MySQL 的 InnoDB 存储引擎提供了多种高级功能，如缓存管理、事务处理和索引优化等，但这些功能在优化查询性能时也带来了更高的复杂性。通过 eBPF，开发者可以深入了解 InnoDB 的内部操作，如页缓存命中率、索引查找效率和锁争用情况，从而精准定位性能瓶颈并优化查询性能。

示例场景：在一个金融交易系统中，某些复杂查询经常导致系统响应变慢。通过 eBPF 追踪 InnoDB 的页缓存操作，开发者发现查询经常导致页缓存未命中。通过优化表结构和调整缓存大小，提升了查询的命中率，显著提高了系统的整体性能。

4. 检测锁争用与死锁

在高并发环境中，锁争用是 MySQL 常见的性能瓶颈，严重时可能引发死锁。eBPF 可以实时监控锁管理模块，收集锁申请、释放和等待等信息，帮助识别锁争用模式，并在检测到死锁时及时触发报警，帮助运维人员迅速采取措施，避免性能进一步下降。

示例场景：在一个实时聊天系统中，用户发现高峰期发送消息的速度变慢。通过 eBPF 监测 MySQL 的锁管理模块，发现某些查询在高并发下产生了严重的锁争用。通过优化数据库的表结构和减少锁的粒度，降低了锁争用的发生频率，提升了系统的并发处理能力。

5. 分析网络交互

在分布式系统中，MySQL 与客户端之间的网络性能对整体查询速度至关重要。通过

eBPF，开发者可以监控 MySQL 的网络交互，包括连接建立、数据传输速率和网络延迟，从而快速排查网络瓶颈，优化数据传输效率。

示例场景：在一个 CDN（内容分发网络）中，用户发现部分地区的访问速度较慢。通过 eBPF 监控 MySQL 与客户端的网络交互数据，发现网络延迟主要集中在某些地理位置上。通过调整 CDN 的节点分布和优化网络路由，有效降低了网络延迟，提高了用户体验。

6. 整合日志与跟踪

eBPF 收集的细粒度数据可以与 MySQL 的日志（如慢查询日志、错误日志等）相结合，提供更全面的性能诊断视角。这种结合不仅帮助运维人员更好地理解系统的运行状态，还能加速定位和解决复杂的性能问题。

示例场景：在一个大数据分析平台中，某些查询在处理大数据集时会导致系统崩溃。通过整合 eBPF 收集的资源监控数据和 MySQL 的慢查询日志，开发者发现这些查询在执行过程中消耗了过多的内存资源。通过优化查询算法和合理分配资源，成功解决了这一问题。

4.4.3 利用 bpftrace 程序追踪 MySQL 查询

为了使用 eBPF 追踪 MySQL 查询，我们可以编写一个基于 bpftrace 的脚本。bpftrace 是一种编写 eBPF 程序的高级语言和运行工具，能够帮助我们轻松实现对 MySQL 查询的监控。

1. 编写跟踪 MySQL 查询的脚本

下面是一个用于跟踪 MySQL 中 dispatch_command 函数的示例脚本，它可以记录执行的查询及其执行时间：

```
#!/usr/bin/env bpftrace

//跟踪MySQL中的dispatch_command函数
uprobe:/usr/sbin/mysqld:dispatch_command
{
    //将命令执行的开始时间存储在map中
    @start_times[tid] = nsecs;

    //打印进程ID和命令字符串
    printf("MySQL command executed by PID %d: ", pid);

    // dispatch_command的第三个参数是SQL查询字符串
    printf("%s\n", str(arg3));
}

uretprobe:/usr/sbin/mysqld:dispatch_command
{
    //从map中获取开始时间
```

```
    $start = @start_times[tid];

    //计算延迟，以ms为单位
    $delta = (nsecs - $start) / 1000000;

    //打印延迟
    printf("Latency: %u ms\n", $delta);

    //从map中删除条目，以避免发生内存泄漏
    delete(@start_times[tid]);
}
```

上述的示例脚本主要实现以下功能。

1）跟踪 dispatch_command 函数：脚本在 MySQL 的 dispatch_command 函数上挂载了一个 uprobe，该函数在 MySQL 执行 SQL 查询时被调用。uprobe 会捕获函数执行的开始时间，并记录当前正在执行的 SQL 查询。值得注意的是，uprobe 在内核模式下运行 eBPF 程序时可能会引入较大的性能开销。在这种情况下，可以考虑使用用户模式 eBPF 运行时工具，例如 bpftime，以减少这种开销。

2）计算和记录查询延迟：与 uprobe 相对应，脚本还为 dispatch_command 函数挂载了一个 uretprobe。当函数返回时，uretprobe 会被触发，允许我们计算查询的总执行时间（即延迟）。延迟以 ms 为单位计算，并在控制台输出。

3）使用 eBPF 映射管理状态：脚本利用 eBPF 映射来存储每个查询的开始时间，并以线程 ID（tid）作为键。这样做的目的是在每次查询执行时，能够精确匹配查询的开始和结束时间。在计算完延迟后，脚本会从映射中删除相关条目，以防止内存泄漏。

2. 运行 eBPF 分析程序

要运行此脚本，只需将代码保存为一个文件（例如 trace_mysql.bt），然后通过 bpftrace 执行即可。使用以下命令来启动脚本：

```
sudo bpftrace trace_mysql.bt
```

该脚本会自动开始跟踪 MySQL 中的 dispatch_command 函数，并捕获每个 SQL 查询的执行情况和相关的性能数据。

运行后，脚本将会输出 MySQL 执行的每条 SQL 查询的信息，包括进程 ID、查询内容及其延迟时间。以下是输出示例：

```
MySQL command executed by PID 1234: SELECT * FROM users WHERE id = 1;
Latency: 15 ms
MySQL command executed by PID 1234: UPDATE users SET name = 'Alice' WHERE id = 2;
Latency: 23 ms
MySQL command executed by PID 1234: INSERT INTO orders (user_id, product_id)
VALUES (1, 10);
Latency: 42 ms
```

从上述输出可以看出，脚本实时捕获了 MySQL 执行的每个 SQL 查询，并显示了查询的延迟时间。比如，第一个 SELECT 语句花费了 15ms，而后续的 UPDATE 和 INSERT 查询分别花费了 23ms 和 42ms。

通过此输出，用户可以快速识别出哪些 SQL 查询的执行时间较长，进而找出性能瓶颈。例如，如果某个查询的延迟时间持续超过平均值，那么这可能意味着查询本身需要优化，或者与该查询相关的数据库资源（如索引或表结构）可能存在问题。

4.5 观测 SSL/TLS 明文数据

随着 TLS 在现代网络中的广泛应用，跟踪微服务的 RPC（远程过程通信））消息变得更加复杂。传统的流量嗅探工具只能获取加密后的数据，无法观察到通信中的明文内容，这为系统调试和性能分析带来了极大的挑战。如今，借助 eBPF 在用户空间的探测能力，开发者能够重新捕获到加密前的明文数据。这使得调试和分析工作变得更加简单与直观。然而，由于不同的应用可能使用不同的加密库，且各版本之间存在差异，因此这种多样性为跟踪带来了一定的复杂性。

SSL（安全套接字层）用于加密网络中的数据传输。随着时间的推移，SSL 由于安全漏洞逐渐被 TLS（传输层安全协议）取代。TLS 是一种更加安全和强大的加密协议，广泛用于保护数据传输。TLS 的核心在于其通过握手过程来协商加密算法和密钥，确保双方的通信安全。一旦握手完成，所有传输的数据都会被加密。接下来，我们将介绍 TLS 的工作原理，并讲解如何使用 eBPF 构建可观测性工具 sslsniff 捕获 TLS 流量。

4.5.1 TLS 的工作原理

TLS 通过握手过程为客户端和服务器之间的通信提供安全保障。握手的核心任务是协商加密算法和生成会话密钥，确保后续的数据传输安全加密。当客户端与启用了 TLS 的服务器建立连接时，握手过程会自动启动，具体步骤如下。

1）初始握手：客户端连接到启用了 TLS 的服务器，请求建立安全连接，并提供一份支持的密码套件列表（包括加密算法和哈希函数）。

2）选择密码套件：服务器从客户端提供的列表中选择一个也支持的密码套件，并通知客户端该选择方案。

3）提供数字证书：服务器通常会提供一个数字证书，作为其身份验证的凭证。证书包含服务器名称、信任的证书颁发机构（CA）和服务器的公钥，用于加密通信。

4）验证证书：客户端会验证服务器提供的证书是否可信。

5）生成会话密钥：在验证证书后，客户端和服务器生成会话密钥，确保通信的安全。生成会话密钥的方式有以下两种。

- 客户端使用服务器的公钥加密一个随机数（PreMasterSecret），然后发送给服务器。服务器解密后，双方利用这个随机数生成会话密钥，用于后续的加密通信。
- 双方也可以使用 Diffie-Hellman 密钥交换协议（或其椭圆曲线变体）生成会话密钥，这种方法还能提供前向保密性，即使在未来服务器的私钥泄露，也无法解密已经记录的会话。

当上述步骤完成后，握手结束，客户端与服务器的通信开始进行加密。通信期间，双方使用协商好的加密算法和会话密钥对数据进行加密与解密。如果在握手过程中任何步骤失败，TLS 连接将无法建立，通信也不会继续。

需要注意的是，TLS 协议工作的层次并不完全对应于 OSI 模型或 TCP/IP 模型的某一特定层次。尽管它运行在传输层（如 TCP 之上），但也提供了类似表示层的加密功能。因此，通常将使用 TLS 的应用程序视为传输层的一部分，尽管它们必须主动管理 TLS 握手过程和证书。

在现代网络应用中，SSL/TLS 协议的实现依赖于多个常见的用户态库。接下来，我们将介绍这些主流加密库。

- OpenSSL：一个开源的、功能齐全的加密库，广泛应用于许多开源和商业项目中。
- BoringSSL：它是 Google 维护的一个简化和优化的 OpenSSL 分支，以满足 Google 的需求。
- GnuTLS：它是 GNU 项目的一部分，提供了 SSL、TLS 和 DTLS 协议的实现。与 OpenSSL 和 BoringSSL 相比，GnuTLS 在 API 设计、模块结构和许可证上有所不同。

接下来，我们将分析 OpenSSL API 的工作机制，展示如何使用 eBPF 探测 SSL/TLS 数据，以简化加密数据的捕获与分析工作。

4.5.2　OpenSSL API 工作机制分析

在 OpenSSL 中，SSL_read() 和 SSL_write() 是两个核心 API 函数，分别用于从 SSL/TLS 连接中读取和写入数据。本节将详细分析这两个函数的工作机制，帮助理解它们在数据传输过程中的作用。

1. SSL_read 函数

SSL_read() 函数用于从已建立的 SSL/TLS 连接中读取数据。函数的原型如下：

```
int SSL_read_ex(SSL *ssl, void *buf, size_t num, size_t *readbytes);
int SSL_read(SSL *ssl, void *buf, int num);
```

SSL_read() 和 SSL_read_ex() 函数的第一个参数 ssl 代表一个已经建立的 SSL 连接，表示从哪个连接读取数据。第二个参数 buf 是指向缓冲区的指针，存储从连接中读取的数据。第三个参数 num 定义了要读取的最大字节数，表示读取操作的上限。对于 SSL_read_ex()，第四个参数 readbytes 是一个指向大小为 size_t 的变量的指针，它在读取操作完成后存储实际读取的字节数。SSL_read() 只返回读取的字节数，而 SSL_read_ex() 提供了更细粒度的字节读取反馈。

2. SSL_write 函数

SSL_write() 函数用于将数据写入到已建立的 SSL/TLS 连接。它的函数形式如下：

```
int SSL_write_ex(SSL *ssl, const void *buf, size_t num, size_t *written);
int SSL_write(SSL *ssl, const void *buf, int num);
```

SSL_write() 和 SSL_write_ex() 函数的第 1 个参数 ssl 表示当前已经建立的 SSL 连接，数据将被写入该连接。第 2 个参数 buf 是指向需要写入数据的缓冲区的指针。第 3 个参数 num 表示要写入的字节数，即将从缓冲区写入到连接的数据大小。对于 SSL_write_ex()，第 4 个参数 written 是一个指向 size_t 变量的指针，用于存储实际写入的字节数。SSL_write() 函数返回写入的字节数，而 SSL_write_ex() 提供了更精确的字节写入反馈。

4.5.3 sslsniff 的 eBPF 内核代码编写

本节将构建 eBPF 类程序 sslsniff 来实现 SSL 和 TLS 的明文数据检测。该程序利用对 SSL_read 和 SSL_write 函数执行 hook 操作来监控 SSL/TLS 连接中的数据传输。eBPF 可以在不影响应用程序正常运行的前提下，捕获与 SSL 连接相关的底层数据和元信息。

首先，我们需要定义一个数据结构 probe_SSL_data_t，用于在内核态和用户态之间传递与 SSL 操作相关的信息。在 SSL 连接的读写过程中，我们会捕获函数执行的元数据，如时间戳、函数执行时间、进程 ID、用户 ID、数据长度等。该数据结构通过 eBPF map 进行保存和传递：

```
#define MAX_BUF_SIZE 8192
#define TASK_COMM_LEN 16

struct probe_SSL_data_t {
    __u64 timestamp_ns;             //时间戳（ns）
    __u64 delta_ns;                 //函数执行时间
    __u32 pid;                      //进程ID
    __u32 tid;                      //线程ID
    __u32 uid;                      //用户ID
    __u32 len;                      //读/写数据的长度
    int buf_filled;                 //缓冲区是否填充完整
    int rw;                         //读或写（0为读，1为写）
    char comm[TASK_COMM_LEN];       //进程名
    __u8 buf[MAX_BUF_SIZE];         //数据缓冲区
    int is_handshake;               //是否为握手数据
};
```

在这个结构体中，timestamp_ns 用于记录操作发生时的时间戳，delta_ns 表示函数执行的持续时间。pid、tid 和 uid 分别表示当前操作所属的进程、线程和用户标识符。len 用于记录读取或写入的数据长度，而 rw 用于区分该操作是读取还是写入操作。buf[Max_Buf_Size] 是 buf 缓冲区数组，用来存储捕获的实际数据，最大大小为 MAX_BUF_SIZE（8192）。is_handshake 则用来标记当前数据是否来自 SSL/TLS 握手过程。

接下来，我们定义了一个名为 SSL_exit 的函数，用于在 SSL 函数返回时处理相关数据。该函数通过 eBPF map 读取和存储有关操作的信息，并将这些数据发送到用户态：

```
static int SSL_exit(struct pt_regs *ctx, int rw) {
    int ret = 0;
    u32 zero = 0;
    u64 pid_tgid = bpf_get_current_pid_tgid();  //获取当前的进程和线程ID
    u32 pid = pid_tgid >> 32;                   //通过位移得到进程ID
    u32 tid = (u32)pid_tgid;                    //线程ID
    u32 uid = bpf_get_current_uid_gid();        //获取当前用户ID
    u64 ts = bpf_ktime_get_ns();                //获取当前时间（ns）

    //判断该进程是否允许被追踪
    if (!trace_allowed(uid, pid)) {
        return 0;
    }

    //从bufs映射中查找该线程的缓存指针
    u64 *bufp = bpf_map_lookup_elem(&bufs, &tid);
    if (bufp == 0)
        return 0;

    //获取该线程的函数执行开始时间
    u64 *tsp = bpf_map_lookup_elem(&start_ns, &tid);
    if (!tsp)
        return 0;

    u64 delta_ns = ts - *tsp;                   //计算函数执行所耗费的时间

    //获取函数返回值，代表实际读取或写入的字节数
    int len = PT_REGS_RC(ctx);
    if (len <= 0)                               //如果没有有效的数据，则直接返回
        return 0;

    //从ssl_data映射中查找或初始化一个存储结构体
    struct probe_SSL_data_t *data = bpf_map_lookup_elem(&ssl_data, &zero);
    if (!data)
        return 0;

    //填充数据结构中的各个字段
```

```
    data->timestamp_ns = ts;
    data->delta_ns = delta_ns;
    data->pid = pid;
    data->tid = tid;
    data->uid = uid;
    data->len = (u32)len;
    data->buf_filled = 0;          //缓冲区尚未填充
    data->rw = rw;                 //根据传入的rw参数判断读写操作
    data->is_handshake = false;

    //计算可以复制的缓冲区大小，防止超过最大缓冲区
    u32 buf_copy_size = min((size_t)MAX_BUF_SIZE, (size_t)len);

    //获取当前进程名称
    bpf_get_current_comm(&data->comm, sizeof(data->comm));

    //将用户空间的数据复制到内核缓冲区
    if (bufp != 0)
        ret = bpf_probe_read_user(&data->buf, buf_copy_size, (char *)*bufp);

    //删除bufs和start_ns映射中的数据
    bpf_map_delete_elem(&bufs, &tid);
    bpf_map_delete_elem(&start_ns, &tid);

    //如果缓冲区填充成功，则设置相应标志
    if (!ret)
        data->buf_filled = 1;

    //将数据发送到用户态以进行后续分析
    bpf_perf_event_output(ctx, &perf_SSL_events, BPF_F_CURRENT_CPU, data, EVENT_
        SIZE(buf_copy_size));
    return 0;
}
```

在 SSL_exit 函数中，我们首先获取当前的进程和线程 ID，通过 bpf_get_current_pid_tgid 来得到。接着，我们检查当前进程是否允许被追踪，防止不必要的性能开销。然后，我们通过 bpf_map_lookup_elem 查找与当前线程 ID 相关的缓冲区指针（bufp）和函数执行的开始时间（tsp）。如果没有找到相关数据，则直接返回。

函数的返回值通过 PT_REGS_RC(ctx) 获取，这个值代表实际读取或写入的字节数。我们接着计算了函数的执行时间 delta_ns，并填充数据结构中的其他字段。最终，将捕获到的缓冲区数据通过 bpf_perf_event_output 发送到用户态。

接下来，我们通过 uretprobe 来 hook SSL_read 和 SSL_write 的返回值，分别捕获这两个函数的执行结果。以下是代码的实现：

```
SEC("uretprobe/SSL_read")
int BPF_URETPROBE(probe_SSL_read_exit) {
```

```
    return (SSL_exit(ctx, 0));    // 0表示读操作
}

SEC("uretprobe/SSL_write")
int BPF_URETPROBE(probe_SSL_write_exit) {
    return (SSL_exit(ctx, 1));    // 1表示写操作
}
```

这里的 rw 参数用于区分 SSL_read 和 SSL_write 操作：0 表示读操作，1 表示写操作。通过 SSL_exit 函数的调用，我们能够捕获并记录与这两个函数执行的相关数据。接下来，我们还要捕获 SSL/TLS 的握手过程信息。

为了追踪握手过程的开始和结束，我们需要钩取到 do_handshake 函数。这能够帮助我们捕获握手的详细信息，包括时间、进程 ID 和是否成功等。

首先，我们通过 uprobe 为 do_handshake 函数设置一个探针，用于捕获握手过程的开始时间戳：

```
SEC("uprobe/do_handshake")
int BPF_UPROBE(probe_SSL_do_handshake_enter, void *ssl) {
    u64 pid_tgid = bpf_get_current_pid_tgid();
    u32 pid = pid_tgid >> 32;
    u32 tid = (u32)pid_tgid;
    u64 ts = bpf_ktime_get_ns();
    u32 uid = bpf_get_current_uid_gid();

    if (!trace_allowed(uid, pid)) {
        return 0;
    }

    /*记录握手开始的时间戳*/
    bpf_map_update_elem(&start_ns, &tid, &ts, BPF_ANY);
    return 0;
}
```

在这个函数中，我们获取当前的进程 ID、线程 ID 和时间戳，并将握手的开始时间存储在 start_ns 映射中，供稍后使用。

对于握手结束，我们同样使用 uretprobe 来捕获返回值并进行处理：

```
SEC("uretprobe/do_handshake")
int BPF_URETPROBE(probe_SSL_do_handshake_exit) {
    u32 zero = 0;
    u64 pid_tgid = bpf_get_current_pid_tgid();
    u32 pid = pid_tgid >> 32;
    u32 tid = (u32)pid_tgid;
    u32 uid = bpf_get_current_uid_gid();
    u64 ts = bpf_ktime_get_ns();
```

```
        int ret = 0;

        if (!trace_allowed(pid, pid)) {
            return 0;
        }

        u64 *tsp = bpf_map_lookup_elem(&start_ns, &tid);
        if (!tsp)
            return 0;

        ret = PT_REGS_RC(ctx);
        if (ret <= 0)  //握手失败
            return 0;

        struct probe_SSL_data_t *data = bpf_map_lookup_elem(&ssl_data, &zero);
        if (!data)
            return 0;

        /*填充数据结构并记录握手信息*/
        data->timestamp_ns = ts;
        data->delta_ns = ts - *tsp;
        data->pid = pid;
        data->tid = tid;
        data->uid = uid;
        data->len = ret;
        data->buf_filled = 0;
        data->rw = 2;  // 2表示握手操作
        data->is_handshake = true;
        bpf_get_current_comm(&data->comm, sizeof(data->comm));
        bpf_map_delete_elem(&start_ns, &tid);

        /*将握手信息发送到用户态*/
        bpf_perf_event_output(ctx, &perf_SSL_events, BPF_F_CURRENT_CPU, data, EVENT_
            SIZE(0));
        return 0;
    }
```

在握手结束的处理函数中，我们首先检查握手开始的时间戳，并计算握手的持续时间。我们可以通过 PT_REGS_RC(ctx) 获取返回值，判断握手是否成功。如果握手成功，数据结构 probe_SSL_data_t 会被填充，包括握手的时间戳、持续时间、进程信息等，并将这些信息传递到用户态进行进一步分析。

通过这两个 hook 函数，我们成功追踪了 SSL/TLS 握手过程的开始和结束，包括握手是否成功、握手的持续时间等。这些信息对于分析 SSL/TLS 连接的性能和优化握手过程提供了有力的支持。

4.5.4 sslsniff 的用户态代码分析

在 eBPF 的生态系统中，内核态代码负责捕获和处理数据，用户态代码则提供与内核态通信、配置和输出处理结果的功能。下面将详细分析用户态代码的作用，以及它如何协助 eBPF 程序追踪 SSL/TLS 交互中的数据。

1. 支持不同加密库的挂载机制

用户态程序可以通过设置环境变量来选择挂载不同的加密库。这使得 eBPF 程序能够支持多种加密库，如 OpenSSL、GnuTLS 和 NSS。为支持这种实现，用户态程序首先使用 find_library_path 函数查找特定加密库的路径。找到路径后，程序会根据库类型调用不同的 attach_xx 函数，将 eBPF 程序挂载到目标库的 API 函数上，从而实现对不同加密库的函数追踪。

以下是代码中的挂载逻辑示例：

```
if (env.openssl) {
    char *openssl_path = find_library_path("libssl.so");
    printf("OpenSSL path: %s\n", openssl_path);
    attach_openssl(obj, "/lib/x86_64-linux-gnu/libssl.so.3");
}
if (env.gnutls) {
    char *gnutls_path = find_library_path("libgnutls.so");
    printf("GnuTLS path: %s\n", gnutls_path);
    attach_gnutls(obj, gnutls_path);
}
if (env.nss) {
    char *nss_path = find_library_path("libnspr4.so");
    printf("NSS path: %s\n", nss_path);
    attach_nss(obj, nss_path);
}
```

在这个例子中，程序依赖环境变量 env 来判断是否挂载特定加密库。find_library_path 函数根据库的名称查找它在系统中的位置，接着调用相应的 attach_openssl、attach_gnutls 和 attach_nss 函数，将 eBPF 程序与库的函数绑定。

2. 挂载函数的实现细节

程序为每种库提供了特定的挂载函数，如 attach_openssl、attach_gnutls 和 attach_nss，分别处理不同库的函数名差异。例如，OpenSSL 使用 SSL_write 和 SSL_read，而 GnuTLS 使用 gnutls_record_send 和 gnutls_record_recv。通过这些挂载函数，eBPF 可以在对应的库函数调用时插入可观测逻辑：

```
#define __ATTACH_UPROBE(skel, binary_path, sym_name, prog_name, is_retprobe)   \
    do {                                                                       \
```

```
        LIBBPF_OPTS(bpf_uprobe_opts, uprobe_opts, .func_name = #sym_name,        \
                    .retprobe = is_retprobe);                                    \
        skel->links.prog_name = bpf_program__attach_uprobe_opts(                 \
            skel->progs.prog_name, env.pid, binary_path, 0, &uprobe_opts);       \
    } while (false)

int attach_openssl(struct sslsniff_bpf *skel, const char *lib) {
    ATTACH_UPROBE_CHECKED(skel, lib, SSL_write, probe_SSL_rw_enter);
    ATTACH_URETPROBE_CHECKED(skel, lib, SSL_write, probe_SSL_write_exit);
    ATTACH_UPROBE_CHECKED(skel, lib, SSL_read, probe_SSL_rw_enter);
    ATTACH_URETPROBE_CHECKED(skel, lib, SSL_read, probe_SSL_read_exit);

    if (env.latency && env.handshake) {
        ATTACH_UPROBE_CHECKED(skel, lib, SSL_do_handshake,
                              probe_SSL_do_handshake_enter);
        ATTACH_URETPROBE_CHECKED(skel, lib, SSL_do_handshake,
                                 probe_SSL_do_handshake_exit);
    }

    return 0;
}

int attach_gnutls(struct sslsniff_bpf *skel, const char *lib) {
    ATTACH_UPROBE_CHECKED(skel, lib, gnutls_record_send, probe_SSL_rw_enter);
    ATTACH_URETPROBE_CHECKED(skel, lib, gnutls_record_send, probe_SSL_write_exit);
    ATTACH_UPROBE_CHECKED(skel, lib, gnutls_record_recv, probe_SSL_rw_enter);
    ATTACH_URETPROBE_CHECKED(skel, lib, gnutls_record_recv, probe_SSL_read_exit);

    return 0;
}

int attach_nss(struct sslsniff_bpf *skel, const char *lib) {
    ATTACH_UPROBE_CHECKED(skel, lib, PR_Write, probe_SSL_rw_enter);
    ATTACH_URETPROBE_CHECKED(skel, lib, PR_Write, probe_SSL_write_exit);
    ATTACH_UPROBE_CHECKED(skel, lib, PR_Send, probe_SSL_rw_enter);
    ATTACH_URETPROBE_CHECKED(skel, lib, PR_Send, probe_SSL_write_exit);
    ATTACH_UPROBE_CHECKED(skel, lib, PR_Read, probe_SSL_rw_enter);
    ATTACH_URETPROBE_CHECKED(skel, lib, PR_Read, probe_SSL_read_exit);
    ATTACH_UPROBE_CHECKED(skel, lib, PR_Recv, probe_SSL_rw_enter);
    ATTACH_URETPROBE_CHECKED(skel, lib, PR_Recv, probe_SSL_read_exit);

    return 0;
}
```

在 attach_openssl 函数中，程序分别为 SSL_write 和 SSL_read 设置了函数入口 uprobe 和返回 uretprobe，从而在数据传输前后都能获取相关信息。此外，如果环境变量启用了握手追踪和延迟计算，还会为 SSL_do_handshake 设置 uprobe 和 uretprobe。

类似的是，GnuTLS 和 NSS 库也有对应的挂载函数，每个函数会绑定库中相应的 API 函数，以确保在合适的地方插入 eBPF 探针，获取调用信息。

3. 数据传输机制：perf_buffer

为了将内核态捕获到的数据传输到用户态进行处理，程序使用了 perf_buffer。perf_buffer 是一种高效的数据传输机制，可以让内核态的 eBPF 程序通过事件缓冲区将数据发送给用户态。用户态程序通过轮询 perf_buffer 来异步读取这些数据。

```
while (!exiting) {
    err = perf_buffer__poll(pb, PERF_POLL_TIMEOUT_MS);
    if (err < 0 && err != -EINTR) {
        warn("error polling perf buffer: %s\n", strerror(-err));
        goto cleanup;
    }
    err = 0;
}
```

在这里，用户态程序通过调用 perf_buffer__poll 函数来等待和接收来自内核的事件。当有新事件时，perf_buffer__poll 会触发读取操作，接收数据并进行处理。

当数据被传送到用户态后，用户态程序将这些数据输出到终端，以便开发者查看数据的详细内容。print_event 函数负责格式化输出这些数据。如果用户启用了 hexdump 选项，数据将以十六进制格式输出；否则，它会以普通文本格式显示。代码如下所示：

```
// 用于从perf缓冲区打印事件的函数
void print_event(struct probe_SSL_data_t *event, const char *evt) {
//省略部分代码
    if (buf_size != 0) {
        if (env.hexdump) {
            // 每个字节对应2个字符加上空终止符
            char hex_data[MAX_BUF_SIZE * 2 + 1] = {0};
            buf_to_hex((uint8_t *)buf, buf_size, hex_data);

            printf("\n%s\n", s_mark);
            for (size_t i = 0; i < strlen(hex_data); i += 32) {
                printf("%.32s\n", hex_data + i);
            }
            printf("%s\n\n", e_mark);
        } else {
            printf("\n%s\n%s\n%s\n\n", s_mark, buf, e_mark);
        }
    }
}
```

print_event 函数首先检查缓冲区是否包含数据，然后根据用户的配置，选择以普通文本或十六进制的形式打印数据内容。这样，开发者可以轻松调试传输的数据，并根据需要选择最合适的显示格式。

接下来，我们来观察 sslsniff 工具的编译、运行及其输出。

4.5.5 编译与运行 sslsniff 工具

要使用 sslsniff 这个 eBPF 程序，我们需要先编译它。这是标准的构建步骤，make 工具会根据项目中的 Makefile 编译源代码并生成可执行文件。可以在终端中运行 make 命令来编译。

当编译完成后，我们将生成的可执行文件用于捕获 SSL/TLS 连接的明文数据。在这里，sslsniff 通过挂载到不同加密库（如 OpenSSL、GnuTLS 和 NSS）的读写函数，监控连接中的数据传输，并通过 eBPF 获取未加密的数据。

要启动 sslsniff，我们需要在终端中执行以下命令：

```
sudo ./sslsniff
```

这里使用 sudo 是因为 eBPF 程序运行在内核态，需要较高的权限。此时，sslsniff 已开始在后台运行，等待捕获 SSL/TLS 流量。

在另一个终端中，我们使用 curl 命令来触发 SSL/TLS 连接。curl 是一个命令行工具，用于发送 HTTP/HTTPS 请求。为了捕获其流量，我们向某个 HTTPS 网址发送请求，例如：

```
curl https://example.com
```

当这个请求发送时，curl 会通过 SSL/TLS 连接向目标网站发送 HTTPS 请求，并接收加密的响应：

```
<!doctype html>
<html>
<head>
    <title>Example Domain</title>
    …
<body>
<div>
    …
</div>
</body>
</html>
```

在发送请求后，sslsniff 工具开始捕获 curl 与 example.com 之间的通信数据。由于 eBPF 程序已经挂载到了 SSL_read 和 SSL_write 这类函数上，它会在 curl 发送和接收数据时获取加密前的明文内容。当 sslsniff 捕获到这些未加密的明文数据后，它会在终端显示类似以下的输出：

```
READ/RECV    0.132786160       curl              47458   1256
----- DATA -----
<!doctype html>
...
<div>
    <h1>Example Domain</h1>
    ...
</div>
</body>
</html>

----- END DATA -----
```

这个输出包含了几个关键部分。首先，动作类型为“READ/RECV”，表示捕获到了读取或接收的操作，这意味着从目标服务器（例如 example.com）返回的数据已被捕获。接下来，显示的延迟时间为 0.132 786 160s，表明读取操作的相对时间。输出还显示了相关的进程信息，表明数据是通过 curl 进程（进程 ID 为 47458）传输的。此外，数据长度为 1256 字节，表示实际读取的数据量。最后，在“----- DATA -----”和“----- END DATA -----”之间显示了未加密的明文 HTML 数据，这正是 curl 从 example.com 获取的网页内容。

注意　显示的 HTML 内容可能会因 example.com 页面的不同而有所不同。

这种明文数据的捕获非常有用，尤其是在调试 SSL/TLS 流量时。通常情况下，HTTPS 流量是加密的，传统的网络分析工具只能看到加密后的数据包，无法直接读取其中的内容。而 sslsniff 的 eBPF 程序通过挂载到加密库的读写函数，从而捕获到了加密前的数据。这让开发者可以直接查看明文数据，便于调试网络请求、分析应用性能问题或识别潜在的安全漏洞。

4.6　使用 eBPF 跟踪 Go 协程状态

Go 的一个关键特性是使用协程（goroutine）——轻量级的、受管理的线程，使得编写并发程序变得容易。然而，实时理解和跟踪这些协程的执行状态可能是一个挑战，特别是在调试复杂系统时。与传统的线程不同，协程由 Go 运行时管理，而不是操作系统，更加轻量级。协程可以在以下几种状态之间切换。

- RUNNABLE（可运行）：协程准备运行。
- RUNNING（运行中）：协程正在执行。
- WAITING（等待）：协程正在等待某个事件（例如 I/O、定时器）。
- DEAD（终止）：协程执行完毕并终止。

理解这些状态以及协程之间的状态转换对于诊断性能问题和确保 Go 程序高效运行至

关重要。通过使用 eBPF 技术，我们可以在内核态实时追踪这些协程的状态变化，从而获得深刻的洞察，帮助开发者优化和调试复杂的并发应用。

4.6.1 跟踪 Go 协程状态的 eBPF 内核代码

为了实现对 Go 协程状态的实时跟踪，我们编写了一个 eBPF 程序，该程序将钩取 Go 运行时中的关键函数。以下是该 eBPF 内核代码的详细分析：

```
#include <vmlinux.h>
#include "goroutine.h"
#include <bpf/bpf_core_read.h>
#include <bpf/bpf_helpers.h>
#include <bpf/bpf_tracing.h>

#define GOID_OFFSET 0x98

struct {
    __uint(type, BPF_MAP_TYPE_RINGBUF);
    __uint(max_entries, 256 * 1024);
} rb SEC(".maps");

SEC("uprobe/./go-server-http/main:runtime.casgstatus")
int uprobe_runtime_casgstatus(struct pt_regs *ctx) {
    int newval = ctx->cx;
    void *gp = ctx->ax;
    struct goroutine_execute_data *data;
    u64 goid;
    if (bpf_probe_read_user(&goid, sizeof(goid), gp + GOID_OFFSET) == 0) {
        data = bpf_ringbuf_reserve(&rb, sizeof(*data), 0);
        if (data) {
            u64 pid_tgid = bpf_get_current_pid_tgid();
            data->pid = pid_tgid;
            data->tgid = pid_tgid >> 32;
            data->goid = goid;
            data->state = newval;
            bpf_ringbuf_submit(data, 0);
        }
    }
    return 0;
}

char LICENSE[] SEC("license") = "GPL";
```

如以上的代码所示，eBPF 程序首先包含了必要的头文件，例如：vmlinux.h 提供了内核定义；bpf_helpers.h 提供了 eBPF 程序所需的辅助函数；bpf_tracing.h 用于在内核中进行跟踪。

在 Go 语言中，与协程相关的结构体主要是 G 结构体，这个结构体的定义和实现是在 Go 运行时内部的。G 结构体负责存储与特定协程相关的信息，包括协程的 ID、栈、状态以及作为其上下文的调度器信息等。具体的字段可能会因 Go 版本的不同而有所变化，但是一般来说，结构体中的 goid 字段用于识别每个协程。

为了准确定位 Go 协程中的关键信息，程序定义了一个 GOID_OFFSET，其值为 0x98，表明 goid 字段距离 G 结构体开头的字节偏移量为 152 字节。该偏移量在不同版本的 Go 运行时或不同的程序之间可能会有所不同，因此需要根据具体情况调整。在这个特定例子中，我们通过硬编码的方式确定了这个值。

接下来，程序定义了一个 eBPF 环形缓冲区映射 rb，其最大容量为 256 KB，用于存储协程的状态数据。通过这种方式，内核能够高效地将数据传递到用户空间。环形缓冲区是一种常用的数据结构，能够在高性能环境下快速且有序地收集数据。

eBPF 程序的核心是挂载到 Go 程序中的 runtime.casgstatus 函数的 uprobe（用户级探针）。casgstatus 是 Go 运行时中负责协程状态转换的关键函数，通过拦截该函数，我们能够实时捕获协程状态的变化。

在该探针函数中，首先通过 ctx->cx 读取新状态值 newval，然后从 ctx->ax 读取指向 G 结构体的指针 gp。接着，程序使用 bpf_probe_read_user 函数从用户空间读取协程的 ID（即 goid），这一操作使用了预定义的偏移量 GOID_OFFSET。如果读取协程 ID 成功，则程序将从环形缓冲区预留一个空间，用于存储即将收集的协程状态数据。

在 eBPF 程序里定义的数据结构 goroutine_execute_data 可用于存储进程 ID、线程组 ID、协程 ID 和协程的新状态。程序通过 bpf_get_current_pid_tgid 函数获取当前的进程和线程信息，pid_tgid 包含了高 32 位的进程 ID 和低 32 位的线程 ID。这些信息与协程 ID 和状态值一起被填充到数据结构中。随后，程序通过 bpf_ringbuf_submit 函数将数据提交到环形缓冲区，以便在用户态进行进一步分析。

最后，程序以 GPL 许可证的形式声明了该 eBPF 程序的合法性，确保它可以在内核中合法加载和运行。通过这种方式，我们成功捕获了 Go 协程状态的变化，并将相关数据传递到用户空间，以便开发者进一步分析和优化系统的性能。

在整个代码实现中，关键点在于如何有效地读取协程 ID、状态，以及将数据高效传递到用户空间。eBPF 程序的设计需要考虑性能问题，因此环形缓冲区提供了一种高效的数据传递机制，避免了内核态和用户态之间复杂的同步问题。这种设计使得我们能够在不显著影响系统性能的前提下，实时跟踪并捕获协程的状态变化。

4.6.2　运行 eBPF 程序追踪 Go 协程状态

要运行这个跟踪程序，我们需要按照以下步骤进行操作。

首先，使用类似 ecc 这样的编译器编译 eBPF 程序，并生成一个可以由 eBPF 加载器加载的包。假设我们要使用 ecc，则编译命令如下：

```
ecc goroutine.bpf.c goroutine.h
```

这个命令会编译 goroutine.bpf.c 文件，并生成相应的头文件 goroutine.h，为后续的加载和运行做准备。

接着，使用 eBPF 加载器运行编译后的 eBPF 程序。假设我们使用 ecli-rs 作为加载器，运行命令如下：

```
ecli-rs run package.json
```

这条命令会加载编译后的 eBPF 程序，并开始在系统中捕获协程状态的变化。加载成功后，eBPF 程序会在后台运行，实时监控 Go 协程的状态转换。

运行后，程序将输出协程状态的变化及其相关信息。以下是一个示例输出：

```
TIME     STATE       GOID   PID      TGID
21:00:47 DEAD(6)     0      2542844  2542844
21:00:47 RUNNABLE(1) 0      2542844  2542844
21:00:47 RUNNING(2)  1      2542844  2542844
21:00:47 WAITING(4)  2      2542847  2542844
```

在这个输出中，每一行都显示了协程状态的变化。首先，TIME 表示事件发生的具体时间点，便于追踪协程状态变化的时刻。接着是 STATE，表示协程的新状态及其对应的数值标识，例如 DEAD(6) 表示协程进入了终止状态，数字 6 对应于 DEAD 状态。同样，GOID（Goroutine ID）表示协程的唯一标识符，如 0、1、2 等。最后的 PID 和 TGID 分别表示协程所属的进程 ID 和线程组 ID。例如第一行输出表示在 21:00:47，ID 为 0 的协程状态变为 DEAD，其所属的进程和线程组 ID 均为 2542844。

需要注意的是，内核态 eBPF 运行时中的 Uprobe 可能会给高频率的函数调用带来性能开销。为了解决这个问题，可以考虑使用用户模式的 eBPF 运行时，例如 bpftime。bpftime 是基于 LLVM JIT/AOT 的用户模式 eBPF 运行时，能够在用户态高效执行 eBPF 程序。与内核模式 eBPF 相比，bpftime 在处理 uprobe 时能够提供更快的执行速度和更低的延迟。

4.7 本章小结

本章介绍了如何利用 eBPF 对 Nginx 进行函数延迟分析，优化关键性能环节，以及对 Java 应用的垃圾回收事件进行实时监控。针对 MySQL 的慢查询监测，eBPF 提供了细粒度的监控支持，帮助开发者定位性能瓶颈并优化查询。此外，通过捕获 SSL/TLS 明文数据，eBPF 有效突破了加密通信流量分析的传统局限。最后，本章还介绍了使用 eBPF 跟踪 Go 协程状态的方法。

总的来说，eBPF 作为高效、灵活的内核级追踪工具，已成为提升云原生和微服务架构下应用可观测性的关键技术。

第5章 Chapter 5

基于 eBPF 的网络可观测实践

在数字化时代，网络可观测性已经成为网络管理的重要组成部分，包括网络流量监控、性能指标分析和日志数据分析，从而深入理解当前网络运行的状态和行为模式。本章将讨论 Linux 内核网络可观测的重要性，分析现代网络架构的复杂性，以及面临的挑战和机遇。同时，我们将探讨 eBPF 技术如何提升 Linux 内核网络的可观测性，并展示 eBPF 在实际应用案例中发挥的作用。

5.1 内核网络协议栈

理解内核网络协议栈中的完整收发包流程，对于我们使用 eBPF 开发网络可观测功能具有至关重要的意义。内核网络协议栈是一个高度复杂的系统，本节将详细梳理其中的关键流程，以求为读者呈现一个清晰、全面的网络数据包接收和发送流程。通过深入探讨这些流程，我们不仅能够加深对内核数据包处理的理解，还可以更有效地利用 eBPF 技术实现更强大的网络可观测功能。

5.1.1 网络发包流程

根据 TCP/IP 协议，网络协议可分为应用层、传输层、网络层、数据链路层。在 Linux 内核网络处理的过程中，我们更关注传输层、网络层（IP 层）及数据链路层的处理。

1. 传输层

传输层是 TCP/IP 协议栈中的关键组成部分。它位于网络层之上，负责在网络中的不同主机之间提供端到端的数据传输服务。传输层的主要作用是确保数据能够可靠、高效地从一个系统传输到另一个系统，无论这两个系统是否在同一网络内。传输层主要使用的协议包括 TCP（传输控制协议）和 UDP（数据报协议）。

图 5-1 描述了 TCP 协议的网络数据包在传输层的主要处理过程（即收发包流程），但该图省略了大部分细节，如三次握手、重传等。其处理过程主要基于以下 3 个函数。

1）tcp_sendmsg：这是应用程序通过系统调用发送 TCP 消息的内核入口函数。应用程序通过该函数将需要发送的数据从用户态缓冲区复制到内核态缓冲区，然后通过网络协议栈发送出去。在发送报文的时候，主要有 3 个判断逻辑。

- 判断当前缓存的数据量是否超过窗口的一半，如果超过，则立即发送缓存的数据。
- 如果当前的 skb 位于队列的队首，这表示当前发送队列为空，可以立即发送数据。
- 如果以上条件都不满足，将用户数据全部复制到 skb 后，通过 tcp_push 将数据批量发送出去。

2）tcp_write_xmit：函数会依据 Nagle 和 Cork 算法来决定当前数据是否可以发送。后面将详细介绍 Nagle、Cork 以及延迟确认（Delay ACK）算法，并且讨论它们在使用过程中可能导致的网络延迟问题。此外，这里还会判断当前系统是否支持 TSO（TCP Segmentation Offload，TCP 分段卸载）或 GSO（Generic Segmentation Offload，通用分段卸载）。如果系统不支持这些特性，那么将检查当前报文长度是否超过一个 MSS（最大分段大小），如果超过的话，将对报文进行分片。

3）tcp_transmit_skb：函数负责处理待发送的网络报文。它为报文数据添加 TCP 头部信息，并将经过处理的报文发送到网络层。

下面来了解一下传输层数据包发送的主要流程，主要涉及 4 个关键点，这对于我们后续开发与网络相关的

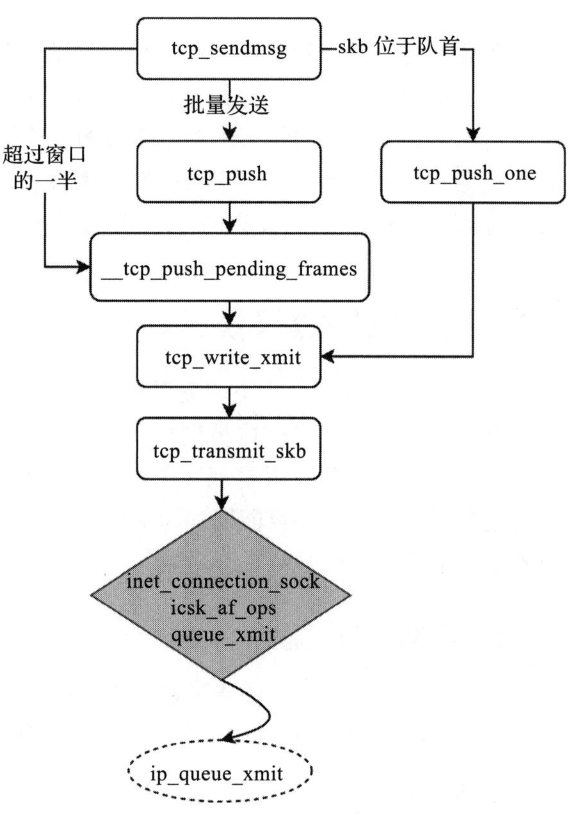

图 5-1 TCP 发包流程图

eBPF 程序至关重要。

（1）skb 的线性区和非线性区

skb 是内核网络处理过程中用到的一个数据结构，其定义为 struct sk_buff *skb。在网络可观测的 eBPF 程序中需要频繁地对该结构进行处理。skb 的结构有线性区和非线性区两部分，如图 5-2 所示。

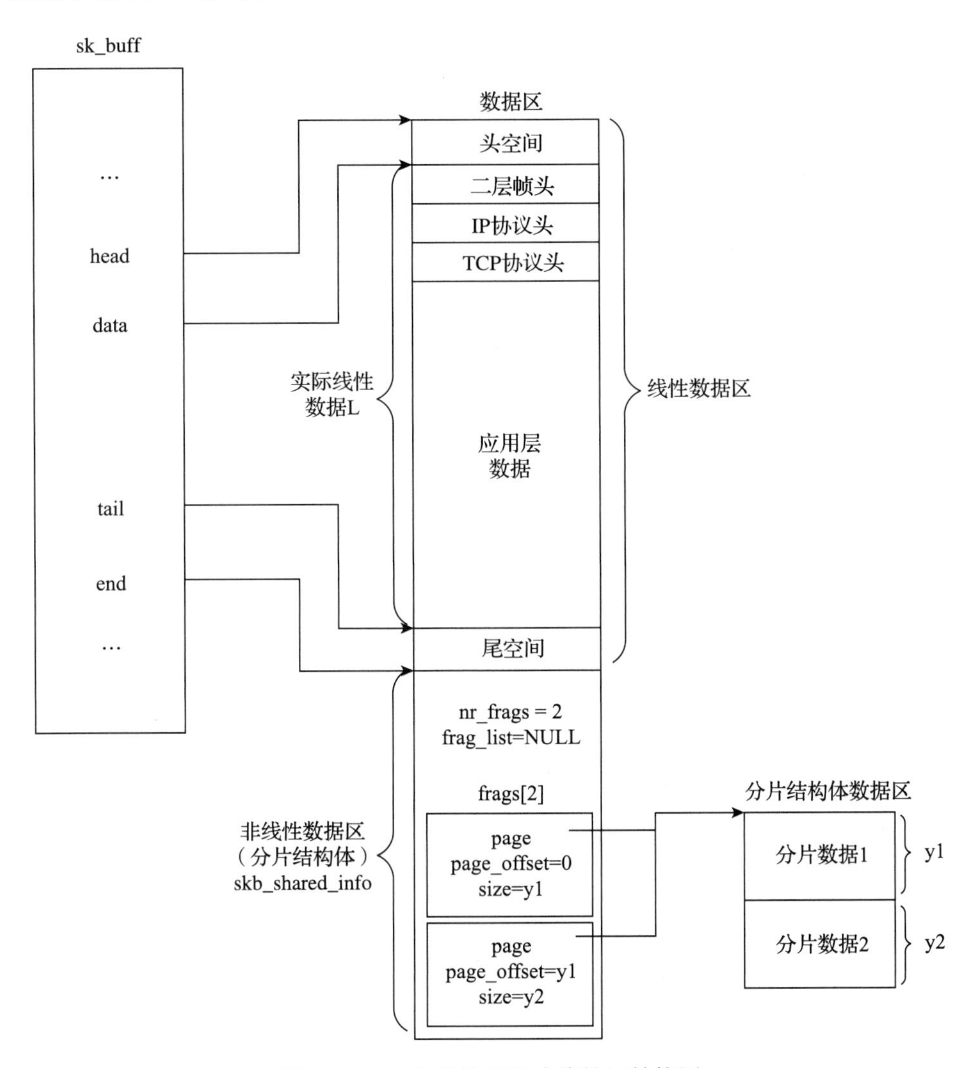

图 5-2　skb 的线性区和非线性区结构图

线性区指的是 skb 头部后面的一块连续内存区域，直接存储在 skb 结构体之后。这部分内存通常用于存放较小的数据包或者数据包的头部。线性区的优点在于数据访问效率高，因为它是连续的物理内存。

非线性区则由一系列分散的内存碎片组成，通常是通过页表映射到 skb 上的页面。当数据包的大小超过了线性区的容量时，skb 会使用非线性区来存储数据。非线性区通过 skb 的 head 和 data 指针以及 frags 数组来管理这些分散的内存碎片。每个 frags 元素都是一个 skb_frag_t 结构，包含了指向物理页的指针、偏移量和长度信息。这种方式允许 skb 处理大包，同时避免了不必要的内存复制，特别是在使用零复制的情况下。

对于线性区的数据，可以直接通过 skb->data 指针访问。而对于非线性区的数据，需要遍历 frags 数组，根据每个 frags 元素的描述来访问对应的物理页上的数据。当我们需要用 eBPF 处理 skb 的数据时，会带来极大的麻烦。比较幸运的是，eBPF 已经提供了不少辅助函数，便于我们去提取 skb 的数据，简化了 eBPF 程序的处理逻辑。eBPF 提供了 bpf_skb_load_bytes() 和 bpf_skb_pull_data() 这样的 helper 函数来处理非线性数据。bpf_skb_load_bytes() 函数负责将数据从非线性部分加载到 eBPF 的寄存器中，这样即使数据原本是非线性的，也能保证数据被正确加载，并可被程序访问。bpf_skb_pull_data() 则更进一步，它不仅处理非线性数据，还能将其拉取到一个连续的内存区域中，这样在后续的处理中就可以像处理线性数据一样处理非线性数据，大大简化了数据访问的复杂度。

由于存在非线性区，因此导致开发者非常容易混淆 skb 结构中的几个长度字段：data_len、len 和 truesize。data_len 表示 skb 中分片数据（非线性数据）的长度。len 则表示 skb 中数据块的总长度，包括实际线性数据和非线性数据，其中非线性数据长度由 data_len 表示，因此 len 的计算公式为 len = (tail − data) + data_len。而 truesize 表示 skb 的整体大小，涉及 sk_buff 结构和数据部分的大小，即 truesize = sk_buff（控制信息）+ 线性数据（包含头空间和尾空间）+ skb_shared_info（控制信息）+ 非线性数据。

（2）Nagle、Cork 和 Delay ACK

Nagle 算法是一种在 TCP 协议中用于优化数据传输的技术。它的核心目的是减少网络拥塞，通过合并小的数据包来减少发送次数。当应用程序发送数据时，如果数据包小于 MSS，则 Nagle 算法会将这些小数据包缓存起来，直到满足以下两个条件之一：一是收到对之前数据包的确认结果（ACK）；二是缓存的数据达到 MSS 大小。只有当这两个条件之一满足时，缓存的数据才会被发送。这种方法对于交互式应用（如终端会话）特别有用，因为这些应用通常会频繁发送小数据包。然而，Nagle 算法可能会引入额外的延迟，因为数据包需要等待达到 MSS 大小或收到 ACK 才会发送，这对于要求低延迟的应用来说可能是一个缺点。

与 Nagle 算法不同，Cork 算法也是用于优化 TCP 数据传输的技术，但它旨在减少延迟，同时避免频繁发送小数据包。Cork 算法允许应用程序发送多个小数据包，但不会立即发送这些数据包。相反，它会将这些数据包缓存起来，直到满足以下 3 个条件之一：收到对之前数据包的 ACK，缓存的数据达到一定大小（通常是 MSS 的两倍），或者超过一定的时间（通常是 200ms）。满足任一条件后，缓存的数据会被一起发送。这种方法特别适用于需要频繁发送小数据包但不希望引入额外延迟的应用，如 DNS 查询和 HTTP 请求。Cork 算法的优点在于它允许在不等待 ACK 的情况下发送多个小数据包，但仍然通过限制发送频率来减少网络拥塞风险。

TCP 延迟确认（TCP Delayed Acknowledge）是一种 TCP 协议中的优化机制，旨在减少网络中 ACK 包的数量，从而提高网络传输的效率。在 TCP 连接中，当接收端收到一个数据包时，它需要发送一个 ACK 包来告知发送端数据已经成功接收。然而，如果每个数据包都立即回复一个 ACK，这将导致大量的小 ACK 包在网络上传输，特别是在高带宽、低延迟的网络环境中。为了解决这个问题，TCP 延迟确认机制允许接收端在收到数据包后不立即发送 ACK，而是等待一段时间，通常是 40ms。在这个等待期间内，如果接收端收到了更多的数据包，它可以将对这些数据包的确认合并到一个 ACK 中一起发送，这样就减少了需要发送的 ACK 数量。这种机制特别适用于那些数据包频繁到达的场景，这样可以有效地减少网络拥塞。

当发送端进行两次写操作，第一次写操作的数据包被发送后，如果第二次写操作发生在第一次数据包的 ACK 到达之前，根据 Nagle 算法，第二次写操作的数据包将被延迟发送。接收端的延迟确认机制进一步加剧了这种延迟，因为它会在收到数据包后等待 40ms，以合并 ACK。如果在这 40ms 内没有其他数据包到达，接收端将不会立即发送 ACK，这导致发送端认为网络条件不佳，进一步延迟数据包的发送，从而产生了 40ms 的抖动。

（3）TSO 和 GSO 技术

TSO 是一种通过网卡对 TCP 数据包进行分片的技术，旨在减轻 CPU 的负担。与之相似的技术还有 LSO（Large Send Offload，大包发送卸载），其中 TSO 专门针对 TCP 流量，而 UFO（UDP Fragmentation Offload，UDP 分片卸载）针对 UDP 流量。如果硬件支持 TSO 功能，它通常也需要硬件支持的 TCP 校验和计算以及数据的分散 / 聚集功能。

当网卡支持 TSO/GSO 技术时，它可以处理高达 64KB 的 TCP 有效载荷，并将其直接传递给协议栈。在这种情况下，IP 层不会执行分片操作，网卡将负责生成 TCP/IP 包头和帧头。这样的处理可以减少协议栈上的内存操作负担，从而节省 CPU 资源。当然，如果网络主要是小包传输，那么 TSO 功能的优势就不会那么明显。

GSO 是 TSO 的增强版，它支持更多种类的协议。与 TSO 相比，GSO 更加通用，因为它可以将数据分片的步骤推迟到发送至网卡驱动之前。GSO 会检测网卡是否支持特定的分片功能，如 TSO（针对 TCP）或 UFO（针对 UDP）。如果网卡支持这些功能，GSO 会直接将数据发送至网卡；如果不支持，则 GSO 会在发送给网卡之前先进行分片处理。

图 5-3 展示了 GSO 在开启 / 未开启情况下内核网络处理数据包的过程，即 GSO 分片过程。**有 GSO 的情况：**内核将大型数据包发送给支持 GSO 的网卡驱动，驱动会自动将这些大的数据包分割成多个符合以太网 MTU（最大传输单元）标准的较小数据包。**没有**

GSO 的情况：内核必须在 TCP 层自行处理数据包的分片工作。这意味着内核需要将应用程序生成的大型数据包分割成小尺寸的数据包，以满足以太网 MTU 的要求。这一过程会显著增加 CPU 的工作负担。

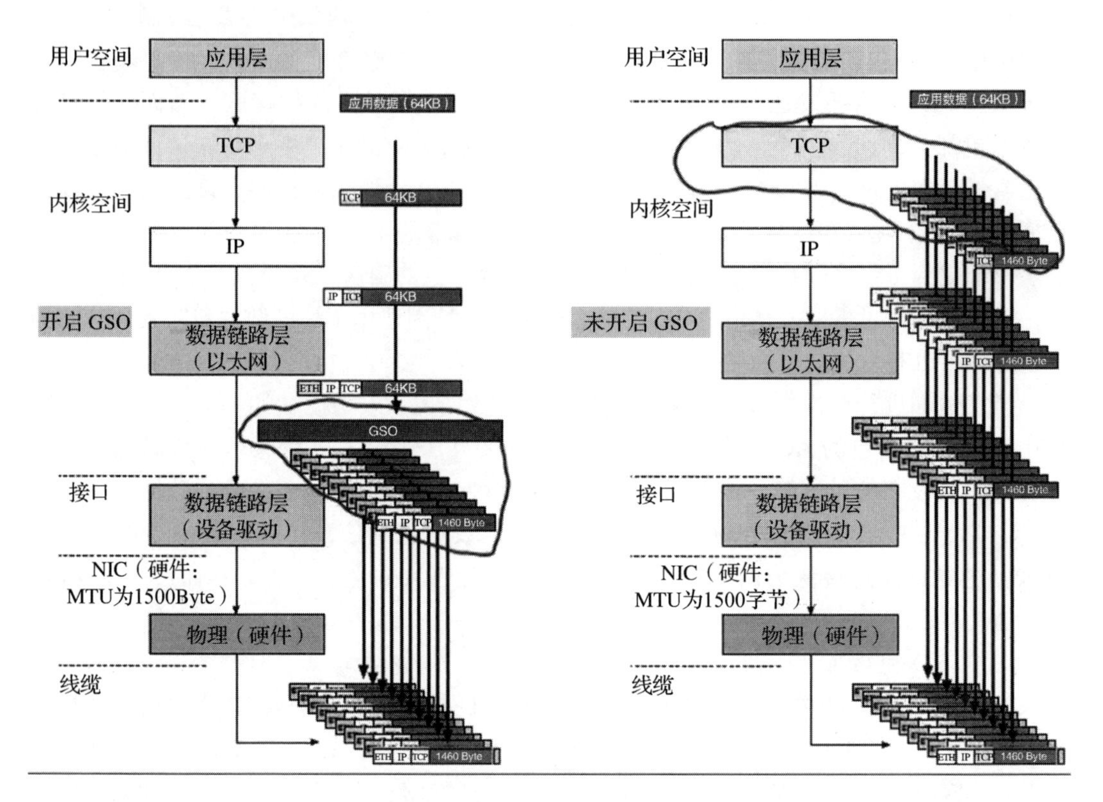

图 5-3　GSO 分片过程

（4）TCP 头部结构

图 5-4 展示了 TCP 头部结构，相信读者已经非常熟悉了。唯一需要强调的是，TCP 头部结构中的值是按照网络字节序存储的，也就是大端序。因此，在 eBPF 从 TCP 头部提取源端口和目标端口时，需要注意进行大小端转换。

下面的代码展示了内核对 TCP 头部的定义。其中，类型 __be16 和 __be32 等的 be 前缀代表 big-endian，即大端序。

```
struct tcphdr {
    __be16  source;
    __be16  dest;
    __be32  seq;
    __be32  ack_seq;
    __u16   res1:4,
```

```
        doff:4,
        fin:1,
        syn:1,
        rst:1,
        psh:1,
        ack:1,
        urg:1,
        ece:1,
        cwr:1;
    __be16  window;
    __sum16 check;
    __be16  urg_ptr;
};
```

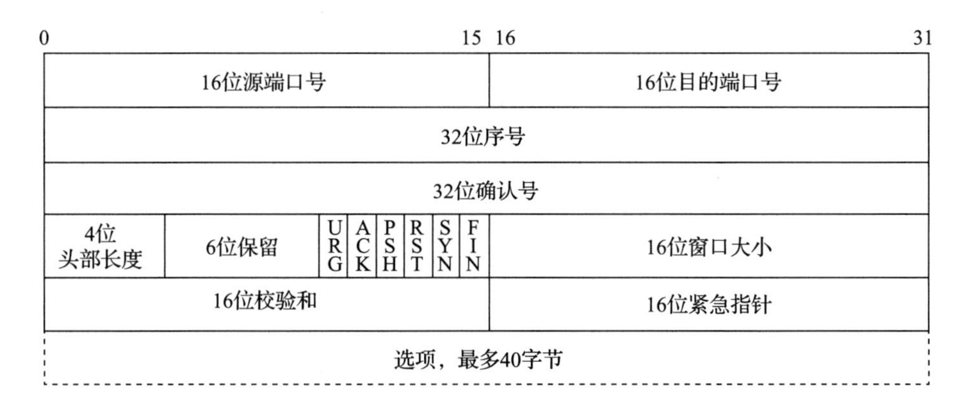

图 5-4　TCP 头部结构

2. 网络层

网络层是整个网络通信过程的枢纽，其核心职责包括：

1）路由选择：网络层通过路由算法决定数据包的最佳传输路径。

2）数据包转发：将接收到的数据包根据路由决策转发到下一个网络节点。

3）IP 地址管理：处理 IP 地址的分配、子网划分以及网络地址转换（即 NAT）。

4）错误处理和控制报文：生成和处理 ICMP（互联网控制消息协议）等控制报文，以响应网络通信中的错误和异常情况。

Linux 内核实现了 IPv4 和 IPv6 两种主要的互联网协议，它们定义了数据包的结构和传输机制。IP 协议栈负责处理数据包的封装、解封装以及地址解析。路由表是网络层进行路由决策的关键数据结构。FIB（Forwarding Information Base，转发信息库）是路由表的一种实现，它存储了目的网络到下一跳的映射信息，以支持快速的路由查找。除了 IP 协议，网络层还包括 ICMP、IGMP（互联网组管理协议）等辅助协议，它们用于网络通信的错误报告、主机发现和组播管理等功能。

图 5-5 是网络层发包的主要逻辑，下面是对关键步骤的详细解析。

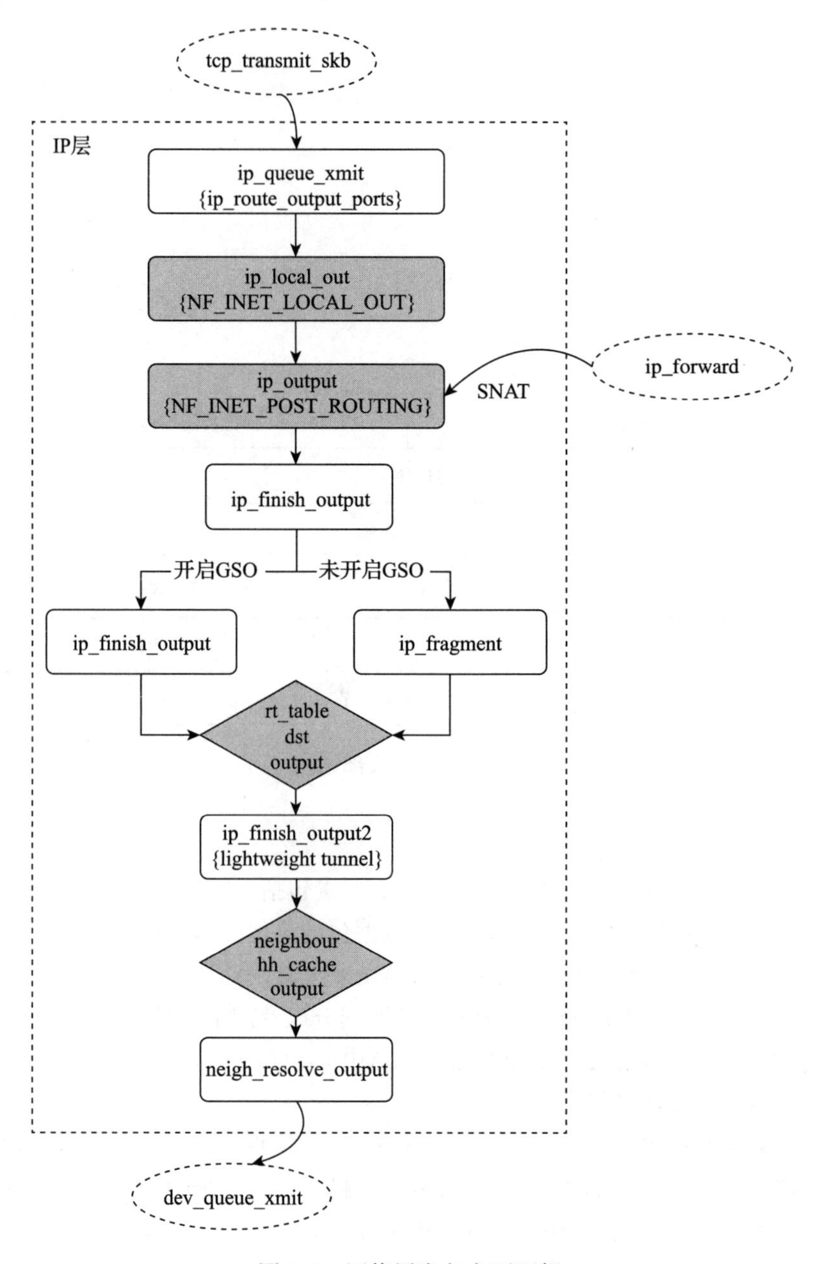

图 5-5 网络层发包主要逻辑

1）ip_queue_xmit：会根据五元组查找路由表，确认报文出口信息。确认之后，构建

IP 头部信息。

2）ip_local_out：主要负责处理本机构造并发送的 IP 报文。在数据包传输到链路层之前，它会经过 Linux 的 Netfilter（网络防火墙）的 NF_INET_LOCAL_OUT 链的处理。Netfilter 模块主要用于在数据包离开主机时执行各种网络相关的操作，如对报文进行过滤、修改、记录日志等。

3）ip_output：ip_output 是在查找路由表时由网络栈设置的回调函数。该函数负责将 IP 数据包从内核空间传递到 NIC。在这一过程中，它会经过 Netfilter 的 NF_INET_POST_ROUTING 链的处理。

4）ip_finish_output：主要是将数据报文传递给邻居子系统。这是根据 ip_queue_xmit 函数在路由查找过程中确定的路由信息来完成的。

5）neigh_resolve_output：处理和维护 IP 地址与 MAC 地址的关系。如果发现 ARP（Address Resolution Protocol，地址解析协议）缓存条目已经过期，系统将重新发起 ARP 请求以获取下一跳主机的 MAC 地址。一旦获得了正确的 MAC 地址，系统就会构建报文的以太网帧头部，形成完整的数据报文发送到外部网络上。

接下来将详细讲解其中的几个关键点。

（1）路由表

路由表用于决定网络数据包的转发路径。路由表包含了一系列路由规则，这些规则用于指导网络层如何将数据包从源主机传送到目标主机。可以使用 route 命令查看当前的路由表：

```
# route -n
Kernel IP routing table
Destination     Gateway         Genmask         Flags Metric Ref    Use Iface
0.0.0.0         192.168.1.1     0.0.0.0         UG    100    0        0 eth0
192.168.1.0     0.0.0.0         255.255.255.0   U     0      0        0 eth0
```

路由表由以下几个字段组成。

1）Destination（目标）：表示目的网络或主机。

2）Gateway（网关）：数据包应通过的网关。

3）Genmask（网络掩码）：用于和目的地址进行“与”操作，以确定该条目是否匹配。

4）Flags（标志）：表示路由条目的属性。例如：

① U：路由是活动的（up）。

② G：数据包须通过网关。

③ H：目标是一个主机。

④ D：这是一个由守护进程生成的路由。

⑤ M：这是一个修改过的路由。

5）Metric（度量值）：路由的优先级，较小值的优先级较高。

6）Iface（网络接口）：该路由条目关联的网络接口，例如 eth0。

（2）IP 头部

典型的 IPv4 头部长度为 20 字节（不包含可选字段），其结构如图 5-6 所示。其中，在 eBPF 解析报文时常用的字段如下。

1）IHL（Internet Header Length，互联网头部长度）：指示 IP 头部的长度，以 32 位字（4 字节）为单位。最小值为 5，表示 20 字节（无可选字段），最大值为 15，表示 60 字节。通常用 IHL 来确定 4 层头部的位置。

2）Protocol（协议，8 位）：上层协议指示符，如 TCP、UDP、ICMP 等。

3）Source Address（源地址，32 位）：数据包发送者的 IPv4 地址。

4）Destination Address（目的地址，32 位）：数据包接收者的 IPv4 地址。

IP 层头部结构如图 5-6 所示。

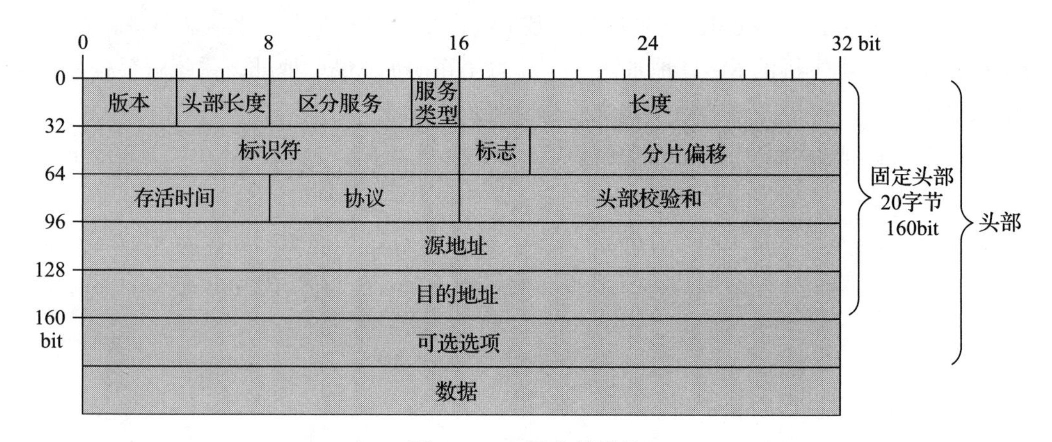

图 5-6　IP 层头部结构

下面的代码是内核中 IP 头部数据结构的定义，其中某些字段采用网络字节序进行存储。在使用 eBPF 进行数据处理时，需要特别注意这些字段的字节序，以确保数据的正确解析和操作。

```
struct iphdr {
    __u8    ihl:4,
        version:4;
    __u8    tos;
    __be16  tot_len;
    __be16  id;
    __be16  frag_off;
    __u8    ttl;
    __u8    protocol;
    __sum16 check;
    __be32  saddr;
```

```
    __be32  daddr;
};
```

（3）Netfilter

Netfilter 是 Linux 内核中的一个强大而灵活的网络子系统，它提供了一套完整的框架，允许管理员和开发者在数据包处理的不同阶段执行自定义的处理逻辑。Netfilter 可以用于实现复杂的网络功能，如防火墙规则、网络地址转换、数据包内容检查和修改等。它通过在内核中定义一系列的钩子（hook），使得数据包在传输过程中可以被拦截和处理。

Netfilter 不仅支持 IPv4/ IPv6，还可以与各种网络设备和协议栈协同工作。Netfilter 主要包含三个概念，分别如下。

1）表：Netfilter 使用表来组织和管理规则。每个表可以包含多个链，每个链包含一组规则。常见的表包括：

- filter：用于基本的包过滤。
- nat：用于网络地址转换。
- mangle：用于修改数据包的内容。
- raw：用于在路由决策之前处理数据包，通常用于配置无状态的包过滤。

2）链：链是表中的一组规则，数据包在通过钩子时会按照链中的规则顺序进行匹配。每个链可以有不同的策略，例如默认允许或默认拒绝。

- NF_INET_PRE_ROUTING：在路由之前处理进入的数据包。
- NF_INET_LOCAL_IN：处理到达本机的数据包。
- NF_INET_FORWARD：处理需要被转发的数据包。
- NF_INET_LOCAL_OUT：处理从本机发送的数据包。
- NF_INET_POST_ROUTING：在路由之后处理数据包。

3）规则：规则定义了匹配数据包的条件和对应的动作。规则可以基于源地址、目的地址、端口号、协议类型等条件进行匹配。常见的动作包括：

- ACCEPT：允许数据包通过。
- DROP：丢弃数据包。
- REJECT：拒绝数据包并通知发送方。
- LOG：记录数据包信息。

（4）邻居子系统

Linux 的邻居子系统是网络协议栈的一个重要组成部分，主要用于解决第三层（网络层）到第二层（数据链路层）的地址映射问题。在 IPv4 中，邻居子系统通常指的是 ARP；而在 IPv6 中，则是 NDP（Neighbor Discovery Protocol，邻居发现协议）。

neigh_output 函数是邻居子系统中用于处理数据包输出的关键函数之一。当一个数据包需要发送到网络上的另一台主机时，Linux 内核会使用邻居子系统来解析目标主机的第二层的地址（如 MAC 地址）。如果目标主机的第二层地址是未知的，则邻居子系统会发起一个邻居请求（在 IPv4 中是 ARP 请求，在 IPv6 中是 NDP 请求）来获取该信息。neigh_output 函数的主要任务如下。

1）检查邻居缓存条目中的信息是否有效（如 MAC 地址是否已知）。

2）如果邻居信息有效，直接将数据包发送到目标主机。

3）如果邻居信息无效或过期，可能需要发起邻居请求来获取最新的邻居信息。

4）更新邻居缓存中的信息，如最近一次使用的时间戳。

邻居子系统维护了一个邻居缓存，其中包含了已知邻居的 IP 地址到 MAC 地址的映射，以及一些状态信息，如邻居是否可达、最后一次通信的时间等。这使得后续的数据包发送可以快速完成，无须每次发送前都进行地址解析。

邻居子系统还负责处理邻居通告和邻居请求，以维持邻居缓存的准确性和有效性。例如，在 IPv6 中，邻居通告可以自发或因响应邻居请求而发送，用于确认主机的存在和其数据链路层地址。在 IPv4 中，ARP 请求和 ARP 应答也能起到类似的作用。

（5）ARP 缓存表

ARP 是网络通信中用于将 IP 地址转换为 MAC 地址的关键协议。在局域网（LAN）环境中，设备需要知道通信对方的物理地址，即 MAC 地址，以便在数据链路层上正确地传输数据。ARP 通过一系列的请求和响应过程，实现了这一转换。

ARP 缓存表是一个存储在网络设备上的临时数据库，用于存储 IP 地址和它们对应的 MAC 地址的映射关系。这个缓存表允许设备快速地将数据包发送到局域网内的其他设备，而无须每次都进行 ARP 请求。

在 Linux 系统中，arp -n 命令用于显示当前的 ARP 缓存表。这个命令的输出包含了网络层的 IP 地址和链路层的 MAC 地址之间的映射关系。

```
# arp -n
Address                  HWtype  HWaddress           Flags Mask            Iface
10.0.0.253               ether   ee:ff:ff:ff:ff:ff   C                     eth0
```

下面是对输出结果的解析。

1）Address：表示网络层的 IP 地址。

2）HWtype：硬件类型，通常表示底层网络协议，这里 ether 代表以太网。

3）HWaddress：显示的是与 Address 对应的硬件地址，这里是 ee:ff:ff:ff:ff:ff。MAC 地址是由 6 个字节组成的，通常用十六进制数表示，并用冒号或破折号分隔。MAC 地址是 NIC 的唯一标识符，用于在局域网内直接通信。

4）Flags：是 ARP 条目的状态标志。这里的 C 表示 Complete，意味着该 IP 地址到 MAC 地址的映射是完整的，即已经通过 ARP 协议成功解析了 IP 地址对应的 MAC 地址。

5）Mask：表示与 IP 地址相关的子网掩码，一般情况下为空。

6）Iface：表示该 ARP 条目关联的网络接口，这里是 eth0。

3. 数据链路层

数据链路层确保设备间数据传输的可靠性和通信控制。以下是该层发送数据包的关键函数及其执行的操作。

1）dev_queue_xmit：检查当前是否有队列存在。例如，软件虚拟网卡（如 lo）通常没有队列，此时数据包将直接发送到硬件。若有队列，则将数据包加入 TC Qdisc 队列中。

2）Traffic Control（TC，流量控制）：这是一个用于管理和控制网络接口流量的工具，我们将在后续部分对它进行详细分析。

3）validate_xmit_skb：如果启用了 GSO 功能，数据包将在此步骤被分割，以符合 MTU 的限制。在图 5-7 中，可以看到对 TCP 数据包进行分割的调用顺序：skb_mac_gso_segment、inet_gso_segment 和 tcp_gso_segment。

4）dev_hard_start_xmit：如果存在挂载的钩子，则会调用相应的处理函数。例如，常用的网络分析工具 tcpdump 就是挂载在这个环节。

5）netdev_start_xmit：调用网卡驱动程序的函数，它将数据包发送给网卡驱动。例如，Virtio 网卡会调用其 start_xmit 函数。

下面就来介绍一下流量控制机制及报文类型的数据结构（packet_type），以及网卡驱动（以 Virtio 网卡为例）。

（1）流量控制机制

TC 能够对网络数据包进行操作，以优化网络性能和提升服务质量。以下是 TC 功能的详细介绍，分为 4 个主要方面。

1）SHAPING：流量整形是指控制数据传输的速度。这不仅可以减少带宽的浪费，还能平滑流量的突发，从而改善网络的整体行为。整形操作主要在出口方向执行，即在数据包离开本地网络接口时对速率进行控制。令牌桶算法是一种常见的整形方法，它通过控制令牌的生成速度来限制数据包的发送速率。层次化令牌桶则允许创建一个分层的带宽分配结构，以实现更复杂的流量整形。

2）SCHEDULING：流量调度是对数据包传输进行排序的过程，目的是提高交互性流量的响应速度，并确保大规模传输的带宽需求得到满足。调度也被称为优先级排序，主要在出口方向进行。优先级队列（Priority Queuing）根据数据包的优先级进行排序，而加权公平队列（Weighted Fair Queueing，WFQ）则为每个流量流分配不同的权重，实现更公平的带宽分配。

3）POLICING：流量策略执行是对进入网络的流量进行控制的过程。与流量整形不同，策略执行主要发生在入口方向，即在数据包到达本地网络接口时进行控制。速率限制（Rate Limiting）用于限制进入接口的数据包速率，而流量过滤则根据特定规则允许或拒绝数据包的传输。

数据链路层发包流程如图 5-7 所示。

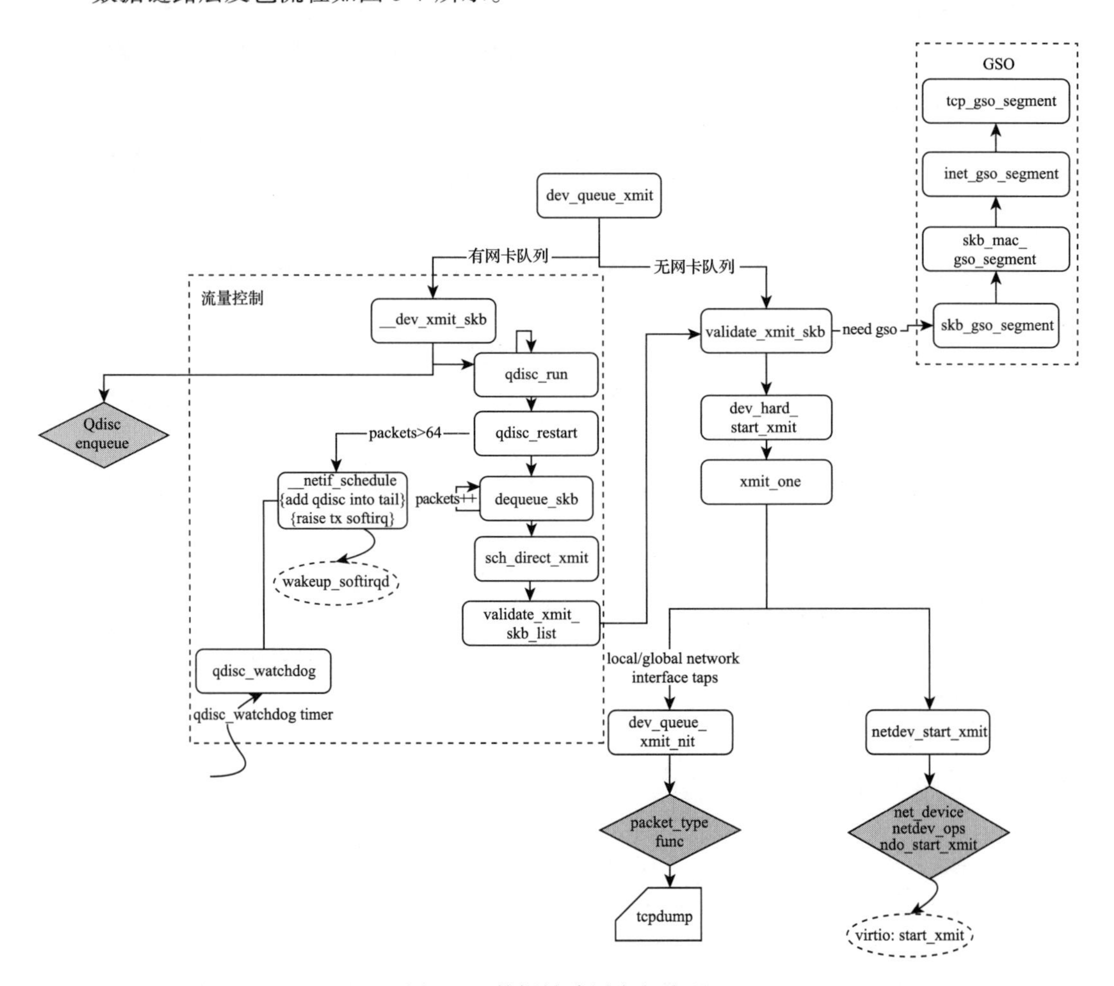

图 5-7　数据链路层发包流程

4）DROPPING：当流量超过设定的带宽限制时，超出部分的流量可以被立即丢弃。这一操作既可以在入口方向执行，也可以在出口方向执行，以确保网络的稳定性和服务质量。

Qdisc（排队规则）可以大致分为两类：有分类的 Qdisc（Classful Qdisc）和无分类的 Qdisc（Classless Qdisc）。有分类的 Qdisc 允许更细粒度的流量控制，可以针对不同的流量类型或流应用不同的规则和优先级。而无分类的 Qdisc 对所有流量使用统一的处理策略，通常更简单、更容易配置。在实际应用中，根据网络需求和复杂性，网络管理员可以选择适当的 Qdisc 类型来实现所需的流量控制策略。以下是这两类 Qdisc 的主要特点。

1）有分类的 Qdisc 允许对不同类型的流量应用不同的规则和优先级。它们通常用于实现复杂的流量管理策略，如服务质量（QoS）保证。以下是一些常见的有分类的 Qdisc。

① HTB（Hierarchical Token Bucket，分层令牌桶）：HTB 是一种层次化的令牌桶 Qdisc，允许创建一个树状结构的类，每个类都有自己的带宽配额和过滤器。

② CBQ（Class-Based Queueing，基于分类的队列）：CBQ 允许基于数据包的属性（如源地址、目的地址、端口号）将流量分类到不同的类中，并对每个类应用不同的规则。

③ PRIO（Priority Queuing，优先级队列）：PRIO 为不同类型的流量设置不同的优先级，高优先级的流量会先被处理。

④ RED（Random Early Detection，随机早期检测）：虽然 RED 本身不分类，但它可以与有分类的 Qdisc 结合使用，以对不同类型的流量应用不同的丢弃策略。

⑤ ETS（Enhanced Transmit Selection，增强传输选择）：ETS 是一种基于类的加权公平队列，为每个类分配不同的带宽权重。

2）无分类的 Qdisc 对所有流量应用相同的规则，不区分数据包的类型或属性。它们通常用于实现简单的流量控制策略。以下是一些常见的无分类的 Qdisc。

① pfifo_fast：这是一个快速的先进先出（FIFO）队列，它将所有流量放入一个队列中，按到达顺序发送。

② TBF（Token Bucket Filter，令牌桶过滤器）：对所有流量应用相同的速率限制，不区分数据包类型。

③ SFQ（Stochastic Fairness Queuing，随机公平队列）是一种为每个数据流分配一个小型固定缓冲区的公平队列，它试图公平地处理每个流，本身不进行复杂的分类。

④ FQ（Fair Queuing，公平队列）：FQ 是一种为每个数据流分配一个队列的公平队列，它试图平衡所有活动的流，但不需要分类。

⑤ CoDel（Controlled Delay，延迟控制）：CoDel 是一种 AQM（主动队列管理）算法，它控制队列的延迟而不是丢弃数据包，它对所有流量应用相同的延迟控制策略。

⑥ PIE（Proportional Integral controller Enhanced，增强型比例积分控制器）：PIE 是另一种 AQM 算法，类似于 CoDel，但进行了一些改进，对所有流量使用相同的控制策略。

（2）网卡驱动发包流程

网卡驱动充当操作系统内核与实际网卡硬件之间的桥梁，提供必要的接口和功能，以实现网络数据的发送和接收。图 5-8 是 Virtio 网卡驱动发包的主要流程。

Virtio 网卡驱动发包流程涉及以下函数。

1）start_xmit 函数：发送流程通常从 start_xmit 函数开始，该函数负责初始化和资源释放。它会检查并释放旧的已发送数据包（sk_buff），以确保有足够的资源进行新的数据包发送。

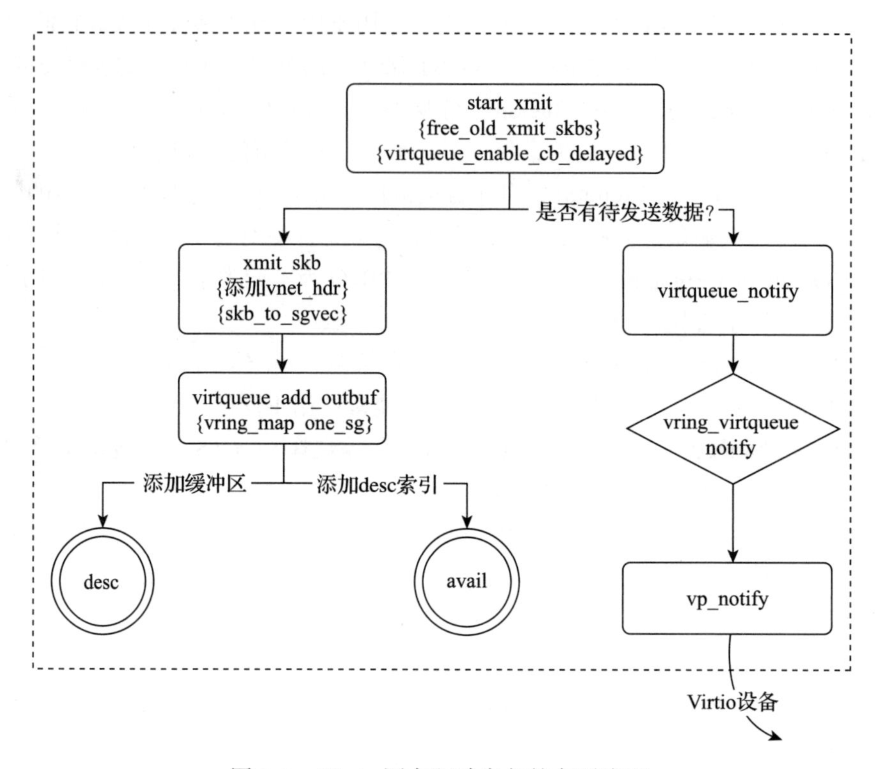

图 5-8 Virtio 网卡驱动发包的主要流程

2）xmit_skb 函数：该函数的职责是准备即将发送的数据包。首先，它向数据包添加一个 virtio_net_hdr 头部，该头部包含了数据包的元数据，如校验和、分片信息等。其次，它将数据包（sk_buff）转换成一个或多个散列 / 聚合向量（即 scatter-gather list，简称 sg 列表），这些向量描述了帧数据在内存中的分布位置和长度。

3）virtqueue_add_outbuf 函数：此函数负责将准备好的数据包添加至 Virtio 队列中。具体来说，它将数据包放入 Virtio 队列的输出缓冲区，并利用 Virtqueue 机制将数据包的描述符添加到队列。vring_map_one_sg 函数则用于将散列 / 聚合列表映射到 Vring 描述符，以便 Virtio 设备可以正确处理数据包。

4）virtqueue_notify 函数：在数据包被添加到队列之后，使用 virtqueue_notify 宏来通知 Virtio 设备有新的数据包可供处理。virtqueue_kick_common 是通知设备有新的数据需要处理的主要函数。该功能主要通过 virtqueue_notify 实现，这实际上是在告知 Virtio 设备数据队列已发生更新（即添加了新的数据包）。

5）vp_notify 函数：此函数用于通知 Virtio 网卡的后端驱动程序：已有新的数据包被

添加到 Virtio 队列中，准备就绪并可供处理。

5.1.2　网络收包流程

5.1.1 小节从顶层到底层详细阐述了网络数据包的发送流程。本小节将采取自底向上的方法来介绍网络数据包的接收流程，涉及硬中断、软中断、数据链路层、网络层以及传输层。

1. 硬中断

硬中断的处理是快速的，主要完成一些紧急的任务，如读取硬件寄存器、清除中断信号等，以确保系统的实时响应性。这些处理程序在中断上下文中运行，不可阻塞，应该快速执行，以保证尽快恢复被中断的代码的执行。当网卡收到数据包时，就会发出一个中断信号。图 5-9 是 Virtio 网卡硬中断的处理流程。

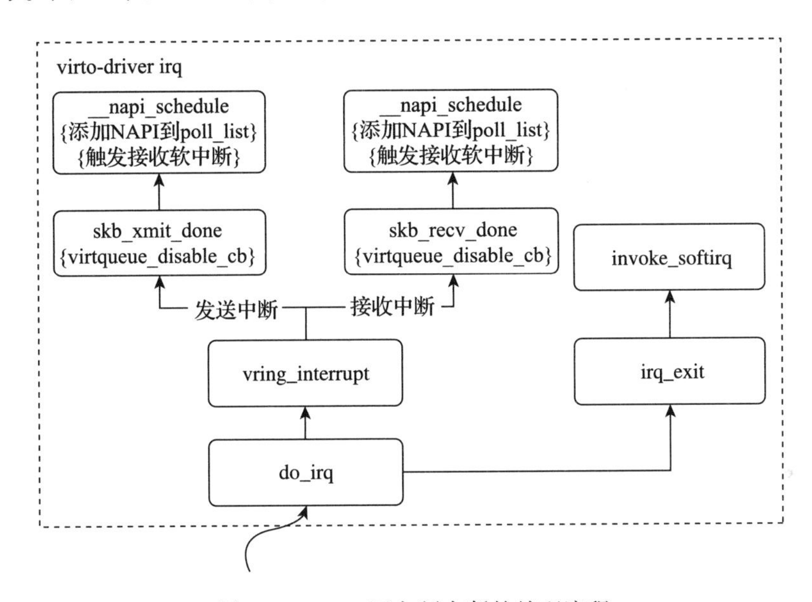

图 5-9　Virtio 网卡硬中断的处理流程

当 Virtio 网络后端设备在发送完成或接收到数据包时，会触发硬件中断。驱动程序会通过注册的中断处理函数来捕获和处理这些中断。Virtio 网卡硬中断后续处理所涉及的主要函数及其执行的操作如下。

1）do_irq：中断处理函数 do_irq 是所有中断的入口点，从硬件读取中断状态，确定是发送完成中断或者接收数据包中断。根据不同的中断类型，调用合适的 Virtqueue 中断处理函数。

2）vring_interrupt：vring_interrupt 是 Virtqueue 的中断处理函数，它负责处理 Virtio

队列中的中断，检查 Virtqueue 中是否有新的数据包到达或者发送完成的信号。根据检查结果，决定是否触发 NAPI（New API）的调度程序来处理收到的数据包，或完成发送的信号。

3）skb_recv_done：负责管理该网卡队列的中断，确保不会发生中断的重复触发，以防止不必要的中断处理。

4）__napi_schedule：该函数是 NAPI 机制的一部分，用于高效处理网络数据接收。该函数将 NAPI 结构添加到 NAPI 轮询列表中，并触发接收软中断，以便异步处理数据包，从而避免了硬中断处理时间过长的问题，提高了系统的响应效率。

5）irq_exit 和 invoke_softirq：一旦硬中断处理函数完成上述操作，系统将调用 irq_exit，退出中断处理程序，恢复原有的系统状态。同时调用 invoke_softirq 软中断的处理程序，将数据包处理推迟到稍后执行，以尽量减少在硬中断处理函数中的处理时间。

2. 软中断

当网络设备（如网卡）收到数据包并触发硬件中断时，硬中断处理程序会迅速响应，执行必要的紧急任务，并将后续处理工作推迟到软中断阶段。软中断机制允许 Linux 内核在中断上下文中快速响应网络事件，同时将耗时的处理任务推迟到一个更合适的时机执行，提高了系统的整体性能和稳定性。图 5-10 是内核软中断的处理流程。

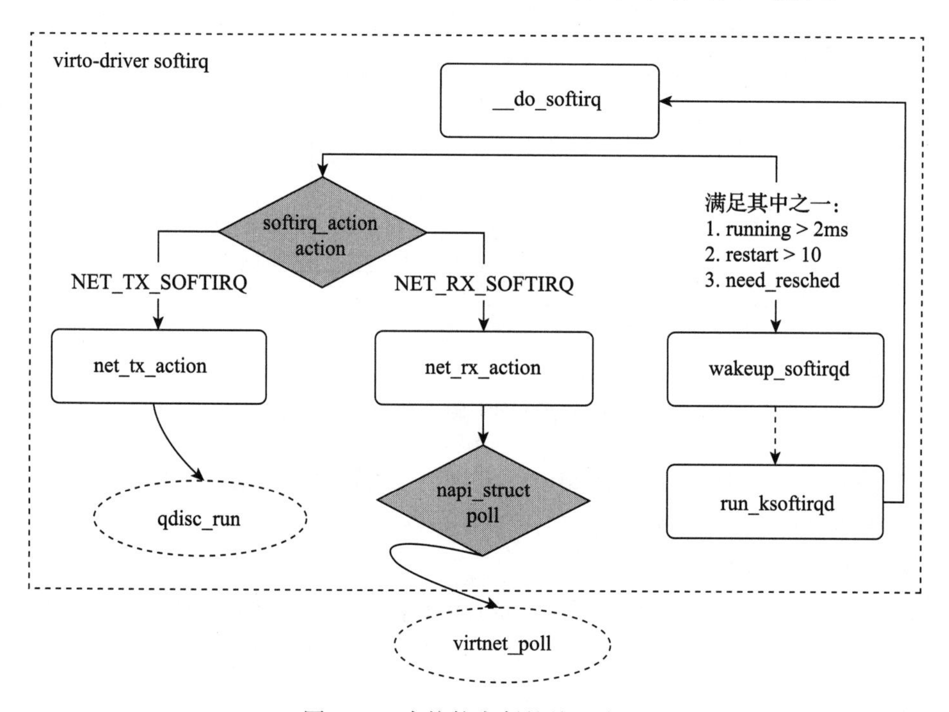

图 5-10 内核软中断的处理流程

下面对内核软中断处理主要流程涉及的相关函数及其执行的操作进行说明。

1）__do_softirq：软中断处理始于__do_softirq函数。该函数负责执行所有注册在软中断队列上的处理例程。无论是在中断上下文还是内核执行流程中，软中断的处置均通过这一入口进行。

2）softirq_action：是具体执行软中断处理的核心调度器，它根据软中断类型调用适当的处理函数。网络有两个软中断类型，分别是NET_TX_SOFTIRQ（网络发送软中断）和NET_RX_SOFTIRQ（网络接收软中断）。

3）net_tx_action（发送软中断处理）：net_tx_action函数负责处理已暂停的数据包发送任务。它从发送队列中提取数据包并发送出去。在发送完成后，该函数会更新队列的状态，并可能重新启动发送队列，以便准备发送更多数据。

4）net_rx_action（接收软中断处理）：net_rx_action函数负责处理网络接收任务。它调用napi_struct的poll方法来处理网络设备接收队列中的数据包。该函数将已接收的数据包传递到网络协议栈的更高层次进行进一步处理。

5）napi_struct poll ：napi_struct的poll方法是NAPI用于高效处理网络数据包的核心功能。其处理流程包括3个主要步骤：首先，它从网络设备的缓冲区中提取数据包；其次，调用相应的设备驱动程序的poll函数来处理这些接收到的数据包；最后，对于使用Virtio网卡的设备，会特别调用virtnet_poll函数来进一步处理数据包。

6）run_ksoftirqd和wakeup_softirqd：一些情况下，为了避免软中断长时间占用CPU，一旦软中断超过一定时间，系统会启动内核线程（ksoftirqd）来处理，确保软中断的处理不会影响到系统的实时性能。run_ksoftirqd和wakeup_softirqd就是唤醒ksoftirqd去执行软中断的函数。

Linux内核通过软中断机制，特别是net_tx_action和net_rx_action这两个关键处理函数，实现了高效的数据包处理。而NAPI进一步优化了数据包处理流程，减少了中断开销。在虚拟化环境中，Virtio网卡驱动利用这些机制实现了高效的网络数据包传输和接收。理解这些流程有助于优化和调试网络驱动程序。

前面介绍了内核处理软中断流程，接下来看看virtnet_poll的具体收包逻辑。virtnet_poll是Virtio网卡驱动的主要轮询函数，处理接收和发送的数据包。Virtio网卡驱动轮询流程如图5-11所示。

Virtio网卡驱动轮询流程涉及的主要函数及其执行的操作如下。

1）virtnet_poll：入口处理函数不仅负责接收数据包的逻辑，还会调用virtnet_poll_cleantx函数来清理发送队列。这一过程涉及释放已经成功发送报文所占用的资源。

2）virtnet_receive：当从网卡队列中提取报文数据时，receive_mergeable函数负责合并可合并的数据包。这指的是将多个小数据包从不同缓冲区聚合成一个大的数据包，从而提高处理效率。该函数将分散的数据累积成一个单一的数据包，并将该数据包传递给上层处理。对于超出单个缓冲区处理能力的大型数据包，receive_big 函数会进行特殊处理，可能涉及额外的内存管理和数据重组，以确保数据的完整性和准确性。对于能在单个缓冲区内处理的小型数据包，receive_small 函数将直接高效地处理，无须额外的内存管理或数据重组。

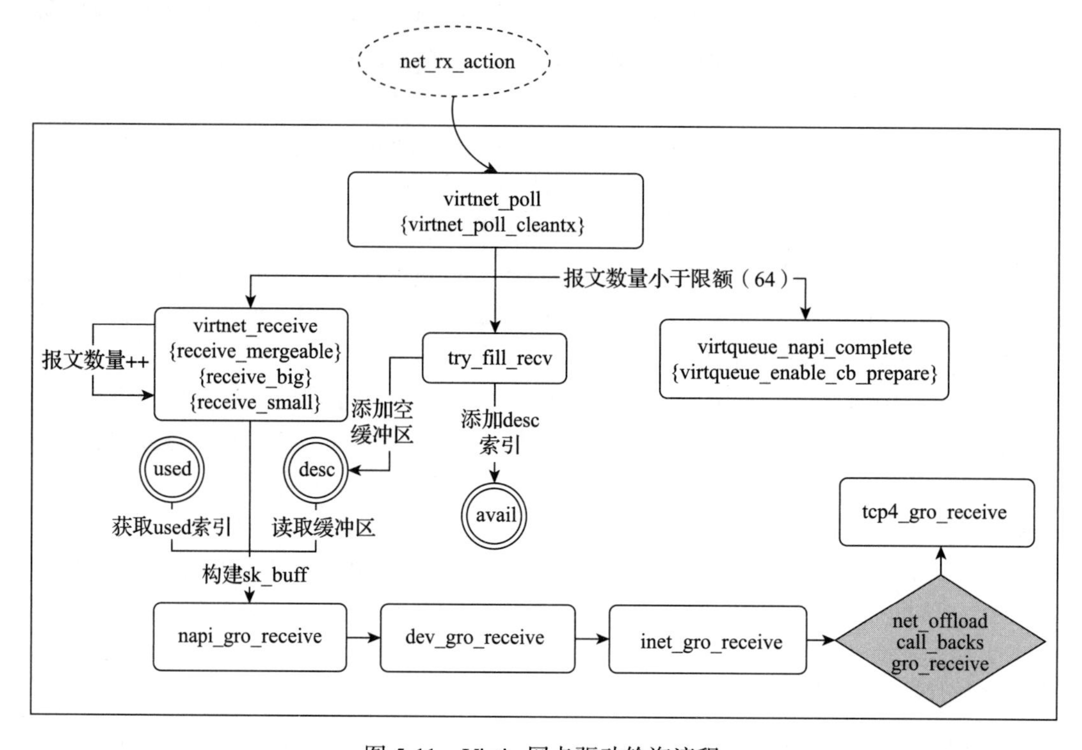

图 5-11　Virtio 网卡驱动轮询流程

3）napi_gro_receive：接收到报文数据后，系统利用 GRO 机制来优化网络数据处理，其中 dev_gro_receive 负责初步接收，inet_gro_receive 处理 IPv4 数据包的合并，而针对 IPv4 上的 TCP 流量，tcp4_gro_receive 函数会被调用以完成特定协议的报文合并工作。

4）try_fill_recv：由于接收队列已被报文数据填满并占用了相应的内存区域，因此需要向队列中添加空闲缓冲区，以确保 Virtio 后端可以继续接收并填充新的报文数据。

5）virtuqueue_napi_complete：验证提取的数据包数量是否未达到预设的限额（默认为 64 个）。如果未达到限额，表明当前队列可能已经处理完毕，此时应该重新启用网卡队列的中断通知功能，以继续接收新的数据包。

3. 数据链路层

接收数据包的流程始于数据链路层，涉及多个步骤。该流程从接收到帧开始，通过不同的协议函数指针将数据包传递至更高层次的处理程序。这一流程包括数据包的有效性检查、协议分发、多 CPU 负载均衡以及最终的处理。数据链路层的收包流程请参考图 5-12。

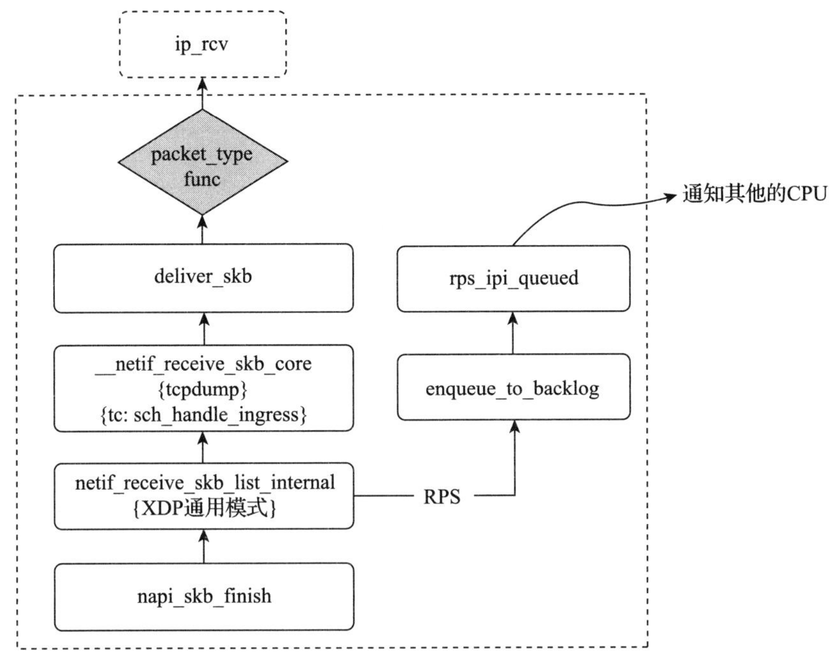

图 5-12　数据链路层的收包流程

以下是数据链路层收包时的关键处理函数及其执行的操作。

1）napi_skb_finish：在基于 NAPI 机制的接收流程中，napi_skb_finish 负责结束数据包的处理流程，并将数据包交给内核协议栈。

2）netif_receive_skb_list_internal：作为内核协议栈的处理入口，它承担着标准数据包处理的任务，并融合了通用 XDP 技术以实现数据包的加速处理。此外，启用 RPS（Receive Packet Steering，接收包控制）功能时，系统会根据报文的特征智能地将报文定向到最合适的 CPU，优化网络数据流的分布和处理效率。

3）__netif_receive_skb_core：这是核心的数据包处理函数，负责验证数据包的完整性和有效性。该函数会根据数据包的协议类型调用相应的处理程序。同时，它还集成了 tcpdump 网络分析工具和流量控制模块中的 sch_handle_ingress 功能，确保数据包能够被正确捕获并进行有效的流量管理。

4）deliver_skb：在接收到链路层的帧后，内核使用不同的方法将帧传递给更高层协议。packet_type 结构用于确定这些报文应该被传递到哪个协议进行处理。packet_type.func 是一个函数指针，标识不同报文类型要调用的协议处理函数。比如收到 IPv4 报文时，将这个指针指向 ip_rcv 函数。packet_type 的数据结构如下所示。

```
struct packet_type {
    __be16              type;
    struct net_device   *dev;     //接收数据包的网络设备
    int                  (*func) (struct sk_buff *, struct net_device *, struct
        packet_type *, struct net_device *);
                                  //回调函数指针，用于处理接收到的数据包
    void                *af_packet_priv;
    struct list_head    list;     //链表头，用于将packet_type实例链接成链表
};
```

4. 网络层

网络层的数据包接收流程包括了多步骤的验证、路由、转发和递交到上层协议的过程。网络层收包流程如图 5-13 所示。

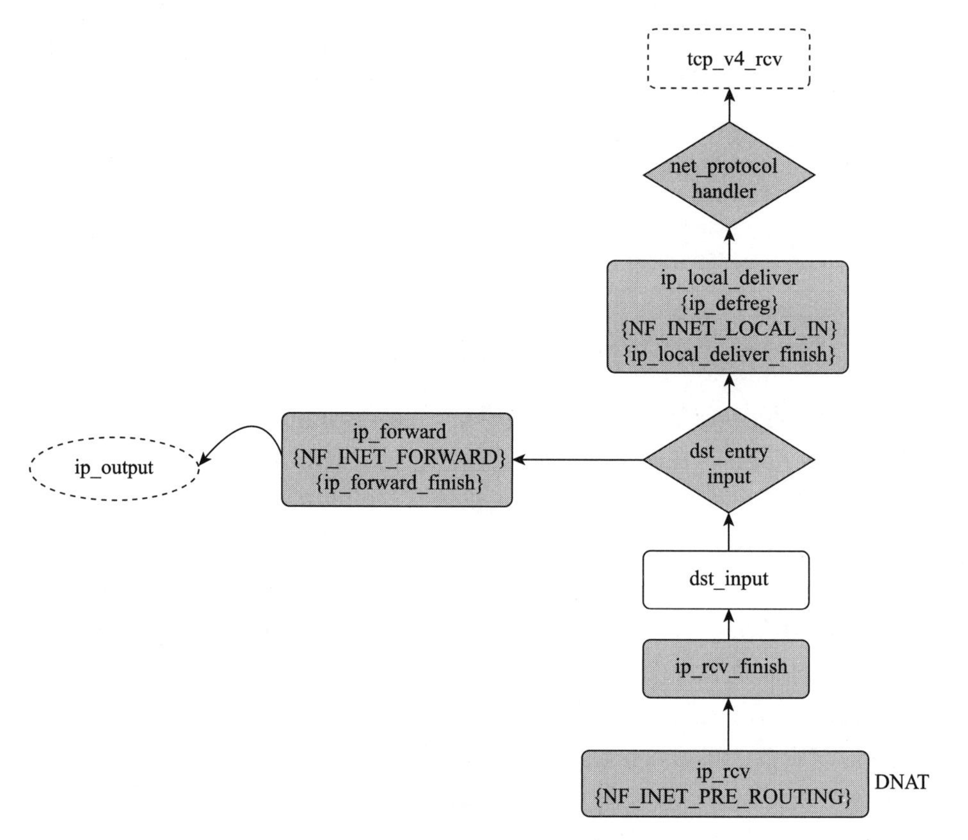

图 5-13　网络层收包流程

网络层收包流程的关键处理函数及其执行的操作如下。

1）ip_rcv：当数据包从链路层传递至网络层时，ip_rcv 函数作为网络层的主要接收点。它负责执行 IP 数据包头的基础验证和预路由处理，涉及检查数据包的大小、验证 IP

头部的校验和，以及触发 Netfilter 框架中的 NF_INET_PRE_ROUTING 钩子，以便在进行路由决策之前执行必要的操作。以下是该处理逻辑的代码。

```
int ip_rcv(struct sk_buff *skb, struct net_device *dev, struct packet_type
    *pt, struct net_device *orig_dev) {
    /*代码略*/
    return NF_HOOK(NFPROTO_IPV4, NF_INET_PRE_ROUTING,
                   dev_net(dev), NULL, skb, dev, NULL,
                   ip_rcv_core);
}
```

2）ip_rcv_finish：该函数继续深化对 IP 数据包的处理，它负责解包 IP 头部。对于需要转发的数据包，它会调用 ip_forward 函数进行处理；而对于目的地为本机的数据包，则会调用 ip_local_deliver 函数来执行相应的交付处理。

3）ip_local_deliver：对于目标为本机的 IP 数据包，ip_local_deliver 函数负责处理。首先，它调用 ip_defreg 对数据包进行分片重组操作，确保数据包的完整性。然后，触发 Netfilter 框架中的 NF_INET_LOCAL_IN 钩子，以便执行任何特定的本地输入过滤规则。最终，通过调用 ip_local_deliver_finish 函数，数据包被传递给上层的网络协议栈进行进一步的处理和交付。下面是该部分处理逻辑的代码。

```
int ip_local_deliver(struct sk_buff *skb) {
    /* 代码略 */
    skb = ip_defrag(skb);
    return NF_HOOK(NFPROTO_IPV4, NF_INET_LOCAL_IN,
                   dev_net(skb->dev), NULL, skb, skb->dev, NULL,
                   ip_local_deliver_finish);
}
```

4）ip_local_deliver_finish：下面的代码展示了 ip_local_deliver_finish 函数的主要逻辑，该函数负责将解码后的 IP 数据包上交给更高层的协议处理函数。以 TCP 协议为例，此时会调用 tcp_v4_rcv 函数来进一步处理 IPv4 上的 TCP 数据包。

```
int ip_local_deliver_finish(struct sk_buff *skb) {
    /*代码略*/
    protocol = ip_hdr(skb)->protocol;
    switch (protocol) {
        case IPPROTO_TCP:
            return tcp_v4_rcv(skb);
        /*代码略*/
    }
}
```

5）ip_forward：以下是 ip_forward 函数处理的代码。对于需要转发的 IP 数据包，ip_forward 函数负责执行转发操作。它首先触发 Netfilter 框架中的 NF_INET_FORWARD

钩子，以便采取必要的网络处理策略。然后，调用 ip_forward_finish 函数来完成实际的数据包转发操作，确保数据包能够被正确地发送到下一个目的地。

```
int ip_forward(struct sk_buff *skb) {
    /*代码略*/
    return NF_HOOK_COND(NFPROTO_IPV4, NF_INET_FORWARD,
                        dev_net(skb->dev), NULL, skb, skb->dev,
                        rt->dst.dev, ip_forward_finish,
                        NF_HOOK_DROP);
}
```

6）ip_forward_finish：该函数负责执行数据包的实际转发流程，它将对数据包进行重新封装，并将其定向发送至下一跳地址。这个过程包括更新数据包的 IP 头部信息，以及处理与转发路径相关的特定细节。

5. 传输层

图 5-14 给出了传输层收包的流程。传输层根据 socket 的当前状态，调用相应的处理函数来确保报文得到正确且高效的处理。这个过程不仅涉及数据的接收和验证，还可能包括对 socket 状态的更新、错误处理，以及对特定协议要求的响应。

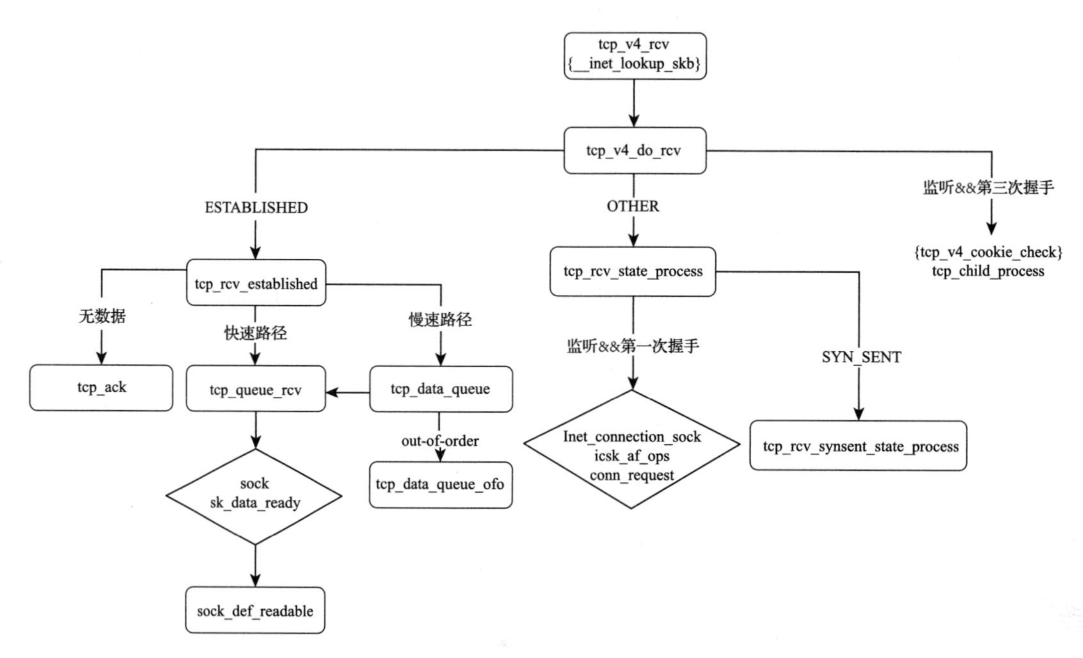

图 5-14　传输层收包的流程

传输层收包的核心流程和涉及的相关函数及其执行的操作如下。

1）tcp_v4_rcv：该函数是处理接收数据包的核心函数，其主要代码如下所示。它作为传输层接收数据的起点，负责接收来自网络层的数据包，并进行初步处理和分类。该函数依据数据包头部包含的五元组信息，即源地址和端口、目标地址和端口以及协议类型来查找并匹配相应的 socket，从而确保数据能够正确地交付到目标应用程序。

```
int tcp_v4_rcv(struct sk_buff *skb) {
    struct sock *sk;
    struct tcphdr *th;
    struct net *net;
    __be32 seq;
    const enum tcp_tw_status tw_mark;

    sk = inet_lookup_skb(&tcp_hashinfo, skb, th_len, &seq);

    if (sk != NULL) {
        tcp_v4_do_rcv(sk, skb);
        return 0;
    }

    //若sk != NULL，调用tcp_v4_do_rcv进一步处理
    return -1;
}
```

2）tcp_v4_do_rcv：该函数是专门负责处理 TCP 数据包在不同状态下的接收逻辑的关键，其实现如下所示。

```
int tcp_v4_do_rcv(struct sock *sk, struct sk_buff *skb) {
    if (sk->sk_state == TCP_ESTABLISHED) {
        return tcp_rcv_establish(sk, skb);
    }
    if (sk->sk_state == TCP_LISTEN) {
        if (tcp_child_process(sk, nsk, skb)) {
            rsk = nsk;
            goto reset;
        }
    }
    //处理其他状态
    return tcp_rcv_state_process(sk, skb);
}
```

当 socket 处于 ESTABLISHED 状态时，它会调用 tcp_rcv_established 函数来处理数据包，以维持现有的连接并处理传输的数据。如果 socket 处于 LISTEN 状态，通常意味着接收到了一个新的连接请求，此时会调用 tcp_accept 函数来创建一个新的 socket，以便处理该连接请求。对于其他状态，数据包的处理则统一交由 tcp_rcv_state_process 函数来完成，确保各种状态下的 TCP 连接都能得到适当的处理。

3）tcp_rcv_established：该函数通过快速路径和慢速路径两种方式处理已建立连接状

态下的 TCP 数据包。其中，快速路径针对按序到达且无须复杂处理的数据包，通过简化流程来提高效率，而慢速路径则处理乱序、紧急数据和特殊 TCP 标志等复杂情况，确保 TCP 连接的可靠性和数据完整性。

4）tcp_rcv_state_process：该函数负责处理非 ESTABLISHED 状态下 TCP 连接接收到的数据包。由于涉及的处理逻辑较为复杂，这里不进行深入讨论。

5.1.3 内核网络抖动问题分析

"高频率、难攻克"一直是业界对抖动问题的评价，特别是在云计算场景下，复杂的网络拓扑，众多的业务承载形态，容器、虚拟机和传统的物理机并存，业务的应用也出现了微服务众多、多语言开发、多通信协议的鲜明特征，这给我们定位这类问题带来了非常大的挑战。试想从我们的手机或者 PC 浏览器发出的一个付款请求，可能要经过你的家庭路由器、运营商网络、云服务商的物理网络与虚拟网络，以及电商的服务器、容器或者虚拟机，最后才是具体的服务程序对请求进行处理，这里面每个节点都可能存在延迟。所有涉及网络请求和处理的地方，都会存在业务网络抖动的情况。

到具体业务和应用处理上，由于操作系统上面跑着各种任务，相互之间的调度和处理都会有干扰，内存分配、报文解析、I/O 访问延迟等，都给我们分析抖动问题带来困难。

1. 网络抖动的定义和现象

那么，什么是网络延迟？什么是网络抖动？云计算场景中抖动都有哪些具体的现象？

网络延迟是指报文在网络中传输所用的时间，即从报文开始进入网络到它开始离开网络所经历的时间。各式各样的数据在网络介质中通过网络协议（如 TCP/IP）进行传输，如果信息量过大不加以限制，超额的网络流量就会导致设备反应缓慢，从而造成网络延迟。

而**抖动**是 QoS 里面常用的一个概念，当报文经过交换机、路由器等设备时，容易出现网络拥塞，通常报文会进行排队，这个排队延迟将影响端到端的延迟，并导致通过同一个连接进行传输的报文经历的延迟各不相同，所以抖动用来描述这类延迟变化的程度。**网络抖动值越小**说明网络质量越稳定。举例说明，假设 A 网络最大延迟是 15 ms，最小延迟为 5 ms，那么网络抖动值是 10ms。

总之，网络抖动是指在某一时刻业务的流量下跌、正常业务指标受损，网络出现延迟等。延迟和抖动主要的后果是**影响用户体验**，特别是在游戏场景中更是不能有抖动。

另外，云场景下，用户不仅关心正常场景的平均延迟，对异常场景下的长尾延迟也越来越关注。影响长尾延迟的因素有很多，如宕机、网络延迟、磁盘抖动、系统宕机等。长尾延迟还存在着放大效应，比如系统 A 串行向系统 B 发送 5 个请求，前一个请求返回才能进行后一个请求，当系统 B 出现一个慢请求时，会堵住后面 4 个请求，系统 B 中的

1 个慢 I/O 可能会造成系统 A 的 5 个慢 I/O。所以，每个节点的每一个系统服务都有义务主动减少或降低延迟。云场景中复杂的网络包括 SLB（服务器负载均衡）、vSwitch（虚拟交换机）、vRouter（虚拟路由器）、vBRouter（边界虚拟路由器）和 Datacenter（数据中心），以支持在 VPC（Virtual Private Cloud，虚拟私有云）内的 ECS（弹性计算服务）的需求。网络请求链路示意图如图 5-15 所示。

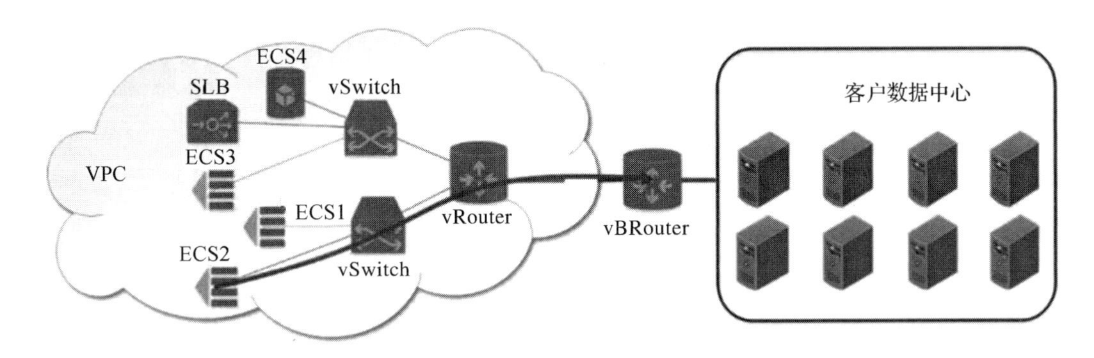

图 5-15　网络请求链路示意图

在云计算场景下，我们通常说的网络抖动，可能有如下现象。

1）两台 ECS（弹性计算服务器）之间从发出 ping 请求到回复的正常水平是 5ms，在某个时间点突然发生抖动，增加至 50ms，随后马上恢复。

2）SLB 服务器上的 HTTP 请求平均延迟的正常水平在 10ms，在某个时间点突然发生抖动，整体延迟增加至 100ms，随后马上恢复。

3）通过 ECS 访问 RDS 数据库，在某个时间点突然打印大量请求超时日志（持续时间为秒级，随后马上恢复。

从上述现象可以看出，它可能是**由发送端和接收端之间的链路或系统内部的一个瞬时抖动引发**，比如业务所在 Linux 系统中崩溃，或者链路有丢包重传、网卡使能 / 禁用、交换机缓存瞬时打满等现象。

我们先看一下解决网络延迟和抖动的一般方法。

1）在交换机和路由器等设备上主动避免网络报文排队和缩短处理的时间。

2）在云网络及上云等网关设备上主动降低延迟处理次数，并通过硬件提高转发速度，以及通过 RDMA 技术降低时延。

3）在业务应用所在的虚拟机或者容器中，开启 TCP 的 TSO 功能，并采用零复制等技术降低延迟。

2. 网络抖动的衡量指标

衡量“网络抖动”的指标，大家能想到的肯定是看业务的请求和回复报文的延迟是多少，即延时或者响应时间（Reponse Time，RT）。在云计算场景中，具体化到了一些特定的网络指标，比如响应时间、吞吐量、并发数、QPS、TPS 等。其中一些指标的含义如下。

（1）响应时间

响应时间是指执行一个请求从开始到最后收到响应数据所花费的总体时间，即从客户端发起请求到收到服务器响应结果的时间。响应时间是衡量系统性能最重要的指标之一，它的数值大小直接反映了系统的快慢。

对于一个游戏软件来说，响应时间小于 100ms 应该是不错的，响应时间在 1s 左右可能属于勉强可以接受，如果响应时间达到 3s 就完全难以接受了。而对于编译系统来说，完整编译一个较大规模软件的源代码可能需要几十分钟甚至更长时间，但这些响应时间对于用户来说都是可以接受的。所以响应时间的多少，不同系统下的用户感受是不一样的。

（2）吞吐量

吞吐量（Throughput）是指系统在单位时间内处理请求的数量。系统的吞吐量（承压能力）与请求对 CPU 的消耗、外部接口、I/ O 等紧密关联。单个请求对 CPU 消耗越高，外部系统接口、I/O 速度越慢，系统吞吐能力越低，反之越高。影响系统吞吐量有几个有重要参数：QPS（Query Per Second，每秒查询数）和 TPS（Throughput Per Second，每秒执行的事务数）、并发数、响应时间。

（3）并发数

并发数是指系统同时能处理的请求数量，反映了系统的负载能力。一个系统能同时处理的请求数量、连接数量都有相应的要求，当请求数越多时，系统处理的速度就会越慢。

（4）QPS

QPS 是衡量特定查询服务器在一定时间内处理流量数据的指标。

（5）TPS

TPS 可基于测试周期内完成的事务数量计算得出。一个事务是指一个客户机向服务器发送请求，然后服务器做出反应的过程。例如，用户每分钟执行 6 个事务，则 TPS 为 6/60s = 0.10。

3. 网络抖动的分类

在云计算场景下，根据抖动发生的时刻和是否可复现，可将抖动分成三大类，如图 5-16 所示。

1）当前还在发生的抖动问题，且这个现象还继续存在，我们称之为**当前抖动**。这类问题一般由链路中的持续性或周期性丢包、QoS 限流引起。

2）过去某一时刻出现的抖动，当前现象已不存在，我们称之为**历史抖动**。这类抖动问题一般会在日志中打印“socket timeout”，或者有重传报文记录。虽然历史抖动类的问题出现概率较高，但因缺少足够的信息，所以很难定位。

3）ping 毛刺是指通过 ping 包去检测连通性或网络状态，经常有几十甚至上百毫秒的延迟，而正常情况是几毫秒不到。ping 延迟突增的现象可能持续存在或间歇性发生。此类问题通常源于业务负载过高、系统性能瓶颈或虚拟化环境中 CPU 资源争抢所致。

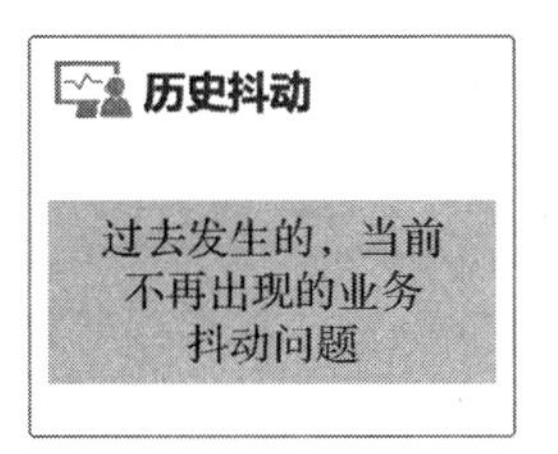

图 5-16　网络抖动的分类

一般来说，丢包和重传会引起当前抖动和历史抖动问题。以 TCP 协议来说，只要从 TCP 发出去的报文在链路上出现了丢包，内核协议栈就会对该报文进行重传，大量的重传会导致业务超时和引起网络抖动。因此，丢包问题也是网络抖动的“头号宿敌”。但还得明确一个概念：网络丢包可能造成业务超时，但是业务超时的原因不一定是丢包。

4. 抖动的根因探寻和解决之道

经过在实践中的摸索和分析，我们提出了以下针对各类抖动场景的解决方法。

1）**针对当前抖动问题**，直接对真实报文进行跟踪，挖掘时延，如利用 Rtrace 工具。Rtrace 对真实业务报文所经过的内核处理函数进行跟踪，从而得到每个函数跟踪点的时间戳信息，统计 ICMP/TCP/UDP/LACP/ARP 等协议报文处理路径的获取和时延信息的统计，还能清楚知道某个协议包在哪里由于什么原因丢包的，或者哪个函数处理慢了。

2）**针对历史抖动问题**，提出常态化抖动监控系统：Unity 工具。Unity 对容器（Pod）、流、逻辑接口的各项指标进行监控，跟踪业务抖动的根因，进行集群和单机的告警上报。它还负责对深度加工丢包、重传、拥塞控制、窗口变化、流量突发、中断延迟等指标进行分析，归一化成简单的健康度指标，同时在数据处理中心进行离群检测，找出影响抖动的几个重点指标和具有集群共性的指标。

3）**针对 ping 毛刺问题**，建议在用户态引入报文探测方法，如利用 Pingtrace 工具。不同于大家常用的 ping 程序，Pingtrace 在 ICMP/TCP/UDP 的基础上增加了 Pingtrace 协议头，即在 Pingtrace 报文沿途经过的节点加上对应的收发时间戳，最后通过计算各个节点的延迟信息来构建一个拓扑以描绘节点详细信息，从而找到抖动的节点和抖动原因。

注意：Pingtrace、Rtrace 和 Unity 目前都集成在龙蜥社区开源的 SysOM 智能运维项目里。读者可通过网络资料了解这些工具的具体实现，或者到 SysOM 项目仓库查看具体源码。

5.2 网络可观测实践

本节将深入探讨如何使用先进的网络技术来追踪和分析网络请求的延迟，优化 TCP 连接，并实现高效的数据包处理。

5.2.1 HTTP 流量统计

eBPF 的 socket 过滤器和系统调用跟踪功能都是追踪 HTTP 流量的有效技术，但 socket 过滤器因其直接性和针对性，通常更适合跟踪 HTTP 流量。如果读者希望了解应用程序与系统交互的更广泛上下文（例如，哪些系统调用产生了 HTTP 流量），则系统调用追踪显得尤为有价值。在许多高级的可观测性设置中，这两种技术可能会被同时采用，以便提供对系统和网络行为的全面洞察。

1. 使用 eBPF socket 过滤器来捕获 HTTP 流量

eBPF 程序通常包含内核态和用户态两部分代码，下面将重点讨论内核态代码。

（1）内核态代码

以下是使用 eBPF socket 过滤器技术在内核中捕获 HTTP 流量的完整示例代码：

```
1 static inline int ip_is_fragment(struct __sk_buff *skb, __u32 nhoff)
2 {
3     __u16 frag_off;
4 
5     bpf_skb_load_bytes(skb, nhoff + offsetof(struct iphdr, frag_off), &frag_
          off, 2);
6     frag_off = __bpf_ntohs(frag_off);
7     return frag_off & (IP_MF | IP_OFFSET);
8 }
9 
10 SEC("socket")
11 int socket_handler(struct __sk_buff *skb)
12 {
13     struct so_event *e;
14     __u8 verlen;
15     __u16 proto;
16     __u32 nhoff = ETH_HLEN;
17     __u32 ip_proto = 0;
18     __u32 tcp_hdr_len = 0;
19     __u16 tlen;
20     __u32 payload_offset = 0;
21     __u32 payload_length = 0;
22     __u8 hdr_len;
23 
24     bpf_skb_load_bytes(skb, 12, &proto, 2);
25     proto = __bpf_ntohs(proto);
```

```
26      if (proto != ETH_P_IP)
27          return 0;
28
29      if (ip_is_fragment(skb, nhoff))
30          return 0;
31
32      bpf_skb_load_bytes(skb, ETH_HLEN, &hdr_len, sizeof(hdr_len));
33      hdr_len &= 0x0f;
34      hdr_len *= 4;
35
36      if (hdr_len < sizeof(struct iphdr))
37      {
38          return 0;
39      }
40
41      bpf_skb_load_bytes(skb, nhoff + offsetof(struct iphdr, protocol), &ip_
            proto, 1);
42
43      if (ip_proto != IPPROTO_TCP)
44      {
45          return 0;
46      }
47
48      tcp_hdr_len = nhoff + hdr_len;
49      bpf_skb_load_bytes(skb, nhoff + 0, &verlen, 1);
50      bpf_skb_load_bytes(skb, nhoff + offsetof(struct iphdr, tot_len), &tlen,
            sizeof(tlen));
51
52      __u8 doff;
53      bpf_skb_load_bytes(skb, tcp_hdr_len + offsetof(struct __tcphdr, ack_
            seq) + 4, &doff, sizeof(doff));
54      doff &= 0xf0;
55      doff >>= 4;
56      doff *= 4;
57
58      payload_offset = ETH_HLEN + hdr_len + doff;
59      payload_length = __bpf_ntohs(tlen) - hdr_len - doff;
60
61      char line_buffer[7];
62      if (payload_length < 7 || payload_offset < 0)
63      {
64          return 0;
65      }
66      bpf_skb_load_bytes(skb, payload_offset, line_buffer, 7);
67      bpf_printk("%d len %d buffer: %s", payload_offset, payload_length,
            line_buffer);
68      if (bpf_strncmp(line_buffer, 3, "GET") != 0 &&
```

```
69          bpf_strncmp(line_buffer, 4, "POST") != 0 &&
70          bpf_strncmp(line_buffer, 3, "PUT") != 0 &&
71          bpf_strncmp(line_buffer, 6, "DELETE") != 0 &&
72          bpf_strncmp(line_buffer, 4, "HTTP") != 0)
73      {
74          return 0;
75      }
76
77      e = bpf_ringbuf_reserve(&rb, sizeof(*e), 0);
78      if (!e)
79          return 0;
80
81      e->ip_proto = ip_proto;
82      bpf_skb_load_bytes(skb, nhoff + hdr_len, &(e->ports), 4);
83      e->pkt_type = skb->pkt_type;
84      e->ifindex = skb->ifindex;
85
86      e->payload_length = payload_length;
87      bpf_skb_load_bytes(skb, payload_offset, e->payload, MAX_BUF_SIZE);
88
89      bpf_skb_load_bytes(skb, nhoff + offsetof(struct iphdr, saddr), &(e->src_
            addr), 4);
90      bpf_skb_load_bytes(skb, nhoff + offsetof(struct iphdr, daddr), &(e->dst_
            addr), 4);
91      bpf_ringbuf_submit(e, 0);
92
93      return skb->len;
94 }
```

接下来将深入分析这段 eBPF 程序。

在上述代码中，第 1～8 行定义了函数 ip_is_fragment，此函数用于检查给定的 struct__sk_buff 数据包是否为一个 IP 分片。具体步骤如下：

1）加载 IP 头部中的 frag_off 字段。

2）将 frag_off 从网络字节序转换为主机字节序。

3）检查 frag_off 是否设置了 IP_MF 标志或其偏移部分是否为零。

如果满足上述任一条件，则返回 1 表示该数据包是分片；否则返回 0。

第 10～94 行定义了函数 socket_handler，此函数作为 eBPF 程序的主要入口点，负责处理传入的数据包。其实现逻辑可以分为以下几个阶段。

1）初步过滤，具体包含以下步骤。

- 以太网协议检查：首先确保数据包的以太网协议字段为 ETH_P_IP，即 IPv4 协议。
- IP 分片检查：调用 ip_is_fragment 函数确认数据包是否为 IP 分片。
- IP 头部长度验证：确保 IP 头部长度至少为 iphdr 结构体的大小，这是标准 IPv4 头部的最小长度。

2）协议和负载检查，具体包含以下步骤。

- 传输层协议检查：检查 IP 头部中的协议字段（变量名是 proto）是否为 IPPROTO_TCP，即 TCP 协议。
- TCP 头部长度计算：根据 TCP 头部中的 4 位头部长度字段确定 TCP 头部长度。
- 负载长度计算：基于 IP 头部的总长度减去 IP 头部和 TCP 头部的长度来确定有效载荷长度。
- HTTP 请求方法识别：加载前 7 个字节的有效载荷并检查是否为常见的 HTTP 请求方法（如 GET、POST 等）。

3）记录数据包信息，当检测到有效的 HTTP 请求时，函数会构造一个 so_event 结构体，并将该结构体提交到环形缓冲区中。该结构体包含了以下信息：

- IP 协议类型。
- TCP 端口号。
- 数据包类型和接口索引。
- 载荷长度及载荷本身。
- 源地址和目的地址。

上述代码的第 93 行是程序退出的位置，此处返回了数据包的长度，代表数据包的有效长度。

上述代码存在一些潜在的局限性，例如无法有效处理跨多个数据包传输的 URL。所谓的跨包 URL 是指，当 HTTP 请求的 URL 过大，需要分多个数据包传输时，当前代码只能解析并检查到第一个数据包中的 URL 部分，这可能导致长 URL 丢失或记录不完整。

为了解决这一问题，通常需要对分散在多个数据包中的完整 HTTP 请求进行重新组装。这可能涉及在 eBPF 程序内部实现数据包的缓存和组装逻辑，以便在完整的 HTTP 请求被完全接收并识别之前暂存并聚合所有相关的数据包。实现这样的功能需要编写更复杂的处理逻辑，并可能需要更多的内存资源来管理跨多个数据包的数据流。

（2）用户态代码

用户态代码的主要功能是创建一个原始 socket（raw socket）并将之前在内核中定义的 eBPF 程序挂载在这个 socket 上。通过这种方式，eBPF 程序可以捕获并处理所有通过该 socket 进入的网络数据包。以下是用户态实现这一功能的代码示例：

```
1 sock = open_raw_sock(interface);
2     if (sock < 0) {
3         err = -2;
4         goto cleanup;
5     }

6
7     prog_fd = bpf_program__fd(skel->progs.socket_handler);
8     if (setsockopt(sock, SOL_SOCKET, SO_ATTACH_BPF, &prog_fd, sizeof(prog_fd))) {
```

```
9         err = -3;
10
11        goto cleanup;
12    }
```

上述用户态代码的详细解析如下。

1）第 1 行负责创建一个原始 socket。原始 socket 使得用户态应用程序可以直接处理网络数据包，绕过常规的协议栈处理。另外，open_raw_sock 函数需要一个参数 interface 来指定网络接口，从而决定从哪个接口捕获数据包。如果 socket 创建失败，函数将返回一个负值；创建成功则返回 socket 的文件描述符 sock。

2）如果 sock 的值小于 0，则表明原始 socket 打开失败，此时将错误代码 err 设置为 –2，并在标准错误输出中打印一条错误消息。

3）第 7 行代码获取在 eBPF 程序定义中指定的 socket 过滤器程序（socket_handler）的文件描述符，以备后续将该程序挂载到 socket 上。skel 是指向 eBPF 程序对象的指针，它允许访问程序的不同部分。

4）第 8 行代码通过 setsockopt 系统调用将 eBPF 程序绑定到原始 socket。它通过 SO_ATTACH_BPF 选项将 eBPF 程序的文件描述符传递给 socket，指示内核将该 eBPF 程序挂载到此 socket 上。成功挂载后，socket 将开始捕获并处理接收到的网络数据包。

5）如果 setsockopt 调用失败，将错误代码设置为 –3，并在标准错误输出中打印一条错误消息。

（3）编译运行

完整的源代码可以在 GitHub 的以下仓库中找到：https://github.com/eunomia-bpf/bpf-developer-tutorial/tree/main/src/23-http。编译并运行上述代码：

```
$ git submodule update --init --recursive
$ make
  BPF       .output/sockfilter.bpf.o
  GEN-SKEL .output/sockfilter.skel.h
  CC        .output/sockfilter.o
  BINARY    sockfilter
$ sudo ./sockfilter
```

在另一个终端窗口中，我们可以通过 Python 迅速启动一个简易的 Web 服务器，具体的启动命令如下所示：

```
python3 -m http.server
Serving HTTP on 0.0.0.0 port 8000 (http://0.0.0.0:8000/) ...
127.0.0.1 - - [18/Sep/2023 01:05:52] "GET / HTTP/1.1" 200 -
```

若要发送 HTTP 请求，可以利用 curl 命令行工具，具体的命令格式如下：

```
$ curl http://0.0.0.0:8000/
<!DOCTYPE HTML>
<html lang="en">
<head>
<meta charset="utf-8">
<title>Directory listing for /</title>
…
```

通过检查下方展示的eBPF程序的输出结果，我们可以观察到打印出的HTTP请求与响应的详细信息，包括请求行、头部信息、请求体以及响应体。

2. 使用eBPF系统调用跟踪来捕获HTTP流量

接下来，我们将使用eBPF来追踪accept和read系统调用，目的是捕获HTTP流量。由于篇幅的限制，我们将只对代码框架进行简要的介绍。

下面的代码示例将展示如何在Linux内核中利用eBPF追踪accept和read系统调用。我们将深入探讨代码中的钩子位置和执行流程，并说明为了实现完整的请求追踪，需要钩取哪些关键系统调用。

```
struct
{
    __uint(type, BPF_MAP_TYPE_HASH);
    __uint(max_entries, 4096);
    __type(key, u64);
    __type(value, struct accept_args_t);
} active_accept_args_map SEC(".maps");

//定义在accept系统调用入口的追踪点
SEC("tracepoint/syscalls/sys_enter_accept")
int sys_enter_accept(struct trace_event_raw_sys_enter *ctx)
{
    u64 id = bpf_get_current_pid_tgid();
    // 获取和存储accept调用的参数
    bpf_map_update_elem(&active_accept_args_map, &id, &accept_args, BPF_ANY);
    return 0;
}

//定义在accept系统调用退出处的追踪点
SEC("tracepoint/syscalls/sys_exit_accept")
int sys_exit_accept(struct trace_event_raw_sys_exit *ctx)
{
    //处理accept系统调用的结果
    struct accept_args_t *args =
        bpf_map_lookup_elem(&active_accept_args_map, &id);
    //获取和存储accept系统调用获得的socket文件描述符
    __u64 pid_fd = ((__u64)pid << 32) | (u32)ret_fd;
```

```
    bpf_map_update_elem(&conn_info_map, &pid_fd, &conn_info, BPF_ANY);
    //代码略
}

struct
{
    __uint(type, BPF_MAP_TYPE_HASH);
    __uint(max_entries, 4096);
    __type(key, u64);
    __type(value, struct data_args_t);
} active_read_args_map SEC(".maps");

//定义在read系统调用入口的追踪点
SEC("tracepoint/syscalls/sys_enter_read")
int sys_enter_read(struct trace_event_raw_sys_enter *ctx)
{
    //获取和存储read系统调用的参数
    bpf_map_update_elem(&active_read_args_map, &id, &read_args, BPF_ANY);
    return 0;
}

//辅助函数，检查是否为HTTP连接
static inline bool is_http_connection(const char *line_buffer, u64 bytes_
    count)
{
    //检查数据是否为HTTP请求或响应
}

//辅助函数，处理读取的数据
static inline void process_data(struct trace_event_raw_sys_exit *ctx,
                      u64 id, const struct data_args_t *args, u64 bytes_count)
{
    //处理读取的数据，检查是否为HTTP流量，并发送事件
    if (is_http_connection(line_buffer, bytes_count))
    {
        //代码略
        bpf_probe_read_kernel(&event.msg, read_size, args->buf);
        //代码略
        bpf_perf_event_output(ctx, &events, BPF_F_CURRENT_CPU,
                          &event, sizeof(struct socket_data_event_t));
    }
}

//定义在read系统调用退出处的追踪点
SEC("tracepoint/syscalls/sys_exit_read")
int sys_exit_read(struct trace_event_raw_sys_exit *ctx)
{
```

```
    //处理read系统调用的结果
    struct data_args_t *read_args = bpf_map_lookup_elem(&active_read_args_map,
        &id);
    if (read_args != NULL)
    {
        process_data(ctx, id, read_args, bytes_count);
    }
    //代码略
    return 0;
}

char _license[] SEC("license") = "GPL";
```

上述代码通过 eBPF 的 Tracepoint 功能创建了一系列 eBPF 程序，并将它们绑定到特定系统调用的 Tracepoint 上，目的是捕获这些系统调用的入口和出口事件。此外，还定义了两个 eBPF 散列映射：active_accept_args_map 和 active_read_args_map，用于存储 accept 和 read 系统调用的参数，以便跟踪它们的执行。上述代码具体定义了以下几个 Tracepoint 追踪程序。

1）sys_enter_accept：在 accept 系统调用的入口处触发，目的是捕获调用参数并保存到散列映射中。

2）sys_exit_accept：在 accept 系统调用的出口处触发，用于处理调用结果，包括提取新的 socket 文件描述符和连接信息。

3）sys_enter_read：在 read 系统调用的入口处触发，用于捕获调用参数并保存到散列映射中。

4）sys_exit_read：在 read 系统调用的出口处触发，用于处理调用结果，检查读取的数据是否属于 HTTP 流量，并触发相应的事件。

sys_exit_accept 和 sys_exit_read 中还包含了数据处理和事件发送的逻辑，如验证 HTTP 连接、组装事件数据，并使用 bpf_perf_event_output 将事件发送到用户空间。

通过对 eBPF 系统调用的跟踪来捕获 HTTP 流量的完整源代码链接是：https://github.com/eunomia-bpf/bpf-developer-tutorial/tree/main/src/23-http。

5.2.2　TCP 连接信息和往返时间分析

本小节将探讨两个示例程序，也是两个小工具：tcpstates 和 tcprtt。tcpstates 程序旨在追踪和记录 TCP 连接的状态变化，这对于理解网络连接的生命周期非常有用。而 tcprtt 程序则专注于统计 TCP 连接的往返时间，这是评估网络性能和延迟的关键指标。

下面先来简单了解一下 tcpstates 和 tcprtt。这两个工具虽然都聚焦于 TCP 连接的监控，但它们的侧重点各有不同。

1. tcprtt 与 tcpstates 简介

当 TCP 连接建立时，tcprtt 能够自动根据当前系统的具体情况，选择最合适的执行函数进行操作。在执行函数中，tcprtt 会收集 TCP 连接的关键信息，包括源地址、目标地址、源端口、目标端口和持续时间等，然后将这些信息记录到 BPF map 中，该 map 会以直方图的形式组织数据。监控完成后，tcprtt 可以通过用户态程序将这些信息以图形化的形式呈现给用户，使用户能够直观地了解网络性能的情况。

另一方面，tcpstates 是一个专门追踪和记录 TCP 连接状态变化的工具。它可以展示 TCP 连接在各个状态中停留的时间，时间单位为 ms。例如，对于一个特定的 TCP 会话，tcpstates 能够提供如下所示的详细输出：

```
SKADDR           C-PID C-COMM     LADDR           LPORT RADDR           RPORT
    OLDSTATE    -> NEWSTATE    MS
ffff9fd7e8192000 22384 curl        100.66.100.185   0       52.33.159.26     80
    CLOSE       -> SYN_SENT    0.000
ffff9fd7e8192000 0      swapper/5  100.66.100.185   63446  52.33.159.26     80
    SYN_SENT    -> ESTABLISHED 1.373
ffff9fd7e8192000 22384 curl        100.66.100.185   63446  52.33.159.26     80
    ESTABLISHED -> FIN_WAIT1   176.042
ffff9fd7e819

2000 0      swapper/5  100.66.100.185   63446 52.33.159.26     80     FIN_WAIT1
    -> FIN_WAIT2    0.536
ffff9fd7e8192000 0      swapper/5  100.66.100.185   63446  52.33.159.26     80
    FIN_WAIT2   -> CLOSE        0.006
```

由上述输出可知，TCP 连接大部分时间都处于 ESTABLISHED 状态，这是表示连接已经建立并且正在传输数据。从 ESTABLISHED 状态转变到 FIN_WAIT1 状态（即开始关闭连接的状态）的过程共用时 176.042ms。

接下来我们将更深入地探讨 tcprtt 和 tcpstates 的工作原理。希望这些内容能够帮助你更好地利用 eBPF 进行有关网络连接和性能的分析。

2. tcpstates

限于篇幅，后续内容将重点讨论和分析 eBPF 内核态代码的实现细节。下面是 tcpstates 程序的 eBPF 内核态代码示例：

```
const volatile bool filter_by_sport = false;
const volatile bool filter_by_dport = false;
const volatile short target_family = 0;

struct {
    __uint(type, BPF_MAP_TYPE_HASH);
    __uint(max_entries, MAX_ENTRIES);
```

```
    __type(key, __u16);
    __type(value, __u16);
} sports SEC(".maps");

struct {
    __uint(type, BPF_MAP_TYPE_HASH);
    __uint(max_entries, MAX_ENTRIES);
    __type(key, __u16);
    __type(value, __u16);
} dports SEC(".maps");

struct {
    __uint(type, BPF_MAP_TYPE_HASH);
    __uint(max_entries, MAX_ENTRIES);
    __type(key, struct sock *);
    __type(value, __u64);
} timestamps SEC(".maps");

struct {
    __uint(type, BPF_MAP_TYPE_PERF_EVENT_ARRAY);
    __uint(key_size, sizeof(__u32));
    __uint(value_size, sizeof(__u32));
} events SEC(".maps");

SEC("tracepoint/sock/inet_sock_set_state")
int handle_set_state(struct trace_event_raw_inet_sock_set_state *ctx)
{
    struct sock *sk = (struct sock *)ctx->skaddr;
    __u16 family = ctx->family;
    __u16 sport = ctx->sport;
    __u16 dport = ctx->dport;
    __u64 *tsp, delta_us, ts;
    struct event event = {};

    if (ctx->protocol != IPPROTO_TCP)
        return 0;

    if (target_family && target_family != family)
        return 0;

    if (filter_by_sport && !bpf_map_lookup_elem(&sports, &sport))
        return 0;

    if (filter_by_dport && !bpf_map_lookup_elem(&dports, &dport))
        return 0;

    tsp = bpf_map_lookup_elem(&timestamps, &sk);
```

```
    ts = bpf_ktime_get_ns();
    if (!tsp)
        delta_us = 0;
    else
        delta_us = (ts - *tsp) / 1000;

    event.skaddr = (__u64)sk;
    event.ts_us = ts / 1000;
    event.delta_us = delta_us;
    event.pid = bpf_get_current_pid_tgid() >> 32;
    event.oldstate = ctx->oldstate;
    event.newstate = ctx->newstate;
    event.family = family;
    event.sport = sport;
    event.dport = dport;
    bpf_get_current_comm(&event.task, sizeof(event.task));

    if (family == AF_INET) {
        bpf_probe_read_kernel(&event.saddr, sizeof(event.saddr), &sk->__sk_
            common.skc_rcv_saddr);
        bpf_probe_read_kernel(&event.daddr, sizeof(event.daddr), &sk->__sk_
            common.skc_daddr);
    } else {
        bpf_probe_read_kernel(&event.saddr, sizeof(event.saddr), &sk->__sk_
            common.skc_v6_rcv_saddr.in6_u.u6_addr32);
        bpf_probe_read_kernel(&event.daddr, sizeof(event.daddr), &sk->__sk_
            common.skc_v6_daddr.in6_u.u6_addr32);
    }

    bpf_perf_event_output(ctx, &events, BPF_F_CURRENT_CPU, &event,
        sizeof(event));

    if (ctx->newstate == TCP_CLOSE)
        bpf_map_delete_elem(&timestamps, &sk);
    else
        bpf_map_update_elem(&timestamps, &sk, &ts, BPF_ANY);

    return 0;
}
```

tcpstates 主要通过利用 eBPF 的 Tracepoint 来捕获 TCP 连接的状态变化，进而统计 TCP 连接在各个状态中停留的时间。下面对程序的关键处理步骤进行讲解。

（1）定义 BPF map

tcpstates 程序首先定义了几个 BPF map，它们是实现 eBPF 程序与用户态程序交互的关键。sports 和 dports 分别用于存储 TCP 连接的源端口与目标端口信息，实现对特定 TCP 连接的过滤；timestamps 用于记录每个 TCP 连接的时间戳，以便计算连接在各个状态中的持续时间；events 是一个 BPF_MAP_TYPE_PERF_EVENT_ARRAY 类型的 eBPE map，负责将事件数据传输到用户态，以便进一步处理和分析。

（2）追踪 TCP 连接状态变化

程序中定义了一个名为 handle_set_state 的函数，它是一个 tracepoint 类型的 eBPF 程序，挂载于内核的 sock/inet_sock_set_state tracepoint 之上。每当 TCP 连接的状态发生变化时，该 tracepoint 会被触发，进而执行 handle_set_state 函数。

在 handle_set_state 函数内部，首先通过一系列判断条件来确定是否应该处理当前的 TCP 连接。然后，从 timestamps map 中检索当前连接的上一个时间戳，并计算出在当前状态的持续时间。之后，程序将收集到的数据封装进一个 event 结构体中，最后通过 bpf_perf_event_output 函数将该事件发送到用户态程序进行后续处理。

（3）更新时间戳

最终，程序将根据 TCP 连接的新状态执行相应的操作：如果新状态是 TCP_CLOSE，意味着连接已经关闭，程序将从 timestamps map 中移除该连接的时间戳；如果不是 TCP_CLOSE 状态，程序则更新该连接的时间戳以反映当前状态的开始时间。

（4）用户态程序

用户态程序的主要职责是利用 libbpf 库加载 eBPF 程序，并接收来自内核的事件数据。这样，用户态程序可以实时地获取并处理 TCP 连接状态变化的相关信息。用户态程序的示例代码如下：

```
static void handle_event(void* ctx, int cpu, void* data, __u32 data_sz) {
    char ts[32], saddr[26], daddr[26];
    struct event* e = data;
    struct tm* tm;
    int family;
    time_t t;

    if (emit_timestamp) {
        time(&t);
        tm = localtime(&t);
        strftime(ts, sizeof(ts), "%H:%M:%S", tm);
        printf("%8s ", ts);
    }

    inet_ntop(e->family, &e->saddr, saddr, sizeof(saddr));
    inet_ntop(e->family, &e->daddr, daddr, sizeof(daddr));
    if (wide_output) {
        family = e->family == AF_INET ? 4 : 6;
        printf(
            "%-16llx %-7d %-16s %-2d %-26s %-5d %-26s %-5d %-11s -> %-11s"
            "%.3f\n",
            e->skaddr, e->pid, e->task, family, saddr, e->sport, daddr,
```

```
                e->dport, tcp_states[e->oldstate], tcp_states[e->newstate],
                (double)e->delta_us / 1000);
        } else {
            printf(
                "%-16llx %-7d %-10.10s %-15s %-5d %-15s %-5d %-11s -> %-11s %.3f\n",
                e->skaddr, e->pid, e->task, saddr, e->sport, daddr, e->dport,
                tcp_states[e->oldstate], tcp_states[e->newstate],
                (double)e->delta_us / 1000);
        }
    }
```

上述代码中的 handle_event 是一个用户态程序中的回调函数。每当内核中有新事件产生时，handle_event 函数就会对这些事件进行处理。在这个函数中，我们首先使用 inet_ntop 函数将二进制表示的 IP 地址转换为更易于阅读的文本格式。接着，根据配置决定输出的信息量，打印包括时间戳、源 IP 地址、源端口、目标 IP 地址、目标端口、旧状态、新状态以及连接在旧状态中停留的时间等信息。

这样的输出让用户能够清楚地看到 TCP 连接状态的变化以及每个状态的持续时间，这对诊断网络问题非常有帮助。总的来说，用户态部分的处理包括以下几个关键步骤。

1）使用 libbpf 加载 eBPF 程序。

2）设置 handle_event 作为回调函数，以接收并处理内核发送的事件。

3）处理这些事件，将它们转换为人类可读的格式，并输出打印。

3. tcprtt

下面将深入分析 tcprtt eBPF 程序的内核态代码。tcprtt 将收集到的 RTT 数据用一个直方图显示。

下面的代码是 tcprtt eBPF 程序的一部分。此程序首先定义了一个名为 hists 的散列类型的 eBPF map，用于存储 RTT 的统计信息。

```
/// @sample {"interval": 1000, "type": "log2_hist"}
struct {
    __uint(type, BPF_MAP_TYPE_HASH);
    __uint(max_entries, MAX_ENTRIES);
    __type(key, u64);
    __type(value, struct hist);
} hists SEC(".maps");

static struct hist zero;

SEC("fentry/tcp_rcv_established")
int BPF_PROG(tcp_rcv, struct sock *sk)
{
    const struct inet_sock *inet = (struct inet_sock *)(sk);
    struct tcp_sock *ts;
```

```
    struct hist *histp;
    u64 key, slot;
    u32 srtt;

    if (targ_sport && targ_sport != inet->inet_sport)
        return 0;
    if (targ_dport && targ_dport != sk->__sk_common.skc_dport)
        return 0;
    if (targ_saddr && targ_saddr != inet->inet_saddr)
        return 0;
    if (targ_daddr && targ_daddr != sk->__sk_common.skc_daddr)
        return 0;

    if (targ_laddr_hist)
        key = inet->inet_saddr;
    else if (targ_raddr_hist)
        key = inet->sk.__sk_common.skc_daddr;
    else
        key = 0;
    histp = bpf_map_lookup_or_try_init(&hists, &key, &zero);
    if (!histp)
        return 0;
    ts = (struct tcp_sock *)(sk);
    srtt = BPF_CORE_READ(ts, srtt_us) >> 3;
    if (targ_ms)
        srtt /= 1000U;
    slot = log2l(srtt);
    if (slot >= MAX_SLOTS)
        slot = MAX_SLOTS - 1;
    __sync_fetch_and_add(&histp->slots[slot], 1);
    if (targ_show_ext) {
        __sync_fetch_and_add(&histp->latency, srtt);
        __sync_fetch_and_add(&histp->cnt, 1);
    }
    return 0;
}
```

在上述代码定义的 map 中，键是一个 64 位整数，值是一个 hist 结构体，该结构体包含了一个数组，用来记录不同 RTT 区间的出现次数。

接着，定义了一个名为 tcp_rcv 的 eBPF 程序，它将在内核处理每个 TCP 数据包时被调用。在这个程序中，我们首先根据预设的过滤条件（如源 / 目标 IP 地址和端口）对 TCP 连接进行筛选。符合条件的连接会根据设定的键值（可以是源 IP、目标 IP 或 0）在 hists map 中查找或初始化相应的直方图。

随后，程序会读取 TCP 连接的 srtt_us 字段，这个字段记录了平滑的 RTT 值，单位是 ms。程序将这个 RTT 值转换为对数形式，并将转换结果放置在直方图中的相应位置。

如果启用了 show_ext 参数，程序还会将 RTT 值和计数器累积到直方图的 latency 和 cnt 字段中。

4. 编译运行

对于 tcpstates 工具，可以使用以下命令来编译：

```
$ make
...
    BPF       .output/tcpstates.bpf.o
    GEN-SKEL .output/tcpstates.skel.h
    CC        .output/tcpstates.o
    BINARY   tcpstates
$ sudo ./tcpstates
SKADDR            PID     COMM        LADDR           LPORT RADDR           RPORT
    OLDSTATE    -> NEWSTATE    MS
ffff9bf61bb62bc0 164978  node        192.168.88.15   0     52.178.17.2      443
    CLOSE       -> SYN_SENT    0.000
ffff9bf61bb62bc0 0        swapper/0  192.168.88.15   41596 52.178.17.2      443
    SYN_SENT    -> ESTABLISHED 225.794
ffff9bf61bb62bc0 0        swapper/0  192.168.88.15   41596 52.178.17.2      443
    ESTABLISHED -> CLOSE_WAIT  901.454
ffff9bf61bb62bc0 164978  node        192.168.88.15   41596 52.178.17.2      443
    CLOSE_WAIT  -> LAST_ACK    0.793
ffff9bf61bb62bc0 164978  node        192.168.88.15   41596 52.178.17.2      443
    LAST_ACK    -> LAST_ACK    0.086
ffff9bf61bb62bc0 228759  kworker/u6 192.168.88.15   41596 52.178.17.2      443
    LAST_ACK    -> CLOSE       0.193
ffff9bf6d8ee88c0 229832  redis-serv 0.0.0.0          6379  0.0.0.0           0
    CLOSE       -> LISTEN      0.000
ffff9bf6d8ee88c0 229832  redis-serv 0.0.0.0          6379  0.0.0.0           0
    LISTEN      -> CLOSE       1.763
ffff9bf7109d6900 88750   node        127.0.0.1       39755 127.0.0.1       50966
    ESTABLISHED -> FIN_WAIT1   0.000
```

对于 tcprtt 工具，我们可以通过 eunomia-bpf 进行编译，编译命令是 docker run -it -v 'pwd'/:/src/ ghcr.io/eunomia-bpf/ecc-'uname -m':latest。

最后，可以通过 eBPF 命令行工具 ecli 来运行该程序，具体命令如下：

```
$ sudo ecli run package.json
key =  0
latency = 0
cnt = 0

    (unit)              : count    distribution
        0 -> 1          : 0        |                                        |
        2 -> 3          : 0        |                                        |
```

```
         4 -> 7          : 0        |                                        |
         8 -> 15         : 0        |                                        |
        16 -> 31         : 0        |                                        |
        32 -> 63         : 0        |                                        |
        64 -> 127        : 0        |                                        |
       128 -> 255        : 0        |                                        |
       256 -> 511        : 0        |                                        |
       512 -> 1023       : 4        |********************                    |
      1024 -> 2047       : 1        |*****                                   |
      2048 -> 4095       : 0        |                                        |
      4096 -> 8191       : 8        |****************************************|

key =  0
latency = 0
cnt = 0

     (unit)               : count    distribution
         0 -> 1          : 0        |                                        |
         2 -> 3          : 0        |                                        |
         4 -> 7          : 0        |                                        |
         8 -> 15         : 0        |                                        |
        16 -> 31         : 0        |                                        |
        32 -> 63         : 0        |                                        |
        64 -> 127        : 0        |                                        |
       128 -> 255        : 0        |                                        |
       256 -> 511        : 0        |                                        |
       512 -> 1023       : 11       |***************************             |
      1024 -> 2047       : 1        |**                                      |
      2048 -> 4095       : 0        |                                        |
      4096 -> 8191       : 16       |****************************************|
      8192 -> 16383      : 4        |**********                              |
```

5.2.3 XDP 实现可编程包处理

XDP 是 Linux 内核中一种新型的、可编程的数据包处理技术，它能够在内核网络栈的极早期阶段介入，实现高效的数据包处理。与传统的 cBPF 相比，XDP 的介入点非常低，位于网络设备驱动的软中断处理流程中，甚至在 skb_buff 结构分配之前。因此，XDP 非常适合执行那些简单但频繁的操作，如防御 DoS 攻击，其性能可以达到极高的水平（例如 24Mpps/Core，即每个 CPU 核心每秒可以处理 2400 万的数据包）。

XDP 并非首个支持可编程数据包处理的系统。在此之前，像 DPDK（Data Plane Development Kit，数据平面开发套件）这样的内核旁路方案已经能够实现更高的性能。DPDK 的思路是完全绕过内核，让用户态的网络应用直接控制网络设备，从而避免了用户态和内核态之间的切换开销。然而，这种方案也存在一些固有的缺点。

1）无法与内核中现有的成熟网络模块集成，而需要在用户态重新实现它们。

2）破坏了内核的安全边界，使得内核提供的许多网络工具无法使用。

3）在与常规 socket 交互时，需要从用户态将数据包重新注入内核。

4）需要占用一个或多个单独的 CPU 来处理数据包。

除了 DPDK 这样的方案，还可以通过编写内核模块或利用内核网络协议栈中的 hook 点来实现包处理。但这些方法要么对内核的改动较大，风险高；要么介入点较晚，效率不够高。

总的来说，XDP 结合 eBPF 为可编程数据包处理提供了一种更为均衡的解决方案。它在一定程度上综合了上述方案的优缺点，既获得了高性能，又没有对内核的包处理流程造成太大的改动。同时，借助 eBPF 虚拟机的优势，XDP+eBPF 允许用户定义的数据包处理逻辑在隔离和受控的环境中运行，从而提高了整体的安全性。

1. 编写 eBPF 程序

下面是用 C 语言编写的一个 eBPF 内核侧程序，通过使用 XDP 技术捕获所有流经目标网络设备的数据包，计算它们的尺寸，并将结果输出到 trace_pipe 中。

```
 1 #include "vmlinux.h"
 2 #include <bpf/bpf_helpers.h>
 3
 4 /// @ifindex 1
 5 /// @flags 0
 6 /// @xdpopts {"old_prog_fd":0}
 7 SEC("xdp")
 8 int xdp_pass(struct xdp_md* ctx) {
 9     void* data = (void*)(long)ctx->data;
10     void* data_end = (void*)(long)ctx->data_end;
11     int pkt_sz = data_end - data;
12     bpf_printk("packet size is %d", pkt_sz);
13     return XDP_PASS;
14 }
15
16 char __license[] SEC("license") = "GPL";
```

值得注意的是，代码中的第 4～6 行使用了注释来提供额外的信息和解释。这是由 eunomia-bpf 提供的功能，通过添加特定的注释来指示 eunomia-bpf 待挂载的 XDP 程序所在的目标网络设备编号，以及挂载时需要使用的标记和选项。

2. 编译运行

你可以使用容器编译的方式来编译上述的 XDP 程序，编译命令如下：

```
docker run -it -v `pwd`/:/src/ ghcr.io/eunomia-bpf/ecc-`uname -m`:latest
```

你也可以使用 ecc 工具来编译 XDP 程序，编译命令如下：

```
$ ecc xdp.bpf.c
Compiling bpf object...
Packing ebpf object and config into package.json...
```

你可以通过 ecli 命令行工具来运行编译好的 XDP 程序，命令如下：

```
sudo ecli run package.json
```

你可以通过以下方法来查看程序的输出：

```
$ sudo cat /sys/kernel/tracing/trace_pipe
            node-1939    [000] d.s11  1601.190413: bpf_trace_printk: packet
                size is 177
            node-1939    [000] d.s11  1601.190479: bpf_trace_printk: packet
                size is 66
     ksoftirqd/1-19      [001] d.s.1  1601.237507: bpf_trace_printk: packet
         size is 66
            node-1939    [000] d.s11  1601.275860: bpf_trace_printk: packet
                size is 344
```

5.2.4　基于 eBPF 的流量控制实践

Linux 的流量控制（Traffic Control，TC）子系统在内核中存在了多年，类似于 iptables 和 Netfilter 的关系，TC 也包括一个用户态程序和内核态的流量管理框架，主要用于从速率、顺序等方面控制数据包的发送和接收。从 Linux 4.1 开始，TC 增加了一些新的挂载点，并支持将 eBPF 程序作为过滤器加载到这些挂载点上。

TC 在 eBPF 中对应两种程序类型：BPF_PROG_TYPE_SCHED_CLS 和 BPF_PROG_TYPE_SCHED_ACT，分别作为 Linux 流量控制的分类器和执行器，Linux 流量控制通过网卡队列、排队规则、分类器、过滤器以及执行器等，实现了对网络流量的整形调度和带宽控制。

TC 可以直接获取内核解析后的网络报文数据结构 sk_buff，可以在发送和接收两个方向上执行：接收网络包，TC 程序在网卡接收（GRO）之后、协议栈处理之前；发送网络包，TC 程序在协议栈处理之后，数据包发送到网卡队列之前（GSO）执行。

1. TC 概述

5.1.1 小节介绍的流量控制机制就是 TC 模块在负责实现的。TC 处理流程位于 skb_buff 结构分配流程之后，因此比 XDP 更晚介入数据包的处理。TC 使用队列结构来临时保存和组织数据包，其子系统中的数据结构和算法控制机制被抽象为 Qdisc。Qdisc 公开了数据包入队和出队的两个回调接口，并将排队算法的实现细节隐藏在内部。在 Qdisc 中，可以基于过滤器和类构建复杂的树形结构，其中过滤器被加载到 Qdisc 或类上以实现具体的过滤逻辑，其返回值决定数据包是否属于特定的类。

当数据包到达最顶层的 Qdisc 时，它会调用该 Qdisc 的入队接口，并按顺序执行所有挂载的过滤器。一旦某个过滤器匹配成功，数据包就会被发送到相应的类别，并进入该类别配置的 Qdisc 处理流程。TC 框架提供了一种称为“分类器 – 动作”（classifier-action）的机制，允许在数据包匹配特定过滤器时，执行该过滤器挂载的动作，从而对数据包进行处理，实现完整的数据包分类和处理机制。

对于 eBPF，现有的 TC 框架支持所谓的 direct-action 模式。在这种模式下，作为过滤器加载的 eBPF 程序可以直接返回如 TC_ACT_OK 等 TC 动作的返回值，而不是像传统过滤器那样仅返回一个 classid，并将数据包的处理工作交给动作模块。现在，eBPF 程序可以直接挂载到特定的 Qdisc 上，完成数据包的分类和处理动作。

2. 编写 eBPF 程序

下面的代码展示了一个 eBPF 程序，该程序利用 Linux TC 来捕获并处理数据包。在这个程序中，我们设定了筛选条件，仅捕获 IPv4 协议的数据包，随后使用 bpf_printk 函数输出这些数据包的总长度和 Time-To-Live（TTL）字段的值。

```
#include <vmlinux.h>
#include <bpf/bpf_endian.h>
#include <bpf/bpf_helpers.h>
#include <bpf/bpf_tracing.h>

#define TC_ACT_OK 0
#define ETH_P_IP 0x0800 /*网际协议报文类型为0x0800 */

/// @tchook {"ifindex":1, "attach_point": "BPF_TC_INGRESS"},
///TC附加点BPF_TC_INGRESS
/// @tcopts {"handle":1, "priority":1}
///TC优先级
SEC("tc")
int tc_ingress(struct __sk_buff *ctx)
{
    void *data_end = (void *)(__u64)ctx->data_end;
    void *data = (void *)(__u64)ctx->data;
    struct ethhdr *l2;
    struct iphdr *l3;

    if (ctx->protocol != bpf_htons(ETH_P_IP))
        return TC_ACT_OK;

    l2 = data;
    if ((void *)(l2 + 1) > data_end)
        return TC_ACT_OK;

    l3 = (struct iphdr *)(l2 + 1);
```

```
    if ((void *)(l3 + 1) > data_end)
        return TC_ACT_OK;

    bpf_printk("Got IP packet: tot_len: %d, ttl: %d", bpf_ntohs(l3->tot_len),
        l3->ttl);
    return TC_ACT_OK;
}

char __license[] SEC("license") = "GPL";
```

在代码中，我们利用了一些 BPF 库函数，例如 bpf_htons 和 bpf_ntohs，这些函数帮助我们在网络字节序和主机字节序之间进行转换。此外，我们还通过注释为 TC 提供了挂载点和选项信息，以便更好地集成和配置 eBPF 程序。例如，在代码的开头部分，我们使用了特定的注释来指示这些信息：

```
/// @tchook {"ifindex":1, "attach_point":"BPF_TC_INGRESS"}
/// @tcopts {"handle":1, "priority":1}
```

这些注释指示 TC 将 eBPF 程序挂载到网络接口的入口点（ingress），并设置 handle（处理函数）和 priority（优先级）选项的值。对于 libbpf 中与 TC 相关的 API 的更多详细信息，可以参考内核文档。总之，这段代码实现了一个基础的 eBPF 程序，它能够捕获经过网络接口的数据包，并打印出它们的相关信息，如总长度和 TTL 值。

3. 编译运行

你可以使用容器编译的方式来编译上述的 XDP 程序，编译命令如下：

```
docker run -it -v `pwd`/:/src/ yunwei37/ebpm:latest
```

你也可以使用 ecc 工具来编译 XDP 程序，编译命令如下：

```
$ ecc tc.bpf.c
Compiling bpf object...
Packing ebpf object and config into package.json...
```

你可以通过 ecli 命令行工具来运行编译好的 XDP 程序，命令如下：

```
$ sudo ecli run ./package.json
```

你可以通过以下方法来查看程序的输出：

```
$ sudo cat /sys/kernel/debug/tracing/trace_pipe
    node-1254811  [007] ..s1 8737831.671074: 0: Got IP packet: tot_len: 79,
        ttl: 64
    sshd-1254728  [006] ..s1 8737831.674334: 0: Got IP packet: tot_len: 79,
        ttl: 64
    sshd-1254728  [006] ..s1 8737831.674349: 0: Got IP packet: tot_len: 72,
```

```
    ttl: 64
node-1254811  [007]  ..s1  8737831.674550:  0:  Got  IP  packet:  tot_len:  71,
    ttl: 64
```

5.2.5 基于 sockmap 进行数据转发

随着云原生数据中心的普及，数据中心内部的业务流量模式正在发生显著变化。流量的焦点正在从传统的“跨主机流量”转向“主机内流量”。这种主机内的流量主要包括两个部分：一部分是由 sidecar 等组件在“ Pod 内、容器间”引起的流量；另一部分则是由于业务亲和性调度导致的“主机内、Pod 间”的流量。这两种场景都指向了一个共同的技术需求：基于 TCP/IP 的主机内进程间通信。

本小节介绍的 sockmap 是一种为了实现高效的主机内网络通信而开发的基于 eBPF 的技术方案。严格来说，sockmap 是指 eBPF 中类型为 BPF_MAP_TYPE_SOCKMAP 的 map 结构。在更广泛的意义上，sockmap 涵盖了所有基于内核中的 struct sock 结构进行自定义流量处理的技术集合。本小节所讨论的内容属于后者的范畴。

1. 基本原理

sockmap 通过“短路”的方式提升网络性能，实现基于网络文件描述符的数据处理和转发。sockmap 的使用过程主要涉及以下三部分。

1）**eBPF Map 结构**：一个类型为 BPF_MAP_TYPE_SOCKMAP 的 eBPF map，用于存储感兴趣的 struct sock 对象。

2）**eBPF 程序**：一个类型为 BPF_PROG_TYPE_SK_SKB 的 eBPF 程序，它作为所有加入 map 的连接上出现的 struct __sk_buff 的回调函数，并在这个程序中实现流量处理策略。

3）**流量转发配置**：通过调用如 bpf_sk_redirect_map 这样的辅助函数来完成流量转发的配置，即将数据包关联到特定的 socket 中。在内核处理数据包的过程中，根据程序指定的 skb 和 socket 的对应关系，将数据包转发到指定的 socket。

总的来说，sockmap 通过在内核空间中高效地重定向网络流量，为云原生环境中的主机内通信提供了一种优化的解决方案。

2. 代码示例

sockmap 技术能够显著提升主机内部进程间的网络通信速度，同时也非常适合构建多种网络组件，例如反向代理、负载均衡器、流量分析工具和 VPN 等。下面将通过一个简单的基于内容分发的反向代理程序示例，来展示 sockmap 的基本应用方式。

在接下来的部分，我们将详细解析示例代码。为了更清楚地展示代码的核心逻辑，示例中省略了对异常条件的判断和处理。这样的简化有助于将焦点集中在 sockmap 的主要使用方式上，而不是错误处理机制上。

（1）功能概览

本小节设计的程序实现了一个串行版本的代理服务和两个简易的定制 echo 服务。这 3 个服务在同一个进程空间内以 3 个不同的线程运行，并被分配到同一个 cgroup 中。

代理服务与 echo 服务之间的通信可以通过两种方式进行：一种是传统的 loopback（本地回环）通信，另一种是通过 sockmap 进行的转发通信。可以通过向进程发送 SIGHUP 信号来切换这两种通信方式。当代理服务将请求路由到第一个 echo 服务时，该服务会将返回数据的首字符改写为“A”；同样，第二个 echo 服务会将首字符改写为“B”。

接下来，我们将从 eBPF 内核代码和用户态代码两个角度分别介绍示例程序的实现逻辑。为了简化描述，在后续内容中，我们将使用“句柄”一词来指代“网络文件描述符”。

（2）eBPF 内核代码实现

首先，在 eBPF 内核程序中定义了两个 map，它们用于管理和存储网络连接的相关信息。

第一个 map 名为 sock_map，是类型为 BPF_MAP_TYPE_SOCKMAP 的映射，主要用于 sockmap 机制中的网络连接转发。这个 map 的键和值都是整型，用于存储和检索与网络连接相关的句柄。该映射可以存储的最大条目数为 16 条。

第二个 map 名为 proxy_map，是一个 BPF_MAP_TYPE_HASH 类型的映射，用于存储每个网络连接句柄的类型。键是无符号短整型，而值是整型。这个映射可以用来区分不同类型的连接，例如，类型 1 可能代表客户端到代理的连接，类型 2 可能代表代理到上游服务器的连接。该映射可以存储的最大条目数为 1024 条。

sock_map 和 proxy_map 的定义代码如下所示：

```
struct bpf_map_def SEC("maps") sock_map = {
    .type = BPF_MAP_TYPE_SOCKMAP,//指定map的类型
    .key_size = sizeof(int),
    .value_size = sizeof(int),//存放句柄
    .max_entries = 16,
};

//使用这个map存储每个句柄的类型：类型1为client—>proxy;类型2为pronxy—>upstream
struct bpf_map_def SEC("maps") proxy_map = {
    .type = BPF_MAP_TYPE_HASH,
    .key_size = sizeof(unsigned short),
    .value_size = sizeof(int),
    .max_entries = 1024,
};
```

然后，定义 eBPF 函数 bpf_skb_verdict，它在网络数据包处理路径中被调用，其作用是数据包的转发决策。程序首先提取数据包的远程端口号，然后利用这个端口号作为键

在 proxy_map 映射中进行查找，以确定数据包属于哪个连接类型。

1）如果在 proxy_map 中找不到对应的类型（即 type == NULL），则表明数据包是原始的 echo 请求。此时，程序将使用 bpf_sk_redirect_map 函数将数据包重定向到 sock_map 指定的句柄。

2）如果查找到的类型为 1，这表示数据包是从客户端到代理服务器再到 echo 服务器的流量。程序会根据数据包长度的奇偶性，选择将数据包重定向到两个后端 echo 服务器中的一个。

3）如果查找到的类型为 2，这表示数据包是从 echo 服务器返回给代理服务器的流量。程序负责将数据包重定向回代理服务器。

bpf_skb_verdict 通过在内核中高效地处理和转发数据包，为云原生环境中的主机内通信提供了一种优化的解决方案。bpf_skb_verdict 的代码示例如下：

```
SEC("sk_skb/stream_verdict")
int bpf_skb_verdict(struct __sk_buff *skb)
{
    __u16 remoteport = (__u16)bpf_ntohl(skb->remote_port);
    __u32 *type = 0;
    __u32 to = 0;

    //以当前dkb的remoteport为键查询当前包来自哪个连接
    type = bpf_map_lookup_elem(&proxy_map, &remoteport);

    if (type == NULL){     // origin echo
        return bpf_sk_redirect_map(skb, &sock_map, to, 0);
    }else if(*type==1){    // clien -> proxy ->echo server
        //对于proxy服务接收到的包，需要直接转发给后端echo服务
        //这里根据数据包长度的奇偶性，在两个后端之间做选择
        if(skb->len%2 == 1){
            to = 1;
        }else{
            to = 2;
        }
        return bpf_sk_redirect_map(skb, &sock_map, to, 0);
    }else if(*type==2){        // echo server -> proxy -> client
        //对于从后端服务接收到的数据包，转发给proxy即可
        return bpf_sk_redirect_map(skb, &sock_map, to, 0);
    }
}
```

（3）用户态代码实现

eBPF 用户态程序用于设置和运行一个代理服务测试环境。其主要功能包括：

1）加载 eBPF 程序：调用 proxy_kern__open_and_load 函数加载预编译的 eBPF 骨架（skeleton）程序。

2）加入cgroup：将当前进程加入自定义的cgroup（如/proxy_test），以便eBPF程序可以监控该cgroup中的网络流量。

3）获取map句柄：从eBPF骨架程序中提取sock_map和proxy_map两个map的文件描述符，这些map用于存储网络连接信息。

4）挂载eBPF程序：①将数据包解析程序（如bpf_skb_parser）挂载到指定的sockmap上，用于解析经过sockmap的数据包。②将数据包判决程序（如bpf_skb_verdict）挂载到sockmap上，决定数据包的转发路径。

5）创建服务进程：调用start函数启动3个服务线程，可能包括代理服务和两个echo服务。

6）信号处理：设置SIGHUP信号的处理函数为hup_handler，以便在接收到信号时执行特定操作。

7）主循环：程序进入一个无限循环，每秒休眠一次，用于保持程序运行或执行定期任务。

下面的代码片段是eBPF用户态程序。其中的main函数是程序入口，主要功能如下：①加载eBPF程序；②创建服务进程。

```
int main(int argc, char **argv)
{
    const char *cg_path = "/proxy_test";
    int cg_fd = -1;
    int err;

    //加载bpf程序
    struct proxy_kern *skel = proxy_kern__open_and_load();
    if (!skel) {
        printf("ERROR: skeleton open/load failed");
        return;
    }
    //将当前进程加入自定义的cgroup
    cg_fd = cgroup_setup_and_join(cg_path);
    if (cg_fd < 0)
        goto err;

    //获取两个map的句柄，并存入全局变量
    sockmap_fd = bpf_map__fd(skel->maps.sock_map);
    proxymap_fd = bpf_map__fd(skel->maps.proxy_map);

    progs_fd[0] = bpf_program__fd(skel->progs.bpf_skb_parser);
    err=bpf_prog_attach(progs_fd[0], sockmap_fd, BPF_SK_SKB_STREAM_PARSER, 0);
    if (err) {
        printf( "ERROR: bpf_prog_attach parser: %d (%s)\n", err,
            strerror(errno));
```

```
        goto err;
    }

    //将bpf程序挂载到sockmap上
    //这会让sockmap中每个句柄的数据包可以被bpf程序捕获
    progs_fd[1] = bpf_program__fd(skel->progs.bpf_skb_verdict);
    err=bpf_prog_attach(progs_fd[1], sockmap_fd, BPF_SK_SKB_STREAM_VERDICT, 0);
    if (err) {
        printf("ERROR: bpf_prog_attach verdict: %d (%s)\n", err, strerror(errno));
        goto err;
    }

    start();//创建3个服务进程

    printf("Thread main\n");
    while(1){
        sleep(1);
    }

err:
    bpf_prog_detach(cg_fd, BPF_CGROUP_SOCK_OPS);
    close(cg_fd);
    cleanup_cgroup_environment();
    return err;
}
```

eBPF 用户态程序的 main 函数会调用 start 函数启动 3 个服务进程、1 个代理服务和 2 个 echo 服务。pthread_create 创建任务时会把每个服务的监听端口作为参数传递给这些服务。start 函数的核心代码示例如下：

```
void start(){
    pthread_t child_tid1;
    if (pthread_create(&child_tid1, NULL, echo_server, &echoport1 ) == 0)
        pthread_detach(child_tid1);
    else
        perror("Thread create failed");

    pthread_t child_tid2;
    if (pthread_create(&child_tid2, NULL, echo_server, &echoport2 ) == 0)
        pthread_detach(child_tid2);
    else
        perror("Thread create failed");

    sleep(1);

    pthread_t child_tid3;
    if (pthread_create(&child_tid3, NULL, proxy_server, &proxyport) == 0)
```

```
        pthread_detach(child_tid3);
    else
        perror("Thread create failed");
}
```

下面的这段代码定义了一个echo函数，它实现了一个简单的echo服务。该服务接收客户端发送的数据，并将其返回给客户端，同时根据服务监听的端口的不同，将返回数据（字符串）的首字母改为“A”或“B”。

```
// client_fd: echo服务接受客户请求后创建的句柄
// listen_port: echo服务监听的端口
// client_remote_port: 与client_fd连接对应的远端端口
void echo(int client_fd,int listen_port,int client_remote_port)
{
    char buff[BUFFER_SIZE];
    int write_bytes=0;
    int read_bytes=0;
    do
    {
        bzero(buff, BUFFER_SIZE);
        read_bytes = recv(client_fd, buff, BUFFER_SIZE, 0);
        if (read_bytes <= 0)
        {
            printf("ECHO  FAILED to read fd %d(accept at %d) from remote port
                %d\n", client_fd, listen_port, client_remote_port);
            break;
        }
        printf("ECHO  read at fd %d(accept at %d) from remote port %d:%s\n",
            client_fd, listen_port, client_remote_port, buff);

        if( listen_port%2  == 1)//根据监听端口的不同，echo服务会分别改变返回字符串的首
            字母为A或B，用来区分不同的echo服务
        {
                buff[0]='A';
        }else{
                buff[0]='B';
        }

        write_bytes = send(client_fd, buff, read_bytes, 0);
        if (write_bytes < 0)
        {
            printf("ECHO  FAILED to write fd %d(accept at %d) from remote port
                %d\n", client_fd, listen_port, client_remote_port);
            break;
        }
        printf("ECHO  write to fd %d(accept at %d) from remote port %d:%s\n",
            client_fd, listen_port, client_remote_port,buff);
```

```
    } while (strncmp(buff, "bye\r", 4) != 0);

    printf("ECHO  connection closed fd %d(accept at %d) from remote port %d\
        n", client_fd, listen_port, client_remote_port);
    close(client_fd);
}
```

下面这段代码是代理服务的主干逻辑，该代码定义了一个名为 proxy 的函数，它处理客户端到代理服务器的连接。函数首先调用 proxy_init 来初始化代理服务器与后端 echo 服务器的连接。如果控制变量 ctrl 为 2，表示开启了 eBPF 转发功能，那么会执行 proxy_bpf 函数进行数据包的 eBPF 转发处理。无论是否通过 eBPF 转发，都会执行 proxy_app 函数来进行用户态的数据转发。最后，停用客户端文件描述符，并关闭两个 proxy 到 echo 服务器的 socket 连接。

```
void proxy(int client_fd,int listen_port,int client_remote_port)
{
//在每次新的client连接proxy的时候，总是创建新的连向echo server的连接
    proxy_init();//初始化proxy连接到后端的两个连接

    if(ctrl == 2){
        /*如果eBPF转发功能开启，则进入eBPF转发流程。查看eBPF转发流程代码的时候会发现，
          eBPF转发函数并没有阻塞，而是执行完当前任务后继续执行下面的用户态函数*/
        proxy_bpf(client_fd,listen_port,client_remote_port);
    }
    //调用用户态转发服务
    proxy_app(client_fd,listen_port,client_remote_port);

    close(client_fd);
    close(proxysd1);
    close(proxysd2);
}
```

下面的代码代码定义了一个名为 proxy_app 的函数，它实现了用户态下的转发服务。函数随机选择一个后端 echo 服务，然后通过一个循环接收客户端请求，将请求转发到选定的后端服务，并把后端服务的响应转发回客户端。如果在读写过程中遇到错误或客户端发送了 bye 命令，连接将关闭。整个过程包括了调试输出信息，以便观察执行流程。

```
//代码中包含大量调试输出，可以辅助观察执行流程
void proxy_app(int client_fd,int listen_port,int client_remote_port)
{
    int read_bytes;
    int write_bytes;
    int upstream;
    char buff[BUFFER_SIZE];
```

```
char pbuff[BUFFER_SIZE];

srand(time(0));
if(rand()%2 == 1){//在用户态转发中，随机选择一个后端服务
    upstream = proxysd1;
}else{
    upstream = proxysd2;
}

do
{
    bzero(buff, BUFFER_SIZE);
    bzero(pbuff, BUFFER_SIZE);
    //读取client的输入
    read_bytes = recv(client_fd, buff, BUFFER_SIZE, 0);
    if (read_bytes <= 0)
    {
        printf("PROXY FAILED to read fd %d(accept at %d) from remote port
            %d\n", client_fd, listen_port, client_remote_port);
        break;
    }
    printf("PROXY read fd %d(accept at %d) from remote port %d:%s\n",
        client_fd, listen_port, client_remote_port, buff);

    //转发写入到后端的echo服务器的句柄
    write_bytes = send(upstream, buff, read_bytes, 0);
    if (write_bytes < 0)
    {
        printf("PROXY failed to write to echoserver fd %d\n",upstream);
        break;
    }
    printf("PROXY write upstream fd %d:%s\n", upstream, buff);
    //从后端句柄读出echo服务器的响应
    read_bytes = recv(upstream, pbuff, BUFFER_SIZE, 0);
    if (read_bytes <= 0)
    {
        printf("PROXY FAILED to read upstream fd %d\n", upstream);
        break;
    }
    printf("PROXY read upstream fd %d:%s\n", upstream, pbuff);

    //将响应转发/写给客户端
    write_bytes = send(client_fd, pbuff, read_bytes, 0);
    if (write_bytes < 0)
    {
        printf("PROXY FAILED to write fd %d(accept at %d) from remote port
            %d\n", client_fd, listen_port, client_remote_port);
```

```
            break;
        }
        printf("PROXY write fd %d(accept at %d) from remote port %d:%s\n",
            client_fd, listen_port, client_remote_port, pbuff);
    } while (strncmp(buff, "bye\r", 4) != 0);

    printf("PROXY connection closed fd %d(accept at %d) from remote port %d\
        n", client_fd, listen_port, client_remote_port);
    return;
}
```

下面的代码实现了代理的 eBPF 转发服务。该代码定义了一个名为 proxy_bpf 的函数，用于处理通过 BPF 进行的数据包转发。函数首先清空 sockmap 中的数据，然后更新 sockmap，并将客户端请求的句柄以及转发到上游服务器 1 和 2 的句柄加入映射。同时，它还更新了 proxymap，标记客户端的远端端口和两个 echo 服务的监听端口，以区分不同类型的连接。这样，eBPF 程序就能够根据这些信息进行正确的数据包转发了。

```
void proxy_bpf(int client_fd,int listen_port,int client_remote_port)
{
    int err;
    int key;
    //清空sockmap中的数据
    //从这里可以看出，我们是在用户态程序中管理该sockmap的数据
    //所以eBPF中实现的转发逻辑，也可以在用户态实现
    for (key = 0; key < max_entries; key++) {
        err = bpf_map_delete_elem(proxymap_fd, &key);
        if (err && errno != EINVAL && errno != ENOENT)
            printf("map_delete: expected EINVAL/ENOENT");
    }

    //将需要处理的句柄加入sockmap中
    key = 0;bpf_map_update_elem(sockmap_fd, &key, &client_fd, BPF_NOEXIST);//来
        自客户端请求的句柄

    key = 1;bpf_map_update_elem(sockmap_fd, &key, &proxysd1, BPF_NOEXIST);//从
        代理服务器连向为上游服务器1的句柄

    key = 2;bpf_map_update_elem(sockmap_fd, &key, &proxysd2, BPF_NOEXIST);//从
        代理服务器连向为上游服务器2的句柄

    unsigned short key16 = 0;
    key16 = client_remote_port;
    //这里的client_remote_port是上面client_fd对应的远端端口，
    //即客户连接代理服务器时，客户侧的本地端口
    int val = 1;
    bpf_map_update_elem(proxymap_fd, &key16, &val, BPF_ANY);
```

```
    printf("MARK client port:%d\n",key16);

    key16 = echoport1;
    //这里将echo服务的监听端口标记为upstream类型。
    //从echo的客户端角度看，目的端口就是echo服务的监听端口。
    //即从上面的proxysd1句柄来看，remote port == echoport1
    //所以，如果看到目的端口等于echoport1的包，就知道这是echo1给出的响应包
    val = 2;
    bpf_map_update_elem(proxymap_fd, &key16, &val, BPF_ANY);
    printf("MARK upstream port :%d\n",key16);

    key16 = echoport2;
    val = 2;
    bpf_map_update_elem(proxymap_fd, &key16, &val, BPF_ANY);
    printf("MARK upstream port :%d\n",key16);
}
```

3. 实验演示

在启动服务端程序之后，我们可以通过查看终端输出来确认 3 个服务分别在 9000、9001、9002 端口上进行监听。接下来，可以在另一个终端中使用 nc（netcat）工具向代理端口 9000 发送请求，以此来观察不同转发模式下的响应数据差异。

在测试过程中，我们可以使用 ftrace 来监控代理线程中的关键内核函数调用路径。通过对比分析，我们可以观察到，在启用 eBPF sockmap 转发模式时，数据被正确转发，而且绕过了传统网络协议栈中的 IP 处理和设备驱动部分。这表明数据转发的执行路径被优化，从而提升了转发效率和性能。

（1）服务端输出

下面是服务端输出的日志，日志显示了用户态和 eBPF 转发模式下客户端连接、数据传输及断开连接的过程。

```
[root @ ~]# ./proxy  #启动服务
libbpf: elf: skipping unrecognized data section(7) .rodata.str1.16
libbpf: elf: skipping unrecognized data section(21) .eh_frame
libbpf: elf: skipping relo section(22) .rel.eh_frame for section(21) .eh_frame
Server 8992 is listening on 9002 #echo服务
Server 8991 is listening on 9001 #echo服务
main loop
Server 8993 is listening on 9000 #proxy服务
Connected from: 127.0.0.1:44962, file descriptor: 14
Connected from: 127.0.0.1:59424, file descriptor: 12
Connected from: 127.0.0.1:54002, file descriptor: 11

#用户态转发场景下的服务端程序输出
PROXY read fd 14(accept at 9000) from remote port 44962:hello
```

```
PROXY write upstream fd 16:hello
ECHO  read at fd 11(accept at 9002) from remote port 54002:hello
ECHO  write to fd 11(accept at 9002) from remote port 54002:Bello
PROXY read upstream fd 16:Bello
PROXY write fd 14(accept at 9000) from remote port 44962:Bello
PROXY FAILED to read fd 14(accept at 9000) from remote port 44962
PROXY connection closed fd 14(accept at 9000) from remote port 44962
ECHO  FAILED to read fd 12(accept at 9001) from remote port 59424
ECHO  connection closed fd 12(accept at 9001) from remote port 59424
ECHO  FAILED to read fd 11(accept at 9002) from remote port 54002
ECHO  connection closed fd 11(accept at 9002) from remote port 54002

#开启eBPF转发模式
sighup recv and START bpf redirect skb
Connected from: 127.0.0.1:39490, file descriptor: 14
Connected from: 127.0.0.1:40626, file descriptor: 12
Connected from: 127.0.0.1:51374, file descriptor: 11
MARK client port:39490
MARK upstream port :9001
MARK upstream port :9002

#eBPF转发场景下的服务端程序输出
ECHO  read at fd 11(accept at 9002) from remote port 51374:hello
ECHO  write to fd 11(accept at 9002) from remote port 51374:Bello
ECHO  read at fd 12(accept at 9001) from remote port 40626:hell
ECHO  write to fd 12(accept at 9001) from remote port 40626:Aell
PROXY FAILED to read fd 14(accept at 9000) from remote port 39490
PROXY connection closed fd 14(accept at 9000) from remote port 39490
ECHO  FAILED to read fd 12(accept at 9001) from remote port 40626
ECHO  connection closed fd 12(accept at 9001) from remote port 40626
ECHO  FAILED to read fd 11(accept at 9002) from remote port 51374
ECHO  connection closed fd 11(accept at 9002) from remote port 51374
```

（2）客户端输出

下面是客户端输出的日志，日志显示了在不同转发模式下向代理端口发送“hello”请求后收到的响应内容：Bello 和 Aell。

```
[root @ /sys/kernel/debug/tracing]# nc 127.0.0.1 9000 #用户态下的请求与响应
hello
Bello

[root @ /sys/kernel/debug/tracing]# ps aux | grep proxy
root        8990  0.0  0.0  93068   648 pts/1    Sl+  17:31   0:00 ./proxy
root        9011  0.0  0.0   6240   704 pts/2    S+   17:32   0:00 grep proxy
[root @ /sys/kernel/debug/tracing]# kill -SIGHUP 8990  #切换转发模式为eBPF sockmap
[root @ /sys/kernel/debug/tracing]# nc 127.0.0.1 9000 #eBPF转发时的请求与响应，因
    bpf中会根据请求的长度做不同的响应，所以分别返回Bello和Aell
```

```
hello
Bello
hell
Aell

[root @ /sys/kernel/debug/tracing]#
```

（3）内核跟踪日志

尽管我们使用的是本地回环（loopback）接口进行网络通信，但仍然经历了 IP 层处理以及未显示的路由处理和虚拟设备 dev_hard_start_xmit() 处理。而在 eBPF 转发模式下，内核执行路径明显更短，并且在增加上游连接池的情况下，可以进一步优化这个示例程序的性能。

下面是用户态转发时的跟踪信息，该输出显示了代理服务在与 echo 服务建立连接、发送请求和响应数据以及断开连接过程中的关键内核函数调用及其耗时。

```
3)               |  __sys_connect() { # proxy请求与第1个echo服务建立连接
3)               |    tcp_connect() {
3)               |      ip_queue_xmit() {
3)   4.214 us    |        tcp_v4_send_synack();#发送syn+ack
3) + 21.403 us   |      }
3) + 31.107 us   |    }
3)   2.153 us    |    tcp_finish_connect();
3)               |    tcp_send_ack() { #发送ack
3) + 21.995 us   |      ip_queue_xmit();
3) + 45.558 us   |    }
3) ! 247.229 us  |  }
3)               |  __sys_connect() {   # proxy请求与第2个echo服务建立连接

3)               |    tcp_connect() {
3)               |      ip_queue_xmit() {
3)   3.654 us    |        tcp_v4_send_synack();
3) + 16.985 us   |      }
3) + 24.488 us   |    }
3)   1.831 us    |    tcp_finish_connect();
3)               |    tcp_send_ack() {
3) + 25.305 us   |      ip_queue_xmit();
3) + 28.176 us   |    }
3) + 68.958 us   |  }
3)               |  __sys_sendto() { # 代理服务器向上游服务器发送请求数据
3)               |    sock_sendmsg() {
3)               |      tcp_sendmsg() {
3)               |        ip_queue_xmit() {
3)               |          tcp_send_ack() {
3)   1.858 us    |            ip_queue_xmit();
3)   4.743 us    |          }
3) + 18.937 us   |        }
```

```
3) + 38.351 us    |        }
3) + 40.875 us    |      }
3) + 87.834 us    |  }
3)                |  __sys_sendto() { # 代理服务器向客户端发送响应数据
3)                |    sock_sendmsg() {
3)                |      tcp_sendmsg() {
3)                |        ip_queue_xmit() {
3)                |          tcp_send_ack() {
3)   2.048 us     |            ip_queue_xmit();
3)   4.890 us     |          }
3) + 25.434 us    |        }
3) + 43.076 us    |      }
3) + 45.172 us    |    }
3) + 80.774 us    |  }
3)                |  tcp_send_fin() { #与客户端断开连接
3)                |    ip_queue_xmit() {
3)                |      tcp_send_ack() {
3)   0.460 us     |        ip_queue_xmit();
3)   1.244 us     |      }
3) + 11.776 us    |    }
3) + 22.901 us    |  }
3)                |  tcp_send_fin() { #与上游服务器断开连接
3)   3.827 us     |    ip_queue_xmit();
3)   5.324 us     |  }
3)                |  tcp_send_fin() {
3)   5.815 us     |    ip_queue_xmit();
3)   7.073 us     |  }
```

下面的跟踪信息展示了在启用 eBPF sockmap 转发时的情况。从中可以明显看出，内核执行路径在 eBPF 转发模式下被大大简化，极大地提升了网络性能。

```
3)                |  __sys_connect() {# proxy请求与第2个echo服务建立连接

3)                |    tcp_connect() {
3)                |      ip_queue_xmit() {
3)   3.929 us     |        tcp_v4_send_synack();
3) + 18.950 us    |      }
3) + 26.371 us    |    }
3)   1.871 us     |    tcp_finish_connect();
3)                |    tcp_send_ack() {
3) + 18.941 us    |      ip_queue_xmit();
3) + 21.722 us    |    }
3) ! 139.977 us   |  }
3)                |  __sys_connect() {# proxy请求与第2个echo服务建立连接

3)                |    tcp_connect() {
3)                |      ip_queue_xmit() {
3)   3.120 us     |        tcp_v4_send_synack();
```

```
3) + 14.776 us    |        }
3) + 20.127 us    |      }
3)   1.595 us     |      tcp_finish_connect();
3)                |      tcp_send_ack() {
3) + 28.191 us    |        ip_queue_xmit();
3) + 30.515 us    |      }
3) + 64.449 us    |    }
3)                |    tcp_send_fin() { #与客户端断开连接

3)                |      ip_queue_xmit() {
3)                |        tcp_send_ack() {
3)   1.066 us     |          ip_queue_xmit();
3)   2.588 us     |        }
3) + 25.491 us    |      }
3) + 46.305 us    |    }
3)                |    tcp_send_fin() { #与upstream断开连接
3)   7.765 us     |      ip_queue_xmit();
3)   9.481 us     |    }
3)                |    tcp_send_fin() { #与upstream断开连接
3) + 12.315 us    |      ip_queue_xmit();
3) + 14.602 us    |    }
```

5.2.6 基于sockops监测服务响应延迟

5.2.5小节介绍了利用sockmap实现数据包转发的方法。这一过程需要将网络文件描述符保存在sockmap中，并通过辅助函数来完成流量转发。然而，这种转发功能仅能在内核态的eBPF程序及其对应的用户态进程中实现，它无法无侵入地与像Nginx这样的成熟代理程序集成。sockmap和sockops的实现代码均位于Coolbpf项目中：https://gitee.com/anolis/coolbpf/tree/master/tools。

1. 基本原理

那么，是否有可能在不修改现有网关或各类中间件的情况下，实现对网络流量的控制呢？答案是肯定的。通过使用eBPF的BPF_CGROUP_SOCK_OPS挂载类型，你可以对指定cgroup内所有进程的网络流量进行控制，而无须对服务进程进行任何改动。本节将探讨如何利用BPF_CGROUP_SOCK_OPS来解决云原生场景中一个非常关键的问题：监测网络服务的响应延迟。

服务延迟是衡量互联网产品用户体验的关键指标之一。传统的监控方法往往只能在延迟发生之后才能检测到，无论怎样优化从事件检测到报警的流程，都只能是事后补救。而分析延迟时，最有价值的信息是延迟发生时的上下文环境，例如调用的堆栈、内存/缓存状态、I/O、CPU等，这些因素的异常可能导致延迟。因此，只有及时识别延迟并在延迟发生时采样，才能获得最有效的数据。这就需要能够及早识别延迟并有效地收集上下文信息，而这正是eBPF技术的优势所在。

sockops 是一种通过在关键路径上设置钩子函数来拦截 socket 操作，并动态配置 TCP 参数的机制，它也可以用来统计 socket 信息。sockops eBPF 程序会利用 socket 的某些信息（如 IP 地址和端口）来决定最佳的 TCP 配置策略。例如，在 TCP 连接建立时，如果判断客户端和服务器位于同一个数据中心（网络质量非常好），则可以通过以下设置来优化 TCP 连接。

1）根据 RTT 设置更合适的缓冲区大小：RTT 越小，所需的缓冲区也越小。

2）调整 SYN RTO 和 SYN-ACK RTO，显著减少重传等待时间。

3）如果通信双方均支持 ECN（显式拥塞通知），则将 TCP 拥塞控制算法设置为 DCTCP（Data Center TCP，数据中心 TCP）。

为了更好地理解本小节的实践内容，我们需要掌握以下两个概念。

1）BPF_CGROUP_SOCK_OPS：这是一种挂载类型，它像钩子一样工作，当指定的 cgroup 内的进程发生 socket 相关事件时，会回调挂载的 eBPF 程序，并传递 struct bpf_sock_ops 作为参数。

2）BPF_MAP_TYPE_SK_STORAGE：这是一种 map 类型，用于实现基于 socket 的存储，即该 map 的值存储在 socket 结构的私有字段中。通过该 socket 的 key 可以访问其存储位置，并执行读写操作。

下面将通过示例展示如何使用 BPF_CGROUP_SOCK_OPS 和 BPF_MAP_TYPE_SK_STORAGE 来捕获与处理网络事件，以及如何实现延迟检测功能。

2. 代码示例

下面通过一个例子介绍 BPF_CGROUP_SOCK_OPS 和 BPF_MAP_TYPE_SK_STORAGE 的基本用法，并实现延迟检测功能。

（1）功能概览

为了全面测试延迟发现功能，我们需要 3 个不同的程序。

1）**服务端**：这是一个单线程的 echo 服务端，使用 epoll 实现。它接收到任何数据后，会将相同的数据原样返回给客户端。为了模拟现实世界的网络延迟，服务端在处理数据时会根据命令行参数引入随机的延迟，同时将延迟发生的时间输出到终端。

2）**客户端**：客户端也是基于 epoll 实现的，但有两个线程。一个线程负责维持并发连接，不断地创建新的连接请求；另一个线程负责处理读写事件。客户端可以通过命令行参数控制每个连接中发送的数据量和次数，并记录每个连接的响应时间。

3）**eBPF 内核态程序**：这个程序在每次网络传输事件发生时记录时间戳信息。用户态程序随后分析存储在 map 中的时间信息，以识别延迟。

由于篇幅限制，下面将仅介绍 eBPF 程序及其对应的用户态程序部分。

（2）eBPF 代码实现

首先声明需要使用的数据结构和 map。下面代码定义了几个数据结构和 eBPF map，用于网络连接的跟踪和分析。sock_key 结构体用作映射的键，包含用于标识网络连接的源 IP、目的 IP、源端口和目的端口等信息。sock_ops_map 是一个 BPF_MAP_TYPE_SOCKHASH 类型的映射，用于存储网络连接信息，并与 BPF_SK_MSG_VERDICT 类型的 eBPF 程序关联。socket_storage 映射用于实现基于 socket 的本地存储，可以存储与特定 socket 相关的数据。peer_stamp 映射用于记录特定连接最近一次收发数据的时间戳，这有助于后续分析网络延迟或其他传输问题。这些映射和数据结构共同为 eBPF 程序提供了跟踪和分析网络活动所需的基础设施。

```
struct sock_key {       // key的类型
    uint32_t sip4;
    uint32_t dip4;
    uint8_t  family;
    uint8_t  pad1;
    uint16_t pad2;
    uint32_t pad3;
    uint32_t sport;
    uint32_t dport;
} __attribute__((packed));

struct bpf_map_def SEC("maps") sock_ops_map = {   //用于存储网络连接BPF_SK_MSG_
    VERDICT
    .type           = BPF_MAP_TYPE_SOCKHASH,
    .key_size       = sizeof(struct sock_key),
    .value_size     = sizeof(int),
    .max_entries    = 65535,
    .map_flags       = 0,
};

struct {  //用于实现基于socket的本地存储
    __uint(type, BPF_MAP_TYPE_SK_STORAGE);
    __uint(map_flags, BPF_F_NO_PREALLOC);
    __type(key, __u32);
    __type(value, __u64);
} socket_storage SEC(".maps");

struct {  //用于记录指定连接最近一次收发数据的时间戳
    __uint(type, BPF_MAP_TYPE_HASH);
    __type(key, struct sock_key);
    __type(value, __u64);
    __uint(max_entries, 1024);
} peer_stamp SEC(".maps");
```

下面代码首先定义了一些基本变量，包括用于识别网络连接的 sock_key 结构体。在 switch 语句中，程序根据不同的 socket 操作类型（op）执行不同的动作。

1）**连接建立回调**：当一个被动或主动的 TCP 连接建立完成时（BPF_SOCK_OPS_

PASSIVE_ESTABLISHED_CB 和 BPF_SOCK_OPS_ACTIVE_ESTABLISHED_CB)，如果是 IPv4 连接（family == 2），程序会提取连接的关键信息，并使用 bpf_sock_hash_update 将连接加入 sock_ops_map 中。这样，当传输事件发生时，可以回调到关联的 BPF_SK_MSG_VERDICT 类型的 eBPF 程序。

2）**连接状态变化回调**：程序设置了一个标志 BPF_SOCK_OPS_STATE_CB_FLAG，以便在连接状态发生变化时接收回调。具体来说，程序只关注连接关闭事件（BPF_TCP_CLOSE）。当连接关闭时，程序会从 peer_stamp 映射中删除与该连接相关的条目，包括正向和反向的连接信息。

```
SEC("sockops")
int bpf_sockops_func(struct bpf_sock_ops *skops)
{
    uint32_t family, op;
    struct sock_key key = {};
    family = skops->family;
    op = skops->op;
    int ret=0;
    char info_fmt[] = "closing %d->%d\n";

    switch (op) {
    case BPF_SOCK_OPS_PASSIVE_ESTABLISHED_CB:
    case BPF_SOCK_OPS_ACTIVE_ESTABLISHED_CB:
        if (family == 2) { //AF_INET
            sk_extractv4_key(skops, &key);

            //将任意建立完成的网络连接加入sock_ops_map中，以便在发生传输事件的时候回调sk_msg
              程序
            ret = bpf_sock_hash_update(skops, &sock_ops_map , &key, BPF_NOEXIST);

            //设置期望收到的网络连接状态变化的事件
            bpf_sock_ops_cb_flags_set(skops, BPF_SOCK_OPS_STATE_CB_FLAG);

            if (ret != 0) {
                bpf_printk("FAILED: sock_hash_update ret: %d\n", ret);
            }
        }
        break;
    case BPF_SOCK_OPS_STATE_CB:
        //只关注连接关闭事件
        if( (skops->args[1] == BPF_TCP_CLOSE) ){
            memset(&key,0,sizeof(struct sock_key));
            //将当前的skops转换为sock_key结构，将四元组分别赋值给key的对应字段
            skops_s2c_key(skops, &key);
            //从记录时间戳的map中删除已经关闭的连接
            ret = bpf_map_delete_elem(&peer_stamp, &key);
```

```
            if (ret != 0) {
                //bpf_printk("FAILED: bpf_map_delete_elem ret: %d\n", ret);
            }

            //因为上面分别记录了两个方向的时间戳，所以还需要删除反向信息
            memset(&key,0,sizeof(struct sock_key));
            skops_c2s_key(skops, &key);
            ret = bpf_map_delete_elem(&peer_stamp, &key);
            if (ret != 0) {
                //bpf_printk("FAILED: bpf_map_delete_elem ret: %d\n", ret);
            }
        }
        break;
    default:
        break;
    }
    return 0;
}
char _license[] SEC("license") = "GPL";
```

下面代码用于监控包含在 sock_ops_map 中的网络连接。该程序的主要功能是记录和计算数据传输的时间差，以检测潜在的网络延迟。程序首先检查传入消息的数据长度，如果数据长度小于 8 字节，则直接丢弃该消息。然后，程序使用 bpf_sk_storage_get 获取与当前 socket 关联的本地存储空间，用于记录时间戳。如果当前端口不是 8001（8001 是服务端端口），程序记录客户端向服务端发送数据的时间戳，并更新 peer_stamp 映射。

如果当前端口是 8001，程序记录服务端向客户端发送数据的时间戳，并查找之前记录的客户端给服务端发送数据的时间戳。通过比较这两个时间戳，计算出时间差。如果时间差超过 1s，则程序使用 bpf_trace_printk 输出一条日志信息，包括本地端口、远端端口和时间差，以便进一步分析网络延迟。

```
SEC("sk_msg")
int bpf_skmsg_func(struct sk_msg_md *msg)   //对于sock_ops_map中的任意连接，当有数
    据传输的时候会调用该函数
{
    void *data_end = (void *)(long) msg->data_end;
    void *data = (void *)(long) msg->data;
    struct  sock_key key = {};

    __u64 *sk_ns;
    __u64 *peer_sk_ns;
    __u64 delta=0;

    char info_fmt[] = ">>> sendmsg port %d->%d,delta:%ld\n";

    if (data + 8 > data_end)
```

```
        return SK_DROP;

    sk_ns = bpf_sk_storage_get(&socket_storage, msg->sk, 0, BPF_SK_STORAGE_
        GET_F_CREATE);                  //访问与socket关联的本地存储
    if (sk_ns==NULL)
        return SK_DROP;

    if (msg->local_port != 8001){        //服务端固定端口为8001
        *sk_ns = bpf_ktime_get_ns();     //记录最近一次客户端发送数据给服务端的时间
        sk_msg_c2s_key(msg, &key);
        bpf_map_update_elem(&peer_stamp, &key, sk_ns,BPF_ANY);
        return SK_PASS;
    }else{
        //记录最近一次服务端发送数据给客户端的时间
        *sk_ns = bpf_ktime_get_ns();
        sk_msg_s2c_key(msg, &key);
        //找到上次客户端发送数据给服务端的时间
        peer_sk_ns = bpf_map_lookup_elem(&peer_stamp, &key);
        if (!peer_sk_ns)
            return SK_PASS;
        delta = *sk_ns - *peer_sk_ns;
        if (delta > 100000000)           //如果时间差大于1s，则记录日志
            bpf_trace_printk(info_fmt, sizeof(info_fmt),msg->local_port, bpf_
                ntohl(msg->remote_port),delta);
    }

    return SK_PASS;
}
```

（3）用户态代码实现

用户态代码主要实现两部分功能。一是设置了 cgroup 和 eBPF 相关的文件描述符，二是加载并挂载了两个 eBPF 程序：第一个用于捕获网络连接的传输事件，第二个用于处理数据传输事件并给出传输决策。程序进入一个无限循环，每秒轮询一次，通过比较存储在 eBPF map 中的传输事件时间戳来检测潜在的网络延迟。如果检测到两个方向上的传输事件时间差超过预设的阈值，则认为发生了延迟，并输出延迟发生的时间以及相关网络连接的源端口和目的端口。这个过程可以帮助定位网络延迟的方向，从而为进一步的网络性能优化提供依据。

3. 测试验证

为了进行测试验证，我们需要在 4 个终端上执行不同的任务。

1）**终端 1**：运行 eBPF 用户态程序。这个程序负责加载 eBPF 内核态代码，创建一个 cgroup 组，并将 eBPF 程序挂载到该 cgroup 的 BPF_CGROUP_SOCK_OPS 上。这样，如果有关注的网络流量经过该 cgroup，则程序会通过基于 socket 的本地存储记录最近一

次传输的时间信息。

2）**终端2**：监控eBPF程序的输出。通过访问/sys/kernel/debug/tracing/trace_pipe，我们可以观察eBPF程序生成的追踪数据。

3）**终端3**：运行服务端程序。这个程序将对收到的请求进行处理，并在处理过程中根据预设的条件引入随机的延迟。

4）**终端4**：运行客户端程序。客户端会向服务端发送请求，并记录每个请求的源端口和响应时间，以便分析网络性能。

在4个终端执行任务后，我们可以模拟和监测网络请求的延迟情况，并收集相关的数据进行分析，具体流程如下。

（1）eBPF程序输出

以下是eBPF程序的输出日志。通过检查这些日志，我们可以看到在测试过程中共检测到7次延迟事件，每次延迟的时间大约为3s。

```
[root @ /sys/kernel/debug/tracing]# cat trace_pipe
server-21822     [003] d... 26693.615826: bpf_trace_printk: >>> sendmsg port
    8001->60854,delta:3001059587

server-21822     [003] d... 26693.615903: bpf_trace_printk: >>> sendmsg port
    8001->60858,delta:3000916338

server-21822     [003] d... 26693.615914: bpf_trace_printk: >>> sendmsg port
    8001->60874,delta:2995326795

server-21822     [003] d... 26696.619955: bpf_trace_printk: >>> sendmsg port
    8001->58456,delta:3000611555

server-21822     [003] d... 26696.620040: bpf_trace_printk: >>> sendmsg port
    8001->58468,delta:2998635709

server-21822     [003] d... 26696.620051: bpf_trace_printk: >>> sendmsg port
    8001->58474,delta:2998620690

server-21822     [003] d... 26699.633802: bpf_trace_printk: >>> sendmsg port
    8001->58578,delta:3000162804
```

（2）服务端输出

以下是服务端的输出日志。通过分析这些日志，我们可以得知，在本次测试中服务端共记录了4次延迟事件，每次延迟的持续时间均为3s。

```
[root @ /opt]# echo $$ >> /sys/fs/cgroup/cgroup-test-work-dir/foo10/cgroup.
    procs
[root @ /opt]# ./bin/server 10 3          //对于服务端收到的请求，每10个请求随机做1次
    delay，delay时间是3秒钟
```

```
sleep 3 on 8001
sleep 3 on 8001
sleep 3 on 8001
```

（3）客户端输出

下面是客户端输出日志，我们发现客户端实际感知到的延迟共有 7 次。这与 eBPF 程序记录的延迟次数以及涉及的端口号完全一致。然而，为什么这会比服务端记录的 4 次延迟要多呢？原因在于服务端和客户端都是采用单线程处理请求，这可能导致待处理请求的积压，从而引发连锁反应，使得一次请求处理的缓慢影响到多个请求的响应时间，进而导致客户端感知到更多的延迟。

```
[root @ /opt]# echo $$ >> /sys/fs/cgroup/cgroup-test-work-dir/foo10/cgroup.
    procs
[root @ /opt]# ./bin/client 3 20 1 0 20 0
from port:60846,delay:6 ms
from port:60854,delay:3003 ms
from port:60858,delay:3004 ms
from port:60874,delay:2999 ms
from port:58438,delay:3 ms
from port:58452,delay:3 ms
from port:58456,delay:3002 ms
from port:58468,delay:3002 ms
from port:58474,delay:3002 ms
from port:58484,delay:3 ms
from port:58498,delay:3 ms
from port:58502,delay:3 ms
from port:58510,delay:4 ms
from port:58516,delay:4 ms
from port:58520,delay:4 ms
from port:58522,delay:3 ms
from port:58532,delay:3 ms
from port:58548,delay:3 ms
from port:58564,delay:4 ms
from port:58578,delay:3003 ms
online:0,conn_counter:21,finish_counter:20,trans_counter:20,retran_counter:0
[root @ /opt]#
```

（4）eBPF 用户态输出

以下是 eBPF 用户态程序的输出日志。通过查看这些日志，我们可以观察到在测试过程中出现了多次高延迟的情况。

```
[root @ /opt]# ./sockops
main loop
8001->60874:delay at 26691 from 26690
8001->60854:delay at 26691 from 26690
8001->60858:delay at 26691 from 26690
```

```
8001->60874:delay at 26692 from 26690
8001->60854:delay at 26692 from 26690
8001->60858:delay at 26692 from 26690
8001->60874:delay at 26693 from 26690
8001->60854:delay at 26693 from 26690
8001->60858:delay at 26693 from 26690
8001->58456:delay at 26694 from 26693
8001->58468:delay at 26694 from 26693
8001->58474:delay at 26694 from 26693
8001->58456:delay at 26695 from 26693
8001->58468:delay at 26695 from 26693
8001->58474:delay at 26695 from 26693
8001->58456:delay at 26696 from 26693
8001->58468:delay at 26696 from 26693
8001->58474:delay at 26696 from 26693
8001->58578:delay at 26697 from 26696
8001->58578:delay at 26698 from 26696
8001->58578:delay at 26699 from 26696
```

5.2.7　Virtio 网卡队列可观测

在系统领域中，最具挑战性的问题通常是组件之间的边界定位。其中，Virtio 网卡前后端的定界尤为困难。当网络报文从内核发送到 Virtio 网卡后端，或者从 Virtio 网卡后端发送到内核时，这一路径难以进行观测。一些复杂的网络抖动问题很可能是由于网卡队列异常引起的。为了解决这类问题，我们基于 eBPF 技术扩展了网卡队列的可观测能力，使得 Virtio 网卡前后端的边界定位问题不再困扰。

1. 前后端驱动简介

Virtio 网卡通常由两个组件组成：Virtio driver（也称为 Virtio 前端）和 Virtio device（也称为 Virtio 后端）。Virtio 前端运行在客户机的内核中，而 Virtio 后端可以由宿主机的内核承担。Virtio 网卡通常支持多队列，包括发送队列和接收队列。每个队列通过三个环形队列来实现，即 avail 环形队列、used 环形队列和 desc 环形队列。Virtio 网卡发包流程请参考图 5-8，硬中断收包流程请参考图 5-9。

2. 基本原理与故障检测

经过前面的分析，我们了解到 Virtio 网卡队列中的几个重要参数，即 avail->idx、used->idx 和 last_used_idx。使用这些参数，我们可以清晰地了解网卡队列当前包含的报文数量，并进一步得到以下可观测指标。

1）发送队列报文数：表示尚未被 Virtio 网卡后端发送的报文数量。计算方法是 avail->idx – used->idx。

2）接收队列报文数：表示尚未被 Virtio 网卡前端接收的报文数量。计算方法是

used->idx – last_used_idx。

3）网卡队列的 last_used_idx：表示 Virtio 网卡后端处理报文的进度。

4）队列饱和度：表示当前网卡队列使用量，计算方法是队列报文数 / 队列长度。

下面就来了解一下 Virtio 网卡队列可观测的工作原理与故障检测实践。

（1）工作原理

我们将可观测的代码集成在了 rtrace 工具里，请参考代码：https://gitee.com/anolis/sysak/blob/opensource_branch_sync/source/tools/detect/net/rtrace/src/bpf/virtio.bpf。

rtrace 工具采集的主要流程如下。

1）rtrace 将 eBPF 采集程序挂载到内核的 dev_id_show 和 dev_port_show 函数上。

2）rtrace 周期性读取 /sys/class/net/[interface]/dev_id 和 /sys/class/net/[interface]/dev_port 两个文件，其中 dev_id 文件用来表示采集发送队列信息，dev_port 文件用来表示采集接收队列信息。

3）当读取文件时，会触发内核执行 dev_id_show 和 dev_port_show 两个函数。由于已经挂载了 eBPF 采集程序，内核会先执行 eBPF 采集程序。

4）eBPF 采集程序通过解析 dev_id_show 和 dev_port_show 的入参 net_device 来获取网卡队列 vring 数据，然后从 vring 中解析出 avail idx、used idx、队列长度和 last_used_idx。

5）将数据发送给 rtrace 做进一步处理。

Virtio 队列指标采集原理如图 5-17 所示。

（2）故障检测实践

下面的代码是 rtrace 工具采集的网卡队列信息输出。我们可以看到，在 09:47:26，1 号发送队列的饱和度和 last_used_idx 分别是 0.05%/3593；在 09:47:28，1 号发送队列的饱和度和 last_used_idx 分别是 0.07%/3593。由此可知，发送队列的饱和度在增加，但是 last_used_idx 在多个采集周期内保持不变。因此，可以确定 1 号发送队列出现了故障。

随后我们修复了 1 号发送队列的故障，可以看见在 09:48:06 的 1 号发送队列饱和度和 last_used_idx 分别是 0.00%/3599，队列里面不再有驻留的报文，网卡队列恢复了正常。

```
09:47:24
SendQueue  0.05%/3593   0.00%/852    0.00%/4506   0.00%/1600   0.00%/457
    0.00%/509    0.00%/3140   0.00%/1352   0.00%/386    0.00%/410    0.00%/1714
    0.00%/1758   0.00%/1619   0.00%/446    0.00%/3577   0.00%/2443   0.00%/46
    0.00%/94     0.00%/212    0.00%/231    0.00%/146    0.00%/148    0.00%/226
    0.00%/64     0.00%/109    0.00%/84     0.00%/78     0.00%/56     0.00%/87
    0.00%/88    0.00%/85    0.00%/52
RecvQueue  0.00%/2805   0.00%/13297  0.00%/475    0.00%/367    0.00%/12378
    0.00%/130    0.00%/222    0.00%/11120  0.00%/355    0.00%/3016   0.00%/133
```

```
    0.00%/180     0.00%/12980  0.00%/10363  0.00%/2825   0.00%/650    0.00%/151
    0.00%/505     0.00%/5180   0.00%/200    0.00%/26670  0.00%/169    0.00%/1042
    0.00%/9820    0.00%/9586   0.00%/3374   0.00%/229    0.00%/1402   0.00%/8796
    0.00%/117     0.00%/301    0.00%/275
09:47:25
SendQueue  0.05%/3593   0.00%/852    0.00%/4506   0.00%/1600   0.00%/457
    0.00%/509     0.00%/3140   0.00%/1352   0.00%/386    0.00%/410    0.00%/1714
    0.00%/1758    0.00%/1619   0.00%/446    0.00%/3577   0.00%/2444   0.00%/46
    0.00%/94      0.00%/212    0.00%/231    0.00%/146    0.00%/148    0.00%/226
    0.00%/64      0.00%/109    0.00%/84     0.00%/78     0.00%/56     0.00%/87
    0.00%/89      0.00%/85     0.00%/52
RecvQueue  0.00%/2805   0.00%/13297  0.00%/475    0.00%/367    0.00%/12378
    0.00%/130     0.00%/222    0.00%/11120  0.00%/355    0.00%/3016   0.00%/133
    0.00%/180     0.00%/12980  0.00%/10363  0.00%/2825   0.00%/650    0.00%/151
    0.00%/505     0.00%/5180   0.00%/200    0.00%/26670  0.00%/169    0.00%/1042
    0.00%/9820    0.00%/9586   0.00%/3374   0.00%/229    0.00%/1402   0.00%/8796
    0.00%/117     0.00%/303    0.00%/275
09:47:26
SendQueue  0.05%/3593   0.00%/852    0.00%/4506   0.00%/1600   0.00%/457
    0.00%/509     0.00%/3140   0.00%/1352   0.00%/386    0.00%/410    0.00%/1714
    0.00%/1758    0.00%/1619   0.00%/446    0.00%/3577   0.00%/2444   0.00%/46
    0.00%/94      0.00%/212    0.00%/231    0.00%/146    0.00%/148    0.00%/226
    0.00%/64      0.00%/109    0.00%/84     0.00%/78     0.00%/56     0.00%/87
    0.00%/91      0.00%/85     0.00%/52
RecvQueue  0.00%/2805   0.00%/13297  0.00%/475    0.00%/367    0.00%/12378
    0.00%/130     0.00%/222    0.00%/11120  0.00%/355    0.00%/3016   0.00%/133
    0.00%/180     0.00%/12980  0.00%/10363  0.00%/2825   0.00%/650    0.00%/151
    0.00%/505     0.00%/5180   0.00%/200    0.00%/26670  0.00%/169    0.00%/1042
    0.00%/9820    0.00%/9586   0.00%/3374   0.00%/229    0.00%/1402   0.00%/8796
    0.00%/117     0.00%/305    0.00%/275
09:47:27
SendQueue  0.07%/3593   0.00%/852    0.00%/4506   0.00%/1600   0.00%/457
    0.00%/509     0.00%/3140   0.00%/1352   0.00%/386    0.00%/410    0.00%/1714
    0.00%/1758    0.00%/1619   0.00%/446    0.00%/3577   0.00%/2444   0.00%/46
    0.00%/94      0.00%/212    0.00%/231    0.00%/146    0.00%/148    0.00%/226
    0.00%/64      0.00%/109    0.00%/84     0.00%/78     0.00%/56     0.00%/87
    0.00%/93      0.00%/85     0.00%/52
RecvQueue  0.00%/2805   0.00%/13298  0.00%/475    0.00%/367    0.00%/12378
    0.00%/130     0.00%/222    0.00%/11120  0.00%/355    0.00%/3016   0.00%/133
    0.00%/180     0.00%/12980  0.00%/10363  0.00%/2825   0.00%/650    0.00%/151
    0.00%/505     0.00%/5180   0.00%/200    0.00%/26670  0.00%/169    0.00%/1042
    0.00%/9820    0.00%/9586   0.00%/3374   0.00%/229    0.00%/1402   0.00%/8796
    0.00%/117     0.00%/307    0.00%/275
09:47:28
SendQueue  0.07%/3593   0.00%/852    0.00%/4506   0.00%/1600   0.00%/457
    0.00%/509     0.00%/3140   0.00%/1352   0.00%/386    0.00%/414    0.00%/1714
    0.00%/1758    0.00%/1619   0.00%/446    0.00%/3577   0.00%/2445   0.00%/46
```

```
    0.00%/94      0.00%/212     0.00%/231     0.00%/146     0.00%/149     0.00%/226
    0.00%/64      0.00%/109     0.00%/84      0.00%/78      0.00%/56      0.00%/87
    0.00%/96     0.00%/87     0.00%/52
RecvQueue 0.00%/2805   0.00%/13298 0.00%/475     0.00%/367     0.00%/12378
    0.00%/130     0.00%/222     0.00%/11120 0.00%/355     0.00%/3016    0.00%/133
    0.00%/180     0.00%/12980 0.00%/10363 0.00%/2825    0.00%/650     0.00%/151
    0.00%/505     0.00%/5180    0.00%/205     0.00%/26670 0.00%/169     0.00%/1042
    0.00%/9820    0.00%/9586    0.00%/3374    0.00%/229     0.00%/1402    0.00%/8797
    0.00%/118    0.00%/309    0.00%/275
09:47:29
SendQueue  0.07%/3593   0.00%/852     0.00%/4506    0.00%/1600    0.00%/457
    0.00%/509     0.00%/3140    0.00%/1352    0.00%/386     0.00%/414     0.00%/1714
    0.00%/1758    0.00%/1619    0.00%/446     0.00%/3577    0.00%/2445    0.00%/46
    0.00%/94      0.00%/212     0.00%/231     0.00%/146     0.00%/149     0.00%/226
    0.00%/64      0.00%/109     0.00%/84      0.00%/78      0.00%/56      0.00%/87
    0.00%/98     0.00%/87     0.00%/52
RecvQueue 0.00%/2805   0.00%/13298 0.00%/475     0.00%/367     0.00%/12378
    0.00%/130     0.00%/222     0.00%/11120 0.00%/355     0.00%/3016    0.00%/133
    0.00%/180     0.00%/12980 0.00%/10363 0.00%/2825    0.00%/650     0.00%/151
    0.00%/505     0.00%/5180    0.00%/205     0.00%/26670 0.00%/169     0.00%/1042
    0.00%/9820    0.00%/9586    0.00%/3374    0.00%/229     0.00%/1402    0.00%/8797
    0.00%/118    0.00%/311    0.00%/275
09:47:30
SendQueue  0.07%/3593   0.00%/852     0.00%/4506    0.00%/1600    0.00%/457
    0.00%/509     0.00%/3140    0.00%/1352    0.00%/386     0.00%/414     0.00%/1714
    0.00%/1758    0.00%/1619    0.00%/446     0.00%/3577    0.00%/2445    0.00%/46
    0.00%/94      0.00%/212     0.00%/231     0.00%/146     0.00%/149     0.00%/226
    0.00%/64      0.00%/109     0.00%/84      0.00%/78      0.00%/56      0.00%/87
    0.00%/100    0.00%/87     0.00%/52
RecvQueue 0.00%/2805   0.00%/13298 0.00%/475     0.00%/367     0.00%/12378
    0.00%/130     0.00%/222     0.00%/11120 0.00%/355     0.00%/3016    0.00%/133
    0.00%/180     0.00%/12980 0.00%/10363 0.00%/2825    0.00%/650     0.00%/151
    0.00%/505     0.00%/5180    0.00%/205     0.00%/26670 0.00%/169     0.00%/1042
    0.00%/9820    0.00%/9586    0.00%/3374    0.00%/229     0.00%/1402    0.00%/8797
    0.00%/118    0.00%/313    0.00%/275
// 部分代码略
09:48:06
SendQueue  0.00%/3599   0.00%/856     0.00%/4511    0.00%/1602    0.00%/465
    0.00%/510     0.00%/3140    0.00%/1352    0.00%/386     0.00%/420     0.00%/1716
    0.00%/1766    0.00%/1619    0.00%/448     0.00%/3578    0.00%/2451    0.00%/46
    0.00%/94      0.00%/212     0.00%/231     0.00%/148     0.00%/149     0.00%/226
    0.00%/64      0.00%/109     0.00%/85      0.00%/87      0.00%/56      0.00%/87
    0.00%/101    0.00%/103    0.00%/52
RecvQueue 0.00%/2807   0.00%/13299 0.00%/477     0.00%/369     0.00%/12378
    0.00%/140     0.00%/223     0.00%/11120 0.00%/355     0.00%/3032    0.00%/142
    0.00%/180     0.00%/12980 0.00%/10363 0.00%/2825    0.00%/652     0.00%/151
    0.00%/505     0.00%/5180    0.00%/205     0.00%/26670 0.00%/170     0.00%/1057
```

```
0.00%/9820   0.00%/9586   0.00%/3374   0.00%/230    0.00%/1414   0.00%/8800
0.00%/118    0.00%/327    0.00%/275
```

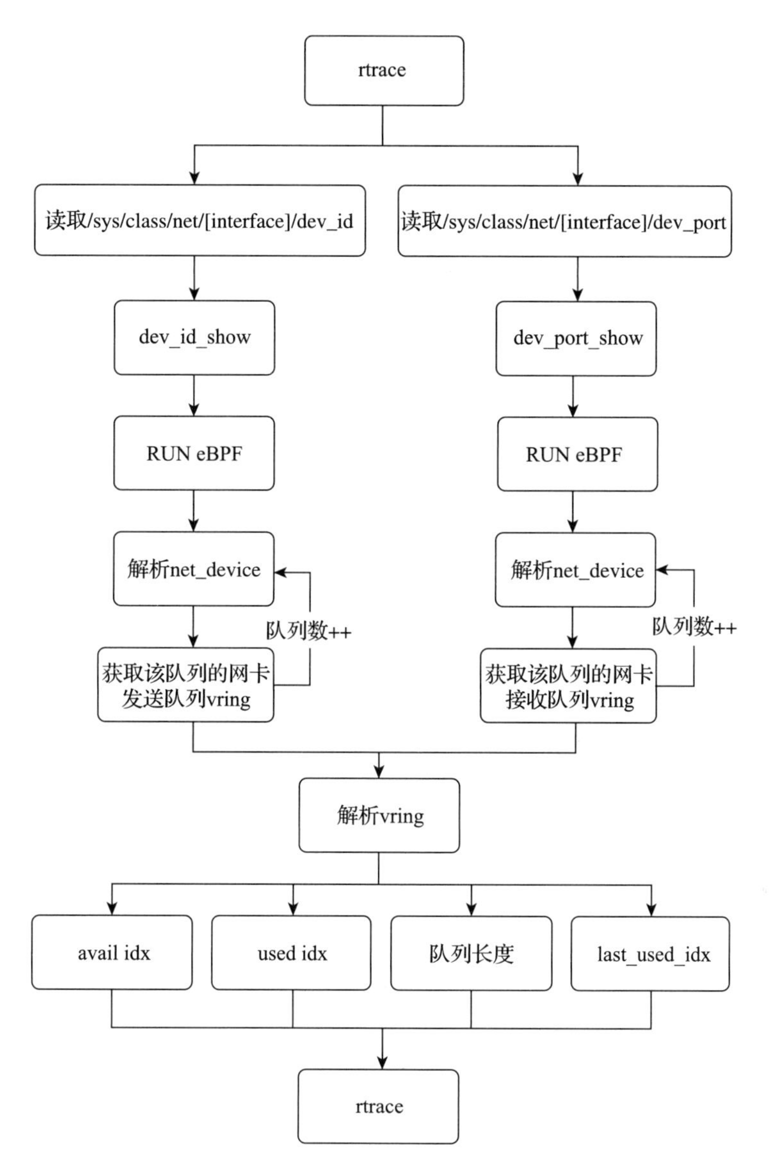

图 5-17　Virtio 队列指标采集原理

在 Virtio 网卡中，前端和后端之间通过共享的网卡队列进行通信。为了更好地理解和观测网卡队列的状态与性能指标，通过观测 avail idx、used idx、last_used_idx 等指标，我们可以对 Virtio 网卡的性能进行评估和优化。同时，这些指标也让我们对网卡队列的状态有了更深入的理解，有助于进行故障排查和性能调优。

5.3 本章小结

本章不仅深入剖析了网络数据包的发送与接收过程，还详尽地介绍了网络协议栈的各个层次及其功能，从而为读者提供了一个全面而深入的技术视角。随后，我们转向网络中的一个常见且复杂的问题——网络抖动。网络抖动是指网络延迟的不稳定性，它对实时通信和数据传输的效率有着显著影响。之后，我们通过 7 个实际的网络可观测性案例，展示了 eBPF 技术在网络协议栈监控中的应用。

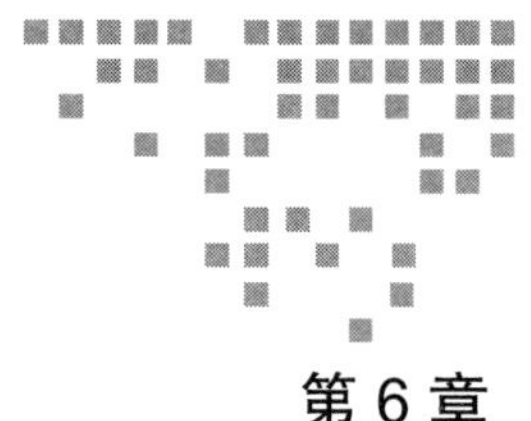

第 6 章 Chapter 6

基于 eBPF 的内存可观测实践

Linux 内存子系统是一个高度复杂且高效的组件，它通过虚拟内存、动态分配、物理内存管理、页面替换算法、访问权限控制等机制，确保了系统的稳定运行、资源有效利用以及进程间的安全隔离。此外，Linux 内存子系统还具备良好的可扩展性和灵活性，能够适应不断发展的硬件架构和技术需求。

为了更深入地理解内存子系统，本章将从内存申请流程入手，逐步展开分析。我们将结合常见的内存瓶颈点，如页面错误、内存泄漏等，探讨这些问题对系统性能的影响。此外，我们将介绍如何基于 eBPF 工具追踪和诊断相应的内存问题流程，帮助开发者实时监测内存使用情况，从而更有效地识别和解决潜在的性能瓶颈问题。

6.1 系统内存的申请流程

内存子系统主要由虚拟内存管理、伙伴系统和页面映射等功能组成。图 6-1 所示为系统内存申请流程：从调用内存申请入口开始，到物理内存访问结束。

下面以用户熟知的 malloc 函数为例来介绍申请内存的流程。

1）调用 malloc：当应用程序调用 malloc 函数时，其实是在请求从堆中分配一块内存，分配内存的示例代码如下。

```
void *ptr = malloc(size);
```

2）glibc（GNU C 库）的内部处理：malloc 函数内部会检查当前的堆是否有足够的内存。如果没有，它将调用 sbrk 函数请求更多的内存。glibc 实现的 malloc 内部函数会根据具体情况选择调用 sbrk 函数或 mmap 函数来扩展堆。malloc 函数的内部实现如下。

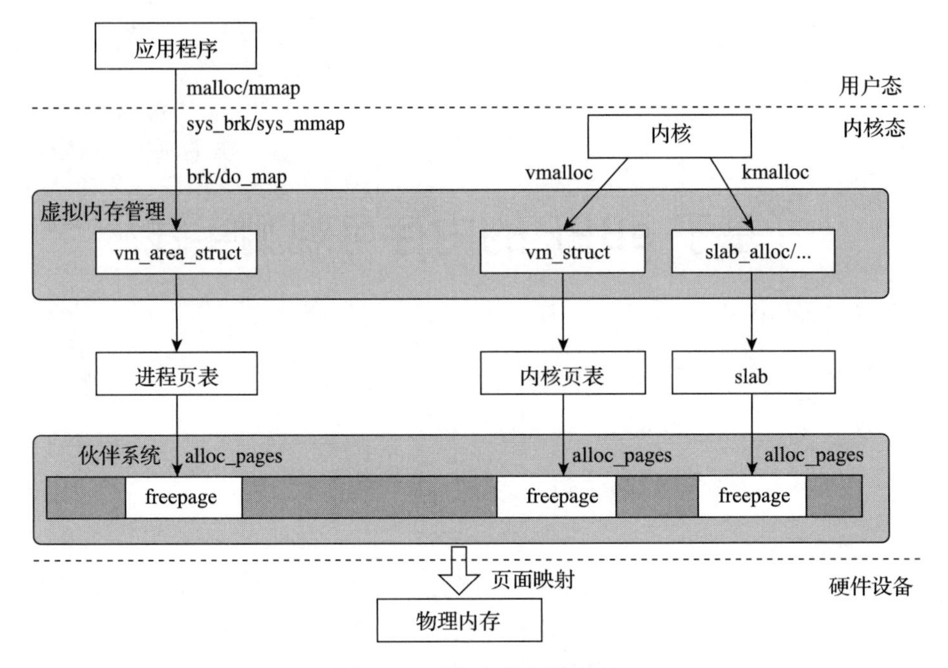

图 6-1 系统内存申请流程

```
void* malloc(size_t size) {
    if (size <= small_size_threshold) {
        //尝试从小块分配器获取内存
    } else {
        //尝试从堆中获取内存，如果堆空间不足，则调用sbrk函数
        void* result = sbrk(size);
        if (result == (void*) -1) {
            //堆内存分配请求失败
            return NULL;
        }
        return result;
    }
}
```

3）系统调用：sbrk 函数最终会调用 brk 接口，该函数的代码如下所示。

```
void* sbrk(intptr_t increment) {
    return syscall(SYS_brk, increment);
}
```

4）内核处理：接下来会进入系统调用（sys_call）阶段，最终陷入内核，内核会调整进程的 mm_struct 的 brk 值，该值位于数据段的末尾位置。brk 系统调用的代码如下。

```
SYSCALL_DEFINE1(brk, unsigned long, brk) {
    struct mm_struct *mm = current->mm;
    unsigned long new_brk = brk;
    unsigned long old_brk;

    down_write(&mm->mmap_sem);

    //获取当前数据段的末尾位置
    old_brk = mm->brk;

    //检查新的brk值是否有效和可分配
    if (new_brk > old_brk) {
        //调用内存分配函数（例如alloc_pages）分配新的页框
        if (do_brk(old_brk, new_brk - old_brk) < 0)
            goto out;
    }

    //更新mm_struct中的brk值
    mm->brk = new_brk;
    up_write(&mm->mmap_sem);
    return new_brk;

out:
    up_write(&mm->mmap_sem);
    return -ENOMEM;
}
```

5）内存区域管理：内核利用 vm_area_struct 结构来描述进程地址空间中的内存区域。当 brk 调用成功后，操作系统会创建或扩展一个 vm_area_struct 来映射新的堆内存区域。内存区域管理创建和管理的实现代码如下。

```
struct vm_area_struct *vma = find_vma(mm, addr);
if (!vma || vma->vm_start > addr) {
    //创建新的vma结构，并添加到进程的vm_area_struct链表中
    vma = kmem_cache_alloc(vm_area_cachep, GFP_KERNEL);
    if (!vma)
        return -ENOMEM;
    vma->vm_start = addr;
    vma->vm_end = addr + len;
    vma->vm_flags = VM_READ | VM_WRITE;
    vma->vm_page_prot = PAGE_KERNEL;
    insert_vm_struct(mm, vma);
} else {
    //扩展现有的vma结构
    vma->vm_end = addr + len;
}
```

6）内存分配：当创建或扩展 vm_area_struct 时，内核可能需要为用户分配物理页。内核通过调用 alloc_pages 函数来实际分配物理页。内核从 vm_area_struct 开始到实际物理页分配的调用实现如下所示。

```
struct page *alloc_pages(gfp_t gfp_mask, unsigned int order) {
    return alloc_pages_node(numa_node_id(), gfp_mask, order);
}

struct page *alloc_pages_nodemask(gfp_t gfp_mask, unsigned int order,
    nodemask_t *nodemask) {
    return __alloc_pages_nodemask(gfp_mask, order, numa_node_id(), nodemask);
}

struct page *__alloc_pages_nodemask(gfp_t gfp_mask, unsigned int order, int
    node, nodemask_t *nodemask) {
    //实现伙伴系统分配逻辑
    struct page *page = buddy_alloc(gfp_mask, order);
    return page;
}
```

6.2 内存性能瓶颈点与解决思路

在 Linux 系统中，内存子系统扮演着核心角色，负责管理宝贵的内存资源，确保高效、流畅的系统运行。然而，不当的内存管理或配置不当可能导致多种性能瓶颈，严重影响系统的响应速度和稳定性。以下是 Linux 内存子系统中常见的几种性能瓶颈点及其影响分析，以及内存瓶颈的诊断方法与解决思路。6.3 节和 6.4 节会给出具体的案例。

6.2.1 常见的内存性能瓶颈

笔者总结了几种工作中常见的 Linux 内存子系统的性能瓶颈点和解决思路，仅供读者参考。

（1）内存泄漏

问题描述：内存泄漏过程如图 6-2 所示。内存泄漏是指程序分配了内存却未能适时释放，随着时间推移，未释放的内存累积，逐渐消耗可用的内存资源。这不仅减少了可供其他程序使用的内存，还可能导致系统进行不必要的页面交换，进一步使性能恶化。

影响分析：内存泄漏最终会耗尽系统内存，引起资源争夺，增加内存分配失败的风险，降低系统响应速度，甚至崩溃。此外，它还会触发频繁的 GC 操作，增加 CPU 负担。

解决思路：通过 eBPF 工具（如 BPFtrace）监控特定进程的内存分配与释放行为，并定期检查内存使用趋势，可及早发现内存消耗的异常增长。一旦发现内存泄漏，应尽快定位泄漏的源代码并修复。

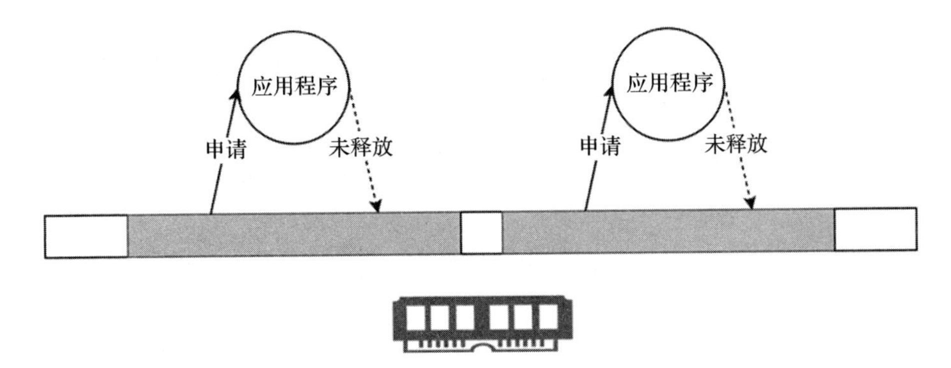

图 6-2 内存泄漏过程

（2）频繁的页面交换

问题描述：页面交换过程如图 6-3 所示。当物理内存不足时，Linux 会使用磁盘上的交换空间作为扩展内存。频繁的页面交换意味着系统正在努力将内存中的数据移到磁盘上，以腾出空间给活跃进程使用，这是一个代价高昂的操作，因为它涉及缓慢的磁盘 I/O。

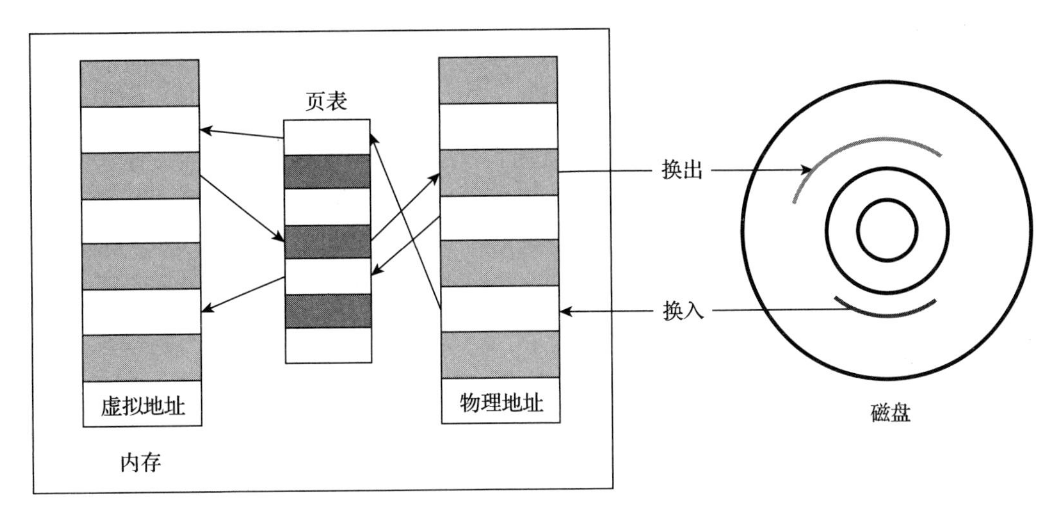

图 6-3 页面交换过程

影响分析：页面交换显著降低了系统的响应速度，因为读写磁盘远比访问 RAM 慢。此外，频繁的页面交换还会增加磁盘磨损，降低系统整体性能。

解决思路：监控 vmstat、free 命令输出的交换使用情况，同时使用 eBPF 追踪页面错误率。增加物理内存、限制交换分区的使用、优化程序内存使用，以及合理设置 swappiness 参数以减少不必要的交换，都是有效的缓解措施。

（3）缓存失效

问题描述：缓存失效过程如图 6-4 所示。Linux 会积极使用空闲内存作为文件系统缓存和页面缓存，以加速后续数据访问，如 libc.so 作为常用文件，通常会从磁盘缓存到内存中。然而，如果缓存策略不当或工作负载特征变化迅速，可能导致频繁的缓存失效，即刚加载的数据很快又被替换出去，无法发挥缓存的加速效果。

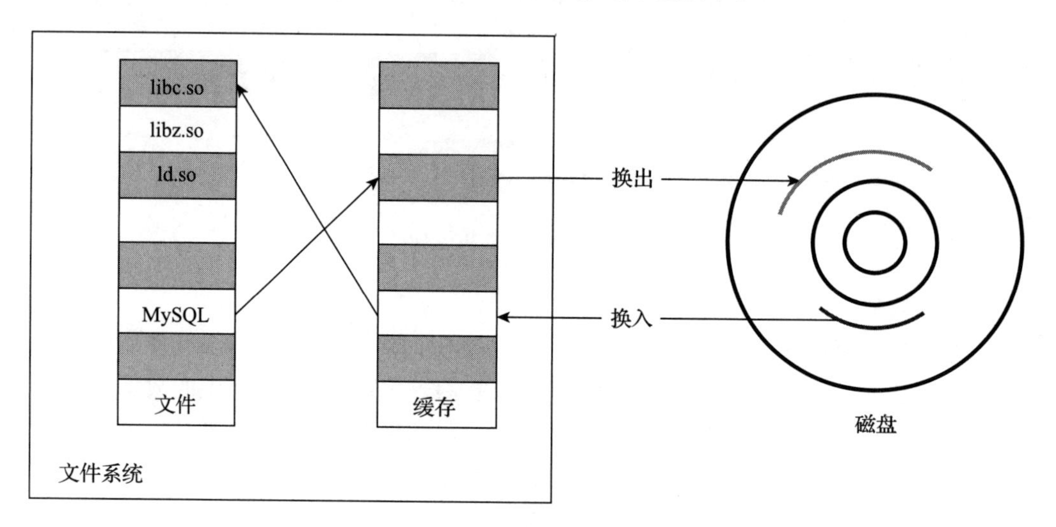

图 6-4　缓存失效过程

影响分析：频繁的缓存失效会增加磁盘 I/O，降低数据访问速度，影响系统响应时间。

解决思路：通过 /proc/meminfo 和 free 命令监控缓存使用情况，使用 eBPF 工具分析缓存命中率。优化缓存策略，如调整 vfs_cache_pressure 参数，根据应用特点平衡文件系统缓存与其他内存需求。

（4）页表膨胀

问题描述：图 6-5 所示为页表映射过程。在虚拟内存系统中，页表用于映射虚拟地址到物理地址。随着内存分配和释放的频繁进行，页表可能变得庞大而复杂，导致处理器在地址转换时花费更多时间。

影响分析：页表膨胀增加了地址翻译的开销，降低了 CPU 效率，在大内存或多核系统中尤其明显。

解决思路：虽然直接监控页表大小较为困难，但可以通过监控内存碎片、大页（HugePage）使用情况以及系统总体内存分配模式来间接识别。采用大页可以减少页表条目数量，优化内存分配策略以减少碎片化，这些都是缓解页表膨胀的有效手段。

由此可以看出，结合 eBPF 可以有效识别和缓解上述内存子系统中的性能瓶颈问题，保障系统的高效稳定运行。下面将介绍利用 eBPF 进行内存性能瓶颈诊断的常见方法。

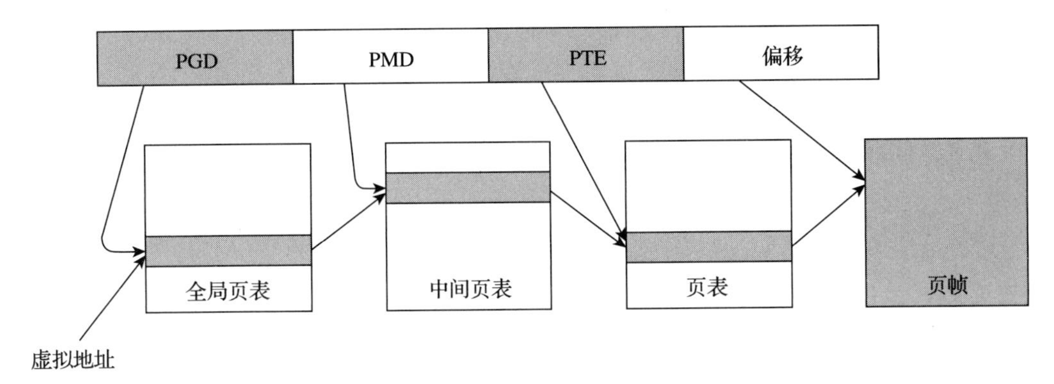

图6-5　页表映射过程

6.2.2　内存性能瓶颈诊断方法

以下是一些常见的基于eBPF进行诊断的方法。

（1）使用bpftrace监控内存事件

bpftrace允许用户使用类C的语法快速编写eBPF脚本，无须直接编写BPF字节码。它特别适用于监控系统级事件，如内存管理。下面是一个简单的bpftrace脚本示例，用于追踪系统中所有进程的页面错误计数。

```
#!/usr/bin/env bpftrace

BEGIN {
    printf("Tracing page faults... Hit Ctrl-C to end.\n");
}

kprobe:do_page_fault {
    @pid_comm = count();
}

END {
    print(@pid_comm);
}
```

此脚本在启动时会打印一条消息，然后在每次发生页面错误（通过kprobe:do_page_fault监测）时记录触发该事件的进程PID和命令名，并记录事件发生次数。在脚本运行结束时，输出每个进程的页面错误总数。这有助于识别哪些进程可能是内存管理问题的源头。

（2）使用BCC进行深度分析

下面是一个使用BCC编写的简单脚本，旨在帮助检测内存泄漏。该脚本用于检测特定进程的堆内存分配和释放情况。

```
#include <linux/sched.h>            //获取TASK_COMM_LEN宏定义
#include <uapi/linux/ptrace.h>      //获取struct pt_regs结构体定义

BPF_HASH(stack_traces, u64, u64);
BPF_HASH(leak_info, u64, u64);

int alloc_entry(struct pt_regs *ctx, void *ptr, size_t size) {
    u64 pid_tgid = bpf_get_current_pid_tgid();
    leak_info.increment(pid_tgid, size);
    return 0;
}

int free_exit(struct pt_regs *ctx, void *ptr) {
    u64 pid_tgid = bpf_get_current_pid_tgid();
    u64 *size_ptr = leak_info.lookup(&pid_tgid);
    if (size_ptr == 0)
        return 0;       //申请失败，忽略
    u64 size = *size_ptr;
    leak_info.delete(&pid_tgid);
    return 0;
}

void print_leaks(void *ctx) {
    //实现打印内存泄漏信息的逻辑，例如通过BPF_PERF_OUTPUT宏输出到用户空间
}

int trace_mem(struct pt_regs *ctx) {
    u32 pid = bpf_get_current_pid_tgid() >> 32;
    char comm[TASK_COMM_LEN] = {};
    bpf_get_current_comm(&comm, sizeof(comm));
    // 进一步处理和分析
    return 0;
}

SEC("kprobe/kmalloc")
int kp_kmalloc(struct pt_regs *ctx, size_t size) {
    alloc_entry(ctx, (void *)PT_REGS_PARM1(ctx), size);
    return 0;
}

SEC("kretprobe/kmalloc")
int kr_kmalloc(struct pt_regs *ctx) {
    //可选：在此处添加内存释放后的检查逻辑
    return 0;
}

//同理，为kfree添加入口和出口探针
```

```
char _license[] SEC("license") = "GPL";
```

此脚本通过 kprobe 在 kmalloc 和 kfree 函数上设置入口和出口探针，记录每个分配的内存块大小，并尝试在释放时匹配和删除记录，以此来检测潜在的内存泄漏。

（3）收集与分析 eBPF 性能数据

bpftrace 和 BCC 生成的数据可以通过多种方式输出，包括直接打印到终端、写入日志文件，或者高效利用 BPF_MAP_TYPE_PERF_EVENT_ARRAY 类型的映射，将数据映射到用户空间，并通过 perf_event 机制进行收集。这些性能数据可用于多维度的分析，具体体现在以下几个方面。

1）趋势分析：通过观察随时间变化的内存使用模式，识别出内存使用是否在特定时间段或特定操作后出现异常增加的情况。

2）关联分析：将内存事件与特定进程、系统调用或内核函数关联，帮助找出导致性能瓶颈的具体原因，从而更有针对性地进行优化。

3）异常检测：利用统计学方法（如标准差和阈值报警）来识别异常的内存分配或页面错误行为，确保系统在运行过程中保持健康。

4）性能优化建议：基于收集的数据，调整系统配置（如优化内存分配器策略、增大或减小缓存大小、调整交换策略等），从而缓解已识别的性能瓶颈问题。

接下来，我们将以常见的页面错误和内存泄漏场景为例，从实战角度讲解如何通过 eBPF 追踪内存子系统的常见问题。通过实际操作示例，我们将探讨如何设置 eBPF 程序以捕捉并分析这些事件，以及相应的解决方案和优化策略。这将帮助读者更好地利用 eBPF 工具，提升系统的监控与排错方面的能力。

6.3　实战：页面错误监控

本节将描述基本的页面错误概念，同时探讨如何有效地监控和跟踪页面错误事件。在实际的系统运作中，页面错误的发生频率和类型对系统性能的影响是不容忽视的。通过监控页面错误，我们可以深入了解内存管理的效率，从而为性能优化提供数据支持。在这个背景下，我们将讨论与页面错误相关的关键跟踪点，以及如何实现页面错误事件的可观测。这将帮助我们在实际操作中更好地识别和解决潜在的内存管理问题。

6.3.1　什么是页面错误

当进程访问它的虚拟地址空间中的页面时，如果这个页面目前还不在物理内存中，CPU 是不能干活的，Linux 会产生一个硬件页面错误中断提示。页面错误产生过程如图 6-6 所示。

系统需要从慢速设备（如磁盘）中将对应的数据页面读入物理内存，并建立物理内存与虚拟地址空间的映射关系。然后进程才能访问这部分虚拟地址空间的内存。页面错误主要分为 3 种：大页面错误、小页面错误和无效页面错误。

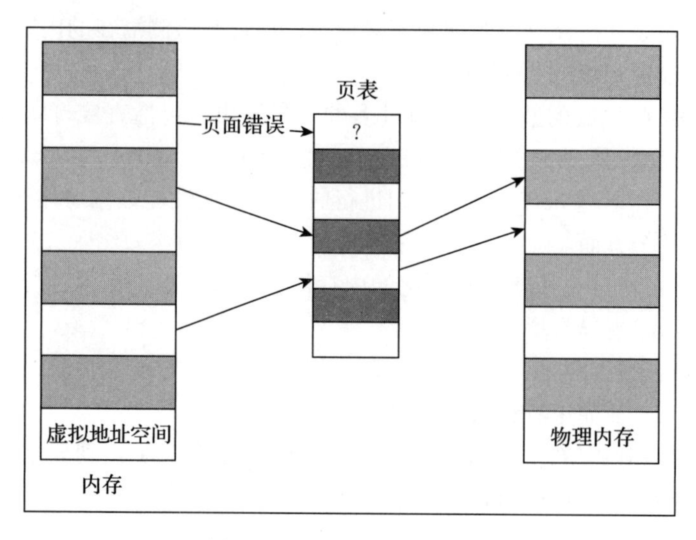

图 6-6 页面错误产生过程

1）大页面错误：也称为硬页面错误，指需要访问的内存不在虚拟地址空间，也不在物理内存中，需要从慢速设备载入。

2）小页面错误：也称为软页面错误，指需要访问的内存不在虚拟地址空间，但是在物理内存中，只需要内存管理单元（MMU）建立物理内存和虚拟地址空间的映射关系即可。

3）无效页面错误：也称为段错误（segment fault），指进程需要访问的内存地址不在它的虚拟地址空间范围内，属于越界访问，内核会上报段错误。

事实上，结合实际需求，我们其实往往只需要关注大页面错误即可，因为小页面错误从某种意义上来说并不算是一种错误，它是内核中普遍且常见的一种现象，而大页面错误的出现往往意味着系统可能面临着内存不太够用的情况。这时就需要重点关注是哪些线程触发了这些大页面错误，从而帮助我们更好地定位和排查问题。

6.3.2 有关页面错误的跟踪点

Linux 内核为页面错误提供了跟踪点，在 /sys/kernel/debug/tracing/events/exceptions 里面有相关的跟踪点结构体描述。/sys/kernel/debug/tracing/events/exceptions 分为内核态页面错误（page fault kernel）和用户态页面错误（page fault user）。内核也可能发生页面错误，比如执行 copy_from_user 的时候，我们打开里面的 format 文件可以看到如下结构：

```
name: page_fault_kernel
ID: 115
format:
    field:unsigned short common_type; offset:0; size:2; signed:0;
    field:unsigned char common_flags; offset:2; size:1; signed:0;
    field:unsigned char common_preempt_count; offset:3; size:1; signed:0;
    field:int common_pid; offset:4; size:4; signed:1;

    field:unsigned long address;  offset:8; size:8; signed:0;
    field:unsigned long ip; offset:16;  size:8; signed:0;
    field:unsigned long error_code; offset:24;  size:8; signed:0;

print fmt: "address=%pf ip=%pf error_code=0x%lx", (void *)REC->address, (void
    *)REC->ip, REC->error_code

name: page_fault_user
ID: 116
format:
    field:unsigned short common_type; offset:0; size:2; signed:0;
    field:unsigned char common_flags; offset:2; size:1; signed:0;
    field:unsigned char common_preempt_count; offset:3; size:1; signed:0;
    field:int common_pid; offset:4; size:4; signed:1;

    field:unsigned long address;  offset:8; size:8; signed:0;
    field:unsigned long ip; offset:16;  size:8; signed:0;
    field:unsigned long error_code; offset:24;  size:8; signed:0;

print fmt: "address=%pf ip=%pf error_code=0x%lx", (void *)REC->address, (void
    *)REC->ip, REC->error_code
```

这个结构里面有一个 error_code 字段，含义如下。

- error_code：当异常发生时，硬件压入栈中的错误代码。
- 如果第 0 位被置为 0，则表示异常是由一个不存在的页引起的，否则是由无效的访问权限引起的。
- 如果第 1 位被置为 0，则表示异常是由读访问或者执行访问所引起的，如果被设置为 0，则表明异常由写访问引起。
- 如果第 2 位被置为 0，则表示异常发生在内核态，置为非零值则表明异常发生在用户态。

6.3.3　页面错误事件可观测实现方案

本节将探讨有效实现页面错误事件可观测的方法，主要分为两种：基于特定事件的跟踪和针对页面错误事件的监测。

（1）基于特定事件的跟踪

内核的 task_struct 结构体中记录了大页面错误和小页面错误的计数信息，分别对应 task->mm->pgfault[0] 和 task->mm->pgfault[1]。因此，可以在与任务调度相关的函数（如 switch、execve、fork、vfork 和 clone）中监测这些页面错误事件。以下是以追踪任务切换（switch）事件为例的监测代码实现：

```
#!/usr/bin/env python

from bcc import BPF
import time

# eBPF程序
bpf_code = r"""
#include <linux/sched.h>

BPF_PERF_OUTPUT(events);          //用于发送事件到用户空间

struct data_t {
    pid_t pid;                    //进程ID
    uint64_t page_fault_major;    //重大页面错误计数
    uint64_t page_fault_minor;    //次要页面错误计数
};

//监控上下文切换事件
TRACEPOINT_PROBE(sched, switch_task) {
    struct data_t data = {};

    data.pid = bpf_get_current_pid_tgid() >> 32;  //获取当前的进程ID
    struct task_struct *task = (struct task_struct *) args->next; //获取下一个任务

    //访问task_struct结构体中的页面错误计数
    data.page_fault_major = task->mm->pgfault[0];  //大页面错误计数
    data.page_fault_minor = task->mm->pgfault[1];  //小页面错误计数

    events.perf_submit(args, &data, sizeof(data));  //发送事件到用户空间
    return 0;
}
"""

#加载eBPF程序
b = BPF(text=bpf_code)

#回调函数，用于处理事件
def print_event(cpu, data, size):
    event = b["events"].event(data)
    print(f"PID: {event.pid}, Major Page Faults: {event.page_fault_major},
```

```
        Minor Page Faults: {event.page_fault_minor}")

#在用户空间添加事件处理回调
b["events"].open_perf_buffer(print_event)

#持续运行，直到用户中断
print("Monitoring page faults on context switches...")
try:
    while True:
        b.kprobe_poll()  #轮询事件
except KeyboardInterrupt:
    print("Exiting...")
```

（2）针对页面错误事件的监测

我们可以通过使用 TRACEPOINT_PROBE(mm, page_fault) 来捕获内核中的页面错误事件并执行相应操作，如计数和记录。这一追踪点为开发者和系统管理员提供了监控与分析页面错误行为的机制，有助于优化系统性能或进行故障排查。此外，我们可以从进程和 CPU 维度观察页面错误的分布，具体实现代码如下：

```
#!/usr/bin/env python

from bcc import BPF
import time

# eBPF程序
bpf_code = r"""
#include <linux/sched.h>
#include <linux/mm.h>
#include <linux/ptrace.h>

BPF_HASH(page_faults_major, u32, u64);  //用于存储每个进程的大页面错误计数
BPF_HASH(page_faults_minor, u32, u64);  //用于存储每个进程的小页面错误计数

//追踪页面错误事件
TRACEPOINT_PROBE(mm, page_fault) {
    u32 pid = bpf_get_current_pid_tgid();   //获取当前进程ID
    u32 cpu = bpf_get_smp_processor_id();   //获取当前CPU号

    //仅在页面错误发生时更新相应的计数
    if (args->flags & FAULT_FLAG_MAJOR) {
        u64 *fault_count = page_faults_major.lookup(&pid);
        if (fault_count) {
            (*fault_count)++;  //更新时间
        } else {
            u64 init_val = 1;
            page_faults_major.update(&pid, &init_val);  //初始化为1
```

```
            }
        } else {
            u64 *fault_count = page_faults_minor.lookup(&pid);
            if (fault_count) {
                (*fault_count)++;  //更新时间
            } else {
                u64 init_val = 1;
                page_faults_minor.update(&pid, &init_val);  //初始化为1
            }
        }
        return 0;
}
"""

#加载eBPF程序
b = BPF(text=bpf_code)

#统计结果
def print_results():
    print("Process Name\tCPU\tMajor Page Faults\tMinor Page Faults")
    print("=" * 60)

    #遍历大页面错误散列表并输出结果
    for k, v in b["page_faults_major"].items():
        task = b.get_task(k)
        comm = b.get_current_comm(task)
        cpu = bpf_get_smp_processor_id()
        print(f"{comm.decode('utf-8')}\t{cpu}\t{v.value}\t{0}") #大页面错误初始为0

    //遍历小页面错误散列表并输出结果
    for k, v in b["page_faults_minor"].items():
        task = b.get_task(k)
        comm = b.get_current_comm(task)
        cpu = bpf_get_smp_processor_id()
        print(f"{comm.decode('utf-8')}\t{cpu}\t{0}\t{v.value}")  #小页面错误初始为0

// 持续运行，直到用户中断
print("Tracing major and minor page faults...")
try:
    while True:
        time.sleep(1)
        print_results()  #每秒打印一次统计结果
except KeyboardInterrupt:
    print("Exiting...")
```

以上两种实现方案各具特点，满足不同的监控需求。基于特定事件的跟踪方案适合于实时分析特定进程的性能，而针对页面错误事件的监测方案则更偏向于全局视角的系统分析。表 6-1 总结了这两种实现方案的主要区别。

表 6-1　两种实现方案的主要区别

特征	基于特定事件的跟踪	针对页面错误事件的监测
监测目标	主要监测任务调度相关的页面错误	监测系统中所有进程的页面错误事件
重点	实时获取特定进程在上下文切换时的页面错误信息	分析系统整体页面错误的行为和趋势
应用场景	❑ 实时监控高负载任务中的页面错误 ❑ 调试特定进程的性能问题	❑ 系统级性能监控 ❑ 内存管理优化 ❑ 整体性能调优
数据来源	通过 task_struct 访问进程的页面错误计数	通过 TRACEPOINT_PROBE(mm, page_fault) 捕获页面错误事件
输出频率	实时输出每个上下文切换的页面错误信息	可从系统层面定期抽取和分析页面错误数据
具体实现	依赖于任务调度函数（如 switch、execve 等）	通过 BPF 捕获页面错误，进行计数和记录
适用性	更适合特定进程的深度分析与调试	更适合宏观性的整体性能分析与优化

6.4　实战：使用 cachetop 分析文件缓存

对于优化系统性能，了解文件缓存的使用情况至关重要。有效的缓存管理不仅能减少页面交换，提高 I/O 性能，还有助于延长磁盘寿命，降低系统负载。下面将基于 BCC 项目里的 cachetop 工具分析缓存对系统的影响。在介绍之前，先来看一下常规的分析文件缓存的方法。

6.4.1　使用常规方法分析文件缓存

我们可以借助一些常规方法和工具来分析缓存使用情况，这些方法如下。

- ❑ /proc/meminfo：该文件包含了系统内存的详细信息，包括缓存的使用情况。在命令行中输入 cat /proc/meminfo，我们可以直接看到缓存和缓冲的使用量。这能够帮助我们粗略判断系统的内存压力和缓存占用情况。
- ❑ free 命令：使用 free -m 命令可以获取内存和缓存的使用情况。比如，输出中的 cache 字段可以让我们知道有多少内存已用于文件缓存。
- ❑ top 命令：通过运行 top 命令，我们可以监控系统的资源使用情况。在 top 界面中，可以按下 Shift + M 组合键，以按内存使用量对进程进行排序，进而找出占用较多内存的进程。
- ❑ vmstat 命令：通过 vmstat 命令，我们可以监控系统的虚拟内存，包括缓存的页面、交换的页面等。这可以帮助我们识别缓存压力。

尽管上述方法可以提供一些有用的信息，但它们在分析缓存层面的能力上是有限的，主要体现在以下几个方面。

- 实时性不足：许多传统工具的输出都是静态的，无法提供实时的数据变化情况。对于快速变化的系统，它们很难迅速捕捉到缓存的使用动态。
- 数据收集难度：需要手动结合多个工具和文件的输出，可能耗费时间，并且容易出错。
- 缺乏细节：大多数工具只能提供整体的内存使用情况，而无法深入到具体的文件和应用程序的缓存占用情况。我们可能无法得知具体哪些文件占用了大量的缓存，也无法追踪到具体哪个进程的文件缓存占用情况。

eBPF 程序有一套成熟的机制去收集详细的信息（如进程和文件名、缓存数量），实时性非常好，可以弥补上述不足。接下来，我们分析基于 eBPF 的工具 cachetop 的实现原理。

6.4.2 cachetop 实现原理

cachetop 的核心价值在于可以通过监控特定的内核函数和事件来捕获文件缓存的使用情况。这些函数和事件对于分析文件缓存的分布及其性能至关重要。下面将详细介绍这些函数和事件的具体功能，以及它们如何协同分析文件缓存的情况。

1. add_to_page_cache_lru

功能：将页面添加到页面缓存中，并加入 LRU（Least Recently Used，最近最少使用）链表中，帮助管理内存中的缓存页。

缓存分析：通过追踪该函数，cachetop 能够识别哪些文件的数据被添加到缓存中，从而提供关于活跃文件的及时信息。

2. mark_page_accessed

功能：标记某个页面为已访问，更新访问时间，会影响页面的置换策略。

缓存分析：监测到该函数的调用后，cachetop 能够识别访问频繁的页面，从而解析出哪些文件正在被活跃使用。

3. mark_buffer_dirty

功能：将页面标记为“脏”，表示该页面的内容已被修改，需要在稍后写回磁盘。

缓存分析：通过追踪该函数，cachetop 可以识别哪些文件的内容被更新，进一步分析这些文件的缓存活跃度。

4. folio_account_dirtied

功能：用于记录一个文件的页（folio）被标记为“肮脏”。此函数会更新相关的数据统计，以反映当前被修改的页数。

缓存分析：通过监视这个函数，cachetop 可以解析哪些文件的内容被修改，并能统计出缓存脏页的数量。这对于评估缓存的有效性和数据一致性至关重要。

5. account_page_dirtied

功能：功能类似于 folio_account_dirtied，但主要用于单个页面的脏状态更新。

缓存分析：cachetop 利用这个函数的数据来监控具体修改的页面，进一步深化对于缓存变化的理解。

6. writeback_dirty_folio

功能：当系统开始将脏的页缓冲区写回到磁盘时触发，表示脏数据正在被写回。

缓存分析：通过追踪此事件，cachetop 能够实时监控哪些文件的数据正在被写回，这对于理解缓存的更新频率和脏页管理是十分重要的。

7. writeback_dirty_page

功能：类似于 writeback_dirty_folio，但专注于单个页面的写回操作。

缓存分析：通过监控此事件，cachetop 可以识别在特定时间段内被写回的页面，从而分析写入操作的效率和文件缓存的动态变化。

通过监控上述函数和事件，cachetop 工具能够提供全面的文件缓存分析。

6.4.3　cachetop 内核部分代码实现

cachetop 的内核态 eBPF 程序主要用于捕获文件缓存的使用状况。

1. 数据类型和结构定义

我们需定义基础的数据类型和结构，以进行内核态与用户态的数据交互，代码如下。

```
struct key_t {
        // NF_{APCL,MPA,MBD,APD}
        u64 nf;
        u32 pid;
        u32 uid;
        char comm[16];
    };
enum {
        NF_APCL,
        NF_MPA,
        NF_MBD,
        NF_APD,
    };

BPF_HASH(counts, struct key_t);
```

上述代码定义了一个 key_t 类型的数据结构，用于存储每个事件的关键字（key），它包含 4 个字段。

- nf：用于区分事件的标识符。
- pid：进程 ID。
- uid：用户 ID。
- comm：当前进程的命令名，最多 16 字节。

其中的 nf 事件分为 4 种类型，分别对应 4 种不同的事件标识符。

- NF_APCL：表示与 add_to_page_cache_lru 相关的事件。
- NF_MPA：表示与 mark_page_accessed 相关的事件。
- NF_MBD：表示与 mark_buffer_dirty 相关的事件。
- NF_APD：表示与脏页写回相关的事件。

最后定义一个散列表 counts，并使用 key_t 作为键来存储事件的计数。counts 可以统计每种事件类型对应的进程和用户数。

2. 实现事件追踪函数

下面的代码定义了一系列事件追踪函数，最终都会调用到 __do_count 函数，以记录文件缓存的使用状况。

```
int do_count_apcl(struct pt_regs *ctx) {
        return __do_count(ctx, NF_APCL);
    }
int do_count_mpa(struct pt_regs *ctx) {
        return __do_count(ctx, NF_MPA);
    }
int do_count_mbd(struct pt_regs *ctx) {
        return __do_count(ctx, NF_MBD);
    }
int do_count_apd(struct pt_regs *ctx) {
        return __do_count(ctx, NF_APD);
    }
int do_count_apd_tp(void *ctx) {
        return __do_count(ctx, NF_APD);
    }
```

__do_count 是一个通用的计数函数，用于捕获进程的元数据并更新散列表中的计数，实现代码如下。

```
static int __do_count(void *ctx, u64 nf) {
    u32 pid = bpf_get_current_pid_tgid() >> 32;
    if (FILTER_PID)
        return 0;
    struct key_t key = {};
```

```
    u32 uid = bpf_get_current_uid_gid();
    key.nf = nf;
    key.pid = pid;
    key.uid = uid;
    bpf_get_current_comm(&(key.comm), 16);
    counts.increment(key);
    return 0;
}
```

__do_count 函数使用 eBPF API 获取当前进程的 PID 和 UID，以及进程的命令名。再利用传入的 nf 参数来确定事件的类型。最后，通过 counts.increment(key) 更新散列表中的计数。

6.4.4 cachetop 用户部分代码实现

在理解 eBPF 内核部分的代码实现之后，我们转到用户空间程序。用户空间程序与 eBPF 内核空间程序紧密配合，它负责将 eBPF 程序加载到内核，设置和管理 eBPF map，以及处理从 eBPF 程序收集到的数据。

首先是加载 6.4.3 小节中的 eBPF 程序，再将对应的数据处理函数绑定到内核的函数和事件中，对应的实现代码如下：

```
b = BPF(text=bpf_text)
b.attach_kprobe(event="add_to_page_cache_lru", fn_name="do_count_apcl")
b.attach_kprobe(event="mark_page_accessed", fn_name="do_count_mpa")
b.attach_kprobe(event="mark_buffer_dirty", fn_name="do_count_mbd")

#在Linux 5.15版本中，函数account_page_dirtied()已更改为folio_account_dirtied()
if BPF.get_kprobe_functions(b'folio_account_dirtied'):
    b.attach_kprobe(event="folio_account_dirtied", fn_name="do_count_apd")
elif BPF.get_kprobe_functions(b'account_page_dirtied'):
    b.attach_kprobe(event="account_page_dirtied", fn_name="do_count_apd")
elif BPF.tracepoint_exists("writeback", "writeback_dirty_folio"):
    b.attach_tracepoint(tp="writeback:writeback_dirty_folio", fn_name="do_
        count_apd_tp")
elif BPF.tracepoint_exists("writeback", "writeback_dirty_page"):
    b.attach_tracepoint(tp="writeback:writeback_dirty_page", fn_name="do_
        count_apd_tp")
else:
    raise Exception("Failed to attach kprobe %s or %s and any tracepoint" %
        ("folio_account_dirtied", "account_page_dirtied"))
```

对应的函数和事件的含义可以参考 6.4.3 小节中的描述。

接下来是数据处理部分，定期从散列表中获取全量的文件缓存信息，并以进程的维度呈现出来，相关的实现代码如下：

```
#从/proc/meminfo中获取内存信息
    mem = get_meminfo()
    cached = int(mem["Cached"]) / 1024
    buff = int(mem["Buffers"]) / 1024

    process_stats = get_processes_stats(
        b,
        sort_field=sort_field,
        sort_reverse=sort_reverse,
        htab_batch_ops=htab_batch_ops)
    stdscr.clear()
    stdscr.addstr(
        0, 0,
        "%-8s Buffers MB: %.0f / Cached MB: %.0f "
        "/ Sort: %s / Order: %s" % (
            strftime("%H:%M:%S"), buff, cached, FIELDS[sort_field],
            sort_reverse and "descending" or "ascending"
        )
    )

    stdscr.addstr(
        1, 0,
        "{0:8} {1:8} {2:16} {3:8} {4:8} {5:8} {6:10} {7:10}".format(
            *FIELDS
        ),
        curses.A_REVERSE
    )
    (height, width) = stdscr.getmaxyx()
    for i, stat in enumerate(process_stats):
        uid = int(stat[1])
        try:
            username = pwd.getpwuid(uid)[0]
        except KeyError:
            # 如果找不到对应的用户，pwd会抛出异常，例如，当进程在一个与主机用户不同的
              cgroup中运行时
            username = 'UNKNOWN({})'.format(uid)

        stdscr.addstr(
            i + 2, 0,
            "{0:8} {username:8.8} {2:16} {3:8} {4:8} "
            "{5:8} {6:9.1f}% {7:9.1f}%".format(
                *stat, username=username
            )
        )
        if i > height - 4:
            break
    stdscr.refresh()
    if exiting:
```

```
        print("Detaching...")
        return
```

上述代码的关键步骤如下。

1）获取内存信息：使用 get_meminfo() 函数读取 /proc/meminfo 文件，以获取系统的内存使用信息。该函数返回一个字典，记录了各种内存指标。提取缓存和缓冲区的值，将它们从字节转换为 MB，以便更易于理解输出。具体来说，通过将 mem["Cached"] 和 mem["Buffers"] 的值除以 1024 来实现转换。

2）获取进程统计信息：调用 get_processes_stats()，并传入 eBPF 对象和用户指定的排序字段等参数，以获取每个进程的缓存命中和缺失的统计信息。此函数返回一个包含各进程统计信息的列表。

3）清空和准备屏幕：调用 stdscr.clear() 清空当前的窗口，以准备显示新的数据。使用 strftime(“%H:%M:%S”) 获取当前时间，并将缓存和缓冲区的信息、排序字段和排序顺序输出到屏幕的第一行。格式化字符串的使用可以确保输出结果整齐。

4）输出表头：在屏幕的第二行输出列标题，列标题包括 PID、UID、CMD、HITS、MISSES、DIRTIES、READ_HIT% 和 WRITE_HIT%。利用 curses.A_REVERSE 属性使表头区域高亮，从而提高可读性。

5）展示每个进程的统计信息：获取当前窗口的高度和宽度，以便在输出过程中判断是否超出屏幕范围。遍历从 get_processes_stats() 函数获取的进程统计信息，并按行输出每个进程的详细数据。在输出时，尝试通过 pwd.getpwuid(uid) 获取用户名。如果无法找到相应的用户，则捕获 KeyError 并用 UNKNOWN(uid) 代替。按照预设的格式输出进程的各项缓存统计信息，包括 PID、UID、命令名称、访问次数、缺失次数以及读写命中百分比等。

6）控制输出行数：在输出的过程中，检查当前已输出的行数，如果超过屏幕高度 4 行，则停止进一步输出，以防超出显示范围。

7）刷新显示：调用 stdscr.refresh() 更新屏幕，使得最新的所有信息立即可见。同时，检查是否设置了退出标志，如果是，则打印“Detaching...”并退出函数，结束程序的执行。

6.4.5　运行结果

以下是 cachetop 工具的运行结果：

```
13:01:01 Buffers MB: 77 / Cached MB: 193 / Sort: HITS / Order: ascending
PID       UID      CMD                  HITS     MISSES   DIRTIES  READ_HIT%
    WRITE_HIT%
     544 messageb dbus-daemon          9        10        7      10.5%       15.8%
     680 root     vminfo               9        10        7      10.5%       15.8%
```

```
1109 root     python          22      0      0   100.0%     0.0%
 243 root     jbd2/dm-0-8     25     10      7    51.4%     8.6%
1070 root     kworker/u2:2    85      0      0   100.0%     0.0%
1110 vagrant  bash           366      0      0   100.0%     0.0%
1110 vagrant  dd           42183  40000  20000    27.0%    24.3%

The file copied into page cache was named /tmp/c with a size of 81920000
  (81920000/4096) = 20000
```

我们可以通过工具直观地分析出缓存命中率、脏页统计和进程维度的缓存利用率情况，为系统性能调优和监控故障排查提供数据参考。

6.5 实战：使用 memleak 跟踪内存泄漏

内存泄漏是计算机编程中的一种常见问题，其严重程度不应被低估，因此，本节将基于 memleak 跟踪内存泄漏。

6.5.1 调试内存泄漏的挑战

调试内存泄漏问题是一项复杂且具有挑战性的任务。这涉及详细检查应用程序的配置、内存分配和释放情况，通常需要应用专门的工具来帮助诊断。例如，有一些工具可以在应用程序启动时将 malloc() 函数调用与特定的检测工具（如 Valgrind memcheck）关联起来。这类工具可以模拟 CPU 来检查所有内存访问，但可能会导致应用程序运行速度大大减慢。另一个选择是使用堆分析器，如 libtcmalloc，它相对较快，但仍可能使应用程序运行速度降为不到原来的 1/5。此外，还有一些工具，如 gdb，可以获取应用程序的核心转储信息并进行后处理以分析内存使用情况。然而，这些工具通常在获取核心转储信息时需要暂停应用程序，或在应用程序终止后才能调用 free() 函数。

在这种背景下，eBPF 的作用就显得尤为重要。通过 eBPF，我们可以跟踪内存分配和释放的请求，并收集每次分配的调用堆栈。然后，我们可以分析这些信息，找出执行了内存分配但未执行释放操作的调用堆栈，这有助于我们找出导致内存泄漏的源头。这种方式的优点在于，它可以实时地在运行的应用程序中进行处理，而无须暂停应用程序或进行复杂的前后处理。

eunomia-bpf 提供的 memleak 工具可以跟踪并匹配内存分配和释放的请求，并收集每次分配的调用堆栈。随后，memleak 可以打印一个总结结果，表明哪些调用堆栈执行了分配，但是并没有随后进行释放。例如，我们运行了以下命令：

```
# ./memleak -p $(pidof allocs)
Attaching to pid 5193, Ctrl+C to quit.
[11:16:33] Top 2 stacks with outstanding allocations:
    80 bytes in 5 allocations from stack
```

```
        main+0x6d [allocs]
        __libc_start_main+0xf0 [libc-2.21.so]

[11:16:34] Top 2 stacks with outstanding allocations:
    160 bytes in 10 allocations from stack
        main+0x6d [allocs]
            __libc_start_main+0xf0 [libc-2.21.so]
```

运行这个命令后，我们可以看到分配但未释放的内存来自哪些堆栈，并且可以看到这些未释放的内存的大小和数量。

随着时间的推移，很显然，allocs 进程的 main 函数在泄漏内存，每次泄漏 16 字节。幸运的是，我们不需要检查每个分配，得到了一个很好的总结来说明哪个堆栈产生了大量的泄漏。

6.5.2　memleak 的实现原理

在基本层面上，memleak 的工作方式类似于在内存分配和释放路径上安装监控设备。它通过在内存分配和释放函数中插入 eBPF 程序来达到跟踪内存泄漏这个目标。这意味着，当这些函数被调用时，memleak 就会记录一些重要信息，如调用者的进程 ID（PID）、分配的内存地址以及分配的内存大小等。当释放内存的函数被调用时，memleak 则会在其内部的映射表（map）中删除相应的内存分配记录。这种机制使得 memleak 能够准确地追踪到那些已被分配但未被释放的内存块。

对于用户态的常用内存分配函数，如 malloc 和 calloc 等，memleak 选择 uprobe 技术来实现监控。

对于内核态的内存分配函数，如 kmalloc 等，memleak 则选择使用 tracepoint 来实现监控。

memleak 工具的原理如下。

1）memleak 使用 eBPF 来跟踪内核分配的内存块。它通过在内核中插入 eBPF 程序来监测内存分配和释放的事件。

2）当内核分配内存时，memleak 会在 eBPF 程序中记录下内存块的地址和大小，并将其保存在一个散列表中。

3）当内核释放内存时，memleak 会检查该内存块是否存在于散列表中，如果不存在，则将其标记为泄漏。

4）memleak 还会记录泄漏内存块的调用栈信息，以帮助定位泄漏的源代码位置。

5）memleak 会周期性地打印出已泄漏的内存块的信息，包括内存地址、大小和泄漏的调用栈。

通过使用 memleak 工具，开发人员可以监测和定位内存泄漏问题，从而改善系统的内存管理和性能。它提供了一种非侵入式的内存泄漏检测方法，不需要修改应用程序的源代码，而且对性能影响较小。

6.5.3 memleak 内核部分代码实现

memleak 的内核态 eBPF 程序包含一些用于跟踪内存分配和释放的关键函数。

1. 数据结构定义

在我们深入学习这些函数之前，让我们首先了解 memleak 所定义的一些数据结构，如以下代码所示。这些结构在其内核态和用户态程序中均有使用。

```
# ./memleak -p $(pidof allocs)
struct alloc_info {
    uint64_t size;                          //分配的内存大小
    uint64_t timestamp_ns;                  //分配发生时的时间戳(ns)
    uint32_t stack_id;                      //触发分配的调用堆栈ID
};
union combined_alloc_info {
    struct {
        uint64_t total_size;                //所有未释放分配的总大小
        uint32_t number_of_allocs;          //未释放分配的总次数
    };
    uint64_t bits; // 位图表示，用于共用存储空间
};
```

这里定义了两个主要的数据结构：alloc_info 和 combined_alloc_info。

1）alloc_info 结构体包含一个内存分配的基本信息，包括分配的内存大小（size）、分配发生时的时间戳（timestamp_ns），以及触发分配的调用堆栈（ID stack_id）。

2）combined_alloc_info 是一个联合体，包含一个嵌入的结构体和一个 __u64 类型的位图表示（bits）。嵌入的结构体有两个成员：total_size 和 number_of_allocs，分别代表所有未释放但已分配的内存总大小和总次数。其中，40 和 24 分别表示 total_size 和 number_of_allocs 这两个成员变量所占用的位数，用来限制其大小。通过这样的位数限制，可以节省 combined_alloc_info 结构的存储空间。同时，由于 total_size 和 number_of_allocs 在存储时共用一个 unsigned long long 类型的变量 bits，因此可以通过在成员变量 bits 上进行位运算来访问和修改 total_size 和 number_of_allocs，从而避免在程序中定义额外的变量，增加函数的复杂性。

2. 共享数据映射

memleak 定义了一系列用于保存内存分配信息和分析结果的 eBPF 映射，代码如下所示。这些映射都以 SEC(".maps") 的形式定义，表示它们属于 eBPF 程序的映射部分。

```
const volatile size_t min_size = 0;
const volatile size_t max_size = -1;
```

```
const volatile size_t page_size = 4096;
const volatile __u64 sample_rate = 1;
const volatile bool trace_all = false;
const volatile __u64 stack_flags = 0;
const volatile bool wa_missing_free = false;

struct {
    __uint(type, BPF_MAP_TYPE_HASH);
    __type(key, pid_t);
    __type(value, u64);
    __uint(max_entries, 10240);
} sizes SEC(".maps");

struct {
    __uint(type, BPF_MAP_TYPE_HASH);
    __type(key, u64); /* address */
    __type(value, struct alloc_info);
    __uint(max_entries, ALLOCS_MAX_ENTRIES);
} allocs SEC(".maps");

struct {
    __uint(type, BPF_MAP_TYPE_HASH);
    __type(key, u64); /* stack id */
    __type(value, union combined_alloc_info);
    __uint(max_entries, COMBINED_ALLOCS_MAX_ENTRIES);
} combined_allocs SEC(".maps");

struct {
    __uint(type, BPF_MAP_TYPE_HASH);
    __type(key, u64);
    __type(value, u64);
    __uint(max_entries, 10240);
} memptrs SEC(".maps");

struct {
    __uint(type, BPF_MAP_TYPE_STACK_TRACE);
    __type(key, u32);
} stack_traces SEC(".maps");

static union combined_alloc_info initial_cinfo;
```

上述代码首先定义了一些可配置的参数，如 min_size、max_size、page_size、sample_rate、trace_all、stack_flags 和 wa_missing_free，分别表示最小分配、最大分配、页面大小、采样率、是否追踪所有分配、堆栈标志和是否工作在缺失释放模式。

eBPF 需要在代码中定义 5 个映射，用于与用户态数据交互。

1）sizes：这是一个散列类型的映射（BPF_MAP_TYPE_HASH），键为进程 ID，值为 u64 类型，存储每个进程的分配大小。

2）allocs：这也是一个散列类型的映射，键为分配的地址，值为 alloc_info 结构体，存储每个内存分配的详细信息。

3）combined_allocs：这是一个散列类型的映射，键为调用栈的 ID，值为 combined_alloc_info 联合体，存储所有未释放分配内存的总大小和未释放分配内存的总次数。

4）memptrs：这也是一个散列类型的映射，键和值都为 u64 类型，用于在用户空间和内核空间之间传递内存指针。

5）stack_traces：这是一个堆栈类型的映射（BPF_MAP_TYPE_STACK_TRACE），键为 u32 类型，用于存储调用栈的 ID 信息。

3. 部署用户态追踪点

以用户态的内存分配追踪部分为例，主要是钩取内存相关的函数调用，如 malloc、free、calloc、realloc、mmap 和 munmap，以便在调用这些函数时进行数据记录。在用户态，memleak 主要使用了 uprobes 技术进行挂载。

每个函数调用被分为 enter 和 exit 两部分。enter 部分记录的是函数调用的参数，如分配的大小或者释放的地址。exit 部分则主要负责获取函数的返回值，如分配得到的内存地址。

这里，gen_alloc_enter、gen_alloc_exit、gen_free_enter 是实现记录行为的函数，它们分别用于记录分配开始、分配结束和释放开始的相关信息。malloc 和 free 函数的原型示例如下：

```
SEC("uprobe")
int BPF_KPROBE(malloc_enter, size_t size)
{
    //记录分配开始的相关信息
    return gen_alloc_enter(size);
}

SEC("uretprobe")
int BPF_KRETPROBE(malloc_exit)
{
    //记录分配结束的相关信息
    return gen_alloc_exit(ctx);
}

SEC("uprobe")
int BPF_KPROBE(free_enter, void *address)
{
    //记录释放开始的相关信息
    return gen_free_enter(address);
}
```

其中，malloc_enter 和 free_enter 是分别挂载在 malloc 与 free 函数入口处的探针，用于在函数调用时进行数据记录。而 malloc_exit 则是挂载在 malloc 函数的返回处的探针，用于记录函数的返回值。

这些函数使用了 BPF_KPROBE 和 BPF_KRETPROBE 这两个宏来声明。这两个宏分别用于声明 kprobe 和 kretprobe。具体来说，kprobe 在函数调用时触发，而 kretprobe 则是在函数返回时触发。

gen_alloc_enter 函数是在内存分配请求开始时被调用的。这个函数主要负责在调用分配内存的函数时收集一些基本的信息。下面将分析这个函数的实现，代码如下所示。

```
static int gen_alloc_enter(size_t size)
{
    if (size < min_size || size > max_size)
        return 0;

    if (sample_rate > 1) {
        if (bpf_ktime_get_ns() % sample_rate != 0)
            return 0;
    }

    const pid_t pid = bpf_get_current_pid_tgid() >> 32;
    bpf_map_update_elem(&sizes, &pid, &size, BPF_ANY);

    if (trace_all)
        bpf_printk("alloc entered, size = %lu\n", size);

    return 0;
}

SEC("uprobe")
int BPF_KPROBE(malloc_enter, size_t size)
{
    return gen_alloc_enter(size);
}
```

上述代码的实现逻辑如下。

1）gen_alloc_enter 函数接收一个 size 参数，这个参数表示请求分配的内存的大小。如果这个值不在 min_size 和 max_size 之间，函数将直接返回，不再进行后续的操作。这样可以使工具专注于追踪特定范围的内存分配请求，过滤掉不感兴趣的分配请求。

2）检查采样率 sample_rate。如果 sample_rate 大于 1，意味着我们不需要追踪所有的内存分配请求，而是周期性地追踪。这里使用 bpf_ktime_get_ns 获取当前的时间戳，然后通过取模运算来决定是否需要追踪当前的内存分配请求。这是一种常见的采样技术，用于降低性能开销，同时还能够提供一个代表性的样本用于分析。

3）使用 bpf_get_current_pid_tgid 函数获取当前进程的 PID。注意，这里的 PID 实际上是进程和线程的组合 ID，我们通过右移 32 位来获取真正的进程 ID。

4）更新 sizes 这个 map。这个 map 以进程 ID 为键，以请求的内存分配大小为值。BPF_ANY 表示如果 key 已存在，那么更新 value，否则就新建一个条目。

如果启用了 trace_all 标志，将打印一条信息，说明发生了内存分配。

最后定义了 BPF_KPROBE(malloc_enter, size_t size) 宏，它会在 malloc 函数被调用时被 BPF uprobe 拦截执行，并通过 gen_alloc_enter 来记录内存分配大小。

我们刚刚分析了内存分配的入口函数 gen_alloc_enter，现在分析这个过程中的退出部分。具体来说，我们将讨论 gen_alloc_exit2 函数以及如何从内存分配调用中获取返回的内存地址。以下代码为 gen_alloc_exit2 函数的具体实现：

```
static int gen_alloc_exit2(void *ctx, u64 address)
{
    const pid_t pid = bpf_get_current_pid_tgid() >> 32;
    struct alloc_info info;

    const u64* size = bpf_map_lookup_elem(&sizes, &pid);
    if (!size)
        return 0; // 没有找到分配条目

    __builtin_memset(&info, 0, sizeof(info));

    info.size = *size;
    bpf_map_delete_elem(&sizes, &pid);

    if (address != 0) {
        info.timestamp_ns = bpf_ktime_get_ns();

        info.stack_id = bpf_get_stackid(ctx, &stack_traces, stack_flags);

        bpf_map_update_elem(&allocs, &address, &info, BPF_ANY);

        update_statistics_add(info.stack_id, info.size);
    }

    if (trace_all) {
        bpf_printk("alloc exited, size = %lu, result = %lx\n",
                info.size, address);
    }

    return 0;
}
static int gen_alloc_exit(struct pt_regs *ctx)
{
```

```
    return gen_alloc_exit2(ctx, PT_REGS_RC(ctx));
}

SEC("uretprobe")
int BPF_KRETPROBE(malloc_exit)
{
    return gen_alloc_exit(ctx);
}
```

gen_alloc_exit2 函数在内存分配操作完成时被调用。这个函数接收两个参数：一个是上下文 ctx，另一个是内存分配函数返回的内存地址 address。以下是执行过程的说明。

1）获取当前线程的 PID，然后使用这个 PID 作为键在 sizes 这个 map 中查找对应的内存分配大小。如果没有找到（也就是说，没有对应的内存分配操作的入口），函数就会直接返回。

2）清除 info 结构体的内容，并设置它的 size 字段为之前在 map 中找到的内存分配大小。之后从 sizes 这个 map 中删除相应的元素，因为此时内存分配操作已经完成，不再需要这个信息。

3）如果 address 不为 0（也就是说，内存分配操作成功了），函数就会进一步收集一些额外的信息。首先，它获取当前的时间戳作为内存分配完成的时间，并获取当前的堆栈跟踪信息。这些信息都会被储存在 info 结构体中，并随后更新到 allocs 这个 map 中。

4）调用 update_statistics_add 更新统计数据，如果启用了对所有内存分配操作的跟踪，函数还会打印一些关于内存分配操作的信息。

请注意，gen_alloc_exit 函数是 gen_alloc_exit2 的封装，它将 PT_REGS_RC(ctx) 作为 address 参数传递给 gen_alloc_exit2。

4. 内存泄漏信息记录

我们刚刚提到，gen_alloc_exit2 函数调用了 update_statistics_add 函数以更新内存分配的统计数据。下面详细看一下这个函数的具体实现。

```
static void update_statistics_add(u64 stack_id, u64 sz)
{
    union combined_alloc_info *existing_cinfo;

    existing_cinfo = bpf_map_lookup_or_try_init(&combined_allocs, &stack_id,
        &initial_cinfo);
    if (!existing_cinfo)
        return;

    const union combined_alloc_info incremental_cinfo = {
        .total_size = sz,
        .number_of_allocs = 1
    };
```

```
    __sync_fetch_and_add(&existing_cinfo->bits, incremental_cinfo.bits);
}
```

update_statistics_add 函数接收两个参数：当前的堆栈 ID 以及内存分配的大小 sz。这两个参数都可以在内存分配事件中收集到，并且用于更新内存分配的统计数据。以下是 update_statistics_add 函数的实现步骤。

1）尝试在 combined_allocs 这个 map 中查找键值为当前堆栈 ID 的元素，如果找不到，就用 initial_cinfo（这是一个默认的 combined_alloc_info 结构体，所有字段都为零）来初始化新的元素。

2）创建一个 incremental_cinfo，并设置它的 total_size 为当前内存分配的大小，并设置 number_of_allocs 为 1。这是因为每次调用 update_statistics_add 函数都表示有一个新的内存分配事件发生，而这个事件的内存分配大小就是 sz。

3）使用 __sync_fetch_and_add 函数原子地将 incremental_cinfo 的值加到 existing_cinfo 中。请注意，这个步骤是线程安全的，即使有多个线程并发地调用 update_statistics_add 函数，每个内存分配事件的信息也能正确地记录到相关的统计数据中。

总的来说，update_statistics_add 函数实现了内存分配统计的更新逻辑，通过维护每个堆栈 ID 的内存分配总量和次数，我们可以深入理解程序的内存分配行为。

在对内存分配的统计跟踪过程中，我们不仅要统计内存的分配，还要考虑内存的释放。在上述代码中，我们定义了一个名为 update_statistics_del 的函数，其作用是在内存释放时更新统计信息。而 gen_free_enter 函数则是在进程调用 free 函数时被执行。下面的代码为 update_statistics_del 函数的实现过程。

```
static void update_statistics_del(u64 stack_id, u64 sz)
{
    union combined_alloc_info *existing_cinfo;

    existing_cinfo = bpf_map_lookup_elem(&combined_allocs, &stack_id);
    if (!existing_cinfo) {
        bpf_printk("failed to lookup combined allocs\n");
        return;
    }

    const union combined_alloc_info decremental_cinfo = {
        .total_size = sz,
        .number_of_allocs = 1
    };

    __sync_fetch_and_sub(&existing_cinfo->bits, decremental_cinfo.bits);
}
```

update_statistics_del 函数的参数为堆栈 ID 和要释放的内存块的大小。函数首先在 combined_allocs 这个 map 中使用当前的堆栈 ID 作为键来查找相应的 combined_alloc_info 结构体。如果找不到，就输出错误信息，然后函数返回。如果找到了，就会构造一个名为 decremental_cinfo 的 combined_alloc_info 结构体，设置它的 total_size 为要释放的内存块的大小，设置 number_of_allocs 为 1。然后使用 __sync_fetch_and_sub 函数原子地从 existing_cinfo 中减去 decremental_cinfo 的值。请注意，这里的 number_of_allocs 表示减少了一个内存分配任务。

接下来看 gen_free_enter 函数，如以下代码所示。它接收一个地址作为参数，这个地址是内存分配的结果，也就是将要释放的内存的起始地址。函数首先在 allocs 这个 map 中使用该地址作为键来查找对应的 alloc_info 结构体。如果找不到，那么就直接返回，因为这意味着这个地址并没有被分配过。如果找到了，那么就删除这个元素，并且调用 update_statistics_del 函数来更新统计数据。最后，如果启用了全局追踪，那么还会输出一条信息，包括这个地址以及它的大小。

```
static int gen_free_enter(const void *address)
{
    const u64 addr = (u64)address;

    const struct alloc_info *info = bpf_map_lookup_elem(&allocs, &addr);
    if (!info)
        return 0;

    bpf_map_delete_elem(&allocs, &addr);
    update_statistics_del(info->stack_id, info->size);

    if (trace_all) {
        bpf_printk("free entered, address = %lx, size = %lu\n",
                address, info->size);
    }

    return 0;
}

SEC("uprobe")
int BPF_KPROBE(free_enter, void *address)
{
    return gen_free_enter(address);
}
```

5. 部署内核态追踪点

在追踪和统计内存分配的同时，我们也需要对内核态的内存分配和释放进行追踪，如以下 memleak__kfree 的代码所示。在 Linux 内核中，kmem_cache_alloc 函数和 kfree

函数分别用于内核态的内存的分配和释放。

```
SEC("tracepoint/kmem/kfree")
int memleak__kfree(void *ctx)
{
    const void *ptr;

    if (has_kfree()) {
        struct trace_event_raw_kfree___x *args = ctx;
        ptr = BPF_CORE_READ(args, ptr);
    } else {
        struct trace_event_raw_kmem_free___x *args = ctx;
        ptr = BPF_CORE_READ(args, ptr);
    }

    return gen_free_enter(ptr);
}
```

上述代码定义了一个函数 memleak__kfree，这是一个 eBPF 程序，它会在内核调用 kfree 函数时执行。首先，该函数检查是否存在 kfree 函数，如果存在，则会读取传递给 kfree 函数的参数（即要释放的内存块的地址），并保存到变量 ptr 中；否则，读取传递给 kmem_free 函数的参数（即要释放的内存块的地址），并保存到变量 ptr 中。接着，该函数会调用之前定义的 gen_free_enter 函数来处理该内存块的释放。

接下来看内存申请部分。首先定义一个函数 memleak__kmem_cache_alloc，它也是一个 eBPF 程序，会在内核调用 kmem_cache_alloc 函数时执行。如果标记 wa_missing_free 被设置（默认为 false），则调用 gen_free_enter 函数处理可能遗漏的释放操作。之后，该函数会调用 gen_alloc_enter 函数来处理内存分配，最后调用 gen_alloc_exit2 函数记录分配的结果。追踪申请部分的实现代码如下所示：

```
SEC("tracepoint/kmem/kmem_cache_alloc")
int memleak__kmem_cache_alloc(struct trace_event_raw_kmem_alloc *ctx)
{
    if (wa_missing_free)
        gen_free_enter(ctx->ptr);

    gen_alloc_enter(ctx->bytes_alloc);

    return gen_alloc_exit2(ctx, (u64)(ctx->ptr));
}
```

这两个 eBPF 程序都使用 SEC 宏定义了对应的 tracepoint，以便在相应的内核函数被调用时得到执行。

在理解这些代码的过程中，要注意 BPF_CORE_READ 宏的使用。这个宏用于在 eBPF 程序中读取内核数据。因为在 eBPF 程序中，我们不能直接访问内核内存，而需要使用这样的宏来安全地读取数据。

6.5.4 用户态程序实现

在理解 eBPF 内核部分之后，我们转到用户态程序。用户态程序与 eBPF 内核态程序紧密配合，它负责将 eBPF 程序加载到内核，用于设置和管理 eBPF map，以及处理从 eBPF 程序收集到的数据。用户态程序较长，这里只简要参考一下它的挂载点。下面的代码为所有跟踪点的挂载过程。

```
int attach_uprobes(struct memleak_bpf *skel)
{
    //挂载malloc入口探针
    ATTACH_UPROBE_CHECKED(skel, malloc, malloc_enter);
    //挂载malloc退出探针
    ATTACH_URETPROBE_CHECKED(skel, malloc, malloc_exit);

    //挂载calloc入口探针
    ATTACH_UPROBE_CHECKED(skel, calloc, calloc_enter);
    //挂载calloc退出探针
    ATTACH_URETPROBE_CHECKED(skel, calloc, calloc_exit);

    //挂载realloc入口探针
    ATTACH_UPROBE_CHECKED(skel, realloc, realloc_enter);
    //挂载realloc退出探针
    ATTACH_URETPROBE_CHECKED(skel, realloc, realloc_exit);

    //挂载mmap入口探针
    ATTACH_UPROBE_CHECKED(skel, mmap, mmap_enter);
    //挂载mmap退出探针
    ATTACH_URETPROBE_CHECKED(skel, mmap, mmap_exit);

    //挂载posix_memalign入口探针
    ATTACH_UPROBE_CHECKED(skel, posix_memalign, posix_memalign_enter);
    //挂载posix_memalign退出探针
    ATTACH_URETPROBE_CHECKED(skel, posix_memalign, posix_memalign_exit);

    //挂载memalign入口探针
    ATTACH_UPROBE_CHECKED(skel, memalign, memalign_enter);
    //挂载memalign退出探针
    ATTACH_URETPROBE_CHECKED(skel, memalign, memalign_exit);

    //挂载free入口探针
    ATTACH_UPROBE_CHECKED(skel, free, free_enter);

    //挂载munmap入口探针
    ATTACH_UPROBE_CHECKED(skel, munmap, munmap_enter);
```

```
    //以下探针允许挂载失败
    //在libc.so bionic中已被弃用
    ATTACH_UPROBE(skel, valloc, valloc_enter);
    ATTACH_URETPROBE(skel, valloc, valloc_exit);

    //在libc.so bionic中已被弃用
    ATTACH_UPROBE(skel, pvalloc, pvalloc_enter);
    ATTACH_URETPROBE(skel, pvalloc, pvalloc_exit);

    // 在C11中新增
    ATTACH_UPROBE(skel, aligned_alloc, aligned_alloc_enter);
    ATTACH_URETPROBE(skel, aligned_alloc, aligned_alloc_exit);

    return 0;  //返回0，表示成功
}
```

在上述代码中，我们看到一个名为 attach_uprobes 的函数，该函数负责将 uprobes（用户空间探测点）挂载到内存分配和释放函数上。

这里，每个内存相关的函数都通过两个 uprobes 进行跟踪：一个在函数入口处，一个在函数退出处。因此，每当这些函数被调用或返回时，都会触发一个 uprobes 事件，进而触发相应的 eBPF 程序。

在具体的实现中，我们使用了 ATTACH_UPROBE 和 ATTACH_URETPROBE 两个宏来挂载 uprobes 与 uretprobes（函数返回探测点）。每个宏都需要 3 个参数：eBPF 程序的骨架（skel）、要监视的函数名，以及要触发的 eBPF 程序的名称。

这些挂载点包括常见的内存分配函数，如 malloc、calloc、realloc、mmap、posix_memalign、memalign、free 等，以及对应的退出点。另外，我们也观察到一些可能的分配函数，如 valloc、pvalloc、aligned_alloc 等，尽管它们可能不总是存在。

这些挂载点的目标是捕获所有可能的内存分配和释放事件，从而使我们的内存泄漏检测工具获取到尽可能全面的数据。这种方法不仅能跟踪到内存分配和释放，还能得到这些事件发生的上下文信息，例如调用栈和调用次数，从而帮助我们定位和修复内存泄漏问题。

注意，一些内存分配函数可能并不存在或已弃用，比如 valloc、pvalloc 等，因此它们的挂载可能会失败。在这种情况下，我们允许挂载失败，但并不会阻止程序的执行。这是因为我们更关注的是主流和常用的内存分配函数，而这些已经被弃用的函数往往在实际应用中较少使用。

memleak 功能实现的源代码路径：https://github.com/eunomia-bpf/bpf-developer-tutorial/tree/main/src/16-memleak。

6.5.5 运行结果

以下是 meamleak 工具的编译和运行结果。我们可以看到工具通过追踪 libc 库中的函数，发现了内存申请不释放的 Top 10 栈分布信息。

```
$ make
$ sudo ./memleak
using default object: libc.so.6
using page size: 4096
tracing kernel: true
Tracing outstanding memory allocs...  Hit Ctrl-C to end
[17:17:27] Top 10 stacks with outstanding allocations:
1236992 bytes in 302 allocations from stack
    0 [<address>] malloc
    1 [<address>] my_function
    2 [<address>] main
…
```

6.6 本章小结

本章深入探讨了 eBPF 技术在 Linux 内存监控与性能分析领域的关键作用，强调了其作为现代系统调优和故障排查的强大工具的价值。eBPF 允许在不修改内核源代码的情况下，安全高效地插入自定义代码到内核空间，实现对系统行为的深入洞察和动态控制。这种能力对于内存监控而言至关重要，因为它提供了一种低侵入、高性能的手段来观测内存使用模式、页面错误、缓存行为等核心指标。

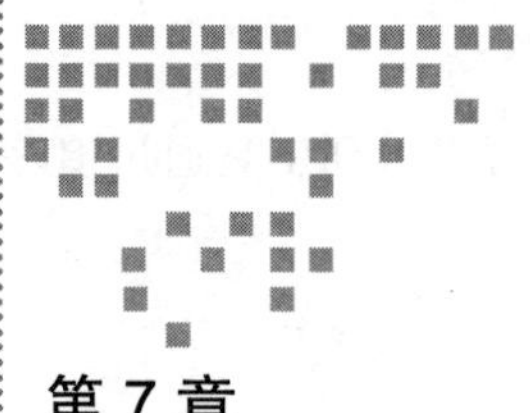

Chapter 7 第7章

基于 eBPF 的 I/O 可观测实践

Linux 存储系统包括文件子系统和 I/O 子系统。存储系统负责管理和协调所有与存储设备相关的操作，涵盖硬盘、固态硬盘（SSD）、USB 存储设备、网络存储等。文件子系统包含了虚拟文件系统（VFS）和具体的文件系统类型如 EXT4、XFS；I/O 子系统则涵盖了从文件系统到硬件驱动的整个 I/O 软件栈。

本章将重点介绍 eBPF 在 I/O 子系统中的应用实践，并结合具体的 eBPF 案例，探讨 I/O 子系统尤其是块设备层和驱动层所面临的性能和故障诊断等问题。

I/O 子系统包含的关键组件的作用与 I/O 请求处理流程请大家自行了解，相关的资料非常多，推荐使用大模型进行查找和学习。

7.1 I/O 子系统性能瓶颈点

I/O 子系统由非常多的模块组成，既涉及软件层面的处理，也涉及底层硬件设备的访问，同时和其他子系统（如内存管理）也有非常大的关系。可以说，每一个模块的性能优劣都将影响 I/O 处理的吞吐量和效率。本节将分析 I/O 子系统的性能瓶颈点，并介绍常用的分析工具及特点。

I/O 子系统层次结构如图 7-1 所示。

1. 性能瓶颈点

Linux I/O 子系统可能存在以下性能瓶颈。

（1）硬件本身性能差

- 磁盘 / 存储设备：物理磁盘的读写速度、寻道时间、旋转延迟、缓存大小以及接口类型（如 SATA、SAS、NVMe）直接影响 I/O 性能，设置不当经常会导致性能瓶颈。

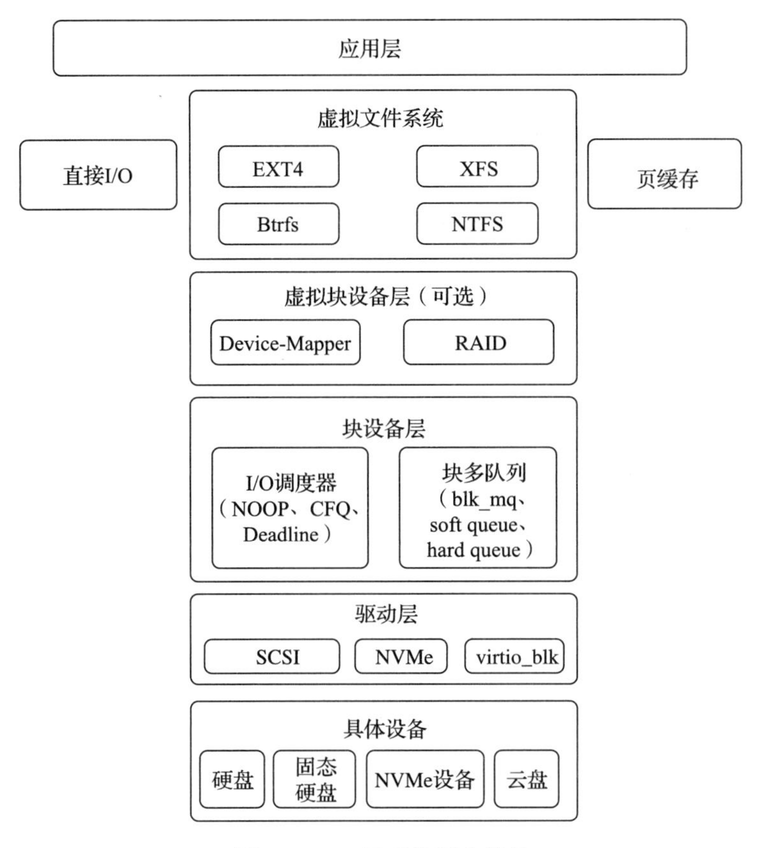

图 7-1　I/O 子系统层次结构

- RAID 配置：不恰当的 RAID 级别或故障冗余设置可能导致写入放大、重建延迟等问题，影响整体 I/O 性能。
- 控制器与总线：存储控制器性能、接口带宽限制（如 PCIe Gen 版本）以及总线饱和度都可能成为瓶颈。

（2）文件系统与挂载选项

- 文件系统类型：不同类型的文件系统（如 EXT4、XFS、Btrfs 等）具有不同的性能特性和优化策略，选择不适合特定工作负载的文件系统可能会导致性能瓶颈。
- 挂载选项：如缓冲、缓存、条带大小、日志模式等配置不当，可能无法充分利用硬件性能或导致额外的 I/O 开销。

（3）内核与驱动

- 内核调度与缓存：Linux 内核的 I/O 调度器（如 CFQ、NOOP、Deadline 等）对 I/O

请求的排序和合并策略会影响延迟及吞吐量。不合适的调度策略可能导致队列深度过大、请求合并效率低下等问题。

- ❑ 驱动支持：过时或有缺陷的存储设备驱动可能无法充分利用硬件特性，导致性能下降或不稳定。

（4）软件栈与应用程序

- ❑ 应用程序 I/O 模式：频繁的小文件操作、随机 I/O、不合理的缓存策略、过度的同步 I/O 等可能导致磁盘 I/O 频繁且效率低下。
- ❑ 数据库或文件系统缓存：不当的缓存配置、缓存命中率低或缓存淘汰策略不合适，可能导致频繁的磁盘交互。
- ❑ 并发与锁竞争：多线程或多进程应用中，对共享资源的并发访问控制不当可能导致 I/O 操作阻塞，增加延迟。

（5）系统资源限制

- ❑ CPU 瓶颈：CPU 资源不足或被其他高负载任务抢占，可能导致 I/O 处理线程无法及时响应或处理 I/O 请求。
- ❑ 内存压力：当系统内存不足，频繁触发交换（swap），I/O 操作会因内存页面换入 / 换出而显著增加延迟。

（6）缓存处理

缓存 I/O 一般是在文件系统层把包含 I/O 数据的页缓存置脏之后就返回用户空间了，不会进入 I/O 子系统并向磁盘提交 I/O 请求。因为缓存 I/O 的流程比较短，一般不容易出现性能瓶颈点，但页缓存一般会涉及页面的申请、脏页处理，所以一般针对业务上感知到的写 I/O 延迟问题，主要是页缓存的处理可能存在一定延迟，造成写时 I/O 系统存在性能瓶颈。页缓存造成的性能瓶颈如图 7-2 所示。

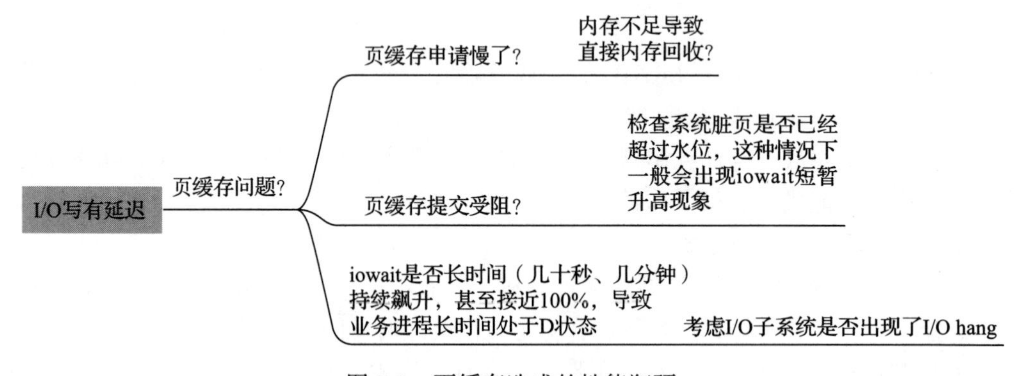

图 7-2　页缓存造成的性能瓶颈

注：D 状态表示页缓存提交受阻，进入一种睡眠状态，导致进程不会响应中断。

- ❑ **页缓存申请慢了**：写 I/O 要在用户空间与内核空间进行数据复制。在这种情况下，如果数据没有在页缓存中命中，则会申请新的页再进行缓存；在申请页的过程中，如果因内存不足触发直接内存回收，则会导致业务进程存在一定的延迟。

一般来说，如果系统通过 cgroup 设置了内存水线限制，且用户进程未能合理管理内存使用，则可能会触发直接内存回收操作。要排查此类问题，可以通过系统工具 ftrace 捕获内核中的相关处理函数，检查所关注的进程是否频繁进入直接内存回收的流程。

- **页缓存提交受阻**：当系统脏页数量超过系统脏页阈值时，脏页均衡算法会使提交脏页的进程进入睡眠，由此在一段时间内限制脏页的提交。在此期间，受影响的进程会增加系统的 I/O 等待时间（iowait），导致 iowait 指标在这一时段内上升。此时，也有可能造成业务进程长时间处于 D 状态（即 Uninterruptible 睡眠状态，进程不响应中断），等待对应的 I/O 操作完成，此时可能导致 I/O 阻塞了。

2. 性能瓶颈类问题如何解决

一个进程可能会导致磁盘 I/O 负载过高，直接影响整个系统的 I/O 性能。通过对工具采集上来的数据进行分析，可以识别出是哪个进程或者哪个磁盘导致系统性能差，是哪个 I/O 处理流程上的哪个模块引起的；通过调整系统参数（如 I/O 调度策略、缓存大小、队列深度等）或优化应用程序行为，以提升 I/O 性能。

在定位这类性能问题时，有两个关键点需要考虑。

1）确定哪个进程贡献了大量的 I/O：需要找出是哪个进程导致了 I/O 负载过高的情况。

2）确定 I/O 最终是由哪个磁盘消耗的，或者进程在访问哪个文件：如果系统统计显示某个进程产生了大量的 I/O，那么我们希望能够了解这些 I/O 最终是由哪个磁盘处理的，或者进程在访问哪个文件。如果这个进程是来自某个容器，需要获取到文件访问信息以及该进程所在的容器。

针对 Linux I/O 子系统存在的性能瓶颈问题，通常有以下两大类工具。

- **监控工具**：使用 iostat、vmstat、sar 等工具监测磁盘 I/O 的统计信息，如吞吐量、每秒处理的 I/O 个数（IOPS）、平均服务时间、队列深度等，以及监测系统级别的 CPU 使用率、内存使用状态。
- **跟踪诊断工具**：使用 strace、perf、blktrace 等工具跟踪特定进程的 I/O 行为，并根据这些数据分析系统调用、上下文切换、中断处理等细节。

上述两类工具功能强大，平时用得也比较多，但存在以下两个限制。

1）无法细粒度分析，如 iostat、tsar --io、vmstat -d，这些工具主要从整个磁盘的角度统计 I/O 信息，例如统计整个磁盘的 IOPS 和 B/s（每秒处理的字节数），但无法准确统计单个进程贡献的 IOPS 和 B/s。

2）无法定位 I/O 归属，如 pidstat -d 及 iotop，这些工具可以统计进程总体的 I/O 情况，或贡献的 iowait 时间，但无法追溯具体的 I/O 归属于哪个磁盘或哪个文件。

由于 eBPF 能够通过在内核函数挂载钩子的方式解析传入的参数及数据结构，以拿到访问的磁盘信息、文件信息，从而监控或追踪到具体的 I/O 是来自哪个磁盘或哪个文件，后面会探讨具体的 eBPF 实践案例，揭示基于 eBPF 的 I/O 分析工具是如何工作的。在此之前，我们来了解一些衡量 I/O 的指标，这将决定我们分析哪些内核数据结构。

7.2 I/O 衡量指标

在 I/O 子系统中，因为块设备层是流量入口，因此衍生了基于磁盘统计的一类监测工具，如 iostat、sar 等，但总体来说，输出的指标还是 await、util、IOPS、B/s 等信息。iostat 的输出指标如图 7-3 所示。

```
avg-cpu:  %user   %nice %system %iowait  %steal   %idle
           0.51    0.00    0.84    1.01    0.34   97.31

Device:         rrqm/s   wrqm/s     r/s     w/s    rkB/s    wkB/s avgrq-sz avgqu-sz   await r_await w_await  svctm  %util
vda               0.00    35.00    1.00    5.00     8.00   160.00    56.00     0.01   10.33    9.00   10.60   1.83   1.10
vdb               0.00     0.00    0.00    0.00     0.00     0.00     0.00     0.00    0.00    0.00    0.00   0.00   0.00
```

图 7-3　iostat 输出指标

在图 7-3 中，avg-cpu 部分表示在工具执行这段时间内的 CPU 占用情况，以便当确实存在 I/O 指标异常的时候可以更好地和系统的 CPU 指标对应起来。Device 部分为具体磁盘设备的 I/O 统计信息，部分指标的含义如下。

- await：每个 I/O 平均所需的时间（既包含硬盘设备处理 I/O 的时间，还包含在 I/O 队列中等待的时间）
- r_await：每个读操作平均所需的时间。
- w_await：每个写操作平均所需的时间。
- %util：该硬盘设备的繁忙比率（其实只能表示单位时间内有 I/O 的时间占比）。

我们重点介绍一下 await、util 指标，因为往往许多 I/O 问题最后都反映在这两个指标上面。在 I/O 延迟类问题中，await 高也是比较常见的现象，一般其单位为 ms 或者 μs。它实际包含如下整个过程的时间消耗：用户的 I/O 请求进入块设备层后，到磁盘完成这个 I/O 的处理并返回，块设备层完成资源清理并结束和释放这个 I/O。这里面任何一个环节的时间消耗过长都会引起 await 指标的升高，而这一过程包含了很复杂、很长的流程，如图 7-4 所示。

从图 7-4 可以看出 await 指标的统计原理。await 指标包含块设备、驱动、磁盘以及 I/O 从磁盘处理完成之后到中断返回内核的总耗时，其中块设备层包含了复杂的 I/O 调度策略，这涉及整个 I/O 子系统处理的核心流程，对问题定位者的知识储备要求比较高，使得定位 await 高的问题变得极其困难。

为此，图 7-5 梳理了如何排查 await 高的问题的思路。

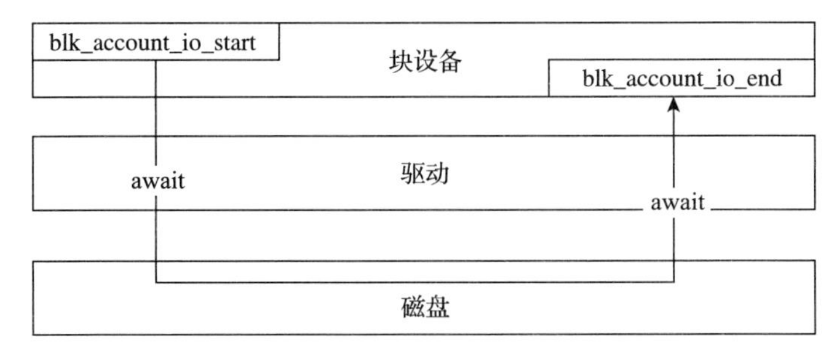

图 7-4　await 指标与 I/O 块设备层处理流程

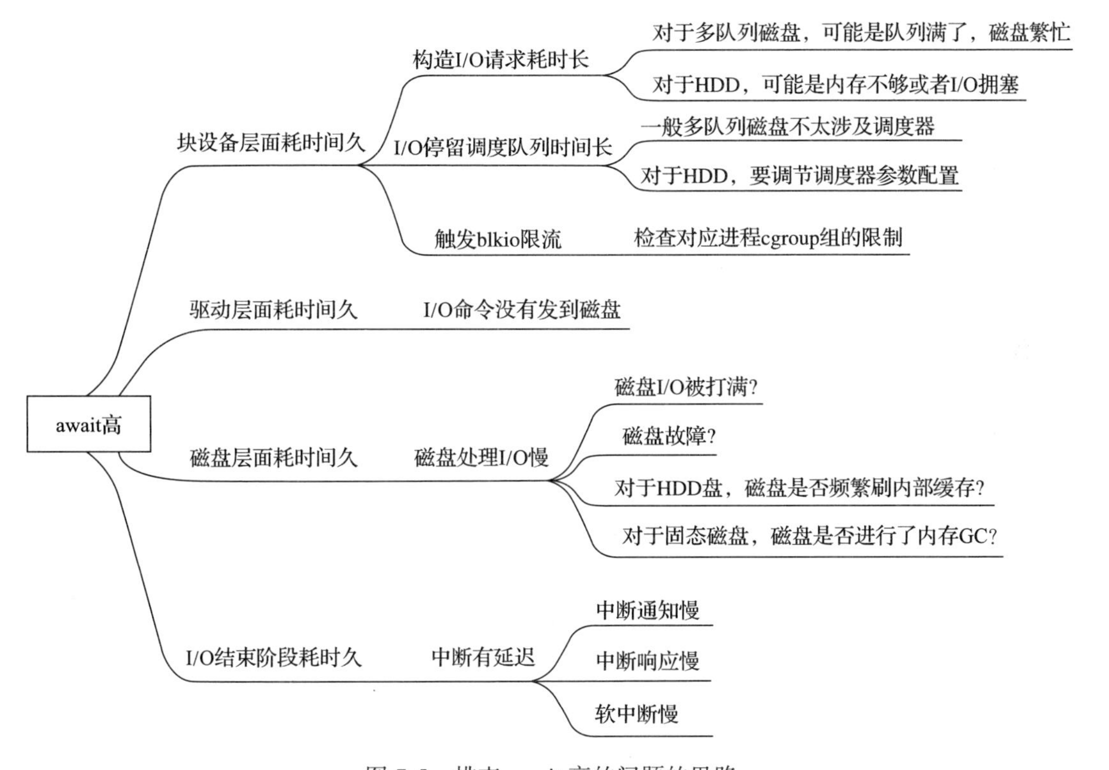

图 7-5　排查 await 高的问题的思路

下面介绍一下 await 高涉及的几个地方的耗时。

（1）块设备层面的耗时

1）构造 I/O 请求耗时长：可以通过 blk tracepoint 的 sleep_rq 事件确认。此外，在使用 I/O 调度器的情况下，还需检查 /sys/block/devname/queue/iosched/nr_requests 参数是否设置得太小，对于 HDD（硬盘）来说，此参数设置不当会导致 I/O 拥塞。

2）I/O 调度缓慢：在 CFQ（公平调度）调度器场景下，可以检查调度器的配置参数，例如：

① /sys/block/devname/queue/iosched/slice_idle：该参数设置了在选择下一个 CFQ 队列进行调度前应空闲的时间（单位为 ms）。非零值会积累 I/O 请求，以实现更高的吞吐量。

② /sys/block/devname/queue/iosched/group_idle：该参数设置了 CFQ 组级别的空闲时间，而非单个队列级别（单位为 ms）。同样，非零值会积累 I/O 请求，以实现更高的吞吐量。

更多 Block 层面的参数详情请参阅：https://www.kernel.org/doc/Documentation/block/cfq-iosched.txt。

（2）驱动层面的耗时

驱动层面出现问题的情况较少，因为大多数驱动相对简单（SCSI 例外），其主要功能是将来自块设备层的请求转换为命令，并发送到磁盘。

（3）磁盘层面的耗时

磁盘层面的耗时可能由于 I/O 饱和、磁盘故障、缓存刷新或垃圾回收等原因引起，但目前没有直接工具可以检测这些问题。对于 I/O 饱和和缓存刷新，可以通过间接手段推测，例如检查 iostat 统计的 IOPS 是否达到磁盘的理论值，或检查缓存刷新是否耗时过长。至于磁盘故障和内部垃圾回收，目前也没有有效的检测方法。

（4）I/O 结束阶段的耗时

I/O 结束是指磁盘处理完成后，通过中断通知主机上的操作系统，操作系统处理并响应中断，执行驱动注册的硬中断处理函数（对于 HDD 磁盘，还包括软中断相关处理函数），最终回到块设备层，之后结束并释放 I/O 的过程。由于云盘场景涉及客户端（guest）与主机端（host）之间的通知机制，可能会存在中断遗漏或中断响应缓慢的问题。

7.3 使用 eBPF 进行 I/O 流量分析

I/O 流量分析工具的目标是将某个 I/O 统计指标与具体某个进程或文件访问关联起来，以便直接找到问题的根本原因。本节将介绍由龙蜥社区开发的工具 iofsstat，它实现了从进程角度统计 I/O 信息和文件读写信息的功能，弥补了传统工具的不足，适用于解决 I/O 利用率高、I/O 打满等问题。

7.3.1 iofsstat 的功能

1. 统计指定磁盘的进程 I/O 请求

（1）主要功能

通过统计某个进程对特定文件的 I/O 操作次数，向用户提供进程和磁盘视角的指标：磁盘视角提供了全局视图；进程视角则提供了更细粒度的信息，展示各个进程的 I/O 情况。

需要注意的是，进程 I/O 的总和不一定等于磁盘整体的统计量，因为统计原理不同。更重要的是关注这两个视角之间的关联性。例如，在某一时刻，磁盘统计到 I/O 较高时，可以查看该时刻各进程的贡献程度。

（2）iofsstat 指标

1）进程视角的 iofsstat 指标如下。

- comm：进程名称。
- pid：进程 ID。
- cnt_rd：读文件次数。
- bw_rd：读文件带宽。
- cnt_wr：写文件次数。
- bw_wr：写文件带宽。
- inode：文件 inode 编号。
- filepath：文件路径，在一个采集周期内，如果进程访问文件很快结束，文件名将显示为“-”。

如果进程来自某个容器，文件名后会附加 [containerId:xxxxxx] 标记，以标识是哪个容器频繁访问 I/O。

2）磁盘视角的 iofsstat 指标如下。

其中，“xxx”代表具体的磁盘名称。

- xxx-stat:r_iops：磁盘总的读 IOPS。
- xxx-stat:w_iops：磁盘总的写 IOPS。
- xxx-stat:r_bps：磁盘总的读（B/s）。
- xxx-stat:w_bps：磁盘总的写（B/s）。
- xxx-stat:wait：磁盘平均 I/O 延迟。
- xxx-stat:r_wait：磁盘平均读 I/O 延迟。
- xxx-stat:w_wait：磁盘平均写 I/O 延迟。
- xxx-stat:util%：磁盘 I/O 利用率。

iofsstat 的执行结果如下所示：

```
sysak iofsstat -d vdb1 --fs 1 //间隔1s统计一次vdb磁盘上的进程读写文件情况
vdb-stat:  r_iops w_iops r_bps  w_bps     wait   r_wait    w_wait util%
           0.00   98.00  0.00   91.5MB/s 946.34 0.00      946.34 93.20
           comm   pid    cnt_rd bw_rd     cnt_wr bw_wr     inode  filepath
           dd     55937  0      0         1096   137.0MB/s 9226   /home/data/test
           …
```

显示结果按照 bw_rd 与 bw_wr 的和大小进行降序排列，如输出结果较多但只想看某个进程，可以使用 -p PID 只查看指定进程。

2. 捕获进程、磁盘、文件信息

I/O 的处理流程较长，从用户态发起读写请求到磁盘处理，I/O 在每一层使用的数据结构各不相同。同时，在经过文件系统和块设备层之后，I/O 的生产者（即发起 I/O 请求的源对象）也可能发生变化。虽然有些信息可以直接从传递的数据结构中获取，但文件名、I/O 大小和进程信息等仍需通过其他数据结构推导得出。

通过这种方式，可以捕获所有类型的 I/O 并获取 I/O 对应的文件信息。但在缓冲 I/O 的情况下，直接在内核中轮询所有的 task_struct（内核描述任务的结构体）和 files_struct（内核描述文件的结构体）来反推实际写入文件的进程是不可行的，尤其是当进程已关闭文件时，将无法推导出进程信息。此外，应尽量避免使用内核模块的方式，以防因内核版本重新编译或升级带来的不兼容问题。因此，可以考虑在文件系统层使用稳定的 tracepoint 程序进行埋点。

在实际实现时，只需获取进程信息、I/O 大小、设备编号和文件 inode 编号即可。然而，在文件系统层并没有现成的符合这些需求的 tracepoint 程序，因此考虑使用 eBPF 和 kprobe_events 来设置钩子函数，以捕获所需信息。

3. 如何获取文件路径

在获取文件 inode 后，可以通过查找 inode 指定磁盘的挂载目录，或者使用 debugfs 获取文件名，但这两种方法都较为耗时。由于已经获取到了进程信息，可以在 /proc/$pid/fd 目录下过滤出属于指定磁盘下的文件，然后通过对比文件的 inode 来获取文件名。这种方法简单高效，但如果在对比文件的过程中文件被关闭，则无法获取文件名。不过，这种情况一般发生的概率很低（I/O 高负载问题持续时间都在秒级或更短的时间），因此很少会在对比时遇到文件被关闭的情况。

7.3.2 iofsstat 的实现

1. eBPF 程序介绍

iofsstat 在文件系统层和 I/O 层的关键处理函数中埋点，从而获取磁盘名、文件名及文件路径等信息。为了通过 eBPF 在系统中进行埋点，先介绍一下文件系统层和 I/O 层的关键函数，以及 inode 和 dentry 两个重要结构体。

在 Linux 内核中，vfs_read 用于从文件中读取数据，具体的调用链取决于文件系统的实现。在 EXT4 文件系统中，vfs_read 的主要调用链路依次为 do_read、do_readv、file_read_actor、__generic_file_read_iter 和 generic_file_read_iter，最终调用 EXT4 特有的页读取函数来完成文件内容的读取。这一过程虽然复杂，但保证了文件系统的通用性和灵活性。vfs_write 的调用链与此类似。

VFS 操作文件时最重要的两个结构如下。

1）inode：存放文件的基本信息，每个 inode 结构都有唯一的编号，用以标识文件系统中的文件。

2）dentry：存放文件名称信息及文件的链接信息。

下面我们将使用 eBPF 在 do_read() 和 do_write() 这两个内核函数中埋点，通过 inode 和 dentry 结构获取相关信息，如磁盘名、进程 PID 和 inode 信息。具体实现如下所示：

```
struct event {
    u32 pid;
    u32 uid;
    char comm[16];
    u64 size;
    u64 dev;
    u64 inode;
};

struct {
    __uint(type, BPF_MAP_TYPE_PERF_EVENT_ARRAY);
} events SEC(".maps");

SEC("kprobe/do_read")
int kprobe_do_read(struct pt_regs *ctx, struct file *filp, char __user *buf,
    size_t count) {
    struct event data = {};
    struct dentry *dentry = filp->f_path.dentry;

    bpf_get_current_comm(data.comm, sizeof(data.comm)); //获取对应进程名
    data.pid = bpf_get_current_pid_tgid() >> 32;   //获取对应进程PID信息
    data.uid = bpf_get_current_uid_gid();
    data.size = count;
    data.dev = dentry->d_inode->i_sb->s_dev;  //获取访问的磁盘信息
    data.inode = dentry->d_inode->i_ino;  //获取访问文件的inode编号

    bpf_perf_event_output(ctx, &events, BPF_F_CURRENT_CPU, &data,
        sizeof(data));
    return 0;
}

SEC("kprobe/do_write")
int kprobe_do_write(struct pt_regs *ctx, struct file *filp, char __user *buf,
    size_t count) {
    struct event data = {};
    struct dentry *dentry = filp->f_path.dentry;
```

```
    bpf_get_current_comm(data.comm, sizeof(data.comm));
    data.pid = bpf_get_current_pid_tgid() >> 32;
    data.uid = bpf_get_current_uid_gid();
    data.size = count;
    data.dev = dentry->d_inode->i_sb->s_dev;
    data.inode = dentry->d_inode->i_ino;

    bpf_perf_event_output(ctx, &events, BPF_F_CURRENT_CPU, &data,
        sizeof(data));
    return 0;
}

char _license[] SEC("license") = "GPL";
```

2. iofsstat 性能开销

本质上，iofsstat 是基于 eBPF 在内核 I/O 处理流程中对相关函数进行 hook 操作，同时结合 ftrace 等工具进行分析，提取内核数据结构拿到进程、文件和磁盘信息，但不会引发宕机，可以放心使用。在性能开销方面，单核 CPU 使用率是 1% 以下，开销非常小。

7.4 实战：使用 eBPF 分析 I/O 延迟

本节通过介绍龙蜥社区开源的、基于 eBPF 实现的 iolatency 工具，分析如何进行跟踪和诊断 I/O 的延迟问题。

7.4.1 iolatency 延迟分析功能介绍

iolatency 的主要功能包括：总 I/O 延迟分布、块设备队列等待延迟、数据传输延迟、文件系统处理延迟、I/O 调度器处理延迟以及 I/O 延时探测功能。这些功能可用于分析当前 I/O 链路中的延迟问题并确定问题范围。iolatency 实现的基本原理是利用 eBPF 的 kprobe 或 tracepoint 特性，应用场景主要为云盘访问，使用的设备驱动是虚拟设备 virtio_blk。需要在内核 I/O 处理的关键位置进行埋点追踪。

下面来看看 iolatency 工具在设计上的思考。

1）I/O 请求延迟问题分析：现有工具需要对整个 I/O 链路的延迟进行全面分析，才能明确是哪个环节耗时过长，从而界定问题。现有的工具（如 BCC 或 blktrace）普遍关注块设备层，但它们没有区分驱动和磁盘的延迟。对于使用 virtio_blk 这类虚拟设备的云盘来说，这样的工具无法界定是前端还是后端的问题。

2）增加追踪点：为解决上述问题，需要在驱动中增加追踪点。具体来说是在 I/O 下发到磁盘的位置以及磁盘处理完 I/O 后返回驱动的位置。这样可以分别追踪驱动和磁盘的延迟，便于界定前端或后端的问题。

3）覆盖 iowait 异常场景：针对写页缓存时因特殊原因陷入 iowait 状态而引起的延迟问题，iolatency 必须在 iowait 处理的位置增加埋点，以覆盖这种异常场景。

4）提供进程级别的 I/O 统计：现有工具仅显示整个 I/O 宏观层面的链路分布，缺乏进程级别的 I/O 统计信息。iolatency 必须按进程分类 I/O 链路的延迟信息，使它具备进程级别的 I/O 延迟分析能力。

iolatency 具体的 eBPF 埋点位置如图 7-6 所示。

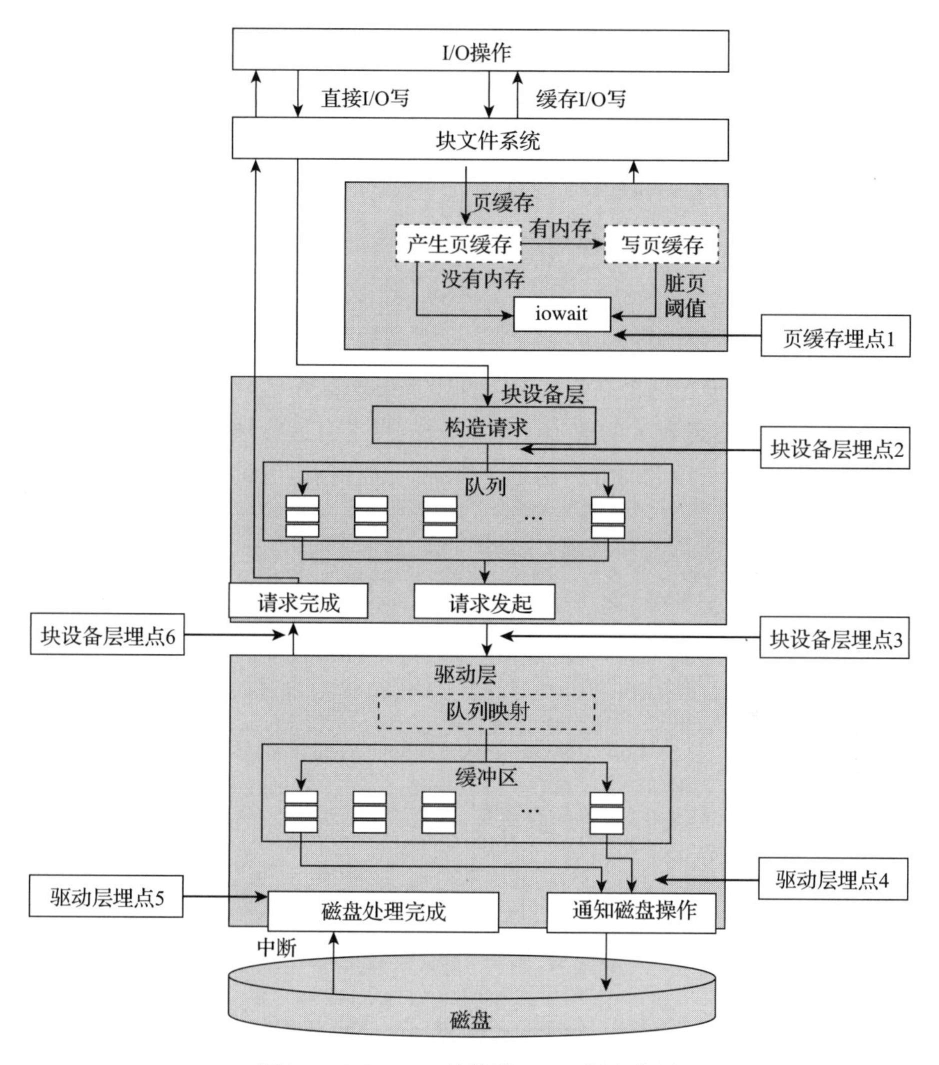

图 7-6　iolatency 具体的 eBPF 埋点位置

在图 7-6 中，使用 eBPF 分别在页缓存、块设备层、驱动层三个模块进行埋点，获取页缓存处理、构造 I/O 请求、I/O 调度完成入队、访问磁盘、磁盘访问完成、I/O 请求完成 6 个点的时间戳。

7.4.2 iolatency 延迟分析功能实现

1. iolatency 使用方法

iolatency 可以通过指定时间阈值及运行时长来控制运行行为。下面是它的使用方法：

```
Usage:  iolatency [OPTION] disk_devname

options:
    -t threshold,指定超时I/O的时间阈值(单位: ms), I/O时延诊断将过滤出完成时间超过此阈值
        的I/O(默认1000ms)
    -T time,指定诊断运行时长(单位: s)后自动退出(默认10s)
```

使用示例如下：

```
iolatency vda            //诊断磁盘vda上耗时1000ms的I/O, 10s后自动退出
iolatency -t 10 vda      //诊断磁盘vda上耗时10ms的I/O, 10s后自动退出
iolatency -t 10 -T 30 vda //诊断磁盘vda上耗时10ms的I/O, 30s后自动退出
```

运行结果分两个维度：一个是整体 I/O 的延迟分布情况（以百分比展示整体 I/O 的延迟点），另一个是输出延迟最大的前 10 个 I/O 的信息。由运行结果可以知道是访问哪块盘，进程的 PID，延迟在什么地方，延迟了多少，这些信息有助于我们定位出问题在哪里。运行结果如下所示：

```
15 IOs of disk vda over 1 ms, delay distribution:
os(block)     delay: 17.147%       //在内核块设备层的延迟百分比
os(driver)    delay: 0.009%        //在驱动层的延迟百分比
disk          delay: 82.84%        //在磁盘或者virtio_blk后端的延迟百分比
os(complete) delay: 0.002%         //I/O请求完成（即从中断返回到I/O请求完成）的延迟百分比
The first 10 IOs with the largest delay, more details:
seq   comm            pid     iotype datalen   abnormal(delay:totaldelay)
11   kworker/u12:2   11943    W         4096      disk delay (145.56:256.88 ms)
        //访问总共耗时256.88 ms, 磁盘延迟最大, 耗时145.56ms
12   kworker/u12:2  11943   W       4096       disk delay (145.46:256.66 ms)
15   kworker/u12:2  11943   W       4096       disk delay (217.39:217.51 ms)
14   jbd2/vda1-8     354    FWFS   4096       os(block) delay (143.42:152.93 ms)
13   kworker/u12:2  11943   W       4096       disk delay (145.05:145.30 ms)
3    kworker/u12:2  11943   W       4096       disk delay (113.80:114.00 ms)
5    kworker/u12:2  11943   W       8192       disk delay (112.97:113.14 ms)
1    kworker/u12:2  11943   W       4096       disk delay (111.79:111.96 ms)
10   kworker/u12:2  11943   W       8192       disk delay (111.62:111.78 ms)
4    kworker/u12:2  11943   W       4096       disk delay (111.11:111.30 ms)
```

2. iolatency 代码实现

接下来，我们分析一下 iolatency 的代码实现。

（1）内核态代码解析

iolatency 目前支持三种介质类型的延迟分析：SCSI、NVMe 和云盘（使用 virtio_blk 驱动）。本节将以 virtio_blk 为例，讲解内核态代码的实现。

在内核块设备层，eBPF 通过钩取几个关键函数来获取 I/O 完成以及 I/O 送至驱动层时的数据结构信息，这些函数包括：blk_account_io_done()、block_rq_complete()、block_rq_issue()、block_getrq()。iolatency 跟踪这 4 个函数的内核 eBPF 代码示例如下：

```
SEC("kprobe/blk_account_io_done")
int kprobe_blk_account_io_done(struct pt_regs *ctx)
{
}

SEC("tracepoint/block/block_rq_complete")
int tracepoint_block_rq_complete(struct block_rq_complete_args *args)
{
}

SEC("tracepoint/block/block_rq_issue")
int tracepoint_block_rq_issue(struct block_rq_issue_args *args)
{
}

SEC("tracepoint/block/block_getrq")
int tracepoint_block_getrq(struct block_getrq_args *args)
{
}
```

通过在 virtio_blk 驱动的 virtio_queue_rq() 和 blk_mq_complete_request() 函数中使用 eBPF 进行埋点，可以捕获这些函数调用时的参数，从而获取每个 I/O 请求处理的时间戳信息。iolatency 跟踪这两个函数的内核 eBPF 程序示例如下：

```
struct bpf_map_def SEC("maps") iosdiag_virtblk_maps = {
    .type = BPF_MAP_TYPE_HASH,
    .key_size = sizeof(pid_t),
    .value_size = sizeof(unsigned long),
    .max_entries = 2048,
};

SEC("kprobe/virtio_queue_rq")
int kprobe_virtio_queue_rq(struct pt_regs *ctx)
{
    struct blk_mq_hw_ctx *hctx =
        (struct blk_mq_hw_ctx *)PT_REGS_PARM1(ctx);
    struct blk_mq_queue_data *bd =
        (struct blk_mq_queue_data *)PT_REGS_PARM2(ctx);
```

```
    bool kick;
    unsigned long req_addr;
    unsigned int queue_id;
    struct request *req;

    struct iosdiag_req *ioreq;
    struct iosdiag_req new_ioreq = {0};
    struct iosdiag_key key = {0};
    sector_t sector;
    // unsigned long q = 0;
    // unsigned long dev = 0;
    dev_t devt = 0;
    int major;
    int first_minor;

    pid_t pid = bpf_get_current_pid_tgid();

    bpf_probe_read(&kick, sizeof(bool), &bd->last);
    if (!kick)
        return 0;

    bpf_probe_read(&req_addr, sizeof(struct request *), &bd->rq);
    if (!req_addr) {
        return 0;
    }

    bpf_probe_read(&queue_id, sizeof(unsigned int), &hctx->queue_num);
    bpf_probe_read(&req, sizeof(struct request *), &bd->rq);
    if (!req) {
        return 0;
    }

    struct gendisk *gd = get_rq_disk(req);
    bpf_probe_read(&major, sizeof(int), &gd->major);
    bpf_probe_read(&first_minor, sizeof(int), &gd->first_minor);
    devt = ((major) << 20) | (first_minor);

    bpf_probe_read(&sector, sizeof(sector_t), &req->__sector);

    init_iosdiag_key(sector, devt, &key);
    ioreq = (struct iosdiag_req *)bpf_map_lookup_elem(&iosdiag_maps, &key);
    if (ioreq) {
        ioreq->queue_id = queue_id;
    } else
        return 0;

    bpf_map_update_elem(&iosdiag_virtblk_maps, &pid, &req_addr, BPF_ANY);
```

```
    bpf_map_update_elem(&iosdiag_maps, &key, ioreq, BPF_ANY);

    return 0;
}

SEC("kretprobe/virtio_queue_rq")
int kretprobe_virtio_queue_rq(struct pt_regs *ctx)
{
    int ret = PT_REGS_RC(ctx);
    unsigned long *req_addr;
    pid_t pid = bpf_get_current_pid_tgid();

    if (!ret) {
        req_addr = bpf_map_lookup_elem(&iosdiag_virtblk_maps, &pid);
        if (!req_addr || !(*req_addr))
            return 0;
        trace_io_driver_route(ctx, (struct request *)*req_addr, IO_ISSUE_
            DEVICE_POINT);
    }
    bpf_map_delete_elem(&iosdiag_virtblk_maps, &pid);
    return 0;
}

SEC("kprobe/blk_mq_complete_request")
int kprobe_blk_mq_complete_request(struct pt_regs *ctx)
{
    struct request *req = (struct request *)PT_REGS_PARM1(ctx);

    if (!req) {
        //bpf_printk("kprobe_blk_mq_complete_request: con't get request");
        return 0;
    }
    return trace_io_driver_route(ctx, req, IO_RESPONCE_DRIVER_POINT);
}
```

（2）用户态代码解析

用户态代码负责加载、释放 eBPF 程序，然后解析内核态传递过来的延迟信息，打印延迟高的请求信息。iolatency 数据上报流程如图 7-7 所示。

图 7-7 中的基本处理流程如下。

- 加载 eBPF 程序。
- 从内核钩取点采集到 I/O 信息。
- 解析采集到的数据，提取出进程、磁盘等信息。
- 数据存储及日志传输。

为了方便，eBPF 的处理通过宏来进行统一定义。例如，使用 LOAD_IOSDIAG_BPF

宏进行打开、加载、挂载 eBPF 程序的操作。LOAD_IOSDIAG_BPF 宏的定义如下所示：

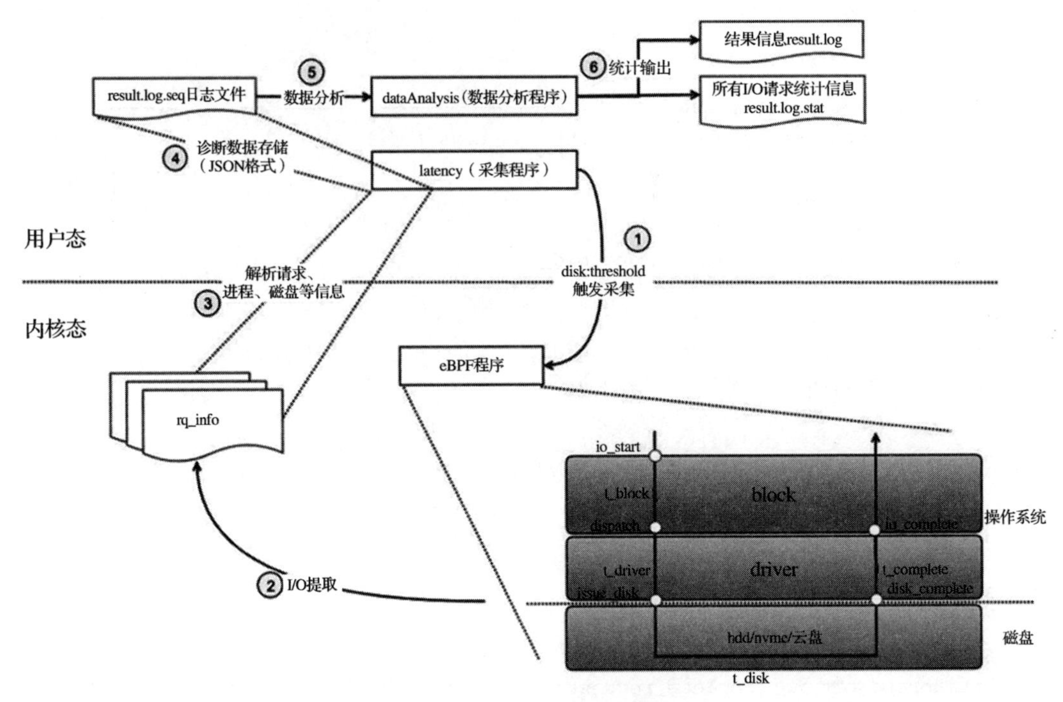

图 7-7　iolatency 数据上报流程

```
#define DECLEAR_BPF_OBJ(name)                      \
static struct name##_bpf *name;                  \
static int name##_bpf_load;                      \

DECLEAR_BPF_OBJ(iosdiag_virtblk);

#define LOAD_IOSDIAG_BPF(name, load_map, period)                    \
({                                                           \
    __label__ out;                                             \
    int __ret = 0;                                             \
    printf("start %s load bpf\n", #name);                            \
    name = name##_bpf__open();                                    \
    if (!name) {                                             \
        printf("load bpf error\n");                                \
        printf("load %s bpf fail\n", #name);                       \
        __ret = -1;                                            \
        goto out;                                            \
    }                                                        \
    if (name##_bpf__load(name)) {                                    \
        printf("load bpf prog error\n");                           \
```

```
        printf("load %s bpf fail\n", #name);                   \
        name##_bpf__destroy(name);                             \
        __ret = -1;                                            \
        goto out;                                              \
    }                                                          \
    if (name##_bpf__attach(name)) {                            \
        printf("attach bpf prog error\n");                     \
        printf("load %s bpf fail\n", #name);                   \
        name##_bpf__destroy(name);                             \
        __ret = -1;                                            \
        goto out;                                              \
    }                                                          \
    if (load_map) {                                            \
        iosdiag_map = bpf_map__fd(name->maps.iosdiag_maps);    \
    }                                                          \
    if (!__ret)                                                \
        printf("load %s bpf success\n", #name);                \
        name##_bpf_load = 1;                                   \
        if (period > 0) {                                      \
            pthread_t attach_thread;                           \
            LoadIosdiagArgs *args = malloc(sizeof(LoadIosdiagArgs));  \
            strcpy(args->bpf_name, #name);                     \
            args->bpf_load_map = load_map;                     \
            args->bpf_period = period;                         \
            pthread_create(&attach_thread, NULL, attach_periodically, args); \
        }                                                      \
out:                                                           \
    __ret;                                                     \
})
```

结构体 iosdiag_req 和 aggregation_metrics 分别用来定义 I/O 请求的进程与磁盘信息，以及每一个 I/O 延迟点的时间戳信息。在遍历 I/O 完成队列的过程中，一旦检测到超出预设阈值的 I/O 请求，系统将利用两个特定的结构体来记录相关的磁盘和进程信息。这两个结构体的设计如下所示：

```
struct iosdiag_req {
    pid_t pid;
    pid_t tid;
    unsigned int queue_id;
    char comm[16];
    char diskname[32];
    unsigned long long ts[MAX_POINT];
    unsigned int cpu[4];
    char op[8];
    unsigned int data_len;
    unsigned long sector;
};
```

```
struct aggregation_metrics {
    unsigned int sum_data_len;
    unsigned long sum_max_delay;
    unsigned long max_delay;
    unsigned long sum_total_delay;
    unsigned long max_total_delay;
    unsigned int max_total_dalay_idx;
    char* maxdelay_component;
    char* max_total_delay_diskname;
    unsigned long* sum_component_delay;
    unsigned long* max_component_delay;
    int count;
};
```

7.4.3 其他 I/O 延迟分析工具介绍

I/O 延迟分析工具在定位 I/O 耗时的场景作用非常大，其中比较知名的工具包括 BCC 的 biolatency 和 Linux 自带的 blktrace，下面简要介绍一下它们的使用方法。

（1）biolatency

biolatency 是 BCC 项目中的一个工具，专门用于跟踪磁盘 I/O 操作。该工具能够追踪块设备的 I/O 延迟，并以直方图的形式展示结果。通过使用 eBPF 技术，biolatency 动态追踪 blk_ 系列函数，记录相关的时间戳信息，进而计算出延迟分布情况并直观地展现给用户。此外，该工具还提供了多种选项（如 -m 和 -D）来调整输出格式，便于用户评估磁盘性能及识别可能存在的问题。

biolatency 的使用方法如下所示：

```
biolatency [-h] [-F] [-T] [-Q] [-m] [-D] [interval] [count]
```

其中部分参数说明如下。

- -h：打印使用说明。
- -F：打印每个 I/O 集的直方图。
- -T：输出要包含时间戳。
- -Q：显示队列长度的统计信息。
- -m：输出毫秒级延迟直方图。
- -D：打印每个磁盘设备的直方图。
- interval：输出间隔。
- count：输出数量。

（2）blktrace 分析工具

blktrace 是一个专门用于追踪 Linux 内核块设备 I/O 层的工具，由 Linux 内核块设备层的维护者开发，并已集成至内核 2.6.17 及后续版本中。该工具能够提供 I/O 请求队列的详尽信息，包括执行读写操作的进程名称、PID、操作时间、物理块号及块大小等。在使用过程中，blktrace 对系统资源的占用通常不超过 2%。

blktrace 需要内存文件系统 debugfs 的支持。如果系统提示 debugfs 尚未挂载，请先执行以下命令进行挂载：

```
sudo mount -t debugfs none /sys/kernel/debug
```

blktrace 常用参数如下。

- -d：指定要监视的设备，例如 /dev/sda。
- -o：指定输出文件，blktrace 会将捕获的数据写入该文件。
- -s：设置捕获的时间，以秒为单位。
- -a：指定要捕获的事件类型，可以是 read、write、flush、queue 等。
- -p：通过进程 ID 过滤监视的 I/O 活动。
- -e：限制捕获的事件类型，如 request、issue、complete 等。
- -n：不输出详细的 I/O 请求信息，默认情况下会输出详细信息。
- -j：以 JSON 格式输出数据，便于进一步处理。

7.5　实战：使用 eBPF 分析 I/O 卡顿问题

在云场景下，用户访问云盘的时候，经常会出现卡顿的情况，在 I/O 处理流程中，为方便起见，称这种卡顿现象为 I/O hang。I/O hang 可能由多种原因引起，包括但不限于硬件故障、性能瓶颈、资源争抢。例如：

- 块设备队列饱和导致的卡顿。
- 缓存失效导致的卡顿。
- 线程上下文切换导致的卡顿。
- 块设备错误引起的卡顿。
- 文件系统操作卡顿。
- virtio_blk 设备驱动前后端队列错误处理引起的卡顿。

在云场景下，前后端队列处理时出现的卡顿问题往往涉及租户以及云服务提供商的责任边界。一般如果卡顿出现在后端，可能是云服务背后的网络及存储集群的问题，也可能是服务器 virtio_blk 主机端队列处理卡住造成的。因此本节将会介绍如何基于 eBPF 去判断 I/O hang 的情况，是卡在了服务器的前端还是后端。

7.5.1　如何检测 I/O hang

那么如何检测 I/O hang？要定位一个具体的 I/O hang 问题，我们需要使用一些工具和技术来追踪这个请求从用户空间到硬件设备的整个过程。

- I/O 访问的是哪个磁盘？
- I/O 是否还在请求队列中？
- I/O 在请求队列中的哪个位置，执行状态是什么？
- I/O 在驱动队列的哪个位置，驱动队列是否已经下发该请求？
- 驱动的完成队列是否已经包含该 I/O 请求？

I/O 请求队列处于 I/O 块设备调度器层，I/O 驱动队列处于驱动层。根据 I/O 请求在 I/O 处理路径的位置和状态，就能分析出问题所在。I/O hang 检测工具通过扫描 I/O 请求队列，并根据每个未完成 I/O 的产生时间与当下的检测时间进行对比，分析是否已经超出业务所能容忍的时间长度（比如设定一个阈值）来判断。如果存在这样的 I/O，就会提取 I/O 请求中的关键信息。

7.5.2 实现方案

I/O hang 有两种实现方案：一种是使用内核模块，另一种是使用 eBPF。使用内核模块实现的原理相对简单，但是存在内核升级兼容老版本的问题；使用 eBPF 实现的安全性较高，并且不存在内核升级的兼容性问题。下面分别介绍这两种实现方案。

1. 内核模块实现方式

（1）实现原理

通过内核模块可以很方便地访问 I/O 处理函数及数据结构，也可以通过循环的方式遍历所有的 I/O 队列，找到夯住的那个 I/O 请求。

内核模块处理 I/O hang 的流程如图 7-8 所示。

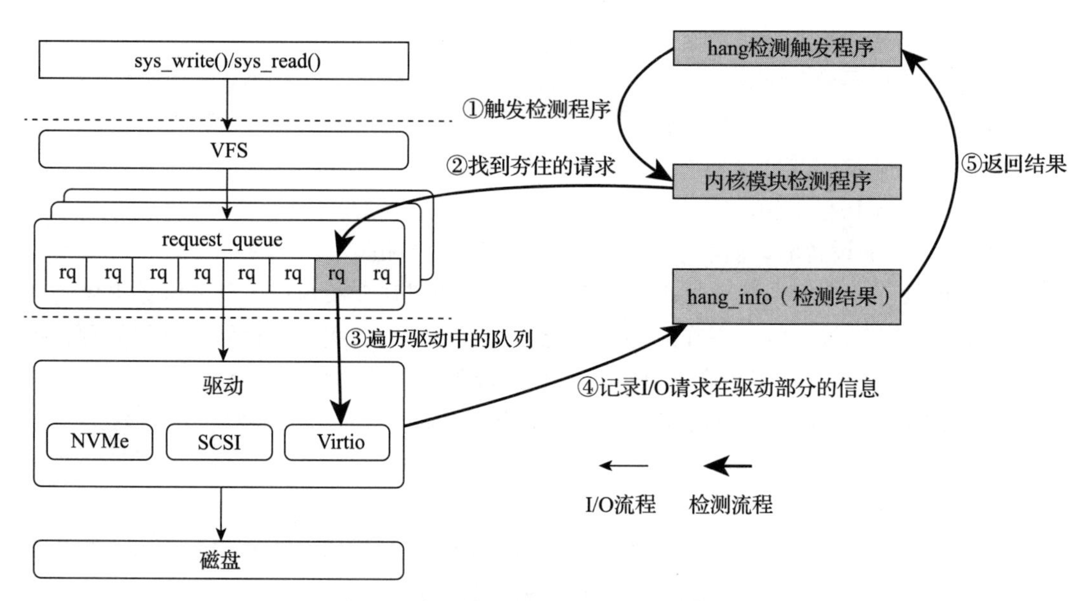

图 7-8 内核模块处理 I/O hang 的流程图

① 加载内核模块。

② 用户态的检测程序会触发内核模块进行工作。

③ 内核模块的检测程序找到夯住的 I/O 请求。

④ 获取这个请求的相关信息，包含请求的基本信息和驱动中的信息。

⑤ 记录请求信息，并将返回结果到日志中。

（2）存在的问题

- 带来的额外编译工作：不同的内核版本都需要重新编译内核模块。这意味着每次内核更新或升级，都需要投入额外的时间和资源来确保模块的兼容性。
- 使用风险：内核模块存在引发内核 panic 的风险，这种不稳定因素可能导致系统崩溃，严重影响服务的可靠性和用户体验。

2. eBPF 的实现方式

使用 eBPF 处理 I/O hang 的流程包括 6 个步骤，主要是加载 eBPF 程序和遍历 I/O 请求队列。

① 加载和触发 eBPF 程序执行。

② 遍历块设备层请求队列。

③ 存储 I/O 请求到 eBPF 的 map 里。

④ 遍历 virtio_blk 驱动里的虚拟环形缓冲队列（vring）。

⑤ 存储 virtio_blk 驱动里 I/O 请求及磁盘信息。

⑥ 记录请求信息，并将结果返回到日志中。

使用 eBPF 处理 I/O hang 的流程如图 7-9 所示。

使用 eBPF 实现与使用内核模块实现的主要区别如下。

1）在遍历驱动中的队列时，通过独立的 eBPF 程序完成这一任务，实现了循环的解耦。相比之下，传统的内核模块实现方式需要先找到请求，然后再次遍历驱动队列，以确定该请求的具体位置，导致时间复杂度达到 $O(n^2)$。

2）eBPF 通过 map 与用户空间进行数据交换，这种方式不仅支持高效的数据传输，还能够快速匹配来自不同队列的请求信息。

3）为了解决不同内核版本间结构体数据的兼容性问题，eBPF 引入了一个小型数据库来存储和传递这些数据。这有助于实现 eBPF 的 CORE 特性，从而简化了跨内核版本的应用开发流程。

（1）用户态实现

使用 eBPF 实现 I/O hang 的检测程序，也分用户态程序部分和内核态程序部分。我们先介绍一下它的用户态实现，主要任务是控制整个检测流程，包括触发内核态中的 eBPF 程序执行、整合信息并返回检测结果。具体的检测流程如下：首先调用 load_ iohang_bpf() 加载 eBPF 程序，然后通过 run_iohang_bpf() 运行并检测是否有 I/O hang，最后使用 unload_iohang_bpf() 卸载 eBPF 程序。这一系列步骤确保了检测过程的高效和准确。

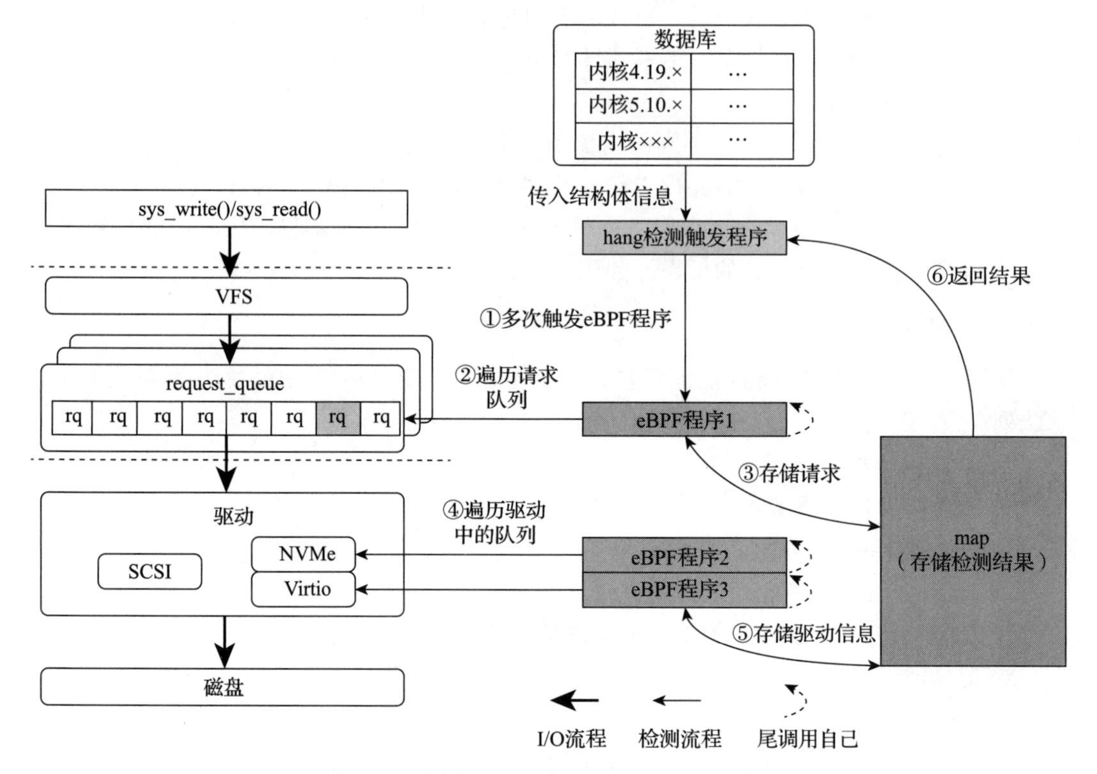

图 7-9　使用 eBPF 处理 I/O hang 的流程

run_iohang_bpf() 的主要功能是记录输入参数（如磁盘名称 devname 和挂起时间阈值 threshold），并初始化存储空间（包括 struct configure_info conf_i 和 struct detect_info d_i）。随后获取结构体信息：nvme_struct_info_heap 和 scsi_struct_info_heap。run_iohang_bpf() 的代码实现如下所示：

```
int run_iohang_bpf(char *devname, int threshold)
{
    int count_rq = 0;
    char cmd[128];
    const unsigned int zero = 0;
    struct configure_info conf_i = {};
    struct detect_info d_i = {};

    sprintf(conf_i.diskname, devname);
    conf_i.disk_type = get_disk_type(conf_i.diskname);
```

```
    conf_i.iohang_threshold_ms = threshold;

    if (conf_i.disk_type == DISK_NVME && check_db_nvme_driver_info(&nvme_s_i))
        return -1;

    if (conf_i.disk_type == DISK_SCSI && check_db_scsi_driver_info(&scsi_s_i))
        return -1;

    if (bpf_map_update_elem(bpf_map__fd(iohang->maps.nvme_struct_info_heap),
        &zero, &nvme_s_i, 0))
        return -1;

    if (bpf_map_update_elem(bpf_map__fd(iohang_nvme->maps.nvme_struct_info_
        heap), &zero, &nvme_s_i, 0))
        return -1;

    if (bpf_map_update_elem(bpf_map__fd(iohang->maps.scsi_struct_info_heap),
        &zero, &scsi_s_i, 0))
        return -1;

    int bm_fd = bpf_map__fd(iohang->maps.configure_info_heap);
    //遍历请求队列request_queue中的硬件队列hw_queue
    for (int hw_queues_index = 0; hw_queues_index < MAX_NR_HW_QUEUES; hw_
        queues_index++)
    {
        //代码略
    }

    return count_rq;
}
```

run_iohang_bpf() 通过遍历请求队列来实现 I/O hang 检测，这通过一个主循环操作来完成。该循环用于遍历 request_queue 中的 hw_queue（硬件队列）。每个磁盘设备对应一个 request_queue，但一个 request_queue 中可能包含多个 hw_queue，而实际的请求则存储在这些 hw_queue 中。这个主循环的代码如下所示：

```
//遍历请求队列request_queue里的硬件队列hw_queue
for (int hw_queues_index = 0; hw_queues_index < MAX_NR_HW_QUEUES; hw_queues_
    index++)
{
    sprintf(cmd, "cat /sys/block/%s/inflight", devname);
    conf_i.hw_ctx_queue_index = hw_queues_index;
    bpf_map_update_elem(bm_fd, &zero, &conf_i, 0);
    memset(&d_i, 0x0, sizeof(d_i));
    if (bpf_map_update_elem(bpf_map__fd(iohang->maps.detect_info_heap), &zero,
        &d_i, 0))
        return -1;
```

```
do
{
    if (exec_shell_cmd(cmd))
        return -1;

    if (bpf_map_lookup_elem(bpf_map__fd(iohang->maps.detect_info_heap),
        &zero, &d_i))
        return -1;

    // 尾调用次数限制为32
} while ((d_i.cur_rq_check_index < d_i.hw_queue_depth) ||
        (d_i.cur_rq_get_hang_info_idx < d_i.num_request) ||
        (d_i.disk_type == DISK_SCSI && d_i.cur_rq_get_scsi_info_idx < d_
            i.num_request));

if (d_i.num_request > 0)
{
    if (conf_i.disk_type == DISK_NVME)
    {
        d_i.cur_nvme_cq_idx = d_i.nvme_info.cq_head;
        if (bpf_map_update_elem(bpf_map__fd(iohang_nvme->maps.detect_info_
            heap), &zero, &d_i, 0))
            continue;

        sprintf(cmd, "cat /sys/block/%s/size", devname);
        if (exec_shell_cmd(cmd))
            return -1;
        }
        else if (conf_i.disk_type == DISK_VIRTIO_BLK)
        {
            if (bpf_map_update_elem(bpf_map__fd(iohang_virtio->maps.
                detect_info_heap), &zero, &d_i, 0))
                continue;

            sprintf(cmd, "cat /sys/block/%s/stat", devname);
            if (exec_shell_cmd(cmd))
                return -1;
        }
    }
}
```

在上述代码中，大循环内部的前半部分只负责多次触发对应的 eBPF 程序。

- "cat /sys/block/%s/inflight”，devname 用于触发初始化和遍历 request_queue 的 eBPF 程序。
- "cat /sys/block/%s/size", devname 用于触发遍历 NVMe 的 eBPF 程序。
- "cat /sys/block/%s/stat", devname 用于触发遍历 Virtio 的 eBPF 程序。

（2）内核态实现

eBPF 程序是在内核态运行，根据不同的存储介质分别实现不同的 eBPF 程序，以支持 SCSI、NVMe 及 virtio_blk 驱动，不同的 eBPF 程序触发流程如图 7-10 所示。

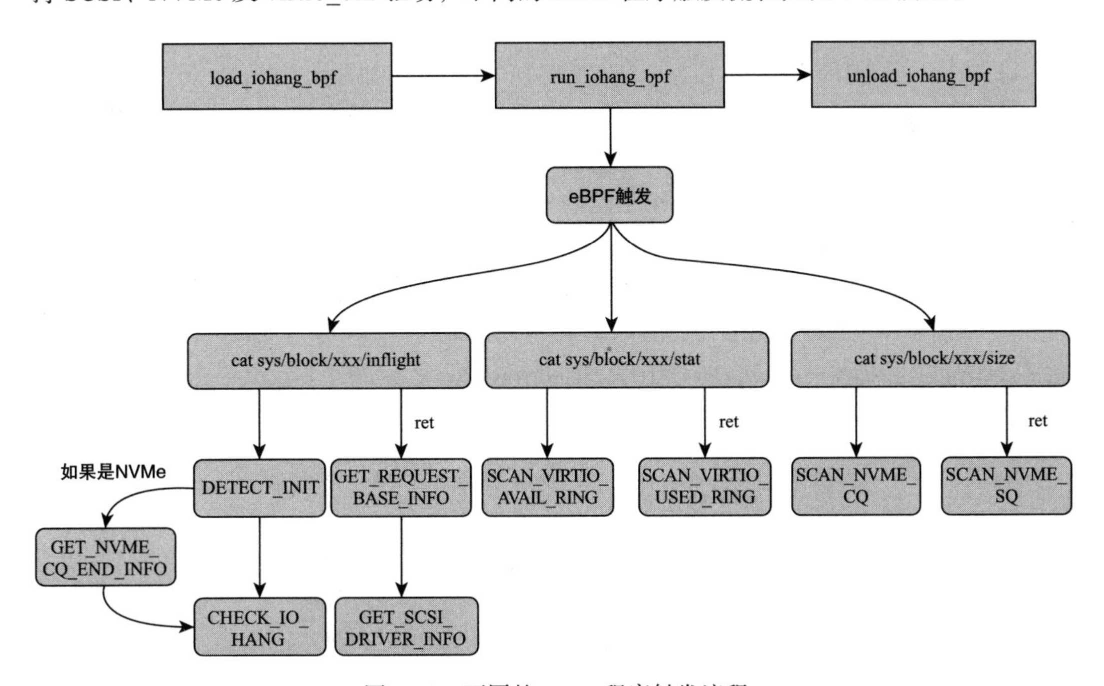

图 7-10　不同的 eBPF 程序触发流程

如图 7-10 所示，尽管触发逻辑看似极为复杂，但其实际的拆分逻辑相当简单。具体而言，每个 eBPF 程序的设计目标是尽可能地专注于单一任务，即仅遍历一个队列。下面简要概述每个 eBPF 程序的主要功能。

1）DETECT_INIT：

- 功能：初始化检测过程，准备必要的环境和资源。
- 操作：获取硬件队列和驱动的基本信息，例如硬件队列的 ID、深度等与具体请求无关的信息。

2）CHECK_IO_HANG：

- 功能：检测 I/O 请求是否挂起。
- 操作：遍历硬件队列中的所有请求，检查每个请求是否超时（即挂起）。如果发现有挂起的请求，将这些请求的信息存储到 rq_hang_info_heap 中。

3）GET_NVME_CQ_END_INFO：

- 功能：获取 NVMe 完成队列（Completion Queue，CQ）的结束信息。
- 操作：遍历 NVMe 队列中的完成队列，找到完成队列的结束位置。

4）GET_SCSI_DRIVER_INFO：

- 功能：获取 SCSI 驱动的相关信息。
- 操作：遍历 rq_hang_info_heap 中的请求，提取每个请求对应的 SCSI 驱动信息。

5）GET_REQUEST_BASE_INFO：

- 功能：获取请求的基本信息。
- 操作：遍历 rq_hang_info_heap 中的请求，提取每个请求的基本信息，如请求类型、大小、目标设备等。

6）SCAN_VIRTIO_AVAIL_RING：

- 功能：扫描 Virtio 设备的可用环（available ring）。
- 操作：遍历 Virtio 设备的可用环，检查其中的请求状态。

7）SCAN_VIRTIO_USED_RING：

- 功能：扫描 Virtio 设备的已用环（used ring）。
- 操作：遍历 Virtio 设备的已用环，检查已完成的请求状态。

8）SCAN_NVME_CQ：

- 功能：扫描 NVMe 的完成队列。
- 操作：遍历 NVMe 的完成队列，检查其中的完成条目。

9）SCAN_NVME_SQ：

- 功能：扫描 NVMe 的提交队列（Submission Queue，SQ）。
- 操作：遍历 NVMe 的提交队列，检查其中的提交条目。

至此，我们实现了检测 I/O hang 的 eBPF 程序，为了触发钩取点的 eBPF 程序的运行，可以通过执行 Linux 的 cat 命令来访问特定的文件路径。例如，运行 cat /sys/block/×××/inflight（其中×××是磁盘名称）可以触发 part_in_flight 函数运行。该函数随后会调用 blk_mq_in_flight_rw()。值得注意的是，blk_mq_in_flight_rw() 函数的调用频率较低，但能够方便地获取指定磁盘的对应的 request_queue。

7.6 统计随机 / 顺序磁盘的 I/O 请求

随着技术的不断进步和数据量的爆炸性增长，磁盘 I/O 已成为影响系统性能的关键瓶颈。应用程序的性能在很大程度上取决于它与 I/O 子系统的高效交互能力。为了优化存储性能，深入理解随机和顺序磁盘 I/O 的特性至关重要。例如，对于对随机 I/O 敏感的应用程序，因固态硬盘几乎无寻址延迟的特点，通常表现出比传统机械硬盘更优异的性能。而对于需要大量顺序 I/O 的应用，则更应关注如何最大化磁盘的连续读写速度。

下面将深入探讨利用 eBPF 实现实时监控与统计两种类型磁盘 I/O 的方法。此举不仅有助于我们更深刻地理解系统 I/O 的行为，还能为后续的性能优化提供坚实的数据基础。

7.6.1　biopattern 工具介绍

eunomia-bpf 项目提供了 biopattern 工具，通过参数控制打印间隔时间和持续运行时间，可以统计随机 / 顺序磁盘 I/O 次数的比例。它的使用方法如下：

```
sudo ./biopattern [interval] [count]
```

例如，要每秒打印一次输出，并持续 10s，你可以运行如下命令并查看结果：

```
$ sudo ./biopattern 1 10
Tracing block device I/O requested seeks... Hit Ctrl-C to end.
DISK      %RND  %SEQ    COUNT     KBYTES
sr0          0   100        3          0
sr1          0   100        8          0
sda          0   100        1          4
sda        100     0       26        136
sda          0   100        1          4
```

输出列的含义如下。

- DISK：被追踪的磁盘名称。
- %RND：随机 I/O 的百分比。
- %SEQ：顺序 I/O 的百分比。
- COUNT：在指定的时间间隔内的 I/O 请求次数。
- KBYTES：在指定的时间间隔内读写的数据量（以 KB 为单位）。

从上述输出中，我们可以得出以下结论。

- sr0 和 sr1 设备在观测期间主要进行了顺序 I/O，但数据量很小。
- sda 设备在某些时间段内只进行了随机 I/O，而在其他时间段内只进行了顺序 I/O。

这些信息可以帮助我们了解系统的 I/O 模式，从而进行针对性的优化。

7.6.2　biopattern 的实现原理

biopattern 工具也是使用 eBPF 实现的，分内核态部分和用户态部分，下面将会介绍 eBPF 的实现原理。

1. eBPF 内核态实现代码

biopattern 的核心代码运行于内核态，主要函数为 handle__block_rq_complete，示例代码如下：

```
#include <vmlinux.h>
#include <bpf/bpf_helpers.h>
#include <bpf/bpf_tracing.h>
#include "biopattern.h"
#include "maps.bpf.h"
```

```
#include "core_fixes.bpf.h"

const volatile bool filter_dev = false;
const volatile __u32 targ_dev = 0;

struct {
    __uint(type, BPF_MAP_TYPE_HASH);
    __uint(max_entries, 64);
    __type(key, u32);
    __type(value, struct counter);
} counters SEC(".maps");

SEC("tracepoint/block/block_rq_complete")
int handle__block_rq_complete(void *args)
{
    struct counter *counterp, zero = {};
    sector_t sector;
    u32 nr_sector;
    u32 dev;

    if (has_block_rq_completion()) {
        struct trace_event_raw_block_rq_completion___x *ctx = args;
        sector = BPF_CORE_READ(ctx, sector);
        nr_sector = BPF_CORE_READ(ctx, nr_sector);
        dev = BPF_CORE_READ(ctx, dev);
    } else {
        struct trace_event_raw_block_rq_complete___x *ctx = args;
        sector = BPF_CORE_READ(ctx, sector);
        nr_sector = BPF_CORE_READ(ctx, nr_sector);
        dev = BPF_CORE_READ(ctx, dev);
    }

    if (filter_dev && targ_dev != dev)
        return 0;

    counterp = bpf_map_lookup_or_try_init(&counters, &dev, &zero);
    if (!counterp)
        return 0;
    if (counterp->last_sector) {
        if (counterp->last_sector == sector)
            __sync_fetch_and_add(&counterp->sequential, 1);
        else
            __sync_fetch_and_add(&counterp->random, 1);
        __sync_fetch_and_add(&counterp->bytes, nr_sector * 512);
    }
    counterp->last_sector = sector + nr_sector;
    return 0;
}
```

```
char LICENSE[ ] SEC("license") = "GPL";
```

（1）内核态程序全局变量定义

为了在用户态传递参数给内核态，先在内核态eBPF程序里定义两个全局变量，用于设备过滤。filter_dev决定是否启用设备过滤，而targ_dev是我们想要追踪的目标设备的标识符。filter_dev和targ_dev全局变量的定义如下：

```
const volatile bool filter_dev = false;
const volatile __u32 targ_dev = 0;
```

（2）eBPF map定义

为了存储统计信息，在内核态程序中定义一个eBPF map，类型为散列表。该map的key（键）是设备的标识符，而值是一个counter结构体，用于存储设备的I/O统计信息。counter map的定义如下所示：

```
struct {
    __uint(type, BPF_MAP_TYPE_HASH);
    __uint(max_entries, 64);
    __type(key, u32);
    __type(value, struct counter);
} counters SEC(".maps");
```

（3）钩子函数

每次块设备的I/O请求完成时，都会触发一个名为block_rq_complete()的钩子函数，这是eBPF的一个tracepoint。钩子函数block_rq_complete()的代码如下：

```
SEC("tracepoint/block/block_rq_complete")
int handle__block_rq_complete(void *args)
{
    struct counter *counterp, zero = {};
    sector_t sector;
    u32 nr_sector;
    u32 dev;

    if (has_block_rq_completion()) {
        struct trace_event_raw_block_rq_completion___x *ctx = args;
        sector = BPF_CORE_READ(ctx, sector);
        nr_sector = BPF_CORE_READ(ctx, nr_sector);
        dev = BPF_CORE_READ(ctx, dev);
    } else {
        struct trace_event_raw_block_rq_complete___x *ctx = args;
        sector = BPF_CORE_READ(ctx, sector);
        nr_sector = BPF_CORE_READ(ctx, nr_sector);
        dev = BPF_CORE_READ(ctx, dev);
    }
```

```
    if (filter_dev && targ_dev != dev)
        return 0;

    counterp = bpf_map_lookup_or_try_init(&counters, &dev, &zero);
    if (!counterp)
        return 0;
    if (counterp->last_sector) {
        if (counterp->last_sector == sector)
            __sync_fetch_and_add(&counterp->sequential, 1);
        else
            __sync_fetch_and_add(&counterp->random, 1);
        __sync_fetch_and_add(&counterp->bytes, nr_sector * 512);
    }
    counterp->last_sector = sector + nr_sector;
    return 0;
}
```

（4）主要逻辑分析

内核态程序的主要逻辑如下。

1）提取 I/O 请求信息：从传入的参数中获取 I/O 请求的相关信息。这里有两种可能的上下文结构，取决于 has_block_rq_completion 的返回值。这是因为不同版本的 Linux 内核可能会有不同的追踪点定义。无论哪种情况，我们都从上下文中提取出扇区号（sector）、扇区数量（nr_sector）和设备标识符（dev）。

2）设备过滤：如果启用了设备过滤（filter_dev 为 true），并且当前设备不是目标设备（targ_dev），则直接返回。这允许用户只追踪特定的设备，而不是所有设备。

3）查找或初始化统计信息：使用 bpf_map_lookup_or_try_init 函数查找或初始化与当前设备相关的统计信息。如果 map 中没有当前设备的统计信息，它会使用 zero 结构体进行初始化。

4）判断 I/O 模式：根据当前 I/O 请求与上一个 I/O 请求的扇区号，我们可以判断当前请求是随机的还是顺序的。如果两次请求的扇区号相同，那么它是顺序的；否则，它是随机的。然后，我们使用 __sync_fetch_and_add 函数更新相应的统计信息。这是一个原子操作，以确保在并发环境中数据的一致性。

5）更新数据量：我们还更新了该设备的总数据量，这是通过将扇区数量（nr_sector）乘以 512（每个扇区的字节数）来实现的。

6）更新最后一个 I/O 请求的扇区号：为了下一次的比较，更新了 last_sector 的值。

（5）兼容性考虑

在 Linux 内核的某些版本中，由于引入了一个新的追踪点 block_rq_error，追踪点的命名和结构发生了变化。这意味着，原先的 block_rq_complete 追踪点的结构名称从

trace_event_raw_block_rq_complete 更改为 trace_event_raw_block_rq_completion。这种变化可能会导致 eBPF 程序在不同版本的内核上出现兼容性问题。

为了解决这个问题，biopattern 工具引入了一种机制来动态检测当前内核使用的是哪种追踪点结构，其主要逻辑是在 has_block_rq_completion 函数中实现的。

1）定义两种追踪点结构。为了实现动态检测机制，首先定义两种追踪点结构，分别对应于不同版本的内核。每种结构都包含设备标识符、扇区号和扇区数量。这两种追踪点结构的定义如下所示：

```
struct trace_event_raw_block_rq_complete___x {
    dev_t dev;
    sector_t sector;
    unsigned int nr_sector;
} __attribute__((preserve_access_index));

struct trace_event_raw_block_rq_completion___x {
    dev_t dev;
    sector_t sector;
    unsigned int nr_sector;
} __attribute__((preserve_access_index));
```

2）动态检测追踪点结构。

has_block_rq_completion 函数使用 bpf_core_type_exists 函数来检测当前内核是否存在 trace_event_raw_block_rq_completion___x 结构。如果存在，函数返回 true，表示当前内核使用的是新的追踪点结构；否则，返回 false，表示使用的是旧的结构。在对应的 eBPF 代码中，会根据两种不同的定义分别进行处理，这也是适配不同内核版本常用的方案。has_block_rq_completion 函数的代码如下所示：

```
static __always_inline bool has_block_rq_completion()
{
    if (bpf_core_type_exists(struct trace_event_raw_block_rq_completion___x))
        return true;
    return false;
}
```

2. eBPF 用户态实现代码

biopattern 工具的用户态代码负责从 eBPF map 中读取统计数据，并将数据展示给用户。通过这种方式，系统管理员可以实时监控每个设备的 I/O 模式，从而更好地理解和优化系统的 I/O 性能。

（1）用户态程序主循环

biopattern 用户态程序主要处理来自内核态的数据信息，在主循环中打印统计信息，主循环的工作流程如下。

- 等待：使用 sleep 函数等待指定的时间间隔（env.interval）。
- 打印映射：调用 print_map 函数打印 eBPF map 中的统计数据。
- 退出条件：如果收到退出信号（exiting 为 true）或者达到指定的运行次数（env.times 达到 0），则退出循环。主循环的代码示例如下：

```
/* main: poll */
while (1) {
    sleep(env.interval);

    err = print_map(obj->maps.counters, partitions);
    if (err)
        break;

    if (exiting || --env.times == 0)
        break;
}
```

（2）打印映射函数 print_map()

print_map 函数负责从 eBPF map 中读取统计数据，并将统计数据打印到控制台。其主要逻辑如下。

- 遍历 eBPF map：使用 bpf_map_get_next_key 和 bpf_map_lookup_elem 函数遍历 eBPF 映射，获取每个设备的统计数据。
- 计算总数：计算每个设备的随机和顺序 I/O 的总数。
- 打印统计数据：如果启用了时间戳（env.timestamp 为 true），则首先打印当前时间。接着，打印设备名称、随机 I/O 的百分比、顺序 I/O 的百分比、总 I/O 数量和总数据量（以 KB 为单位）。
- 清理 eBPF map：为了下一次的统计，使用 bpf_map_get_next_key 和 bpf_map_delete_elem 函数清理 eBPF map 中的所有条目。

print_map 的主要代码示例如下：

```
static int print_map(struct bpf_map *counters, struct partitions *partitions)
    {
        __u32 total, lookup_key = -1, next_key;
        int err, fd = bpf_map__fd(counters);
        const struct partition *partition;
        struct counter counter;
        struct tm *tm;
        char ts[32];
        time_t t;

        while (!bpf_map_get_next_key(fd, &lookup_key, &next_key)) {
            err = bpf_map_lookup_elem(fd, &next_key, &counter);
```

```
        if (err < 0) {
            fprintf(stderr, "failed to lookup counters: %d\n", err);
            return -1;
        }
        lookup_key = next_key;
        total = counter.sequential + counter.random;
        if (!total)
            continue;
        if (env.timestamp) {
            time(&t);
            tm = localtime(&t);
            strftime(ts, sizeof(ts), "%H:%M:%S", tm);
            printf("%-9s ", ts);
        }
        partition = partitions__get_by_dev(partitions, next_key);
        printf("%-7s %5ld %5ld %8d %10lld\n",
            partition ? partition->name : "Unknown",
            counter.random * 100L / total,
            counter.sequential * 100L / total, total,
            counter.bytes / 1024);
    }

    lookup_key = -1;
    while (!bpf_map_get_next_key(fd, &lookup_key, &next_key)) {
        err = bpf_map_delete_elem(fd, &next_key);
        if (err < 0) {
            fprintf(stderr, "failed to cleanup counters: %d\n", err);
            return -1;
        }
        lookup_key = next_key;
    }

    return 0;
}
```

7.7　本章小结

本章分析了 I/O 子系统存在的性能瓶颈点，并在此基础上介绍了衡量 I/O 系统的各类指标，然后通过 eBPF 的实践案例（I/O 延迟分布、I/O hang 的检测，以及 I/O 流量分析、随机和顺序 I/O 的统计），帮助读者掌握如何使用 eBPF 去分析 I/O 子系统的各类性能瓶颈问题。

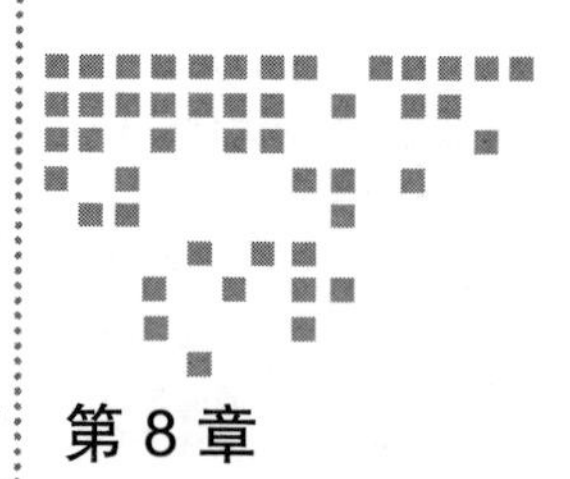

Chapter 8 第8章

基于eBPF的调度可观测实践

本章将识别调度系统中可能存在的瓶颈，并通过eBPF的观测实践，具体展示如何收集和解析这些数据，以便及时发现并解决性能问题。我们还将分析持续性能追踪（Continuous Profiling）的方法，旨在帮助系统管理员实现长期的性能监控和优化。这一流程不仅能够提升系统的整体效率，还为未来的性能优化提供了科学依据。

8.1 Linux调度子系统与eBPF的关系

Linux调度子系统负责核心的进程调度工作，而eBPF作为一种灵活的内核编程框架，能够为调度系统的监控、分析和一定程度上的定制化提供强有力的支持。调度子系统执行基础的调度逻辑，而eBPF则用于增强观测能力、实施特定策略干预以及辅助性能优化。

8.1.1 eBPF在调度性能优化中的应用

eBPF为Linux内核提供了一种灵活且高效的方法来动态插入代码，进而增强操作系统的功能。它在调度性能优化方面的应用主要体现在以下几个方面。

1）实时数据收集与分析：eBPF可以在内核运行时收集实时数据，包括调度延迟、上下文切换频率、CPU利用率等关键性能指标。通过各种探针，如kprobe、uprobe和tracepoint，开发者可以深入了解调度子系统的行为，识别潜在的瓶颈或异常。例如，通过监测特定进程的上下文切换，分析该进程对CPU资源的要求以及对其他进程的影响，从而引导优化策略的制定。

2）动态调度策略的增强：利用 eBPF 的灵活性，系统管理员可以根据实时数据动态调整调度策略。例如，针对某些高优先级或 I/O 密集型任务，管理员可以编写 eBPF 程序来调整调度算法或权重，使系统能够更智能地管理资源。另外，eBPF 可以与现有的调度算法（如完全公平调度器，即 CFS）结合使用，以实现更复杂的调度策略。

3）系统调用与上下文切换的优化：在多任务环境中，频繁的上下文切换会导致显著的性能损失。eBPF 可以监控上下文切换的原因，提供数据以便深入分析。在识别出高频上下文切换的进程后，可以通过调整它们的调度等级或利用 CPU 亲和性（CPU Affinity）等手段进行优化，以减少不必要的切换。

4）故障排查工具：eBPF 不仅用于性能优化，也是一个强大的故障排查工具。当系统出现性能下降时，eBPF 能够快速提供数据帮助开发者识别哪些进程、线程或操作造成了瓶颈。例如，通过检测锁竞争情况，可以发现哪些资源导致了调度延迟，进而调整应用程序设计或系统配置。

5）可视化与监控：利用一些开源工具（如 bpftrace 和 Grafana）将 eBPF 收集的数据实时可视化。这种可视化不仅帮助系统管理员监控实时性能，还能为长时间的趋势分析提供数据支持。通过观察图表中的变化，管理员可以更好地了解调度性能在不同负载及操作条件下的表现，从而作出更明智的配置决策。

综合来看，eBPF 在调度性能优化中的应用极大地增强了操作系统的灵活性和响应能力。通过实时监控和动态调整，eBPF 不仅有助于提升系统性能，也为开发者和系统管理员提供了有效的工具，优化资源管理、提高系统稳定性，并最终改善用户体验。这种先进的机制将继续推动 Linux 调度子系统向更高效的方向发展。

8.1.2　调度子系统的 hook 点

使用 eBPF 工具（如 bpftrace、BCC、Coolbpf 或 eunomia-bpf）或库（libbpf）编写探针脚本，并收集必要的计时信息和上下文数据。然后，通过分析这些数据来识别调度延迟的来源，如 CPU 负载、锁竞争、I/O 等待、中断处理等因素，并据此优化系统配置或调整应用程序行为，以降低延迟。

针对调度子系统，我们通常在以下几个关键函数或事件中增加 hook 点，以便准确地测量和理解调度延迟。

1）__schedule()：这是 Linux 内核的核心调度函数，负责上下文切换。在此函数的入口和出口处设置 eBPF 探针，可以捕获调度决策点、进程切换的实际发生时间以及新进程开始执行的时间。通过对比这些时间，可以计算出调度延迟。

2）enqueue_task() / dequeue_task()：这两个函数分别用于将任务（即进程）从队列中添加或移除。在这些函数上设置钩子，可以帮助观察任务排队和出队的时间点，从而了解任务等待调度的时间窗口。

3）try_to_wake_up()：当一个进程被唤醒时，这个函数会被调用。监测此函数，可以捕获进程从阻塞状态恢复到可运行状态的时刻，结合其他钩子点的数据，有助于分析从唤醒到实际执行之间的延迟。

4）account_cputime()：负责更新进程的 CPU 时间统计。虽然这不是直接涉及调度的函数，但通过监控这里，可以获取进程实际执行的时间，这对于计算调度间隔和利用率非常有用。

5）update_rq_clock()：更新运行队列（runqueue）的本地时钟。这个函数的调用通常伴随着调度决策过程，可以作为衡量调度活动时间点的一个参考。

6）调度类相关的钩子：如果对特定调度策略（如完全公平调度器、实时调度器等）有深入分析需求，还可以考虑在对应的调度类的特定函数上设置钩子。例如，完全公平调度器可能涉及 pick_next_task()、update_curr() 等函数。

7）中断处理相关函数：调度延迟可能受到中断处理的影响，特别是在高并发或者中断密集的环境中。因此，可能需要在中断入口（如 irq_entry()）和出口（如 irq_exit()）设置钩子，以观察中断对调度延迟的影响。

8）软中断和 tasklet 处理函数：类似于硬中断，软中断和 tasklet 也可能影响调度延迟。可以考虑在 softirq_entry()、softirq_exit()、tasklet_action() 等函数上设置 eBPF 探针。

请确保在使用 eBPF 时遵循最佳实践，如避免过度干扰内核操作、合理限制探针数量以控制开销，以及遵守内核对 eBPF 程序的安全限制。同时，由于 Linux 内核不断演化，因此上述函数名称和接口可能会随版本变化，请参照所使用的 Linux 内核版本文档进行核实。

8.2 实战：关中断检测

在操作系统中，关中断是指通过禁止中断来确保某些关键任务或操作的顺利完成，通常用于保护临界区或提高对特定操作的响应。然而，长时间的关中断会对系统的整体性能造成显著影响，导致任务调度不及时、数据收发延迟等问题，这在繁忙的生产环境中造成的影响尤为突出。这种影响不仅会导致资源的低效使用，还可能严重影响用户体验。

接下来，我们将探讨一些典型的关中断检测方案，这些方案通过不同的技术手段和实现逻辑，帮助开发者和运维人员识别与分析关中断对系统性能的影响。

8.2.1 常用方案

日常业务运行时会经常受到各种各样的干扰而产生抖动、影响客户体验。其中的一种干扰源是关中断，当关中断过久时可能会导致业务进程调度不及时、数据收发延迟等，这种干扰已经伴随 Linux 内核存在很长时间了，因而 Linux 内核包括业界也有不少相关的关中断检测手段。这里列举几个比较典型方案。

（1）内核关中断检查

内核自身在系统中所有的关 / 开中断路径中添加了 TRACE_IRQ_OFF 的跟踪点，以对系统中所有开 / 关中断进行监控。

优点：关中断检测精确且全面，同时可观测到关中断的时间，甚至关中断所处堆栈。

缺点：依赖于 CONFIG_IRQSOFF_TRACER 内核配置，不少发行版不支持该配置。另外，插桩点太多而且是热路径，对性能影响较大。

（2）watchdog

内核注册一个 PMU 硬件事件，定期检查自己注册的 watchdog hrtimer 中断是否有及时更新时间戳。

优点：可以进行周期性的检测，对性能影响小，适用于系统中关中断或者中断处理有 Bug 的情况。

缺点：监控的粒度太大，无法提供更细粒度级别的系统观察指标。该方案对一些无 PMU 硬件事件的虚拟化环境不生效。

（3）ftrace

在所有中断处理函数（trace_irq_handler_enter/trace_irq_handler_exit && irq_enter/irq_exit）的入口 / 出口处插入跟踪工具，以记录时间。

优点：提供所有中断处理时长的原始数据。

缺点：只能够观察到中断处理的时间情况，无法监控其他关中断路径，没有阈值触发机制，需要人工事后分析。

（4）其他开源检查工具

在 GitHub 上也有不少相关的关中断检查工具，它们以 .ko 模块方式提供，利用 hrtimer 定时器检查到期时间是否超过预期时间。

优点：周期采样系统开销不大，提供了毫秒级的监控粒度。

缺点：以第三方模块方式提供，稳定性无法保障。hrtimer 作为普通中断，需要等到关中断恢复后才能检测到，精确度无法保障。同时，若发生中断函数延迟，工具会丢失掉前一个中断的信息。

8.2.2　方案分析

8.2.1 小节中描述的工具在技术特色、实现手段和检测逻辑上各有优劣。而对于生产环境而言，监控工具的稳定性和工具的开销是比较重要的考虑因素。因而在内核热路径上插桩以及使用内核模块的方式都不是理想的选择：前者可能在某些场景下对性能产生较大影响，后者对内核模块的编码安全性要求非常高，稍不注意容易引发系统宕机、内存泄漏，对批量部署的生产环境而言风险太大。

针对内核模块导致的宕机风险，eBPF 不仅安全而且还提供了大量易用的库来提升编程体验。在关中断时间过长这个场景下，热路径插桩带来的性能问题采用定时采样、检查的方式即可解决，而采样首选的还是 perf 事件采样。

8.2.3 方案描述

如果系统支持 perf HW（硬件）事件，首先使用 eBPF 启动一个内核定时器，定时器周期性产生中断并在中断处理函数中定时更新一个标志，然后 perf HW 事件会周期检查该标志是否按时更新，以此来判断时钟中断是否有按时产生或者延时发生的情况。

对于不支持 perf HW 的系统，我们无法利用 perf HW 事件。退而求其次，我们同样需要通过 eBPF 启动内核定时器，定时器中断函数会检查本次定时器中断到期时间与预期时间是否有差异，以此来判断中断是否有延迟的情况。

8.2.4 技术实现

实际上要实现 8.2.3 小节描述的功能，可以通过以下步骤来实现。

（1）利用 eBPF 安装定时器

在前面设计分析中，我们了解到要使用 eBPF 启动内核定时器来做一个中断样本。不过很不巧，eBPF 在 Linux-5.15 以下的内核版本不支持创建定时器。幸好，perf SW（软件）事件的 PERF_COUNT_SW_CPU_CLOCK 事件在 Linux 内核的底层就是通过高精度时钟实现的。因此只要巧妙地利用这个机制，然后结合 eBPF 就能实现我们需要的 eBPF 定时器。

（2）将 eBPF prog 处理函数关联到 perf HW/SW 事件的溢出回调函数

虽然 perf 在用户空间提供了 perf_event_open 系统调用和 ioctl 方式来创建 perf HW 与 perf SW 事件采样（如 PERF_COUNT_SW_CPU_CLOCK 事件和 perf 硬件事件 PERF_COUNT_HW_CPU_CYCLES，可通过 man perf_event_open 查看更多详细信息），但是传统上使用 perf 时，无法在这些事件触发后，在内核层面执行特定的操作，例如执行检测关中断状态的回调函数，只能在内核代码或者内核模块中调用 perf_event_create_kernel_counter 函数，并将自定义的回调函数注册到 perf 事件的 overflow_handler 上。

然而，perf 事件为 eBPF 提供了专门的 ioctl 通道，这样用户态就可以非常方便地通过 ioctl 向 perf 事件挂载自己的回调处理程序了。具体来说，就是在代码层面上利用 ioctl 函数将 eBPF prog 处理函数注册到 perf 事件的 overflow_handler 回调处理程序中。

（3）针对 perf HW 事件选择不同的检查策略

通过 perf_event_open 系统调用的返回值判断系统是否支持 perf HW 事件，从而选择不同的检查策略。同时在 eBPF 中定义两组程序，如果支持 perf HW 事件，则绑定 HW

事件检测的程序，否则绑定 SW 事件的检测程序。

8.2.5　运行流程

本小节主要对关中断的运行流程进行讲解。图 8-1 是关中断的实现流程。

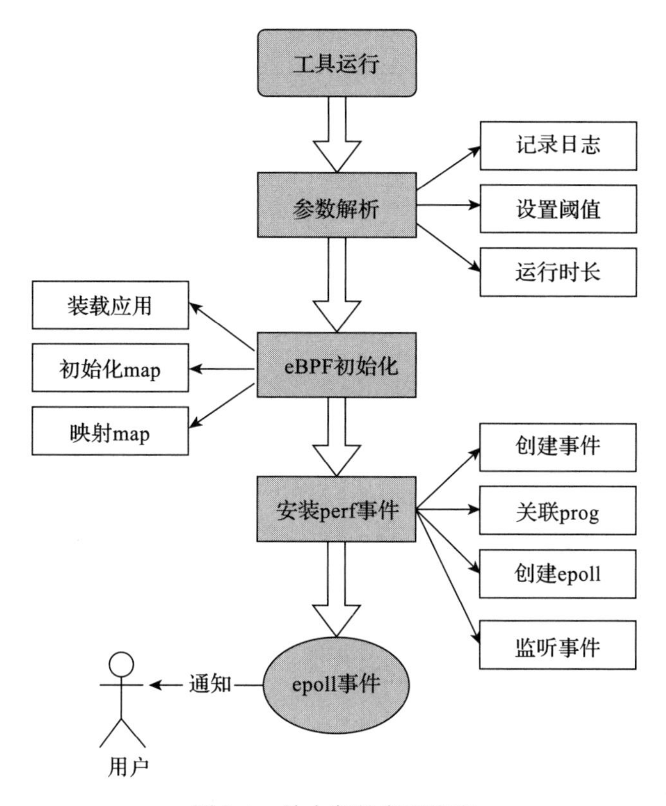

图 8-1　关中断的实现流程

关中断的实现流程如下。

1）首先进行参数解析，包括阈值、运行时间、日志记录文件指定等。

2）进行 eBPF 初始化，这一步主要是加载 eBPF 程序。

3）创建并关联 eBPF 事件。首先创建 perf 事件，接着将 eBPF 程序关联到该 perf 事件，最后创建一个轮询，并开始监听。与此同时，一旦 perf 事件被触发，将调用并执行 eBPF 程序。eBPF 程序检测到阈值事件后会唤醒用户态的轮询任务。

4）用户态轮询任务被唤醒后，将处理结果写到日志文件。

8.2.6　工具使用

irqoff 工具目前集成在龙蜥社区的开源工具 SysAK 里，使用如下命令：

```
sysak irqoff [--help] [-t THRESH(ms)] [-f LOGFILE] [duration(s)]
```

参数说明如下。

- -t：关中断的阈值，单位是 ms。
- -f：指定 irqoff 结果的记录文件。
- duration：工具的运行时长，如果不指定默认会一直运行。

我们通过内核模块创建工作线程来构造了一个长时间关中断的场景，下面是通过 irqoff 抓取的结果展示。

```
TIME(irqoff)          CPU       COMM             TID            LAT(us)
2022-05-05_11:45:19    3kworker/3:0     379531         1000539
<0xffffffffc04e2072> owner_func
<0xffffffff890b1c5b> process_one_work
<0xffffffff890b1eb9> worker_thread
<0xffffffff890b7818> kthread
<0xffffffff89a001ff> ret_from_fork
```

抓取结果可以分为几个部分。

首先是标题行，总共有 5 列。从左到右依次是时间戳（模块信息）、关中断长的 CPU、关中断长的当前线程 ID、总的关中断延迟。接下来是与标题行相对应的实际信息，以及抓取到的关中断现场的堆栈信息。这些信息有助于进行下一步的源码分析。

通过堆栈信息可以清楚地看到，是由工作线程关中断导致的系统抖动。

8.3 实战：统计调度延迟分布

本节将介绍 runqlat 工具，其作用是以直方图的形式记录进程调度延迟。Linux 操作系统通过进程来执行所有的系统和用户任务，这些进程在不同状态下之间快速切换，从而反映出系统的运行状况和资源的分配效率。

8.3.1 调度延迟的产生

在 Linux 系统中，进程可以处于以下几种状态，其转换关系如图 8-2 所示。

- 运行：这些进程可以在 CPU 上执行，代表系统可进行调度的活动。
- 就绪：这些进程即将被调度但尚未运行，它们处于可调度状态，等待 CPU 的分配。
- 可中断休眠：这些进程因等待某些事件（如 I/O 操作完成）而处于休眠状态，但可以被某些信号唤醒。
- 不可中断休眠：这些进程同样在等待事件，但由于某些情况（如锁定资源），它们不能被唤醒。

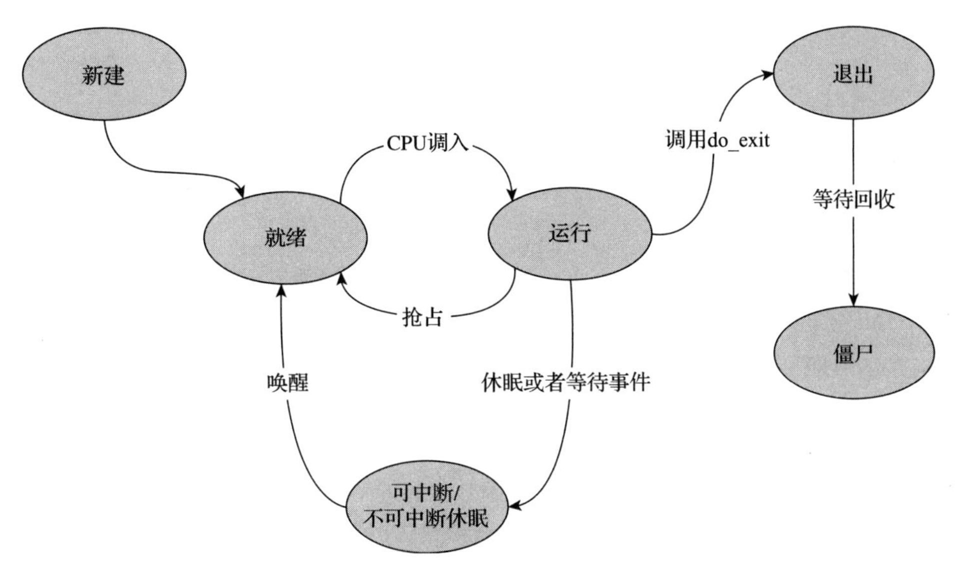

图 8-2 Linux 进程状态转换关系

- 退出：进程调用 exit 函数或接收到诸如 SIGKILL 或 SIGTERM 等信号被终止，从而退出。
- 僵尸：这些进程已结束执行但尚未被其父进程回收，导致占用系统资源。

处于运行或就绪状态的进程数量直接决定了 CPU 运行队列的长度。这意味着，调度延迟（即进程从就绪状态转换为运行状态的时间）会受到运行队列长度的影响，runqlat 工具的作用便是在这种背景下监测和记录此类延迟，从而为系统优化和性能调优提供数据支持。通过分析这些调度延迟信息，开发者和系统管理员能够更好地识别性能瓶颈及其可能的原因，进而采取相应的改进措施。

我们将通过一个示例来阐述如何使用 runqlat 工具。这是一个负载非常重的系统，以下为运行结果：

```
# runqlat
Tracing run queue latency... Hit Ctrl-C to end.
^C
     usecs               : count     distribution
         0 -> 1          : 233      |***********                             |
         2 -> 3          : 742      |************************************    |
         4 -> 7          : 203      |**********                              |
         8 -> 15         : 173      |********                                |
        16 -> 31         : 24       |*                                       |
        32 -> 63         : 0        |                                        |
        64 -> 127        : 30       |*                                       |
       128 -> 255        : 6        |                                        |
       256 -> 511        : 3        |                                        |
```

```
      512 -> 1023       : 5        |                                        |
     1024 -> 2047       : 27       |*                                       |
     2048 -> 4095       : 30       |*                                       |
     4096 -> 8191       : 20       |                                        |
     8192 -> 16383      : 29       |*                                       |
    16384 -> 32767      : 809      |****************************************|
    32768 -> 65535      : 64       |***                                     |
```

在这个输出中，我们看到了一个双模分布，一个模在0～15μs之间，另一个模在16～65ms之间。这些模式在分布（这里的分布仅仅是count列的视觉表示）中呈现出尖峰状。例如，某一行的数据显示：在追踪过程中，809个事件的响应时间落在了16 384～32 767μs的范围（即16～32ms）。

runqlat工具利用eBPF程序的内核追踪点和函数探针来监测进程在运行队列中的等待时间。当进程被排队时，trace_enqueue函数会记录时间戳到一个映射中；一旦进程被调度到CPU上运行，handle_switch函数便会检索该时间戳，并计算当前时间与排队时间之间的差值。这个差值（或称delta）用于更新进程的直方图，记录运行队列延迟的分布。这一直方图可以有效地用于分析Linux内核调度性能。

接下是runqlat工具的主要实现部分，包括eBPF的具体代码实现，以及如何通过追踪调度相关的事件来自动收集和分析任务调度的延迟信息。

1. 定义 eBPF 中的常量和全局变量

首先需要定义一些常量和全局变量，用于过滤对应的追踪目标，如以下代码所示：

```
#define MAX_ENTRIES 10240
#define TASK_RUNNING  0

const volatile bool filter_cg = false;
const volatile bool targ_per_process = false;
const volatile bool targ_per_thread = false;
const volatile bool targ_per_pidns = false;
const volatile bool targ_ms = false;
const volatile pid_t targ_tgid = 0;
```

这些变量包括最大映射项数量、任务状态、过滤选项和目标选项。这些选项可以通过用户空间的程序设置，以约束eBPF程序的行为。

2. 定义 eBPF 数据结构

定义cgroup_map、start和hists三个结构体，用于数据交互，代码如下所示：

```
struct {
__uint(type, BPF_MAP_TYPE_CGROUP_ARRAY);
__type(key, u32);
__type(value, u32);
```

```
__uint(max_entries, 1);
} cgroup_map SEC(".maps");

struct {
__uint(type, BPF_MAP_TYPE_HASH);
__uint(max_entries, MAX_ENTRIES);
__type(key, u32);
__type(value, u64);
} start SEC(".maps");

static struct hist zero;

struct {
__uint(type, BPF_MAP_TYPE_HASH);
__uint(max_entries, MAX_ENTRIES);
__type(key, u32);
__type(value, struct hist);
} hists SEC(".maps");
```

对应的结构体功能如下。

- cgroup_map 用于过滤特定 cgroup。
- start 用于存储进程入队时的时间戳。
- hists 用于存储直方图数据，记录进程调度延迟。

3. 实现一些辅助函数

定义辅助函数 trace_enqueue，用于记录进程入队时的时间戳，代码如下所示：

```
static int trace_enqueue(u32 tgid, u32 pid)
{
    u64 ts;  //定义用于存储时间戳的变量

    //如果PID为0，则返回0，表示无效的任务
    if (!pid)
        return 0;

    //如果设置了目标任务组ID，且与当前任务组ID不匹配，则返回0
    if (targ_tgid && targ_tgid != tgid)
        return 0;

    //获取当前时间戳（ns）
    ts = bpf_ktime_get_ns();

    //将任务的PID和其对应的时间戳更新到映射中
    bpf_map_update_elem(&start, &pid, &ts, BPF_ANY);

    return 0;  //返回0，表示正常结束
```

```
}
```

pid_namespace 函数用于获取进程所属的 PID 命名空间，具体实现如下所示：

```
static unsigned int pid_namespace(struct task_struct *task)
{
    struct pid *pid;              //定义指向PID结构的指针
    unsigned int level;           //定义进程的PID层级
    struct upid upid;             //定义用于获取PID命名空间的结构
    unsigned int inum;            //用于存储命名空间的唯一ID

    /*通过调用task_active_pid_ns()获取PID命名空间：
      pid->numbers[pid->level].ns
     */
    pid = BPF_CORE_READ(task, thread_pid);       //获取当前任务的线程PID
    level = BPF_CORE_READ(pid, level);           //获取线程的层级
    //从PID的numbers中读取对应层级的upid
    bpf_core_read(&upid, sizeof(upid), &pid->numbers[level]);
    inum = BPF_CORE_READ(upid.ns, ns.inum);      //获取命名空间的唯一ID
    return inum;  //返回命名空间的唯一ID
}
```

handle_switch 函数是核心部分，用于处理调度切换事件，计算进程调度延迟并更新直方图数据，代码如下所示：

```
static int handle_switch(bool preempt, struct task_struct *prev, struct task_
    struct *next)
{
    struct hist *histp;           //定义指向历史记录结构的指针
    u64 *tsp, slot;               //定义时间戳指针和插槽变量
    u32 pid, hkey;                //定义进程ID和历史记录键
    s64 delta;                    //用于存储时间差值

    //如果启用cgroup过滤且当前任务不在指定的cgroup中，则直接返回
    if (filter_cg && !bpf_current_task_under_cgroup(&cgroup_map, 0))
        return 0;

    //如果前一个任务仍在运行，则记录其调度信息
    if (get_task_state(prev) == TASK_RUNNING)
        trace_enqueue(BPF_CORE_READ(prev, tgid), BPF_CORE_READ(prev, pid));

    //获取下一个任务的PID
    pid = BPF_CORE_READ(next, pid);

    //查找该任务的开始时间戳
    tsp = bpf_map_lookup_elem(&start, &pid);
    if (!tsp)  //如果没有找到时间戳，则直接返回
        return 0;
```

```
    //计算当前时间与任务开始时间的差值
    delta = bpf_ktime_get_ns() - *tsp;
    if (delta < 0) //如果时间差小于0，则清理时间戳并返回
        goto cleanup;

    //根据目标类型选择历史记录键
    if (targ_per_process)
        hkey = BPF_CORE_READ(next, tgid);         //以任务组ID为键
    else if (targ_per_thread)
        hkey = pid;                               //以PID为键
    else if (targ_per_pidns)
        hkey = pid_namespace(next);               //以PID命名空间为键
    else
        hkey = -1;                                //无效键

    //查找或初始化历史记录
    histp = bpf_map_lookup_or_try_init(&hists, &hkey, &zero);
    if (!histp)    //找不到历史记录时，清理时间戳并返回
        goto cleanup;

    //如果命令名称为空，读取下一个任务的命令名称
    if (!histp->comm[0])
        bpf_probe_read_kernel_str(&histp->comm, sizeof(histp->comm),
                                  next->comm);

    //根据目标标志调整时间差值（ms或μs）
    if (targ_ms)
        delta /= 1000000U;                        //转换为ms
    else
        delta /= 1000U;                           //转换为μs

    //根据时间差值计算插槽
    slot = log2l(delta);
    if (slot >= MAX_SLOTS)                        //超出最大插槽范围，设为最大插槽-1
        slot = MAX_SLOTS - 1;

    //增加相应插槽的计数
    __sync_fetch_and_add(&histp->slots[slot], 1);

cleanup:
    //清除任务的开始时间戳
    bpf_map_delete_elem(&start, &pid);
    return 0;                                     //返回0，表示正常结束
}
```

首先，函数根据 filter_cg 的设置判断是否需要过滤 cgroup。然后，如果之前的进程状态为 TASK_RUNNING，则调用 trace_enqueue 函数记录进程的入队时间。接着，函数

查找下一个进程的入队时间戳，如果找不到，则直接返回。计算调度延迟，并根据不同的选项设置（targ_per_process、targ_per_thread、targ_per_pidns），确定直方图映射的键（hkey）。然后查找或初始化直方图映射，更新直方图数据，最后删除进程的入队时间戳记录。

4. eBPF 程序的入口点

eBPF 程序使用三个入口点来捕获不同的调度事件。

- handle_sched_wakeup：用于处理 sched_wakeup 事件，当一个进程从睡眠状态被唤醒时触发。
- handle_sched_wakeup_new：用于处理 sched_wakeup_new 事件，当一个新创建的进程被唤醒时触发。
- handle_sched_switch：用于处理 sched_switch 事件，当调度器选择一个新的进程来运行时触发。

这些入口点分别处理不同的调度事件，但都会调用 handle_switch 函数来计算进程的调度延迟并更新直方图数据。

5. 用户态代码头文件

我们需要定义一个头文件，用来给用户态处理从内核态上报的事件，如以下代码所示。

```
#ifndef __RUNQLAT_H
#define __RUNQLAT_H

#define TASK_COMM_LEN 16
#define MAX_SLOTS 26

struct hist {
 __u32 slots[MAX_SLOTS];
 char comm[TASK_COMM_LEN];
};

#endif /* __RUNQLAT_H */
```

8.3.2 编译运行

我们使用 eunomia-bpf（参见 3.3 节）编译运行这个例子。

以下为 runqlat 工具的编译方法：

```
docker run -it -v `pwd`/:/src/ ghcr.io/eunomia-bpf/ecc-`uname -m`:latest
```

以下为 runqlat 捕捉调度延迟信息的运行结果：

```
$ sudo ecli run examples/bpftools/runqlat/package.json -h
Usage: runqlat_bpf [--help] [--version] [--verbose] [--filter_cg] [--targ_per_
    process] [--targ_per_thread] [--targ_per_pidns] [--targ_ms] [--targ_tgid
    VAR]

A simple eBPF program

Optional arguments:
    -h, --help             shows help message and exits
    -v, --version          prints version information and exits
    --verbose              prints libbpf debug information
    --filter_cg            set value of bool variable filter_cg
    --targ_per_process     set value of bool variable targ_per_process
    --targ_per_thread      set value of bool variable targ_per_thread
    --targ_per_pidns       set value of bool variable targ_per_pidns
    --targ_ms              set value of bool variable targ_ms
    --targ_tgid            set value of pid_t variable targ_tgid

Built with eunomia-bpf framework.
See https://github.com/eunomia-bpf/eunomia-bpf for more information.

$ sudo ecli run examples/bpftools/runqlat/package.json
key =  4294967295
comm = rcu_preempt

     (unit)              : count    distribution
         0 -> 1          : 9        |****                                    |
         2 -> 3          : 6        |**                                      |
         4 -> 7          : 12       |*****                                   |
         8 -> 15         : 28       |*************                           |
        16 -> 31         : 40       |*******************                     |
        32 -> 63         : 83       |****************************************|
        64 -> 127        : 57       |***************************             |
       128 -> 255        : 19       |*********                               |
       256 -> 511        : 11       |*****                                   |
       512 -> 1023       : 2        |                                        |
      1024 -> 2047       : 2        |                                        |
      2048 -> 4095       : 0        |                                        |
      4096 -> 8191       : 0        |                                        |
      8192 -> 16383      : 0        |                                        |
     16384 -> 32767      : 1        |                                        |

$ sudo ecli run examples/bpftools/runqlat/package.json --targ_per_process
key =  3189
comm = cpptools

     (unit)              : count    distribution
         0 -> 1          : 0        |                                        |
```

```
        2 -> 3          : 0        |                                        |
        4 -> 7          : 0        |                                        |
        8 -> 15         : 1        |***                                     |
       16 -> 31         : 2        |*******                                 |
       32 -> 63         : 11       |****************************************|
       64 -> 127        : 8        |*****************************           |
      128 -> 255        : 3        |**********                              |
```

runqlat 工具为理解和优化 Linux 系统的调度机制提供了有效手段，通过详细的调度延迟统计，帮助提升系统的整体性能和用户体验。

8.4 实战：捕获硬中断和软中断事件

硬中断和软中断是 Linux 内核中两种不同类型的中断处理程序。它们用于处理硬件设备产生的中断请求，以及内核中的异步事件。在 eBPF 中，我们可以使用 hardirqs 和 softirqs 程序来捕获并分析内核中与中断处理相关的信息。

硬中断是硬件中断处理程序。当硬件设备产生一个中断请求时，内核会将该请求映射到一个特定的中断向量，然后执行与之关联的硬件中断处理程序。硬件中断处理程序通常用于处理设备驱动程序中的事件，例如设备数据传输完成或设备错误。

软中断是软件中断处理程序。它们是内核中的一种底层异步事件处理机制，用于处理内核中的高优先级任务。软中断通常用于处理网络协议栈、磁盘子系统和其他内核组件中的事件。与硬件中断处理程序相比，软件中断处理程序具有更高的灵活性和可配置性。

8.4.1 实现原理

在 eBPF 中，我们可以通过挂载特定的 kprobe 或者追踪点来捕获和分析硬中断与软中断。为了捕获硬中断（hardirq）和软中断（softirq），需要在相关的内核函数上挂载 eBPF 程序。这些函数分类如下。

- 硬中断：irq_handler_entry 和 irq_handler_exit。
- 软中断：softirq_entry 和 softirq_exit。

当内核处理硬中断或软中断时，这些 eBPF 程序会被执行，从而收集相关信息，如中断向量、中断处理程序的执行时间等。收集到的信息可以用于分析内核中的性能问题和其他与中断处理相关的问题。

为了捕获硬中断和软中断，可以遵循以下步骤。

1）在 eBPF 程序中定义用于存储中断信息的数据结构和映射。

2）编写 eBPF 程序，将该程序挂载到相应的内核函数上，以捕获硬中断或软中断。

3）在 eBPF 程序中，收集中断处理程序的相关信息，并将这些信息存储在映射中。

4）在用户空间应用程序中，读取映射中的数据以分析和展示中断处理信息。

通过上述方法，我们可以在 eBPF 中使用 hardirqs 和 softirqs 工具捕获与分析内核中的中断事件，以识别潜在的性能问题和与中断处理相关的问题。

8.4.2 代码实现

hardirqs 程序的主要目的是获取中断处理程序的名称、执行次数和执行时间，并以直方图的形式展示执行时间的分布。

接下来要讲述的是 hardirqs 程序的实现代码。

1）包含必要的头文件并定义数据结构：该程序包含了 eBPF 开发所需的标准头文件，以及用于定义数据结构和映射的自定义头文件，代码如下所示。

```
#include <vmlinux.h>
#include <bpf/bpf_core_read.h>
#include <bpf/bpf_helpers.h>
#include <bpf/bpf_tracing.h>
#include "hardirqs.h"
#include "bits.bpf.h"
#include "maps.bpf.h"
```

2）定义全局变量和映射：该程序定义了一些全局变量，用于配置程序的行为。例如，filter_cg 控制是否过滤 cgroup，targ_dist 控制是否显示执行时间的分布等。此外，程序还定义了三个映射，分别用于存储 cgroup 信息、开始时间戳和中断处理程序的信息，代码如下所示。

```
#define MAX_ENTRIES 256

const volatile bool filter_cg = false;
const volatile bool targ_dist = false;
const volatile bool targ_ns = false;
const volatile bool do_count = false;
...
```

3）定义两个辅助函数 handle_entry 和 handle_exit。这两个函数分别在中断处理程序的入口和出口处被调用。handle_entry 记录开始时间戳或更新中断计数，handle_exit 计算中断处理程序的执行时间，并将结果存储到相应的信息映射中，如以下代码所示：

```
static int handle_entry(int irq, struct irqaction *action)
{
    if (filter_cg && !bpf_current_task_under_cgroup(&cgroup_map, 0))
    return 0;

    if (do_count) {
    struct irq_key key = {};
```

```
        struct info *info;

        bpf_probe_read_kernel_str(&key.name, sizeof(key.name), BPF_CORE_
            READ(action, name));
        info = bpf_map_lookup_or_try_init(&infos, &key, &zero);
        if (!info)
          return 0;
        info->count += 1;
        return 0;
    } else {
        u64 ts = bpf_ktime_get_ns();
        u32 key = 0;

        if (filter_cg && !bpf_current_task_under_cgroup(&cgroup_map, 0))
          return 0;

        bpf_map_update_elem(&start, &key, &ts, BPF_ANY);
        return 0;
      }
}

static int handle_exit(int irq, struct irqaction *action)
{
    struct irq_key ikey = {};
    struct info *info;
    u32 key = 0;
    u64 delta;
    u64 *tsp;

    if (filter_cg && !bpf_current_task_under_cgroup(&cgroup_map, 0))
        return 0;

    tsp = bpf_map_lookup_elem(&start, &key);
    if (!tsp)
        return 0;

    delta = bpf_ktime_get_ns() - *tsp;
    if (!targ_ns)
        delta /= 1000U;

    bpf_probe_read_kernel_str(&ikey.name, sizeof(ikey.name), BPF_CORE_READ
        (action, name));
    info = bpf_map_lookup_or_try_init(&infos, &ikey, &zero);
    if (!info)
        return 0;

    if (!targ_dist) {
        info->count += delta;
```

```
    } else {
    u64 slot;

        slot = log2(delta);
        if (slot >= MAX_SLOTS)
            slot = MAX_SLOTS - 1;
        info->slots[slot]++;
    }

return 0;
}
```

4）定义 eBPF 程序的入口点：这里定义了 4 个 eBPF 程序入口点，分别用于捕获中断处理程序的入口和出口事件。tp_btf 和 raw_tp 分别代表使用 BTF 和原始 tracepoint 捕获事件。这样能够确保程序在不同内核版本上可以移植和运行。定义 eBPF 程序的入口点的代码如下所示：

```
SEC("tp_btf/irq_handler_entry")
int BPF_PROG(irq_handler_entry_btf, int irq, struct irqaction *action)
{
    return handle_entry(irq, action);
}

SEC("tp_btf/irq_handler_exit")
int BPF_PROG(irq_handler_exit_btf, int irq, struct irqaction *action)
{
    return handle_exit(irq, action);
}

SEC("raw_tp/irq_handler_entry")
int BPF_PROG(irq_handler_entry, int irq, struct irqaction *action)
{
    return handle_entry(irq, action);
}

SEC("raw_tp/irq_handler_exit")
int BPF_PROG(irq_handler_exit, int irq, struct irqaction *action)
{
    return handle_exit(irq, action);
}
```

softirq 的代码也类似，这里不再赘述。

8.5 实战：持续性能追踪

在现代软件开发和运维中，持续性能追踪被广泛应用于性能监控与优化的场景。通过将性能分析整合进日常的开发流程，团队能够在软件生命周期的每个阶段及时识别性能瓶颈和资源消耗多的代码。这种实时的反馈机制使得开发者可以更快地响应性能问题，并在代码发布前进行优化，从而提升整体系统的可靠性和用户体验。我们先以 profile 工具为例，讲解持续性能追踪的实现过程，同时介绍社区中的持续性能追踪项目，让读者可以进一步了解持续性能追踪在系统调度等场景的应用。

8.5.1 性能追踪示例

profile 工具基于 eBPF 实现，利用 Linux 内核中的 perf 事件进行性能分析。profile 工具会定期对每个处理器进行采样，以便捕获内核函数和用户空间函数的执行信息。它可以显示栈回溯的以下信息。

- 地址：函数调用的内存地址。
- 符号：函数名称。
- 文件名：源代码文件名称。
- 行号：代码对应的行号。

这些信息有助于开发人员定位性能瓶颈和优化代码。更进一步，可以通过这些对应的信息生成火焰图，以便更直观地查看性能数据。

在本示例中，我们可以通过 libbpf 库编译运行 profile，首先需要安装 Cargo（参考 Cargo 手册）才能编译得到 profile。下面以 Ubuntu/Debian 环境为例介绍，安装过程如下：

```
$ git submodule update --init --recursive
$ sudo apt install clang libelf1 libelf-dev zlib1g-dev
$ make
$ sudo ./profile
COMM: chronyd (pid=156) @ CPU 1
Kernel:
    0 [<ffffffff81ee9f56>] _raw_spin_lock_irqsave+0x16
    1 [<ffffffff811527b4>] remove_wait_queue+0x14
    2 [<ffffffff8132611d>] poll_freewait+0x3d
    3 [<ffffffff81326d3f>] do_select+0x7bf
    4 [<ffffffff81327af2>] core_sys_select+0x182
    5 [<ffffffff81327f3a>] __x64_sys_pselect6+0xea
    6 [<ffffffff81ed9e38>] do_syscall_64+0x38
    7 [<ffffffff82000099>] entry_SYSCALL_64_after_hwframe+0x61
Userspace:
    0 [<00007fab187bfe09>]
    1 [<000000000ee6ae98>]

COMM: profile (pid=9843) @ CPU 6
No Kernel Stack
Userspace:
```

```
0 [<0000556deb068ac8>]
1 [<0000556dec34cad0>]
```

8.5.2　详细实现过程

profile 工具由两个部分组成：内核态的 eBPF 程序和用户态的 profile 符号处理程序。profile 符号处理程序负责加载 eBPF 程序，以及处理 eBPF 程序输出的数据。

1. 内核态部分

内核态 eBPF 程序的实现逻辑主要是借助 perf 事件，对程序的堆栈进行定时采样，从而捕获程序的执行流程，代码如下所示：

```
#include "vmlinux.h"                              //包含内核接口定义
#include <bpf/bpf_helpers.h>                      //包含eBPF辅助函数的定义
#include <bpf/bpf_tracing.h>                      //包含eBPF跟踪功能的定义
#include <bpf/bpf_core_read.h>                    //包含eBPF核心读取功能的定义
#include "profile.h"                              //自定义头文件

char LICENSE[] SEC("license") = "Dual BSD/GPL";  //定义许可证类型

//定义一个环形缓冲区映射，用于存储事件，最大容量为256 * 1024
struct {
    __uint(type, BPF_MAP_TYPE_RINGBUF);           //设置映射类型为环形缓冲区
    __uint(max_entries, 256 * 1024);              //设置映射的最大条目数
} events SEC(".maps");                            //将映射放入".maps"段

//定义perf_event类型的程序，供性能分析使用
SEC("perf_event")
int profile(void *ctx)
{
    int pid = bpf_get_current_pid_tgid() >> 32; //获取当前进程的PID
    int cpu_id = bpf_get_smp_processor_id();     //获取当前CPU的ID
    struct stacktrace_event *event;              //定义事件结构体指针
    //在环形缓冲区中预留空间
    event = bpf_ringbuf_reserve(&events, sizeof(*event), 0);

    if (!event)                                  //如果预留失败，则返回1
        return 1;

    event->pid = pid;                            //设置事件的PID
    event->cpu_id = cpu_id;                      //设置事件的CPU ID

    //获取当前进程的命令名称，如果失败，则将命令名称设置为空
    if (bpf_get_current_comm(event->comm, sizeof(event->comm)))
        event->comm[0] = 0;
```

```
    //获取内核堆栈的大小和内容，存储到事件结构体中
    event->kstack_sz = bpf_get_stack(ctx, event->kstack, sizeof(event-
        >kstack), 0);
    //获取用户态堆栈的大小和内容，存储到事件结构体中
    event->ustack_sz = bpf_get_stack(ctx, event->ustack, sizeof(event-
        >ustack), BPF_F_USER_STACK);

    bpf_ringbuf_submit(event, 0);                    //提交事件到环形缓冲区
    return 0;                                        //返回0，表示正常结束
}
```

接下来，我们将重点讲解内核态代码的关键部分。

1）定义 eBPF map：定义了一个类型为 BPF_MAP_TYPE_RINGBUF 的 eBPF map，这是一种高性能的循环缓冲区，用于在内核和用户空间之间传输数据。max_entries 设置了环形缓冲区的最大值，代码如下所示：

```
struct {
    __uint(type, BPF_MAP_TYPE_RINGBUF);
    __uint(max_entries, 256 * 1024);
} events SEC(".maps");
```

2）定义 perf_event eBPF 程序：定义了一个名为 profile 的 eBPF 程序，它将在 perf 事件触发时执行，代码如下所示：

```
SEC("perf_event ")
int profile(void *ctx)
```

3）获取进程 ID 和 CPU ID：bpf_get_current_pid_tgid() 函数返回当前进程的 PID 和 TID，通过右移 32 位，我们得到 PID。bpf_get_smp_processor_id() 函数会返回当前 CPU 的 ID，代码如下所示：

```
int pid = bpf_get_current_pid_tgid() >> 32;
int cpu_id = bpf_get_smp_processor_id();
```

4）预留环形缓冲区空间：通过 bpf_ringbuf_reserve() 函数预留环形缓冲区空间，用于存储采集的栈信息。若预留失败，则返回错误，代码如下所示：

```
event = bpf_ringbuf_reserve(&events, sizeof(*event), 0);
if (!event)
    return 1;
```

5）获取当前进程名：使用 bpf_get_current_comm() 函数获取当前进程名，并将进程名存储到 event->comm，代码如下所示：

```
if (bpf_get_current_comm(event->comm, sizeof(event->comm)))
    event->comm[0] = 0;
```

6）获取内核栈信息：使用 bpf_get_stack() 函数获取内核栈信息。将结果存储在 event->kstack，并将其大小存储在 event->kstack_sz，代码如下所示：

```
event->kstack_sz = bpf_get_stack(ctx, event->kstack, sizeof(event->kstack), 0);
```

7）获取用户空间栈信息：同样使用 bpf_get_stack() 函数，但传递 BPF_F_USER_STACK 标志以获取用户空间栈信息。将结果存储在 event->ustack，并将其大小存储在 event->ustack_sz，代码如下所示：

```
event->ustack_sz = bpf_get_stack(ctx, event->ustack, sizeof(event->ustack),
    BPF_F_USER_STACK);
```

8）将事件提交到环形缓冲区：使用 bpf_ringbuf_submit() 函数将事件提交到环形缓冲区，以便用户空间程序可以读取和处理，代码如下所示：

```
bpf_ringbuf_submit(event, 0);
```

这个内核态 eBPF 程序通过定期采样程序的内核栈和用户空间栈来捕获程序的执行流程。这些数据将存储在环形缓冲区中，以便用户态的 profile 程序能读取。

2. 用户态部分

用户态代码主要负责为每个在线 CPU 设置 perf event 并挂载 eBPF 程序，实现代码如下：

```
int perf_event_open(struct perf_event_attr *attr, pid_t pid,
                    int cpu, int group_fd, unsigned long flags) {
    return syscall(__NR_perf_event_open, attr, pid, cpu, group_fd, flags);
}

int main() {
    int num_cpus = sysconf(_SC_NPROCESSORS_ONLN);
    int pefds[num_cpus];                        //存储文件描述符
    struct bpf_program *prog;                   //假设已经有加载的eBPF程序
    struct perf_event_attr pe;                  //perf_event_attr结构体
    struct bpf_link *links[num_cpus];           //存储eBPF链接

    memset(links, 0, sizeof(links));

    //设置perf_event_attr结构体
    memset(&pe, 0, sizeof(pe));
    pe.type = PERF_TYPE_HARDWARE;               //监控类型
    pe.size = sizeof(struct perf_event_attr);
    pe.config = PERF_COUNT_HW_CPU_CYCLES;       //监控CPU周期
    pe.disabled = 0; // 启动时是否禁用
    pe.exclude_kernel = 0;                      //是否排除内核事件
    pe.exclude_hv = 0;                          //是否排除虚拟化事件
```

```
        for (int cpu = 0; cpu < num_cpus; cpu++) {
            if (sched_getcpu() == cpu) {
                //为当前CPU设置perf事件
                int fd = perf_event_open(&pe, -1, cpu, -1, PERF_FLAG_FD_CLOEXEC);
                if (fd == -1) {
                    perror("perf_event_open");
                    continue;          //如果失败，则跳过
                }
                pefds[cpu] = fd;       //存储文件描述符

                //将eBPF程序挂载到perf事件
                if (bpf_program__attach_perf_event(prog, fd, &links[cpu]) < 0) {
                    fprintf(stderr, "Failed to attach eBPF program to perf event
                        for CPU %d\n", cpu);
                    close(fd);
                    continue;          //如果失败，则跳过
                }
            }
        }
    ...
    }
```

perf_event_open 函数是对 perf_event_open 系统调用的封装。它接收一个 perf_event_attr 结构体指针，用于指定 perf 事件的类型和属性。pid 参数用于指定要监控的进程 ID（-1 表示监控所有进程），cpu 参数用于指定要监控的 CPU。group_fd 参数用于将 perf 事件分组，这里使用 -1，表示不需要分组，全部监控。flags 参数用于设置一些标志，这里我们使用 PERF_FLAG_FD_CLOEXEC 以确保在执行 exec 系列系统调用时关闭文件描述符。

在 main 函数中的 for 循环针对每个在线 CPU 设置 perf 事件并挂载 eBPF 程序。首先，它会检查当前 CPU 是否在线，如果不在线则跳过。然后，使用 perf_event_open() 函数为当前 CPU 设置 perf 事件，并将返回的文件描述符存储在 pefds 数组中。最后，使用 bpf_program__attach_perf_event() 函数将 eBPF 程序挂载到 perf 事件。links 数组用于存储每个 CPU 上的 eBPF 链接，以便在程序结束时销毁它们。

通过这种方式，用户态程序为每个在线 CPU 设置 perf 事件，并将 eBPF 程序挂载到这些 perf 事件上，从而实现对系统中所有在线 CPU 的监控。

show_stack_trace 和 event_handler 函数分别用于显示调用栈信息与处理从环形缓冲区接收到的事件，代码如下所示：

```
static void show_stack_trace(__u64 *stack, int stack_sz, pid_t pid)
{
    const struct blazesym_result *result;
    const struct blazesym_csym *sym;
    sym_src_cfg src;
    int i, j;
```

```
if (pid) {
    src.src_type = SRC_T_PROCESS;
    src.params.process.pid = pid;
} else {
    src.src_type = SRC_T_KERNEL;
    src.params.kernel.kallsyms = NULL;
    src.params.kernel.kernel_image = NULL;
}

result = blazesym_symbolize(symbolizer, &src, 1, (const uint64_t *)stack,
    stack_sz);

for (i = 0; i < stack_sz; i++) {
    if (!result || result->size <= i || !result->entries[i].size) {
        printf("  %d [<%016llx>]\n", i, stack[i]);
        continue;
    }

    if (result->entries[i].size == 1) {
        sym = &result->entries[i].syms[0];
        if (sym->path && sym->path[0]) {
            printf("  %d [<%016llx>] %s+0x%llx %s:%ld\n",
                   i, stack[i], sym->symbol,
                   stack[i] - sym->start_address,
                   sym->path, sym->line_no);
        } else {
            printf("  %d [<%016llx>] %s+0x%llx\n",
                   i, stack[i], sym->symbol,
                   stack[i] - sym->start_address);
        }
        continue;
    }

    printf("  %d [<%016llx>]\n", i, stack[i]);
    for (j = 0; j < result->entries[i].size; j++) {
        sym = &result->entries[i].syms[j];
        if (sym->path && sym->path[0]) {
            printf("%s+0x%llx %s:%ld\n",
                   sym->symbol, stack[i] - sym->start_address,
                   sym->path, sym->line_no);
        } else {
            printf("%s+0x%llx\n", sym->symbol,
                   stack[i] - sym->start_address);
        }
    }
}
```

```
    blazesym_result_free(result);
}

/*从环形缓冲区中读取数据*/
static int event_handler(void *_ctx, void *data, size_t size)
{
    struct stacktrace_event *event = data;

    if (event->kstack_sz <= 0 && event->ustack_sz <= 0)
        return 1;

    printf("COMM: %s (pid=%d) @ CPU %d\n", event->comm, event->pid, event-
        >cpu_id);

    if (event->kstack_sz > 0) {
        printf("Kernel:\n");
        show_stack_trace(event->kstack, event->kstack_sz / sizeof(__u64), 0);
    } else {
        printf("No Kernel Stack\n");
    }

    if (event->ustack_sz > 0) {
        printf("Userspace:\n");
        show_stack_trace(event->ustack, event->ustack_sz / sizeof(__u64),
            event->pid);
    } else {
        printf("No Userspace Stack\n");
    }

    printf("\n");
    return 0;
}
```

show_stack_trace() 函数用于显示内核或用户空间的栈回溯信息，该函数接收一个 stack 参数，该参数是一个指向内核空间栈或用户空间栈的指针；stack_sz 参数表示栈的大小；pid 参数表示要显示的进程的 ID（当显示内核栈时，设置为 0）。show_stack_trace() 函数首先根据 pid 参数确定栈的来源（内核空间或用户空间），然后调用 blazesym_symbolize() 函数将栈中的地址解析为符号名和源代码位置。最后，遍历解析结果，输出符号名和源代码位置信息。

event_handler() 函数用于处理从环形缓冲区接收到的事件。它接收一个 data 参数，指向环形缓冲区中的数据，并用 size 参数表示数据的大小。函数首先将 data 指针转换为 stacktrace_event 结构体指针，然后检查内核和用户空间栈的大小。如果栈为空，则直接返回。接下来，函数输出进程名称、进程 ID 和 CPU ID 信息。然后分别显示内核空间栈和用户空间栈的回溯信息。调用 show_stack_trace() 函数时，要分别传入内核栈和用户空间栈的地址、大小和进程 ID。

8.5.3　社区中的持续性能追踪项目

前面介绍的 profile 程序初步实现了性能追踪功能，但是该项目仅实现了系统热点追踪功能，远未达到开箱即用的效果，当前社区相关的项目有 Pyroscope 以及龙蜥社区的 SysOM livetrace 等，仅需要简单地部署，即可实现持续性能追踪的功能。

Pyroscope 是一套开源的性能即时监控平台，采用了简单的 Server 及 Agent 架构，社区主页为 https://github.com/grafana/pyroscope，其使用界面如图 8-3 所示。

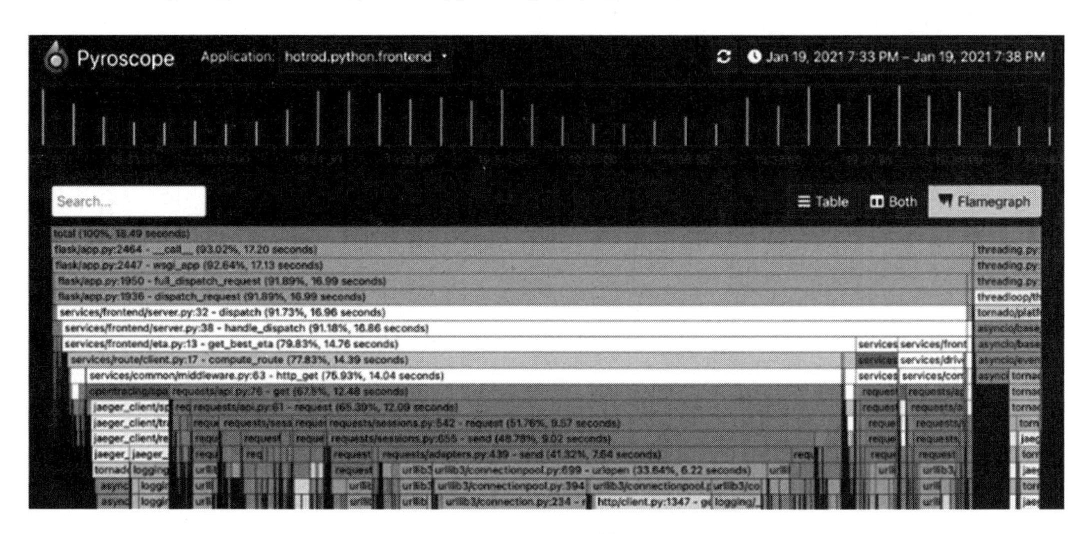

图 8-3　Pyroscope 使用界面

perf 和 Pyroscope 都是重要的工具，但它们在功能、使用场景和设计理念上有所不同。以下是这两个工具的一些关键对比，如表 8-1 所示。

表 8-1　perf 与 Pyroscope 关键对比

对比项	perf	Pyroscope
功能	perf 是一个系统级的分析工具，能够收集 CPU 和系统调用性能数据，适用于低级性能调优。它提供了多种性能事件的分析，包括硬件性能计数器、上层应用程序的调用跟踪等。perf 主要由命令行工具和 API 组成，适合有经验的用户或开发者（如底层系统开发者）使用	Pyroscope 专注于持续性能分析，可以在生产环境中自动收集样本数据。Pyroscope 提供了用户友好的 Web 界面，支持火焰图、时间线视图和其他可视化工具，使用户容易识别瓶颈，支持多种语言，如 Go、Java、Python 和 Ruby 等
设计理念	perf 通过与 Linux 内核交互（如使用 perf_event_open），以事件驱动的方式从用户空间和内核空间收集数据并进行相应的分析	Pyroscope 通过在应用程序中插入剖析代码，定期对程序的执行状态进行快照数据存储，即把采集的数据发送至 Pyroscope 服务器，并进行聚合和存储

（续）

对比项	perf	Pyroscope
应用场景	需要深入调优的场景，如内核开发、驱动开发、系统工具开发等，常用于一次性分析，对性能问题进行划分，或定期进行复杂的性能测试	适合需要持久化和可视化的性能追踪，尤其是在云或微服务架构下的应用，也适合开发团队以及运维团队在生产环境中进行持续监控性能

8.6 本章小结

本章通过实践介绍了关中断、调度延迟等问题的解决方案，并探讨了如何使用 eBPF 工具来诊断和解决与调度相关的性能问题。此外，我们总结了持续性能追踪的基本原理与实现，以及一些社区项目。这些方法与传统性能分析工具相结合，能够显著提升应用程序的整体性能和用户体验。

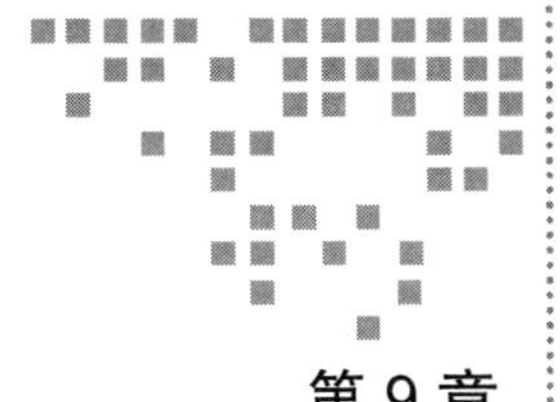

第 9 章 Chapter 9

基于 eBPF 的安全可观测实践

随着信息技术的快速发展，系统的复杂性与动态性不断提升，传统的安全监控手段在应对新型威胁时逐渐显现出局限性。eBPF 作为一种内核级可编程技术，通过在内核空间执行用户定义的小型程序，能够实时捕获并分析系统事件，提供细粒度的监控与动态响应能力。这一能力提升了威胁检测的精确性和响应速度，为系统审计、取证调查和性能优化提供了支持。

本章将通过多个案例展示 eBPF 在安全监控中的实际应用。eBPF 的核心优势体现在其灵活性和深度应用能力方面。在正式介绍基于 eBPF 的安全可观测实践之前，先来了解一下 eBPF 实现网络安全功能的底层技术原理、关键步骤与应遵循的原则。

1. 底层技术原理

eBPF 的强大能力依赖于其内核的 hook 点。网络层钩子包括数据包进入和离开网络接口时的钩子（INGRESS 和 EGRESS），通过这些钩子可以实施防火墙规则和数据泄露防护策略。此外，eBPF 可以挂载在系统调用和进程生命周期的关键点上，监控特定系统调用和进程行为，从而防止潜在的内核级威胁。动态函数探针（kprobe/kretprobe）允许 eBPF 程序深入监控内核函数调用，帮助识别攻击向量或调试内核问题。用户空间函数探针（uprobe/uretprobe）则扩展了这一能力，使得用户空间程序的行为也能被监控，提升了系统整体的安全性。

2. 关键步骤

使用 eBPF 进行安全防护的关键步骤包括编写、验证、部署和数据处理。首先，编写 eBPF 程序时，需要结合 C 语言或其他 DSL 语言定义安全逻辑。编写完成后，eBPF

程序通过内核验证器进行严格审查，确保程序对系统稳定性没有负面影响。在验证通过后，eBPF 程序可以绑定到内核 hook 点上，开始实时监控和处理数据。eBPF 程序会通过 map 或 perf 事件将数据传递到用户空间，供安全应用进行分析、响应或报警。

3. 应遵循的原则

尽管 eBPF 提供了强大的安全防护能力，但在使用过程中应遵循最小权限原则，确保 eBPF 程序本身不会成为攻击者的目标。同时，系统管理员应及时关注 eBPF 的安全更新和漏洞公告，结合行业最佳实践和工具（如 scap-security-guide 和 ANSSI Ansible Playbook），进一步增强 Linux 系统的安全配置，确保系统在高效运行的同时具备强大的安全防御能力。

下面介绍如何使用 eBPF 技术进行进程级别的行为监控，例如文件访问、信号发送、退出等。首先来了解一下如何基于 eBPF 监控进程的文件访问行为。

9.1 监控进程的文件访问行为

在现代操作系统中，文件作为核心资源，其访问行为能够揭示系统的运行状态、潜在的安全威胁以及性能问题。监控进程对文件的访问行为，特别是在多用户、多任务的 Linux 系统中，对于维护系统安全性、完整性和稳定性至关重要。通过对文件访问的精细化监控，系统管理员和安全团队可以有效防范恶意软件行为、检测未授权的访问，甚至优化系统性能。

9.1.1 监控文件访问行为的实现

为了实现对文件访问行为的监控，eBPF 提供了强大的内核级编程能力，能够捕获如 open 和 openat 等系统调用，实时跟踪进程的文件访问情况。这种方法不仅能帮助系统管理员了解系统运行的状态，还能有效地识别潜在的安全威胁，尤其是在多用户的 Linux 环境中。通过 eBPF，我们可以在内核空间编写监控程序，确保关键的文件访问操作不会被忽略。

下面是一个基本的 eBPF 程序示例，用于捕获 sys_openat 系统调用，并可打印发起该调用的进程 ID，并将该信息输出到内核日志：

```
#include <vmlinux.h>
#include <bpf/bpf_helpers.h>

const volatile int pid_target = 0;

SEC("tracepoint/syscalls/sys_enter_openat")
int tracepoint__syscalls__sys_enter_openat(struct trace_event_raw_sys_enter*
   ctx)
{
```

```
    u64 id = bpf_get_current_pid_tgid();
    u32 pid = id >> 32;

    if (pid_target && pid_target != pid)
        return false;

    bpf_printk("Process ID: %d enter sys openat\n", pid);
    return 0;
}

char LICENSE[ ] SEC("license") = "GPL";
```

在编写 eBPF 程序时，首先需要引入关键的头文件，如 <vmlinux.h> 和 <bpf/bpf_helpers.h>，以访问内核数据结构和 eBPF 的相关帮助器函数。接着，我们定义一个全局变量，用于控制要监控的进程。这个变量可以通过用户配置来指定某个特定进程的文件访问行为。此外，eBPF 程序还包括捕获系统调用并输出相关信息等逻辑，这些信息可以由用户空间程序读取和分析。

以上 eBPF 程序通过 tracepoint 挂载在 sys_openat 上，每当进程试图打开文件时都会被触发。eBPF 使用 bpf_get_current_pid_tgid() 函数获取当前进程的 PID，并通过 bpf_printk() 函数将信息输出到内核日志中。这样，系统管理员可以实时查看对文件的访问行为，并根据需要做出响应。

在此程序中，全局变量 pid_target 用于过滤进程，从而只捕获指定进程的文件访问操作。这一功能可以根据需求灵活调整，避免收集不必要的信息，提升监控的效率。

9.1.2　运行 eBPF 监控文件访问程序示例

首先，使用 eunomia-bpf 工具链编译 eBPF 程序。编译完成后，使用 eBPF 加载工具运行该程序，以下是编译和运行的命令：

```
ecc opensnoop.bpf.c
sudo ecli run package.json
```

最后，通过访问 /sys/kernel/debug/tracing/trace_pipe 文件，可以实时查看 eBPF 程序输出的日志信息。这些日志详细记录了每个 sys_openat 调用的进程 ID，帮助管理员监控文件访问行为。可以通过以下方式获取日志信息：

```
sudo cat /sys/kernel/debug/tracing/trace_pipe
```

9.2　监控进程信号发送行为

信号作为实现 Linux 系统进程间通信机制的基础，通常用于控制进程的状态变化，例如终止、暂停或恢复进程的运行。由于信号可以直接影响进程的行为，因此监控信号发送行为能够为系统的安全性和稳定性提供至关重要的线索。

监控进程之间的信号发送活动可以揭示系统中的许多潜在威胁。例如，在勒索软件攻击中，恶意软件可能通过发送 SIGSTOP 信号来暂停其他进程，以防系统中的安全加固程序干扰文件加密操作。通过监控信号发送的异常，安全团队能够及时发现类似行为，并采取有效措施来阻止进一步攻击。

另一种常见的攻击是服务拒绝攻击（DoS）。攻击者通过频繁发送 SIGKILL 等信号，强制终止系统中的关键服务，导致这些服务无法正常运行。通过 eBPF 程序捕获信号发送的频率和类型，管理员可以识别出这些恶意操作，并对攻击做出快速响应。

我们通过一个具体的 eBPF 程序示例，详细了解信号捕获的实现过程。以下是使用 eBPF 监控进程信号发送的代码示例：

```
#include <vmlinux.h>
#include <bpf/bpf_helpers.h>
#include <bpf/bpf_tracing.h>

#define MAX_ENTRIES 10240
#define TASK_COMM_LEN 16

struct event {
    unsigned int pid;              //信号发送者的PID
    unsigned int tpid;             //信号接收者的PID
    int sig;                       //发送的信号类型
    int ret;                       //系统调用的返回值
    char comm[TASK_COMM_LEN];      //发送者的命令名称
};

struct {
    __uint(type, BPF_MAP_TYPE_HASH);
    __uint(max_entries, MAX_ENTRIES);
    __type(key, __u32);
    __type(value, struct event);
} values SEC(".maps");

static int probe_entry(pid_t tpid, int sig)
{
    struct event event = {};
    __u64 pid_tgid;
    __u32 tid;

    pid_tgid = bpf_get_current_pid_tgid();
    tid = (__u32)pid_tgid;
    event.pid = pid_tgid >> 32;  //提取信号发送者的进程ID
    event.tpid = tpid;           //信号接收者的进程ID
```

```
    event.sig = sig;             //信号类型
    bpf_get_current_comm(event.comm, sizeof(event.comm)); //获取发送者的命令名称
    //更新散列表，存储信号发送信息
    bpf_map_update_elem(&values, &tid, &event, BPF_ANY);
    return 0;
}

static int probe_exit(void *ctx, int ret)
{
    __u64 pid_tgid = bpf_get_current_pid_tgid();
    __u32 tid = (__u32)pid_tgid;
    struct event *eventp;

    eventp = bpf_map_lookup_elem(&values, &tid); //从散列表中获取信号发送信息
    if (!eventp)
        return 0;

    eventp->ret = ret; //记录系统调用的返回值
    bpf_printk("PID %d (%s) sent signal %d to PID %d, ret = %d",
               eventp->pid, eventp->comm, eventp->sig, eventp->tpid, ret);
                   //打印信号信息

    bpf_map_delete_elem(&values, &tid);  //清理散列表中的记录
    return 0;
}

SEC("tracepoint/syscalls/sys_enter_kill")
int kill_entry(struct trace_event_raw_sys_enter *ctx)
{
    pid_t tpid = (pid_t)ctx->args[0];     //提取接收信号的进程ID
    int sig = (int)ctx->args[1];          //提取发送的信号类型

    return probe_entry(tpid, sig);        //捕获信号发送的入口事件
}

SEC("tracepoint/syscalls/sys_exit_kill")
int kill_exit(struct trace_event_raw_sys_exit *ctx)
{
    return probe_exit(ctx, ctx->ret);     //捕获信号发送的出口事件，并记录返回值
}

char LICENSE[] SEC("license") = "Dual BSD/GPL";
```

该程序通过 tracepoint 捕获 kill 系统调用的进入和退出事件。在系统调用进入时，程序记录信号的发送者和接收者的 PID 以及发送的信号类型。随后，在系统调用退出时，程序会进一步记录系统调用的返回结果，并将完整的信号发送记录输出到内核日志。

程序主要涉及两个探针函数：probe_entry 和 probe_exit。前者在系统调用进入时执

行，记录信号发送的信息，包括发送者的命令名称和信号类型；后者在系统调用退出时执行，获取系统调用的返回值，并打印完整的信号发送记录。

9.3 监控进程退出事件

进程的生命周期管理同样是系统稳定性和安全性的核心。比如，监控进程的退出事件不仅有助于分析系统性能，还能有效识别潜在的安全问题。

exitsnoop 利用了 eBPF 技术，通过挂载到内核的 sched_process_exit 跟踪点，实时捕捉进程退出事件。每当一个进程结束时，exitsnoop 都会记录该进程的相关信息，包括进程 ID、父进程 ID、退出代码、运行时长。这些信息被高效地传输到用户空间，供进一步的分析和处理。由于 eBPF 的低开销特性，exitsnoop 能够在不显著影响系统性能的情况下，对每一个进程退出事件进行实时监控，使其成为监控进程生命周期的理想工具。

为了更深入地理解 exitsnoop 的工作机制，下面将详细解析一个 eBPF 程序示例。该程序展示了如何利用 eBPF 捕获并记录进程退出事件，并通过环形缓冲区将相关信息传递到用户空间。

首先，我们定义了一个头文件 exitsnoop.h，其中包含事件结构体的定义，用于存储进程退出的详细信息。exitsnoop.h 结构体的定义如下：

```
#ifndef __BOOTSTRAP_H
#define __BOOTSTRAP_H

#define TASK_COMM_LEN 16
#define MAX_FILENAME_LEN 127

struct event {
    int pid;                                //进程ID
    int ppid;                               //父进程ID
    unsigned exit_code;                     //退出代码
    unsigned long long duration_ns;         //运行时长（ns）
    char comm[TASK_COMM_LEN];               //进程名称
};

#endif /* __BOOTSTRAP_H */
```

在下面的源文件 exitsnoop.bpf.c 中，我们引入必要的头文件，并定义了一个环形缓冲区映射，用于将内核空间的数据传输到用户空间。接下来，我们实现了一个名为 handle_exit 的 eBPF 程序，该程序在进程退出事件触发时执行。该程序的主要功能包括获取进程的相关信息，并将这些信息填充到事件结构体中，最终通过环形缓冲区传递到用户空间。handle_exit 函数的实现如下所示：

```
#include "vmlinux.h"
#include <bpf/bpf_helpers.h>
#include <bpf/bpf_tracing.h>
#include <bpf/bpf_core_read.h>
#include "exitsnoop.h"


char LICENSE[ ] SEC("license") = "Dual BSD/GPL";


struct {
    __uint(type, BPF_MAP_TYPE_RINGBUF);
    __uint(max_entries, 256 * 1024);
} rb SEC(".maps");

SEC("tp/sched/sched_process_exit")
int handle_exit(struct trace_event_raw_sched_process_template* ctx)
{
    struct task_struct *task;
    struct event *e;
    pid_t pid, tid;
    u64 id, ts, *start_ts, start_time = 0;

    /*获取当前进程的PID和TID */
    id = bpf_get_current_pid_tgid();
    pid = id >> 32;
    tid = (u32)id;

    /*仅关注主进程的退出，忽略线程退出事件*/
    if (pid != tid)
        return 0;

    /*在环形缓冲区中预留空间，以存储事件数据*/
    e = bpf_ringbuf_reserve(&rb, sizeof(*e), 0);
    if (!e)
        return 0;

    /*获取当前任务的task_struct指针，并计算进程的运行时长*/
    task = (struct task_struct *)bpf_get_current_task();
    start_time = BPF_CORE_READ(task, start_time);

    /*填充事件结构体*/
    e->duration_ns = bpf_ktime_get_ns() - start_time;
    e->pid = pid;
    e->ppid = BPF_CORE_READ(task, real_parent, tgid);
    e->exit_code = (BPF_CORE_READ(task, exit_code) >> 8) & 0xff;
    bpf_get_current_comm(&e->comm, sizeof(e->comm));
```

```
    /*将事件提交到环形缓冲区*/
    bpf_ringbuf_submit(e, 0);
    return 0;
}
```

在上述代码中，handle_exit 函数通过 bpf_get_current_pid_tgid() 获取当前进程的 PID 和 TID，并通过条件判断仅处理主进程的退出事件，忽略其他进程的退出。这一设计确保了监控的精确性和效率。随后，程序通过 bpf_ringbuf_reserve 预留空间，并使用 bpf_get_current_task() 获取当前任务的指针，从而提取出进程的启动时间。计算出进程的运行时长后，程序将进程的 PID、PPID、退出代码以及命令名称填充到事件结构体中，并通过 bpf_ringbuf_submit 将事件提交到环形缓冲区，供用户空间程序进一步处理。

这种实现方式不仅高效，而且极大地减少了对系统性能的影响，使得 exitsnoop 能够在高负载环境下依然保持稳定运行。

9.4 使用 eBPF 进行命令审计

接下来将进一步探讨如何通过 eBPF 审计用户在 Bash 中的命令输入，这一功能不仅在安全监控中至关重要，还能为故障排查和合规审计提供重要参考。

在现代 Linux 系统中，用户在命令行界面上执行的操作往往直接影响系统的安全与稳定。通过记录和分析用户在 Bash 中的命令输入，系统管理员可以全面掌握系统的使用情况，及时识别潜在的安全威胁，确保符合安全合规要求。eBPF 能够通过捕获用户态函数调用，实时监控和记录用户输入的命令。与传统审计方法相比，eBPF 的灵活性和低开销使得它在复杂的安全场景中具有更高的应用价值。

为了实现对 Bash 的审计，我们可以通过 uretprobe 探针捕获 Bash 中 readline 函数的调用，并记录每次用户输入的命令。以下示例代码展示了如何利用 eBPF 捕获用户的命令输入，并将相关信息记录到内核日志中：

```
#include <vmlinux.h>
#include <bpf/bpf_helpers.h>
#include <bpf/bpf_tracing.h>

#define TASK_COMM_LEN 16
#define MAX_LINE_SIZE 80

SEC("uretprobe//bin/bash:readline")
int BPF_URETPROBE(printret, const void *ret)
{
 char str[MAX_LINE_SIZE];
 char comm[TASK_COMM_LEN];
 u32 pid;
```

```
 if (!ret)
  return 0;

 bpf_get_current_comm(&comm, sizeof(comm));

 pid = bpf_get_current_pid_tgid() >> 32;
 bpf_probe_read_user_str(str, sizeof(str), ret);

 bpf_printk("PID %d (%s) read: %s ", pid, comm, str);

 return 0;
};


char LICENSE[ ] SEC("license") = "GPL";
```

上述代码首先通过 bpf_get_current_comm 函数获取当前进程的名称，同时调用 bpf_get_current_pid_tgid 获取进程的 PID。然后使用 bpf_probe_read_user_str 函数读取用户输入的命令字符串，并通过 bpf_printk 函数将命令和进程信息输出到内核日志中。系统管理员查询日志信息就能知道哪个进程执行了什么命令。

9.5　隐藏进程和文件信息

在高度动态的安全领域，除了监控，信息隐藏技术也在安全可观测防御策略中发挥着至关重要的作用。信息隐藏不仅可以防止关键系统组件被攻击，还能保护敏感数据免遭窃取，同时保证安全可观测工具不被恶意进程察觉。eBPF 为实现信息隐藏提供了强大的工具，允许在不改变系统整体架构的情况下保护重要进程和文件信息。接下来，我们首先讨论信息隐藏技术的应用场景，然后使用 eBPF 实现这一功能。

9.5.1　信息隐藏技术的应用场景

eBPF 可以实现特定进程和文件的隐藏，使它们无法被常规系统检测工具发现。例如，许多系统管理工具（如 ps 命令）通过读取 /proc/ 目录下的文件来获取进程的详细信息。每个进程在 /proc/ 目录中都有一个以其进程 ID 命名的子目录，记录其状态和活动。如果能够拦截并修改这些信息，就可以实现进程的隐身操作，达到隐藏的目的。

隐藏进程和文件信息的实现依赖于对 Linux 系统调用的操作。例如，getdents64 是用于读取目录下文件信息的系统调用。通过挂载 getdents64 调用来修改返回的目录内容，进而隐藏特定文件和进程。eBPF 提供了灵活的接口，例如 bpf_probe_write_user 可以直接操作用户空间内存，从而改变目录读取的结果，使某些进程对常规系统工具不可见。这一机制能够在不影响系统整体性能的情况下，快速、有效地隐藏指定信息，为系统提供额外的安全保护。

在实际应用中，信息隐藏技术不仅能帮助防御内部威胁，还能对抗复杂的外部攻击。例如，在金融机构中，安全团队可能面临 APT 攻击的风险。这类攻击者往往具备极高的技术能力，能够探测和中断关键的监控工具。通过 eBPF 技术，安全团队可以隐藏这些监控工具的进程和文件信息，使攻击者难以察觉到这些重要的防御机制，进而确保系统的持续安全运行。

此外，在软件开发领域，隐藏进程和文件信息可以帮助防止软件被逆向工程。在开发高敏感度的软件时，开发团队可能希望保护其核心功能不被外界分析或复制。通过 eBPF 隐藏软件的关键进程和文件，开发者可以有效地防止攻击者获取有关软件内部结构的信息。这种技术不仅增强了对知识产权的保护，也为软件安全提供了额外的防护。

尽管信息隐藏技术在系统防御中扮演了重要角色，但我们也必须注意它潜在的道德和法律问题。与其他强大的安全技术一样，eBPF 的信息隐藏功能也有可能被恶意使用。因此，我们必须确保这类技术的使用符合法律和道德标准，不能用其逃避合法监管或进行非法活动。另外，信息隐藏的正确使用应当始终服务于系统的防御，而非侵入性攻击。

9.5.2 隐藏信息的内核态 eBPF 程序实现

下面将介绍一个简单的利用 eBPF 程序实现隐藏信息的例子。该程序挂载在 getdents64 系统调用上，通过修改用户空间返回的目录条目，实现对特定进程的隐藏。在内核态程序定义 eBPF map 及全局变量的代码如下所示。

```
#include "vmlinux.h"
#include <bpf/bpf_helpers.h>
#include <bpf/bpf_tracing.h>
#include <bpf/bpf_core_read.h>
#include "common.h"

char LICENSE[] SEC("license") = "Dual BSD/GPL";

//定义一个环形缓冲区，用于在内核态和用户态之间传递消息
struct {
    __uint(type, BPF_MAP_TYPE_RINGBUF);
    __uint(max_entries, 256 * 1024);
} rb SEC(".maps");

//用于存储目录缓冲区地址的散列表
struct {
    __uint(type, BPF_MAP_TYPE_HASH);
    __uint(max_entries, 8192);
    __type(key, size_t);
    __type(value, long unsigned int);
} map_buffs SEC(".maps");
```

```
//用于记录目录读取过程中字节数的散列表
struct {
    __uint(type, BPF_MAP_TYPE_HASH);
    __uint(max_entries, 8192);
    __type(key, size_t);
    __type(value, int);
} map_bytes_read SEC(".maps");

//用于存储需要修改的目录项地址的散列表
struct {
    __uint(type, BPF_MAP_TYPE_HASH);
    __uint(max_entries, 8192);
    __type(key, size_t);
    __type(value, long unsigned int);
} map_to_patch SEC(".maps");

//用于保存程序的尾调用的散列表
struct {
    __uint(type, BPF_MAP_TYPE_PROG_ARRAY);
    __uint(max_entries, 5);
    __type(key, __u32);
    __type(value, __u32);
} map_prog_array SEC(".maps");

//定义要隐藏的进程PID和其父进程ID
const volatile int target_ppid = 0;
const volatile int pid_to_hide_len = 0;
const volatile char pid_to_hide[max_pid_len];
```

上述代码中，首先定义了 eBPF 程序实现所需的数据结构和全局变量。map_buffs 用于存储目录缓冲区地址，map_bytes_read 用于记录目录读取过程中字节的偏移量，而 map_to_patch 用于保存需要修改的目录项地址。程序通过 bpf_ringbuf 实现内核与用户态的数据传递，确保信息能够顺利输出。

接下来介绍最核心的钩子函数 handle_getdents_enter 的处理逻辑，它通过捕获 getdents64 系统调用的入口，对即将被读取的目录内容进行处理。对于指定的父进程 ID（target_ppid）及其子进程，程序会尝试隐藏它们对应的目录条目。handle_getdents_enter 函数的代码如下所示：

```
SEC("tp/syscalls/sys_enter_getdents64")
int handle_getdents_enter(struct trace_event_raw_sys_enter *ctx)
{
    size_t pid_tgid = bpf_get_current_pid_tgid();

    //检查是否为目标进程
    if (target_ppid != 0) {
```

```
        struct task_struct *task = (struct task_struct *)bpf_get_current_
            task();
        int ppid = BPF_CORE_READ(task, real_parent, tgid);
        if (ppid != target_ppid) {
            return 0;
        }
    }

    unsigned int fd = ctx->args[0];
    struct linux_dirent64 *dirp = (struct linux_dirent64 *)ctx->args[1];

    //将参数保存至map中，以便稍后使用
    bpf_map_update_elem(&map_buffs, &pid_tgid, &dirp, BPF_ANY);

    return 0;
}
```

在上述代码中，getdents64 函数首先获取当前进程的 PID 和线程组 ID，并检查进程是否为目标父进程的子进程。如果是目标进程，则程序将 getdents64 系统调用的参数（即目录内容的指针）保存至散列表中，以便在稍后处理时使用。最后，程序进入 getdents64 系统调用的出口处理函数，这里挂载了钩子函数 handle_getdents_exit，它的代码如下所示：

```
SEC("tp/syscalls/sys_exit_getdents64")
int handle_getdents_exit(struct trace_event_raw_sys_exit *ctx)
{
    size_t pid_tgid = bpf_get_current_pid_tgid();
    int total_bytes_read = ctx->ret;

    if (total_bytes_read <= 0) {
        return 0;
    }

    //从map中获取目录缓冲区地址
    long unsigned int* pbuff_addr = bpf_map_lookup_elem(&map_buffs, &pid_
        tgid);
    if (pbuff_addr == 0) {
        return 0;
    }

    //读取并遍历目录内容，寻找要隐藏的进程
    long unsigned int buff_addr = *pbuff_addr;
    struct linux_dirent64 *dirp = 0;
    unsigned int bpos = 0;

    for (int i = 0; i < 200; i++) {
        if (bpos >= total_bytes_read) {
```

```
            break;
        }
        dirp = (struct linux_dirent64 *)(buff_addr + bpos);
        bpos += dirp->d_reclen;

        //如果发现目标进程，则跳转至补丁处理函数处
        if (strncmp(dirp->d_name, pid_to_hide, pid_to_hide_len) == 0) {
            bpf_tail_call(ctx, &map_prog_array, 2);
        }
    }

    return 0;
}
```

在 getdents64 的出口处理函数 handle_getdents_exit 中，程序从之前保存的缓冲区地址中读取目录内容，并逐个遍历目录项。当发现与要隐藏的进程匹配的目录时，程序调用尾调用机制（bpf_tail_call）跳转至实际的补丁处理函数 handle_getdents_patch，对该目录项进行修改，从而实现隐藏信息的目的。

```
SEC("tp/syscalls/sys_exit_getdents64")
int handle_getdents_patch(struct trace_event_raw_sys_exit *ctx)
{
    size_t pid_tgid = bpf_get_current_pid_tgid();
    long unsigned int* pbuff_addr = bpf_map_lookup_elem(&map_to_patch, &pid_
        tgid);
    if (!pbuff_addr) {
        return 0;
    }

    struct linux_dirent64 *dirp_previous = (struct linux_dirent64 *)*pbuff_
        addr;
    short unsigned int d_reclen_previous = 0;
    bpf_probe_read_user(&d_reclen_previous, sizeof(d_reclen_previous), &dirp_
        previous->d_reclen);

    //读取当前进程的目录信息并修改以实现隐藏
    struct linux_dirent64 *dirp = (struct linux_dirent64 *)(*pbuff_addr + d_
        reclen_previous);
    short unsigned int d_reclen = 0;
    bpf_probe_read_user(&d_reclen, sizeof(d_reclen), &dirp->d_reclen);

    short unsigned int d_reclen_new = d_reclen_previous + d_reclen;
    bpf_probe_write_user(&dirp_previous->d_reclen, &d_reclen_new, sizeof(d_
        reclen_new));

    bpf_map_delete_elem(&map_to_patch, &pid_tgid);
```

```
    return 0;
}
```

在最终的补丁处理函数 handle_getdents_patch 中，程序对目标目录项的长度字段进行了修改，使其覆盖目标进程的目录项，从而有效地隐藏该进程。通过这一系列处理，目标进程将不会出现在系统工具的输出结果中，实现了对进程的“隐身”。

9.5.3 隐藏信息的用户态程序实现

在内核态 eBPF 程序成功实现进程隐藏后，用户态程序的作用是管理和控制这些隐藏操作。用户态程序负责加载和配置 eBPF 程序，指定需要隐藏的进程 ID（PID），并处理 eBPF 程序传递回来的事件信息。通过用户态程序，系统管理员可以动态地指定要隐藏的进程，并实时监控隐藏操作的效果。

用户态程序的实现过程包括几个关键步骤。首先，程序需要打开并初始化 eBPF 程序。接下来，设置要隐藏的进程 PID，并将它传递给 eBPF 程序。然后，用户态程序会验证并加载 eBPF 程序到内核中，确保它能够正确执行。最后，程序进入一个循环，持续等待并处理 eBPF 程序发送的事件信息，确保能够及时反馈隐藏操作的成功与否。

接下来介绍用户态程序的具体实现过程。首先，通过调用 pidhide_bpf__open 函数打开 eBPF 程序。如果打开失败，程序会输出错误信息并终止执行。

随后，程序设置要隐藏的进程 PID。如果未指定 PID，则默认隐藏当前进程。设置过程包括将 PID 转换为字符串，并将字符串存储在 eBPF 程序的只读数据区域（rodata）中，以便内核态程序能够访问。此外，还设置了目标父进程的 PID，以便在内核态程序中进行过滤和匹配。用户态程序的具体实现代码如下：

```
skel = pidhide_bpf__open();
if (!skel)
{
    fprintf(stderr, "Failed to open BPF program: %s\n", strerror(errno));
    return 1;
}

char pid_to_hide[10];
if (env.pid_to_hide == 0)
{
    env.pid_to_hide = getpid();
}
sprintf(pid_to_hide, "%d", env.pid_to_hide);
strncpy(skel->rodata->pid_to_hide, pid_to_hide, sizeof(skel->rodata->pid_to_
    hide));
skel->rodata->pid_to_hide_len = strlen(pid_to_hide) + 1;
skel->rodata->target_ppid = env.target_ppid;
```

在设置完 PID 后，程序通过调用 pidhide_bpf__load 函数验证并加载 eBPF 程序。如果加载过程中出现错误，程序将输出错误信息并进行清理操作，确保系统资源不会被错误地占用，代码如下：

```
err = pidhide_bpf__load(skel);
if (err)
{
    fprintf(stderr, "Failed to load and verify BPF skeleton\n");
    goto cleanup;
}
```

一旦 eBPF 程序成功加载，用户态程序将进入一个循环，持续等待并处理由 eBPF 程序发送的事件。通过调用 ring_buffer__poll 函数，程序可以定期检查环形缓冲区中是否有新的事件信息。如果有事件到达，则程序将调用 handle_event 函数对事件进行处理。这个处理过程包括解析事件数据，并根据事件的成功与否输出相应的消息，帮助管理员了解隐藏操作的执行状态。以下是循环和处理事件的代码实现：

```
printf("Successfully started!\n");
printf("Hiding PID %d\n", env.pid_to_hide);
while (!exiting)
{
    err = ring_buffer__poll(rb, 100 /* timeout, ms */);
    /* Ctrl-C will cause -EINTR */
    if (err == -EINTR)
    {
        err = 0;
        break;
    }
    if (err < 0)
    {
        printf("Error polling perf buffer: %d\n", err);
        break;
    }
}
```

接下来介绍 handle_event 函数，它负责解析并输出 eBPF 程序传递回来的事件信息。该函数首先将事件数据转换为预定义的 event 结构体，然后根据 success 字段判断隐藏操作是否成功。根据结果，程序会输出相应的消息，指示进程是否被成功隐藏。handle_event 函数的代码示例如下：

```
static int handle_event(void *ctx, void *data, size_t data_sz)
{
    const struct event *e = data;
    if (e->success)
        printf("Hid PID from program %d (%s)\n", e->pid, e->comm);
```

```
    else
        printf("Failed to hide PID from program %d (%s)\n", e->pid, e->comm);
    return 0;
}
```

整个用户态程序的流程确保了 eBPF 程序能够被正确加载和配置，并且能够实时接收和处理隐藏操作的反馈信息。通过这种方式，系统管理员可以动态地指定要隐藏的进程，并实时监控隐藏操作的效果，确保系统的安全性和稳定性。

9.5.4 运行隐藏信息的 eBPF 程序示例

完成用户态程序的编写后，接下来的步骤是编译和运行该程序。首先，使用 make 命令编译 eBPF 程序。这一步骤将生成适合内核加载的二进制文件，确保程序能够在内核态正确执行。

编译成功后，用户可以通过指定要隐藏的进程 PID 来运行程序。例如需要隐藏 PID 为 1534 的进程，可以使用以下命令启动用户态程序：

```
sudo ./pidhide --pid-to-hide 1534
```

运行该命令后，用户态程序将开始执行隐藏操作，并输出相关的状态信息。系统管理员可以通过常规的进程查看命令，如通过 ps aux | grep 1534 命令来验证隐藏操作的效果。在初始状态下，执行 ps aux 命令可以看到目标进程：

```
$ ps -aux | grep 1534
yunwei       1534  0.0  0.0 244540  6848 ?        Ssl  6月02   0:00 /usr/
    libexec/gvfs-mtp-volume-monitor
yunwei      32065  0.0  0.0  17712  2580 pts/1    S+   05:43   0:00 grep
    --color=auto 1534
```

随后，运行用户态程序，进行信息隐藏操作：

```
$ sudo ./pidhide --pid-to-hide 1534
Hiding PID 1534
Hid PID from program 31529 (ps)
Hid PID from program 31551 (ps)
Hid PID from program 31560 (ps)
Hid PID from program 31582 (ps)
Hid PID from program 31582 (ps)
Hid PID from program 31585 (bash)
Hid PID from program 31585 (bash)
Hid PID from program 31609 (bash)
Hid PID from program 31640 (ps)
Hid PID from program 31649 (ps)
```

执行隐藏命令后，再次执行 ps aux | grep 1534 命令，目标进程将不再显示：

```
$ ps -aux | grep 1534
root         31523  0.1  0.0  22004  5616 pts/2    S+   05:42   0:00 sudo ./
    pidhide -p 1534
root         31524  0.0  0.0  22004   812 pts/3    Ss   05:42   0:00 sudo ./
    pidhide -p 1534
root        31525  0.3  0.0   3808  2456 pts/3    S+   05:42   0:00 ./pidhide
    -p 1534
yunwei       31583  0.0  0.0  17712  2612 pts/1    S+   05:42   0:00 grep
    --color=auto 1534
```

如上所示，进程 ID 为 1534 的进程已被成功隐藏，无法通过常规的系统工具检测到。这一操作展示了 eBPF 技术在信息隐藏方面的强大能力，使得系统管理员能够灵活地保护关键进程和文件信息，增强系统的安全性和防御能力。

9.6　发送信号终止恶意进程

在系统安全管理和监控中，能够快速检测并响应异常行为是保障系统稳定性的关键。尤其在处理恶意软件或突发性攻击时，及时采取措施是防止问题蔓延的有效手段。通过 eBPF 提供的 bpf_send_signal 函数，系统管理员可以直接从内核空间向特定进程发送信号，实现对恶意进程的实时终止。这为在高性能、低延迟环境中管理系统异常提供了一个高效的工具。

9.6.1　异常响应相关的安全场景

传统的异常处理往往依赖外部工具来监控系统行为，并通过轮询来响应异常。然而，这种方法存在显著的延迟，尤其是在用户空间和内核空间之间传递信息时。事件的检测和实际响应之间的时间差可能导致系统无法及时应对恶意攻击，增加安全隐患。而通过 bpf_send_signal，这些操作可以直接在内核中执行，显著减少了响应时间。

在某些安全敏感的场景中，例如检测并响应未授权的进程行为或特定系统调用，bpf_send_signal 提供了一种简洁而有效的解决方案。例如，当 eBPF 程序检测到潜在的恶意操作，如未经授权的 ptrace 调用，它能够立即向相应的进程发送 SIGKILL 信号，从而终止该进程。这种内核态的快速响应机制为系统管理者提供了更为强大的工具来防止恶意行为扩散。

在 Linux 系统中，ptrace 系统调用允许一个进程监控和控制另一个进程的执行。因为 ptrace 是许多调试工具（如 GDB）的核心功能，可能被恶意软件利用，以实现对其他进程的监控或干扰。所以快速检测和阻止未经授权的 ptrace 操作是增强系统安全的重要措施之一。接下来，我们将编写一个 eBPF 程序来发送信号，以快速响应并终止使用 ptrace 的进程。

通过 eBPF，内核可以实时监控 ptrace 系统调用，并根据预设条件判断是否向该进程发送终止信号。

9.6.2 终止恶意进程的 eBPF 程序实现

内核态 eBPF 程序的主要功能是捕捉并响应 ptrace 系统调用。当系统中的某个进程试图执行 ptrace 时，eBPF 程序首先会检查进程的父进程 ID，如果符合预定义条件，则程序便会通过 bpf_send_signal 发送 SIGKILL 信号。发送信号的过程完全在内核中进行，避免了用户空间的干预，从而显著减少了延迟。

在程序的实现过程中，首先定义了一个 event 结构体，用于将内核事件传递到用户空间。通过该结构体，系统管理员可以在用户空间获取到关于信号发送的详细信息，如发送信号的进程 ID、进程名称以及信号发送是否成功。event 结构体的定义如下：

```
#define TASK_COMM_LEN 16
struct event {
    int pid; //发送信号的进程ID
    char comm[TASK_COMM_LEN]; //发送信号的进程名称
    bool success; //信号发送是否成功的状态，布尔值
};
```

随后，以下代码在 eBPF 钩子函数 bpf_dos 中实现了对 ptrace 系统调用的监控。程序首先通过 bpf_get_current_pid_tgid 获取当前进程的 PID 和线程组 ID，然后通过 bpf_send_signal(9) 向进程发送 SIGKILL 信号。紧接着，程序通过环形缓冲区记录事件，并将它传递到用户空间供进一步处理。bpf_dos 函数的实现代码如下：

```
SEC("tp/syscalls/sys_enter_ptrace")
int bpf_dos(struct trace_event_raw_sys_enter *ctx)
{
    long ret = 0;
    size_t pid_tgid = bpf_get_current_pid_tgid();
    int pid = pid_tgid >> 32;

    if (target_ppid != 0) {
        struct task_struct *task = (struct task_struct *)bpf_get_current_
            task();
        int ppid = BPF_CORE_READ(task, real_parent, tgid);
        if (ppid != target_ppid) {
            return 0;
        }
    }

    ret = bpf_send_signal(9);  //发送SIGKILL信号

    struct event *e;
```

```
    e = bpf_ringbuf_reserve(&rb, sizeof(*e), 0);
    if (e) {
        e->success = (ret == 0);
        e->pid = pid;
        bpf_get_current_comm(&e->comm, sizeof(e->comm));
        bpf_ringbuf_submit(e, 0);
    }

    return 0;
}
```

通过这个程序，系统能够在未经授权的ptrace调用发生时立即采取措施，从而有效防止恶意进程利用ptrace机制进行攻击。使用bpf_send_signal来发送信号不仅能加快响应速度，还能在内核态进行更加精确的控制和管理。这种方法不仅适用于ptrace，也可以扩展到其他系统调用或进程管理场景中。

9.7　基于LSM的安全检测防御

LSM（Linux安全模块）框架自Linux 2.6引入以来，已成为系统内核中的重要组成部分，为实现灵活而强大的安全检查提供了基础。通过LSM，开发者可以在内核的关键路径上植入安全策略，支持如SELinux和AppArmor等模块的运行，而不需要修改内核代码。这为多种安全模型的实现带来了便利。然而，传统LSM的实现和部署通常需要编写复杂的内核模块，并且策略更新不够灵活。在这一背景下，eBPF技术的引入为LSM带来了更细粒度的控制和动态调整能力，使得开发者能够根据具体需求，实时编写和加载安全策略。

Linux 5.7版本引入了eBPF与LSM的集成，进一步增强了LSM的可扩展性。通过eBPF LSM，开发者可以动态挂载自定义的安全策略到LSM hook点上。这不仅简化了安全策略的实现过程，还提供了更大的灵活性。eBPF LSM的优势在于，它允许对系统中的特定操作，如文件访问、网络通信等进行精确控制和审查。通过这种机制，系统管理员可以在内核级别实现对安全事件的实时响应，从而提高系统的整体安全性。

与传统LSM不同，eBPF LSM能够在运行时编写和部署安全策略，而无须重新编译或重启内核。这种动态性使得eBPF LSM能够应对不断变化的威胁环境。例如，在复杂的企业环境中，管理员可以使用eBPF LSM监控网络流量或限制特定网络地址的访问，或者针对文件系统操作进行细致的权限控制。接下来将展示一个案例，该案例使用eBPF LSM机制实现对特定IP地址的访问限制。

9.7.1　确认LSM模块是否可用

在使用eBPF与LSM集成时，首先需要确保系统的内核支持BPF LSM模块。这是使用eBPF在LSM hook点上挂载自定义安全策略的前提条件。Linux内核5.7版本及其之后的版本都支持这一功能。因此，在开始编写 eBPF LSM 程序前，需要确认系统的内核版本和配置。

确认内核是否支持 BPF LSM 模块的步骤非常重要，因为即使你的内核版本符合要求，也需要确保 LSM 支持 BPF。具体来说，我们要检查内核配置中是否启用了 CONFIG_BPF_LSM，这是内核是否编译了 BPF LSM 支持的关键选项。可以通过以下命令来确认：

```
$ cat /boot/config-$(uname -r) | grep BPF_LSM
```

如果输出包含 CONFIG_BPF_LSM=y，则表明内核已启用 BPF LSM 模块，说明该内核支持通过 eBPF 执行 LSM 安全策略。

接下来需要检查内核中的 LSM 列表，确保 BPF 已在 LSM 的启用列表中。可以通过以下命令查看 LSM 当前启用的安全模块：

```
$ cat /sys/kernel/security/lsm
```

在正常情况下，应该看到 bpf 选项作为 LSM 的实现机制之一显示在列表中，例如：

```
ndlock,lockdown,yama,integrity,apparmor,bpf
```

如果未发现 bpf 选项，则说明 LSM 尚未启用支持 BPF 功能。这时需要手动启用 BPF LSM。可以通过编辑 /etc/default/grub 文件，在 GRUB_CMDLINE_LINUX 选项中添加 bpf，确保系统启动时加载 BPF LSM 模块。例如，编辑该文件并添加如下内容：

```
GRUB_CMDLINE_LINUX="lsm=ndlock,lockdown,yama,integrity,apparmor,bpf"
```

完成编辑后，通过 update-grub2（或在某些系统上使用 update-grub）更新 grub 配置，随后重启系统。重启后再次运行前述命令，检查是否已成功启用 BPF LSM。如果输出包含 bpf，则表示 BPF LSM 已成功启用，系统已准备好运行 eBPF LSM 程序了。

9.7.2 安全检测防御机制实现

为了实现上述限制网络访问的安全策略，以下是一个基于 eBPF LSM 的程序示例。该程序会监控 socket 连接操作，并阻止试图连接到 1.1.1.1 这个特定地址的操作：

```
#include "vmlinux.h"
#include <bpf/bpf_core_read.h>
#include <bpf/bpf_helpers.h>
#include <bpf/bpf_tracing.h>

char LICENSE[ ] SEC("license") = "GPL";

#define EPERM 1
#define AF_INET 2
```

```
const __u32 blockme = 16843009; // 1.1.1.1 -> int

SEC("lsm/socket_connect")
int BPF_PROG(restrict_connect, struct socket *sock, struct sockaddr *address,
   int addrlen, int ret)
{
    //如果已有LSM检查未通过，则直接返回
    if (ret != 0) {
        return ret;
    }

    //仅针对IPv4的连接请求
    if (address->sa_family != AF_INET) {
        return 0;
    }

    //将地址类型转换为IPv4地址
    struct sockaddr_in *addr = (struct sockaddr_in *)address;

    //获取目标IP地址
    __u32 dest = addr->sin_addr.s_addr;
    bpf_printk("lsm:发现连接到%d", dest);

    //阻止连接到指定的IP地址
    if (dest == blockme) {
        bpf_printk("lsm:阻止连接到%d", dest);
        return -EPERM;
    }
    return 0;
}
```

该eBPF程序挂载在LSM的socket_connect的hook点上，通过捕获系统的socket连接请求，实时检查目标IP地址是否为1.1.1.1。当请求连接到该地址时，程序将立即阻止该操作，返回EPERM错误码。此代码通过检查socket地址的协议类型，并在发现目标地址时采取进一步的动作。

在具体实现中，程序首先检查是否为IPv4协议的连接请求，并提取出目标IP地址。如果目标地址为指定的1.1.1.1，则通过bpf_send_signal阻止该连接。这种方法不仅高效，而且灵活，能够根据需求调整或扩展为更复杂的网络访问控制。

将eBPF集成到LSM中，带来了更强大的安全检测和防御能力。与传统LSM只能在内核编译时确定安全策略不同，eBPF LSM允许在系统运行时动态加载和修改策略。这种动态灵活性不仅大大减少了策略更新时的停机时间，还能够迅速应对新的安全需求和威胁。在性能方面，eBPF LSM以极低的系统开销实现了高效的安全策略执行。它依赖于eBPF技术的高性能设计，使得复杂的安全策略可以在内核空间内快速执行，而不

会显著影响系统的整体性能。

通过 eBPF LSM，系统管理员可以精确控制系统中的每个操作点，从网络通信到文件系统操作，再到进程管理。它的引入为企业安全管理提供了更为细粒度的控制能力，使系统能够应对更加复杂的威胁环境。

9.8 本章小结

本章首先探讨了 eBPF 在提升系统安全性和可观测性方面的应用。通过实际案例分析，展示了 eBPF 如何在内核级别实现细粒度监控和动态响应，从而增强系统的防御能力。接着，本章讨论了信息隐藏技术和 eBPF 在安全防护中的作用。理解和应用 eBPF 是保障现代信息系统安全的关键手段。

推荐阅读

英文畅销书*Linux Basics for Hackers*中文版

给安全工程师讲透Linux

书号：978-7-111-73564-9

内容简介

本书是一本备受赞誉的Linux入门指南。针对黑客攻防、网络安全和渗透测试的初学者，书中不仅详细阐释了Linux操作系统的基础知识，包括文件系统、终端命令操作、文本操作、网络操作、软件管理、权限管理、服务管理、环境变量管理等，还扩展讲解了一些基础的bash和Python脚本编程技术，以及其他控制Linux系统环境所需的工具和技术，同时还提供了大量实践指导和练习。

本书以简洁易懂的方式呈现Linux系统的核心概念、基础知识和实用的终端命令，内容丰富、实用，不仅可以帮助安全工程师快速提升Linux水平，还可以帮助普通用户更自如地使用Linux操作系统。

推荐阅读

深度探索Linux系统虚拟化：原理与实现

作者：王柏生 谢广军 ISBN：978-7-111-66606-6 定价：89.00元

百度2位资深技术专家历时5年两易其稿，系统总结多年操作系统和虚拟化经验；从CPU、内存、中断、外设、网络5个维度深入讲解Linux系统虚拟化的技术原理和实现

这是一部深度讲解如何在Linux操作系统环境下用软件虚拟出一台“物理”计算机的著作。

两位作者都是百度的资深技术专家，一位是百度的主任架构师，一位是百度智能云的副总经理，都在操作系统和虚拟化等领域有多年的实践经验。本书从计算机体系结构、操作系统、硬件等多个维度深度探讨了从CPU、内存、中断、外设、网络5个系统的虚拟化，不仅剖析了其中的关键技术原理，而且深入阐述了具体的实现。